科学出版社“十三五”普通高等教育本

大学化学

（第三版）

主　编　陈祥迎　蒋　英

副主编　朱燕舞　邱治国

科学出版社

北　京

内 容 简 介

全书分上、下两篇，上篇为化学基本原理，包括化学反应基本原理、溶液和离子平衡、氧化还原与电化学、物质结构基础、配位化合物；下篇为化学与人类发展，包括化学与材料、化学与能源、化学与生命。上篇主要介绍化学的基本知识和原理，是本书的基础；下篇则选择几个与化学密切相关而又被社会特别关注的学科，介绍化学在这几个学科领域中的应用。全书注重化学与其他学科的交叉，强调化学与社会、经济、技术的联系，重视科技新内容和新发展，追踪学科前沿，强调案例教学，突出科学思维方法和创新能力的培养，注重素质教育。

本书可作为高等学校非化学化工类各理工专业的工科化学(普通化学)教材，也可作为文科、财经、政法类等专业化学选修课的教材。

图书在版编目(CIP)数据

大学化学／陈祥迎，蒋英主编. —3 版. —北京：科学出版社，2022.6

科学出版社“十三五”普通高等教育本科规划教材

ISBN 978-7-03-072337-6

Ⅰ. ①大… Ⅱ. ①陈… ②蒋… Ⅲ. ①化学-高等学校-教材 Ⅳ. ①O6

中国版本图书馆 CIP 数据核字（2022）第 087066 号

责任编辑：赵晓霞 李丽娇／责任校对：杨 赛

责任印制：赵 博／封面设计：陈 敬

科学出版社 出版

北京东黄城根北街 16 号

邮政编码：100717

http://www.sciencep.com

天津市新科印刷有限公司印刷

科学出版社发行 各地新华书店经销

*

2003 年 8 月第 一 版 合肥工业大学出版社

2008 年 9 月第 二 版 开本：787 × 1092 1/16

2022 年 6 月第 三 版 印张：16 插页：1

2024 年 8 月第十九次印刷 字数：388 000

定价：59.00 元

(如有印装质量问题，我社负责调换)

第三版前言

《大学化学》第二版自2008年出版以来已逾10年。在这十余年中，我国高等教育的教育理念、教学模式、教学方法经历了极大的提升。特别是党的十九大和新时代全国高等学校本科教育工作会议为高等教育的办学方向和教育方针提出了更高的要求，《全国大中小学教材建设规划(2019—2022年)》对新时期普通高等学校教材的编写指明了方向。在这一背景下，我们对教材进行了修订，具体如下：

(1)突出新工科背景。“新工科”是国家创新驱动发展战略的新需求，是新时期我国高校工程教育改革的指导方针。为此，我们在修订教材时，重点编写了化学与工程实际相结合的案例。例如，在化学基础理论中，以“渗氮处理”为切入点，从热力学原理解释了工业渗氮工艺；在化学与材料中突出了新型复合材料、纳米材料在工程实际中的应用；在化学与能源中增加了新型能源的介绍等。

(2)融入思政教育元素。教材作为思政教育的载体，在引导当代大学生树立正确的世界观、人生观、价值观方面具有举足轻重的作用。例如，教材中介绍了黄子卿、徐光宪等我国老一辈化学家的重要贡献，培养学生“家国、人文”的情怀；通过对原子结构理论发展史进行介绍，加深学生对马克思辩证唯物主义的理解；通过对沉淀反应进行污水处理的原理介绍，引导学生树立可持续发展的科学发展观；等等。

(3)优化知识体系。教材在第二版的基础上，对知识结构体系进行了一定的优化。例如，第1章增加了体积功的推导和反应机理介绍，第2章增加了浓度的表示方法和缓冲容量的概念，第3章增加了氧化数的概念和电极电势能斯特方程的推导，第4章对部分插图进行了优化，第5章修订了配位化合物的定义，第6～8章增加了最新的化学在各领域应用的实例，等等。

本书由合肥工业大学化学与化工学院工科化学教学组教师共同修订。参与修订的人员如下：邱治国、陈祥迎(绪论，第1、2、6章)，朱燕舞、蒋英(第3、5、8章)，孙逊、郭福领(第4、7章)。全书由陈祥迎统筹定稿。

在本书编写过程中还得到了合肥工业大学本科生院和化学与化工学院的大力支持，科学出版社为本书的编辑出版做了大量的工作，史成武教授对本书的修订提出了宝贵的意见和建议，在此谨向他们表示衷心的感谢。本书编写时还参考了许多兄弟院校的教材和公开出版书刊中的内容，在此也向相关的作者表示深切的谢意。

由于我们水平有限，书中不妥之处在所难免，敬请读者批评指正。

合肥工业大学化学与化工学院工科化学教学组

2022年1月

第三版前言

第二版前言

当今世界，知识成为提高综合国力和国际竞争力的决定性因素，人力资源成为推动经济社会发展的战略性资源，这对我国高等教育提出了人才培养的更高要求。2007 年，教育部颁发了关于进一步深化本科教学改革，提高教学质量的若干意见[教高(2007)1 号、2 号文件]，强调了实施“质量工程”的重要性和必要性，同时指出在“质量工程”重点建设的六个基础性、引导性的项目中，课程和教材建设是提高高等教育质量的关键环节。

“工科化学”课程是高等教育中实施化学素质教育的基础课程，其课程特点在第一版前言中已做了明确的阐述。本书第一版于 2003 年由合肥工业大学出版社出版，经过几年的使用，广大读者对第一版提出不少有益的意见和建议，同时编者也深感第一版需要进行必要的修订，以适应新时期对本科教学教材的需求。

在本书编写过程中，编者主要做了以下工作：

(1)在保持第一版教材体系下，对某些章节的内容做了相应的调整和增删。例如，在第 4 章中，增加“价层电子对互斥理论”；在第 6 章中，增加“药物与化学”；在第 9 章中，扩充“纳米材料”；删除原书第 10 章等。

(2)在重要的化学名词和外国人名后加注英文，营造学习外语的氛围，对利用网络搜索外文文献提供一些帮助。

(3)对第一版中相当一部分附图进行重新绘制。例如，第 4 章中很多附图是以平面表示的立体图形，重新绘制后成三维图形，加强了视觉效果。

(4)应广大读者要求，适当增加课后习题量，以增强学生对所学知识的吸收和消化。

本书由合肥工业大学和江苏大学合作编写。参加编写的人员有：史成武(合肥工业大学，绪论)，邱治国(合肥工业大学，第 1、4、6 章)，张文莉(江苏大学，第 2、5 章)，张海岩(合肥工业大学，第 3 章)，蒋英(合肥工业大学，第 6 章“药物与化学”部分)，朱卫华(江苏大学，第 7 章)，王德萍(江苏大学，第 8 章)，张锡凤(江苏大学，第 9 章)、陈祥迎(合肥工业大学，第 9 章“纳米材料”部分)。全书由邱治国和张文莉统稿，英文注释由陈祥迎校勘，习题由陈祥迎和蒋英编写。

总之，这次修订是希望将本书进一步完善和优化，既方便教师教学，又方便学生学习，使之成为工科专业化学素质教育的良好载体。同时也是精品课程建设和立体化教材建设中重要的一环。

向关心本书编写并提出宝贵意见的倪良教授(江苏大学)和其他各位同仁表示衷心的感谢，也向为本书第一版的出版工作付出辛勤劳动的合肥工业大学出版社及其工作人员表示诚挚的谢意。

由于编者水平有限，时间仓促，书中谬误之处在所难免，敬请读者批评指正。

编　者

2008 年 6 月

第二版前言

第一版前言

当今世界，科学技术突飞猛进，知识经济已见端倪，国力竞争日趋激烈。为把高水平、高效益的高等教育带入21世纪，合肥工业大学和江苏大学经过广泛深入地调研，认识到工科大学化学的教学，必须转变教育思想与教育观念，改革现有的课程体系、教学内容、教学方法和教学手段。为此，本着“加强基础，注重素质，立足工程背景，突出工科特色，关注社会、生活热点论题，丰富时代气息”的基本思路，编写了这本适用于高等学校非化学化工类各专业的《大学化学》教材。

联合国教科文组织在1988年底提出的国际合作研究新项目中指出：数学、物理、化学、生物是一切学科的基础，也是进行科学、工程、医学、农业和科技专业教育的基础。原国家教委高教司和高等教育出版社于1994年初曾召开了“关于为高等学校文科、财经、政法类专业学生开设化学选修课的教学和教材建设”研讨会，会议认为国家之现代化和社会之进步有赖于同时建设物质文明和精神文明，落实到大学课程设置上，文科和理科当有适当交叉，文科和理科可分别设置若干科学和文史课程，且现代科学技术和社会的关系已经远远超过生活和生产的范围，国家和地方的某些法律和法令以及某些政策和法规的制定，都有明显的科技背景，如分子机器人、分子计算机、克隆技术、纳米科技等，文理渗透已是不争的事实。因此，对理工科学生来说，化学与数学、物理一样，也是一切学科和专业教育的基础，即使是文史、政法、财经等类专业学生，为其开设化学选修课和编写切合他们需要的实用教材，是培养其具备现代化学素养的当务之急。

“工科化学”(非化学化工类)课程是高等工程教育中实施化学素质教育的基础课程，是培养“基础扎实、知识面宽、能力强、素质高”的迎接新世纪挑战的高级工程科技人才所必需的。通过本课程教学活动，可使学生掌握现代化学的基本知识和理论，了解化学科学在发展过程中与其他学科相互交叉渗透的特点，了解化学在工程、生活、社会各重要领域中所起的作用，培养学生正确的科学观、科学的社会观。学生可以通过化学事例认识自然科学与社会科学的相互联系，达到提高科学文化素养、开阔视野的目的。

本书是集体智慧的结晶，在编写时特别注意了以下几点：

以现代化学的基本知识和原理为基础，注重与化学密切相关而又被社会特别关注的能源、材料、信息、环境和生命等学科的交叉内容，强调化学与社会(social)、经济(economic)、技术(technological)的联系，力图使其成为工程技术教育的基础。

在保持化学基本理论系统性的同时，重视科技新内容和新发展，追踪学科前沿，力求做到经典与现代并重。

强调案例教学。通过对耗散结构理论的建立，诺贝尔的成长，从阿司匹林到磺胺类药物、再到青霉素、头孢菌素的发展过程等许多案例，突出科学思维方法和创新能力的培养。

本书由合肥工业大学和江苏大学合编。各部分编写人分别为：内容简介、前言、绪论，史成武、倪良；第1章，史成武、范广能；第2章，张文莉；第3章，张海岩、陈祥迎；第4章，邱治国、蒋英；第5章，倪良、张文莉；第6章，邱治国、蒋英；第7章，朱卫华；第 8 章，李体海；第 9 章，倪良；第 10 章，史成武、陈祥迎；全书由史成武和倪良统稿定稿。

本书在编写过程中得到了合肥工业大学和江苏大学的大力支持，合肥工业大学出版社为本书的编辑出版做了大量的工作，在此谨向他们表示衷心的感谢。此外，本书编写时参考了许多兄弟院校的教材和公开出版的书刊中的有关内容，在此也向有关的作者和出版社表示深切的谢意。

由于编者水平有限，书中仍会有不妥甚至错误之处，敬请读者批评指正。

史成武　倪　良

2005 年 3 月 1 日

目　录

第三版前言
第二版前言
第一版前言
绪论……1

上篇　化学基本原理

第1章　化学反应基本原理……7
1.1　基本概念……7
1.1.1　物质的聚集状态和尺度……7
1.1.2　系统与环境……8
1.1.3　相……8
1.1.4　状态与状态函数……9
1.1.5　过程与途径……9
1.2　化学反应中的质量守恒与能量守恒……10
1.2.1　化学反应中的质量守恒与化学反应方程式……10
1.2.2　化学反应中的能量守恒与热力学第一定律……11
1.3　化学反应中的能量变化……12
1.3.1　化学反应的反应热与焓……12
1.3.2　物质的标准摩尔生成焓……14
1.3.3　反应的标准摩尔焓变……15
1.4　化学反应的方向……17
1.4.1　化学反应的自发性……17
1.4.2　影响化学反应自发性的因素——焓变和熵变……18
1.4.3　物质的标准摩尔熵和反应的标准摩尔熵变……18
1.4.4　吉布斯函数变与化学反应进行的方向……19
1.4.5　反应的摩尔吉布斯函数变的计算……20
1.4.6　反应的偶合……23
1.5　化学反应进行的程度……24
1.5.1　可逆反应与化学平衡……24
1.5.2　平衡常数……25
1.5.3　化学平衡的移动……28
1.6　化学反应速率……30
1.6.1　化学反应速率的表示方法……31

1.6.2 浓度对化学反应速率的影响 …… 32
1.6.3 温度对化学反应速率的影响 …… 35
本章要点 …… 36
习题 …… 36
第 2 章 溶液和离子平衡 …… 38
2.1 溶液浓度的表示方法 …… 38
2.2 溶液的通性 …… 39
2.2.1 水的相图 …… 39
2.2.2 非电解质稀溶液的通性 …… 41
2.2.3 非电解质浓溶液和电解质溶液的通性 …… 44
2.2.4 浓度和溶质类型对溶液通性的影响规律 …… 44
2.3 弱电解质的解离平衡 …… 44
2.3.1 酸碱理论 …… 44
2.3.2 水的自偶解离与 pH …… 46
2.3.3 一元弱电解质的解离平衡 …… 47
2.3.4 多元弱电解质的分级解离 …… 49
2.3.5 同离子效应与缓冲溶液 …… 51
2.4 难溶电解质的沉淀溶解平衡 …… 56
2.4.1 溶解度与溶度积常数 …… 57
2.4.2 溶度积规则 …… 59
2.4.3 沉淀的生成与分步沉淀 …… 59
2.4.4 沉淀的溶解与转化 …… 61
本章要点 …… 63
习题 …… 63
第 3 章 氧化还原与电化学 …… 65
3.1 氧化还原反应的基本概念 …… 65
3.1.1 氧化数 …… 65
3.1.2 氧化还原半反应 …… 66
3.2 原电池和电极电势 …… 67
3.2.1 原电池 …… 67
3.2.2 电极电势 …… 69
3.3 电池电动势和电池反应的摩尔吉布斯函数变的关系 …… 72
3.3.1 E 与 $\Delta_r G_m$ 的关系 …… 72
3.3.2 浓度对电动势的影响 …… 72
3.3.3 浓度对电极电势的影响 …… 73
3.4 电极电势和原电池的应用 …… 75
3.4.1 电极电势的应用 …… 75
3.4.2 化学电源 …… 78
3.5 电解及其应用 …… 82
3.5.1 电解池的组成和电极反应 …… 82

3.5.2 分解电压 …… 82
3.5.3 电解产物的一般规律 …… 84
3.5.4 电解的应用 …… 85
3.6 金属的腐蚀与防腐 …… 85
3.6.1 化学腐蚀 …… 85
3.6.2 电化学腐蚀 …… 86
3.6.3 金属腐蚀的防止 …… 87
本章要点 …… 88
习题 …… 89
第 4 章 物质结构基础 …… 91
4.1 原子结构与周期性 …… 91
4.1.1 原子光谱 …… 91
4.1.2 微观粒子的波粒二象性 …… 92
4.1.3 波函数与原子轨道 …… 93
4.2 多电子原子结构和元素周期表 …… 99
4.2.1 原子轨道的能级 …… 99
4.2.2 核外电子分布和外层电子构型 …… 103
4.2.3 元素周期表 …… 104
4.3 化学键和分子间力 …… 108
4.3.1 离子键 …… 108
4.3.2 金属键 …… 109
4.3.3 共价键 …… 109
4.3.4 分子之间的相互作用力 …… 121
4.4 晶体结构 …… 124
4.4.1 晶体的基本类型 …… 124
4.4.2 过渡型晶体 …… 127
本章要点 …… 128
习题 …… 128
第 5 章 配位化合物 …… 130
5.1 配位化合物的定义、组成和命名 …… 130
5.1.1 配位化合物的定义 …… 130
5.1.2 配位化合物的组成 …… 131
5.1.3 配位化合物的命名 …… 133
5.2 配位化合物在水溶液中的配位平衡 …… 134
5.2.1 配离子的解离平衡和稳定常数 …… 134
5.2.2 配离子稳定常数的应用 …… 136
5.3 配位化合物的价键理论 …… 138
5.3.1 价键理论 …… 138
5.3.2 配位化合物的性质 …… 140
5.4 配位化合物的应用 …… 140

5.4.1 在无机化学方面的应用……140
5.4.2 在分析化学方面的应用……141
5.4.3 在生物化学方面的应用……142
5.4.4 在有机化学方面的应用……142
本章要点……143
习题……143

下篇 化学与人类发展

第6章 化学与材料……147
6.1 金属材料及其合金……147
6.1.1 金属材料……147
6.1.2 合金材料……149
6.2 无机非金属材料……153
6.2.1 传统陶瓷……154
6.2.2 精细陶瓷……154
6.2.3 纳米陶瓷……155
6.2.4 玻璃……155
6.2.5 半导体材料……156
6.2.6 超导材料……157
6.3 高分子材料……159
6.3.1 高分子化合物概述……159
6.3.2 塑料……161
6.3.3 橡胶……162
6.3.4 纤维……164
6.3.5 胶黏剂……165
6.3.6 涂料……166
6.3.7 功能高分子材料……166
6.4 复合材料……167
6.4.1 增强材料……168
6.4.2 基体材料……169
6.4.3 重要复合材料及其应用……169
6.5 纳米材料……171
6.5.1 概述……171
6.5.2 纳米效应……172
6.5.3 纳米新材料的发展与应用……174
习题……177
第7章 化学与能源……178
7.1 能源概述……178
7.1.1 能源发展史……178

7.1.2　能源的分类……178
7.1.3　能源储量和消费……179
7.2　化石能源……179
7.2.1　煤……179
7.2.2　石油……180
7.2.3　天然气、可燃冰及页岩气……181
7.3　新能源……184
7.3.1　氢能……184
7.3.2　核能……187
7.3.3　太阳能……193
7.3.4　生物质能……201
习题……203
第8章　化学与生命……204
8.1　生命体中重要的化学物质……204
8.1.1　关于生命起源……204
8.1.2　氨基酸和生命中的左与右……204
8.1.3　蛋白质和酶……206
8.1.4　核酸与人类基因组计划……209
8.2　营养与化学……214
8.2.1　人体中的元素……215
8.2.2　糖类……216
8.2.3　蛋白质……217
8.2.4　脂类……218
8.2.5　维生素……220
8.2.6　树立平衡营养的观念……223
8.3　健康与化学……223
8.3.1　化学物质的联合作用……223
8.3.2　化学致突变作用、化学致畸作用及化学致癌作用……224
8.3.3　药物与化学……226
习题……229

参考文献……230
附录……231

绪　论

化学与数学、物理等同属于自然科学基础课，是高等工程教育中实施素质教育的必备基础课程，是高等工科学校大多数专业不可缺少的一门基础课，是化学与工程技术间的桥梁，是培养全面发展的现代工程技术人员知识结构和能力的重要组成部分，是造就“基础扎实、知识面宽、能力强、素质高”的迎接新世纪挑战的高级工程科技人才所必需的课程。

化学是一门古老而又年轻的科学，也是一门具有中心性、实用性和创造性的科学，是研究和创造物质的科学。若按照学科的研究对象由简单到复杂的程度可分为上、中、下游。数学、物理是上游，生物、医药和社会科学等是下游，化学是中游，是自然科学中一门承上启下的中心科学。上游学科研究的对象比较简单，但研究的程度很深。下游学科的研究对象比较复杂，除了用本门学科的方法外，如果移上游科学之花，接下游科学之木，往往能取得突破性的成就。

化学是在原子和分子水平上研究物质的组成、结构、性能及其变化规律和变化过程中能量关系的学科。其研究的物质对象包括原子、分子、生物大分子、超分子和物质凝聚态(如宏观聚集态晶体、非晶体、流体、等离子体等，以及介观聚集态纳米、溶胶、凝胶、气溶胶等)等多个层次。若按研究对象或研究目的的不同，可将化学分为无机化学、有机化学、高分子化学、分析化学和物理化学五大分支学科(化学的二级学科)。

(1)无机化学是研究无机物的组成、结构、性质和无机化学反应与过程的化学。无机化学研究的动向主要在现代无机合成、配位化学、原子簇化学、超导材料、无机晶体材料、稀土化学、生物无机化学、无机金属与药物、核化学和放射化学等方面。

(2)有机化学是研究碳氢化合物及其衍生物的化学，也有人称之为“碳的化学”。世界上每年合成的近百万种新化合物中约 70%以上是有机化合物。有机化学的迅速发展产生了不少分支学科(三级或四级学科)，包括有机合成化学(如天然复杂有机分子的全合成、不对称合成等)、金属有机化学、有机催化、元素有机化学、天然有机化学(如天然产物的快速分离和结构分析、传统中草药的现代化研究、天然产物的衍生物和组合化学、生物技术等)、物理有机化学(如分子结构测定、反应机理、分子间的弱相互作用等)、生物有机化学、有机分析、有机立体化学等。

(3)高分子化学(包括高分子物理和高分子成型)研究链状大分子的合成、大分子的链结构和聚集态结构，以及大分子聚合物作为高分子材料的成型及应用。其研究领域有：高分子合成、高分子高级结构和尺度与性能的关系、高分子物理、高分子成型、功能高分子、通用高分子材料及合成高分子的原料。

(4)分析化学是测量和表征物质的组成和结构的学科。随着生命科学、信息科学和计算机技术的发展，分析化学进入一个崭新的阶段，它不只限于测定物质的组成和含量，而要对物质的状态(氧化还原态、各种结合态、结晶态)、结构(一维、二维、三维空间分布)、微区、薄层和表面的组成与结构以及化学行为和生物活性等进行瞬时追踪、无损和在线监测等分析及过程控制，甚至要求直接观察原子和分子的形态和排列。未来的分析方法应具有更高的灵敏度、更低的检测限，最终实现单分子(原子)检测；更好的选择性、更少的干扰，更高的准确度、更好的精密度，同时进行多元素、多组分(分析物)分析，更小的样品量、微损或无损分析，更大的应用范围，原位(*in situ*)、活体内(*in vivo*)和实时(real time)分析等特点。因此，分析化学的新生长点可能在光谱分析、电化学分析、色谱分析、质谱(MS)分析、核磁共振(NMR)、表面分析、放射性分析、单分子(原子)检测系统和仪器的研制等方面。

(5)物理化学是研究所有物质系统的化学行为的原理、规律和方法的学科。它是化学学科以及在分子层次上研究物质变化的其他学科领域的理论基础。在物理化学发展过程中，逐步形成了若干分支学科：结构化学、化学热力学、化学动力学、界面化学、胶体化学、催化化学、电化学、量子化学等。

化学科学的发展，已经达到从宏观深入微观，从定性走向定量，从描述过渡到推理，从静态推进到动态，从平衡态拓宽到非平衡态，从线性研究到非线性研究，从体相外延到表相的新的发展阶段。一方面，19 世纪形成的无机化学、分析化学、有机化学、物理化学四大学科的内部，在分化、综合、交叉、渗透发展中继续填平鸿沟、模糊界线；另一方面，化学与物理学、生命科学、材料科学、环境科学、信息科学及自然科学的其他学科乃至人文和社会科学等众多学科相互交叉、渗透、融合、促进，形成更大、更多的综合趋势。化学化工及其相关产品已成为国际市场上仅次于电子产品的第二大竞争产品，是国力竞争的重要因素。

美国著名化学家 G. C. Pimentel 在《化学中的机会——今天和明天》一书中精辟地指出，化学正在成为“一门满足社会需要的中心学科”。当今人类面临的能源、粮食、环境、人口、资源等五大全球性问题无不与化学密切相关。化学已深深地渗透到机械、电气、热力、能源、材料、信息、生命等各个科技领域之中。化学家唐有祺院士在《中国科学院院士谈 21 世纪科学技术》一书中指出，“物质和运动是同一个统一体的两个侧面，它们理当分属化学和物理两个学科。因此，比较全面的提法显然是，化学与物理合在一起在自然科学中形成了一个轴心。”机械学设计及理论、摩擦学专家谢友柏院士指出，“我们搞润滑理论，如果只在力学中转圈子，不管润滑油的材料，不管摩擦的材料，那是很难做出什么在技术上有意义的结果的。实际上，很多技术上的进展，都与材料制备技术的突破分不开，而其中很大一部分是与化学的发展有关的。化学常常为解决难题提供超乎想象的可能性。例如，在电磁轴承系统中辅助轴承占的空间太大，我们就在磁铁表面做一层涂层巧妙地把它代替了。”地质专家刘宝君院士指出，“地质学家在研究物质成分方面都尽可能使用化学的方法，包括尽可能使用最先进的测试仪器。在理论的建立方面，化学原理是极其重要的支撑。”仪器科学与技术学科专家黄尚廉教授指出，“工程是各种各样的，但其基础仍是相通的。化学已深入信息工程中。精密仪器及机械学科的特点就是多学科相互交叉、渗透、融合。它是在基础学科(物理、化学、数学、生物)与应用学科(材料、机械、电子、自控、计算机)发展的基础上形成的一门综合性学科。工科大学中的基础化学教育是需要的，不能只看局部、眼前而就事论事。”土木工程专家赵国藩教授指出，“化学作为基础科学很重要。化学在工程中的应用很多、很广泛。土木工程中应用化学的有很多方面，如建筑材料，给水、排水，污水处理等。材料的腐蚀是我们搞工程的务必关注的重要问题之一。例如，钢筋的腐蚀对工程影响很大，如何防止腐蚀的问题我们也要解决。”金属材料与热处理专家雷廷权院士指出，“有些人认为，上述六大基础(指能源、信息、材料、粮食、环境和生命)中，信息最不需要化学。其实信息需要的化学知识也很多，因为信息离不开载体和介质，而载体和介质的组成和化学状态对信息有很大影响，如计算机硅片、大规模集成电路的制备及其质量保证都离不开化学，而这些都是保证计算机性能和正常运转的必要条件。”上述这些都体现了化学学科的基础性和巨大的渗透力。因此，实施高教层次的化学教育是十分必要的，它将有力地提高我国高级人才对科学信息的评价、决策和分析、创新能力。

发达国家的高等教育对化学教育相当重视。例如，美国麻省理工学院所有的系都开设化学方面的课程。美国麻省理工学院及圣地亚哥州立大学机械系教学计划中“普通化学”均列为必修课，学分为 5 分。美国大学中电气工程与计算机科学系一般均把“大学普通化学”列为公共必修基础课，学分为 5 分。英、美教育界把化学称为“中心科学”。重视理工科专业基础化学教育，已引起众多有识之士的共鸣，非化学化工类专业的大学化学教育正呈现一片勃勃生机。

大学化学课程简明地反映了化学学科的一般原理，学生通过学习本课程，能提高其对物质世界和人类社会及其相互关系的认识。能用化学观点，即从分子或原子层次出发并深入电子运动、扩展到聚集状态的观点，来理解宏观物质变化及其伴随能量变化的原因和规律。以化学在物理学、生命科学、材料科学、环境科学、信息科学、能源科学、海洋科学、空间科学等领域中的应用为实例，帮助非化学化工类学生明确学习化学原理、应用化学原理的方法，培养学生正确的科学观，并突出科学思维方法和创新能力的培养，把化学的理论、方法与工程技术的观点结合起来，培养高级工程科技人才，逐步树立辩证唯物主义世界观。

大学化学课程的教学内容主要分为三大部分。

(1)理论化学：包括化学热力学、化学动力学、化学平衡、氧化还原和物质结构基础。

(2)应用化学：包括化学与能源、环境、材料、信息、生命和健康，以及与人文社会科学的关系和相互渗透等。

(3)实验化学：主要是性质或理论的验证，重要数据的测定，结合工程、社会生活的应用化学实验和设计性实验，并训练实验基本操作和现代化仪器的使用等。

上　篇

化学基本原理

第1章　化学反应基本原理

1.1　基 本 概 念

1.1.1　物质的聚集状态和尺度

1. 物质的聚集状态

日常生活中人们所接触到的自然界物质通常有气体(gas)、液体(liquid)和固体(solid)三种物质聚集状态(states of matter)，并且在一定温度和压强条件下这三种状态可以相互转化。

气体物质在温度达到数千摄氏度以上、辉光放电、射线辐照、高能粒子束轰击等条件下，气体分子中的电子由于能量过高而电离，电离后的气体中包含气态阳离子、电子、中性原子和分子。因为正、负离子的电荷相等，所以称为等离子体。与未电离的气体比较，等离子体的导电性、粒子间的作用力、受磁场影响、化学反应活性等发生根本性的变化，呈现为一种有别于气、液、固三态的新物态——等离子态(plasma state)，通常也称为物质的第四态。等离子态广泛存在于宇宙之中，恒星及星际空间极稀薄的物质都是等离子态。地球表面闪电、极光、流星等现象发生时也会产生天然等离子体。由于等离子体的独特性能，等离子体技术在众多领域获得广泛应用，如照明(日光灯、霓虹灯)、金属焊接和切割、金属冶炼、表面喷涂、受控热核聚变等。

物质除了以上几种物态外，在特殊或极端条件下还会呈现玻色-爱因斯坦凝聚态(有时称为物质的第五态)、超流态、超固态、中子态等。

2. 物质的尺度

在复杂性科学和物质多样性研究中，尺度效应至关重要。物质的尺度(length scales of matter)不同常常引起主要相互作用力的差异，从而导致物质性能及其运动规律和原理产生质的区别。例如，纳米金属粉有异乎寻常的物理化学性质和催化性质。金、银的熔点分别约为1060℃、960℃，而纳米金、银分别在330℃、100℃即可熔化；纳米铂黑催化剂可使乙烯催化反应的温度从600℃降至室温。

通常把尺度粗分为宏观(＞100nm)、介观(1～100nm)和微观(＜1nm)，又可以细分为8个尺度层次，共跨62个量级(表1-1)。

表1-1　物质的尺度层次

序号	层次	观测手段	尺度范围	主要作用力	相关学科、理论
1	宇观	天文望远镜 宇宙探测器	30000km～ 150亿光年	万有引力 电磁作用力	宇宙学、天文学、广义相对论
2	遥观	遥感技术	1～30000km	万有引力 电磁作用力	地球科学、地理学、遥感学、经典力学
3	宏观	肉眼	0.1mm～1km	万有引力 电磁作用力	经典力学、经典物理学、经典化学、经典生物学、工程科学、技术科学

续表

序号	层次	观测手段	尺度范围	主要作用力	相关学科、理论
4	显微观	光学显微镜	1μm～0.1mm	万有引力、电磁作用力以及由表面张力(包含毛细管作用)等引起的效应	经典力学、微生物学、显微医学(包含显微外科、病理分析等)、微电子技术
5	介观(纳米观)	电子显微镜	1～100nm	万有引力、电磁作用力以及由表面张力、平均自由途径等引起的效应	纳米科学和纳米技术
6	微观	射线	0.1～1nm	电磁作用力	量子力学、相对论量子力学、原子物理、分子物理、量子化学、单分子化学
7	皮米观	暂无法观测	1pm～0.1nm	电磁作用力	超固体、中子星、白矮星
8	飞米观 亚飞米观	暂无法观测	1～10fm 10^{-35}～10^{-18}m	电磁作用力、强相互作用力、弱相互作用力	量子色动力学、规范场论、宇宙大爆炸理论

1.1.2 系统与环境

为了研究方便，常把被研究的对象从其他物质和空间中独立出来，称为系统(system)，也称体系；将系统之外，与系统密切相关、影响所及的部分称为环境(surrounding)(准确地说是狭义上的环境，广义上的环境是指除系统之外的一切事物)。

系统与环境是人为划定的，可根据讨论问题的需要来确定，两者之间并无严格的界限。系统与环境之间可以有实际的界面，也可以没有实际的界面。

按照系统与环境之间物质和能量交换情况，可将系统分为三类。

(1)敞开系统(open system)：系统与环境之间既有物质交换又有能量交换，又称开放系统。

(2)封闭系统(closed system)：系统与环境之间没有物质交换，只有能量交换。在化学热力学中，主要研究封闭系统。

(3)隔离系统(isolated system)：系统与环境之间既无物质交换又无能量交换，又称孤立系统。应当注意，真正的隔离系统是不存在的，热力学中有时会将与系统相关的那部分环境与系统合并在一起作为一个整体而视为隔离系统。

1.1.3 相

根据系统中物质存在的形态和分布的不同，又将系统分为不同的相(phase)，即气相、液相和固相。相是系统中具有相同的物理性质和化学性质的均匀部分。这里的均匀是指分散粒子直径要达到分子或离子大小的数量级(小于 10^{-9}m)。既然系统可以达到分子或离子水平的分散程度，那么无论从系统哪个部位都可取出能够体现基本理化性质的最小团簇，因其化学组成完全一样，理化性质肯定也完全相同。

相与相之间有明确的物理界面，超过此相界面，一定有某些宏观性质(如密度、组成等)发生突变。系统中相的总数目称为相数。根据相数不同，可将系统分为单相系统和多相系统。

任何一种纯物质都只有一相。对于混合物来说，由于气体能够无限扩散，因此系统内无论含有多少种气体都是一个相；类似地，均匀的溶液，无论含有多少种溶质，也是一个相。此外，相的存在和物质的量的多少无关，可以连续存在，也可以不连续存在。例如，水面上的冰无论大小，不论有多少块，都属同一相。

1.1.4　状态与状态函数

由一系列表征系统性质的物理量所确定下来的系统的存在形式称为系统的状态(state)。用来表征系统状态的物理量称为状态函数(state function)。系统所处的状态一旦确定，表征其状态的所有状态函数也随之确定。如果此时某一状态函数发生变化，则此系统便呈现为另一种状态。

系统的状态函数是由其所处的状态唯一确定的，因而当系统从一种状态变化到另一种状态时，其状态函数的改变量只取决于系统的起始状态和最终状态，而与发生这种变化所经历的具体途径无关。这是状态函数最基本和最重要的性质。

状态函数的数学组合仍是状态函数，这是状态函数另一个重要的性质。例如，质量 m 和体积 V 均是状态函数，二者之比 $\frac{m}{V}$ 仍是状态函数，也就是密度 ρ。

系统的状态函数之间密切关联，相互影响，而非彼此独立。如果系统中某个状态函数发生变化，那么至少将引起另外一个或多个状态函数发生变化。例如，封闭的理想气体系统中 p、V、T 之间，一旦三者其一发生变化，必将引起其他函数发生变化。

有些状态函数(如物质的量、质量等)与系统所含物质多少成正比，具有加和性，即系统状态函数总量等于各部分之和，称为系统的广度性质(extensive property，又称容量性质)。而另一些状态函数(如温度、密度等)与物质的量无关，不具有加和性，称为系统的强度性质(intensive property)。可以通过分析一个状态函数是否具有加和性来判断其究竟是具有广度性质还是强度性质。

1.1.5　过程与途径

系统的状态发生变化，即从一种状态(始态)变为另一种状态(终态)，就说系统经历了一个热力学过程(thermodynamic process)，简称为过程(process)。实现这个变化可以采取多种不同方法或步骤，每一种具体方法或步骤称为一种途径(path)。以理想气体变化的 p-V 图为例。p-V 图上从一点变化至另一点，就是一个过程，而从一点到另一点间任意一条变化曲线均是一种途径。显然，从一点到另一点的变化可以采用无限多的途径。

如果系统变化的过程中，压强、体积或温度始终保持不变，分别称为恒压、恒容或恒温过程；若系统与环境之间无热量交换，则称为绝热过程。

虽然系统由始态变为终态可以采用不同的途径来实现，但温度、体积、压强等状态函数的改变量却与途径无关，而只取决于系统的始态和终态。对于热和功，则不仅与始、终态有关，还与具体的途径有关。例如，一个物体初始温度是20℃，当给这个物体提供100J的能量后，温度将变为40℃。如果采用以下三种途径：①只加热100J；②加热50J，做功50J；③只做功100J，物体的温度都会从20℃升高到40℃。虽然这三种途径不同，但温度改变量都是20℃，而热和功的数值却并不相同。

假设系统经过某过程由状态1到达状态2之后，系统再沿该过程的逆过程从状态2返回到状态1，若原来过程对环境产生的一切影响同时被消除(系统和环境完全复原)，这种理想化的过程称为热力学可逆过程(reversible process)。反之，如果用任何方法都不可能使系统和环境完全复原的过程称为热力学不可逆过程(irreversible process)。必须指出，可逆过程是一种理想的过程，是一种科学的抽象，是系统在接近于平衡的状态下发生的无限缓慢的过程。它和平衡态密切相关，且指明了能量利用的最大限度，可用来衡量实际过程完善的程度，并将其作为改善、提高实际过程效率的目标。所以，热力学中的可逆过程有着重要的理论与现实意义。客观世界中的实际过程都是不可逆过程，只可能无限地趋近于它。

1.2 化学反应中的质量守恒与能量守恒

1.2.1 化学反应中的质量守恒与化学反应方程式

人们通过大量的实验发现，在化学反应中反应前各物质的质量总和等于反应后生成各物质的质量总和。这个规律就称为质量守恒定律(law of conservation of mass)。化学反应方程式反映了反应物和生成物原子数目和质量平衡关系，是质量守恒定律在化学变化中的具体体现。

在研究化学反应的过程中，对涉及反应过程中物质的量的变化，国际纯粹与应用化学联合会(IUPAC)推荐使用比利时化学家德唐德(T. de Donder)提出的“反应进度”(extent of reaction)的概念，用符号ξ表示。

对于一般的化学反应方程式：

$$a\mathrm{A}+b\mathrm{B}+\cdots = x\mathrm{X}+y\mathrm{Y}+\cdots$$

可改写为

$$0=(-a)\mathrm{A}+(-b)\mathrm{B}+\cdots+x\mathrm{X}+y\mathrm{Y}+\cdots$$

或表述为

$$0=\sum_{\mathrm{R}}\nu_{\mathrm{R}}\mathrm{R}$$

式中，$\sum$为对通式$\nu_{\mathrm{R}}\mathrm{R}$求和；R为任意物质；$\nu_{\mathrm{R}}$为该物质的化学计量数(stoichiometric number)，量纲为1，对反应物取负值，对生成物取正值。

若反应初始$t=0$，则反应进行到t时刻，反应进度定义为

$$\xi=\frac{n_{\mathrm{R}}(t)-n_{\mathrm{R}}(0)}{\nu_{\mathrm{R}}}=\frac{\Delta n_{\mathrm{R}}}{\nu_{\mathrm{R}}} \tag{1-1}$$

式中，$n_{\mathrm{R}}(0)$为任一组分R在反应开始时$(t=0)$的物质的量；$n_{\mathrm{R}}(t)$为该组分在反应达到t时刻时物质的量。显然，ξ的单位是mol。

引入反应进度的最大优点是在反应进行到任意时刻时，可用任意一种反应物或产物来表示反应进行的程度，所得值总是相等且为正值。以合成氨反应为例，对于反应式：

	$N_2(g)$ +	$3H_2(g)$ =	$2NH_3(g)$
反应开始时物质的量/mol	10	20	0
反应至t时物质的量/mol	9	17	2

则各物质的反应进度为

$$\xi(N_2) = \frac{\Delta n(N_2)}{\nu(N_2)} = \frac{9\text{mol} - 10\text{mol}}{-1} = 1\text{mol}$$

$$\xi(H_2) = \frac{\Delta n(H_2)}{\nu(H_2)} = \frac{17\text{mol} - 20\text{mol}}{-3} = 1\text{mol}$$

$$\xi(NH_3) = \frac{\Delta n(NH_3)}{\nu(NH_3)} = \frac{2\text{mol} - 0\text{mol}}{2} = 1\text{mol}$$

必须指出，反应方程式中的化学计量数与化学反应方程式的写法有关。对同一反应,反应方程式写法不同，ν_R 就不同，ξ 也就不同。所以当使用反应进度时，必须指明相应的化学反应方程式。

1.2.2 化学反应中的能量守恒与热力学第一定律

人们通过长期的实践认识到隔离系统中能量不会自生自灭，只会由一种形式转变为另一种形式，但总量不变。这就是能量守恒定律(law of conservation of energy)。化学反应中所涉及的能量形式主要有热力学能、热、功等。

1. 热力学能

任何系统在某个状态下都具有一定的总能量，其中包含系统整体的动能、在外场中的势能，以及系统内部的能量。系统内部所有微观粒子具有的全部能量，包括分子的平动能、转动能、振动能、分子间势能、原子间键能、电子运动能、核内基本粒子间核能等，称为热力学能(thermodynamic energy)，符号为 U。

热力学能是度量系统内部总能量的物理量，是一个状态函数。由于人们对系统内部所有的能量形式及能量大小的认识有限，因此热力学能的绝对数值尚无法确定，但这并不影响热力学能的实际应用，热力学所关心的往往是热力学能的改变量 ΔU 。

$$\Delta U = U_2 - U_1 \tag{1-2}$$

2. 热和功

热(heat)和功(work)是系统与环境进行能量传递和交换的两种不同形式。热，符号为 Q，是系统与环境由于存在温度差异而引起的能量传递；功，符号为 W，是力在空间上的累积。

热和功都具有能量单位，常用单位是 J 或 kJ。热力学中规定，凡是能使系统能量增加的取正值，反之取负值。即系统吸热，Q 取正值，系统放热，Q 取负值；环境对系统做功，W 取正值，系统对环境做功，W 取负值。

功的类型有很多种。例如，由系统体积发生变化反抗环境压强而产生的功称为体积功；由物质表面积发生变化而产生的功称为表面功；由电荷定向移动而产生的功称为电功等。除体积功以外其他形式的功统称非体积功，本章所涉及的主要是体积功。

下面讨论恒压过程和恒容过程两种特殊过程的体积功的计算。

1) 恒压体积功

如图 1-1 所示，活塞容器(假设活塞无质量且与器壁无摩擦，截面积为 S)内封闭一定量的气体，活塞初始位置为虚线位置，发生变化后位于实线位置，活塞的移动距离为 $\Delta l = l_2 - l_1$。假

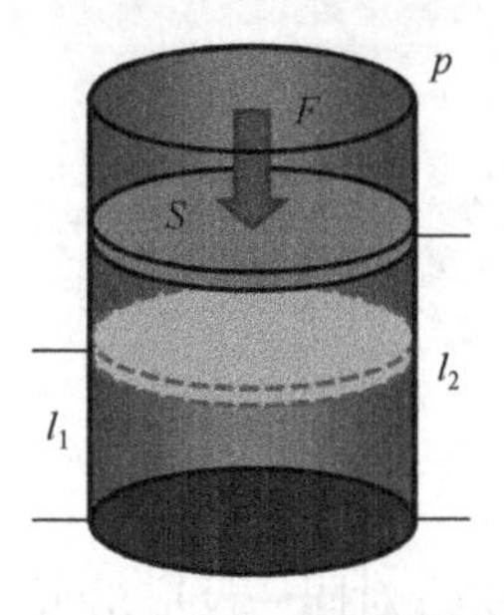

图 1-1　体积功示意图

设外界环境恒压，压强为 p，则作用在活塞上的外力 $F=p \cdot S$。所以，系统反抗环境压强所做的功的绝对值为

$$|W| = p \cdot S \cdot |l_2 - l_1| = p \cdot |V_2 - V_1| = p \cdot |\Delta V|$$

对于功的符号，膨胀过程，$\Delta V>0$，系统对环境做功，功为负值；压缩过程，$\Delta V<0$，环境对系统做功，功为正值。因此，无论是膨胀过程还是压缩过程，去绝对值符号后，等式右边都需要补一个负号，即恒压体积功为

$$W = -p \cdot \Delta V$$

2）恒容体积功

对于恒容过程，相当于活塞位置固定，系统发生变化时活塞位移为 0。因此，无论作用在活塞上的力为多少，恒容体积功均为 0。

3. 热力学第一定律

一个封闭系统，若在一个热力学过程中从环境吸收热量为 Q，同时环境又对系统做功 W，根据能量守恒定律

$$\Delta U = U_2 - U_1 = Q + W \tag{1-3}$$

式（1-3）为封闭系统热力学第一定律（the first law of thermodynamics）的数学表达式。公式表明，封闭系统热力学能的改变量等于系统从环境吸收的热量与环境对系统所做功的总和。并且，由于 U 是状态函数，只与系统的始、终态有关，与途径无关，因此只要系统的始、终态是确定的，无论采用什么途径完成变化，热、功之和都是相等的。

1.3　化学反应中的能量变化

1.3.1　化学反应的反应热与焓

在只考虑体积功的化学反应系统中，化学反应过程中的热量变化称为化学反应的热效应，简称反应热。为了讨论问题方便，只考虑反应始态与反应终态的温度相同时的反应热。以下通过热力学第一定律来分析恒容过程和恒压过程这两种特殊过程的反应热特点。

1. 恒容反应热 Q_V

在恒容条件下，体积功 $W=0$，$Q=Q_V$（下标 V 表示恒容过程），根据热力学第一定律式（1-3）有

$$\Delta U = U_2 - U_1 = Q + W = Q_V \tag{1-4}$$

该式表明恒容反应热等于系统的热力学能这一状态函数的改变量。

2. 恒压反应热 Q_p

在恒压条件下，体积功 $W=-p\Delta V$，$Q=Q_p$（下标 p 表示恒压过程），根据式（1-3）有

$$\Delta U = U_2 - U_1 = Q_p - p\Delta V \tag{1-5}$$

可将式（1-5）改写为

$$U_2 - U_1 = Q_p - p(V_2 - V_1) \tag{1-6}$$

即

$$Q_p = (U_2 + pV_2) - (U_1 + pV_1) \tag{1-7}$$

式(1-7)中等号右侧出现 $U + pV$ 的组合，若将这个数学组合作为一个整体，并且定义：

$$H = U + pV \tag{1-8}$$

由于 U、p、V 都是状态函数，因此三者的数学组合也是状态函数，即 H 也为状态函数，热力学中将其称为焓(enthalpy)。

当系统由状态 1 变化为状态 2 时，焓的改变量 ΔH(简称焓变)为

$$\Delta H = H_2 - H_1 = (U_2 + p_2V_2) - (U_1 + p_1V_1) \tag{1-9}$$

因为恒压过程 $p_1 = p_2 = p$，所以又有

$$\Delta H = (U_2 + pV_2) - (U_1 + pV_1) \tag{1-10}$$

对比式(1-7)和式(1-10)，显然

$$Q_p = \Delta H \tag{1-11}$$

式(1-11)表明，恒压反应热等于系统状态函数焓的改变量。

由式(1-4)和式(1-11)可以看出，虽然热不是状态函数，系统变化产生的热与具体的途径有关，但如果给系统的变化加上一个限定条件，如恒容或恒压条件，则系统的热量变化可以根据系统变化前后某个状态函数的变化情况计算出来。

3. 恒容反应热与恒压反应热的关系

研究表明，在物质的三态中，理想气体的热力学能只与温度有关；固体和液体的热力学能除了与温度有关以外，与系统的压强也有关系，而对于压强不太大的情况，其对于热力学能的影响可以忽略。因此，一般化学反应系统中，系统的热力学能可以近似认为只与温度有关。也就是说，如果两个系统组成相同，温度相同，这两个系统的热力学能也是相等的。

由于恒容反应过程和恒压反应过程只是反应条件不同，反应前后系统的组成都是相同的，再加上定义的恒容反应热与恒压反应热反应前后温度相同，因此两种过程反应前后系统的热力学能相等，热力学能的改变量也相等，即

$$\Delta U_{恒容} = \Delta U_{恒压} \tag{1-12}$$

由式(1-4)和式(1-11)，可得

$$Q_V = Q_p - p\Delta V = Q_p - p(V_2 - V_1) \tag{1-13}$$

对于理想气体，有 $pV = nRT$，所以式(1-13)又可进一步改写为

$$Q_V = Q_p - (n_2 - n_1)RT = Q_p - \Delta nRT \tag{1-14}$$

或

$$Q_p = Q_V + \Delta nRT \tag{1-15}$$

式中，Δn 为反应后和反应前所有气体物质的量之和的改变量。

式(1-14)和式(1-15)所揭示的恒容反应热与恒压反应热的关系对于实践有很重要的指导意义。由于绝大多数的化学反应都是在敞口容器中进行的，可以看作是恒压过程，但在反应热

的测定中，为了避免物质和热量损失，通常在密闭容器中进行。也就是恒容反应热测定比较方便和准确，而恒压反应热应用更加广泛。因此，可以通过测定恒容反应热，再根据恒容反应热与恒压反应热的关系计算出恒压反应热。

【例 1-1】 298.15K 时，向刚性密闭反应器中充入 1mol H_2 和 0.5mol O_2，完全反应生成 1mol 液态 H_2O 时放出热量 282.1kJ。试计算该温度下生成 2mol 液态 H_2O 时的恒压反应热。

解 按题意，反应方程式为

$$H_2(g)+\frac{1}{2}O_2(g) \xlongequal{\quad} H_2O(l)$$

1mol H_2 和 0.5mol O_2 完全反应生成 1mol 液态 H_2O 时放出热量 282.1kJ，即 $Q_V = -282.1\text{kJ}$。

$$\Delta n = [0-(1+0.5)]\text{mol} = -1.5\text{mol}$$

根据式(1-15)有

$$Q_p = Q_V + \Delta nRT = -282.1\text{kJ} + (-1.5\text{mol})\times 8.314\text{J}\cdot\text{mol}^{-1}\cdot\text{K}^{-1}\times 298.15\text{K} = -285.8\text{kJ}$$

所以，当生成 2mol 液态 H_2O 时的恒压反应热为−571.6kJ。

1.3.2 物质的标准摩尔生成焓

前文已经提到，化学反应的恒压反应热在数值上等于系统焓的改变量。如果能够确定系统始、终态的焓值，二者之差就是恒压反应热。然而根据焓的定义，它是$(U+pV)$的数学组合，而热力学能 U 的绝对数值暂时是无法确定的，系统的焓值自然也无法确定，因此通过计算绝对焓值之差得到恒压反应热显然是不可能实现的。如果选定一个参考基准，确定系统变化前后对于该基准的相对焓值，就可以利用相对焓值进行求差，从而得到系统的焓变。

1. 热力学标准态

化学反应系统中物质状态各异，为了使相同聚集状态的物质在不同化学反应中能够有一个公共的参考状态，热力学规定了物质的标准状态，简称标准态或标态。

气体：分压为标准压强 $p^\ominus$ (国家标准规定 $p^\ominus$ =100kPa)且表现出理想气体性质的纯气体状态。

液体或固体：标准压强 $p^\ominus$ 时的纯液体或纯固体。

溶液：标准压强 $p^\ominus$，分散粒子浓度为标准浓度 $c^\ominus$ (国家标准规定 $c^\ominus$ =1mol · dm^{-3})时的状态。

标准态：没有规定温度，任意温度下物质只要符合以上状态都处于相应的标准状态。为了研究方便，人们规定 T =298.15K 作为参考温度，多数的热力学数据都是基于这个参考温度测定的。

例如，纯 H_2 的标准态是压强为 100kPa 时的状态；H_2 和 N_2 的混合气体，当 H_2 处于标准态时，其在混合气体中的分压应等于 100kPa；水或冰的标准态是环境压强为 100kPa 时纯水或冰所处的状态。再如，环境压强为 100kPa，理想的 1mol · dm^{-3} $CaCl_2$ 溶液中，Ca^{2+}处于标准态而 Cl^-处于非标准态。

如果一个化学反应系统处于标准态，则系统中所有物质(包括反应物和生成物)均为标准态，即所有气态物质的分压均为标准压强 $p^\ominus$，所有溶液分散粒子的浓度均为标准浓度 $c^\ominus$。应该指出，虽然在实际反应中绝对的标准状态是很难实现的，但标准态的规定可以给我们提供一套最基本的数据，进而在此基础上获得更接近实际的非标准态的数据。

2. 物质的标准摩尔生成焓的定义

对于单质和化合物，规定在温度为 T、标准状态下，由指定单质生成单位物质的量(1mol)的纯物质时反应的焓变称为该物质的标准摩尔生成焓，以符号 $\Delta_f H_m^\ominus(T)$ 表示，常用单位是 $kJ \cdot mol^{-1}$。符号中的下标 f 表示生成反应，上标⊖表示标准状态，下标 m 表示此反应的反应进度 $\xi = 1mol$，T=298.15K 为参考温度。

物质的标准摩尔生成焓的定义中，暗示着对反应条件及反应方程式的约束：①反应系统处于标准状态，即反应方程式中涉及的所有物质均为标准态。②反应物全部是单质，而且是指定单质。指定单质一般是指标准状态下处于最稳定状态的单质。例如，298.15K、$p^\ominus$ 下碳有金刚石、石墨、无定形碳等，氧有氧气和臭氧，其中石墨和氧气为最稳定状态单质，因此含碳或含氧化合物的标准摩尔生成焓应该以 C(石墨)或 O_2(g)为反应物。③生成物只有一种，且系数为 1。

据此，可以得知 CO_2(g)、H_2O(l)、CH_3CH_2OH(l)等化合物的标准摩尔生成焓定义所对应的方程式分别为

$$C(石墨) + O_2(g) =\!=\!= CO_2(g)$$

$$H_2(g) + \frac{1}{2}O_2(g) =\!=\!= H_2O(l)$$

$$2C(石墨) + 3H_2(g) + \frac{1}{2}O_2(g) =\!=\!= CH_3CH_2OH(l)$$

对于水合离子，规定 $p^\ominus$ 下水合氢离子的标准摩尔生成焓为零。

根据以上定义和规定，显然指定单质及水合氢离子的标准摩尔生成焓均为零。这其实就是在规定相对焓值时采用的参考基准。在此基础上，通过实验就可以测定出其他非指定单质、化合物、水合离子的相对焓值。在一些化学手册或工具书中通常可以查到参考温度 T =298.15K 下各物质标准摩尔生成焓的数据，本书附录 3 中列出了部分常见物质的标准摩尔生成焓数据。

1.3.3　反应的标准摩尔焓变

1. 反应的标准摩尔焓变的定义

反应的摩尔焓变是指摩尔反应，即反应进度 ξ=1mol 时的焓变。温度 T 时，如果参与反应的物质(包括反应物和生成物)都处于标准态，则此时反应的摩尔焓变就称为反应的标准摩尔焓变，以符号 $\Delta_r H_m^\ominus(T)$ 表示。符号中的下标 r 表示反应，上标⊖表示标准状态，下标 m 表示此反应的反应进度 $\xi = 1mol$，T 表示反应温度。

例如，反应 $2H_2(g) + O_2(g) =\!=\!= 2H_2O(l)$ 的标准摩尔焓变的意义就是：标准状态下，由 2mol H_2(g)和 1mol O_2(g)反应生成 2mol H_2O(l)时的焓变。

2. 反应的标准摩尔焓变的计算

为了计算任意化学反应 $aA + bB + \cdots =\!=\!= xX + yY + \cdots$ 的标准摩尔焓变，可以这样设计反

应方案，如图 1-2 所示。

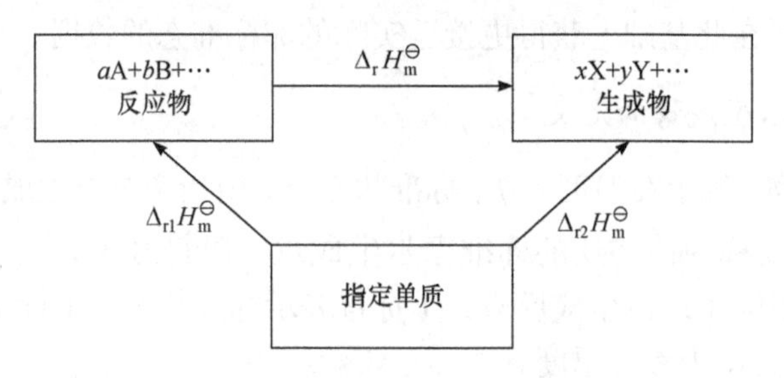

图 1-2　分步反应示意图

方案一：由指定单质先生成反应物 A、B、…，各反应物再发生反应生成生成物 X、Y、…；

方案二：由指定单质直接生成生成物 X、Y、…。

1840 年，俄国化学家赫斯(G. H. Hess)根据大量的实验结果总结出一个规律：一个化学反应不管分成几步完成，总反应的反应热总是等于各步反应的反应热之和。这个规律就称为赫斯定律。因此，上述方案一总的反应热与方案二的反应热相等。

根据物质的标准摩尔生成焓的定义，可知

$$\Delta_{r1} H_m^\ominus = a\Delta_f H_m^\ominus(A) + b\Delta_f H_m^\ominus(B) + \cdots$$

$$\Delta_{r2} H_m^\ominus = x\Delta_f H_m^\ominus(X) + y\Delta_f H_m^\ominus(Y) + \cdots$$

再根据赫斯定律，有

$$\Delta_{r1} H_m^\ominus + \Delta_r H_m^\ominus = \Delta_{r2} H_m^\ominus$$

因此

$$\Delta_r H_m^\ominus = [(-a)\Delta_f H_m^\ominus(A) + (-b)\Delta_f H_m^\ominus(B) + \cdots] + [x\Delta_f H_m^\ominus(X) + y\Delta_f H_m^\ominus(Y) + \cdots]$$

或表述为

$$\Delta_r H_m^\ominus = \sum_R \nu_R \Delta_f H_m^\ominus(R)$$

在 298.15K 时反应的标准摩尔焓变的计算公式为

$$\Delta_r H_m^\ominus(298.15\text{K}) = \sum_R \nu_R \Delta_f H_m^\ominus(R, 298.15\text{K}) \tag{1-16}$$

即 298.15K 下反应的标准摩尔焓变等于同温度下此反应中各物质的标准摩尔生成焓与其化学计量数乘积之和。

【例 1-2】　随着生活节奏的加快，一些速热方便食品应运而生。将速热食品包装中的加热包放入容器中再加入适量的水，便可产生大量蒸气将食物加热。加热包通常含有 Al 粉、CaO，还有硅藻土等其他一些成分。遇水主要发生如下反应：

$$2Al(s) + CaO(s) + 3H_2O(l) \xlongequal{\quad} Ca(AlO_2)_2(s) + 3H_2(g)$$

已知 298.15K 时 $Ca(AlO_2)_2(s)$的标准摩尔生成焓为$-2326.30\text{kJ}\cdot\text{mol}^{-1}$，试求上述反应在 298.15K 时的标准摩尔焓变。若产生的热量全部被水吸收，反应进度为 0.5mol 时，反应产生的热量可以使多少水从 20℃升高到 100℃？(水的比热容为 $4.2\text{kJ}\cdot\text{kg}^{-1}\cdot\text{K}^{-1}$)

解 查附录 3 中各物质的标准摩尔生成焓。

$$2Al(s) + CaO(s) + 3H_2O(l) \longrightarrow Ca(AlO_2)_2(s) + 3H_2(g)$$

$\Delta_f H_m^{\ominus}(298.15K)/(kJ \cdot mol^{-1})$ 0 −635.09 −285.83 −2326.30 0

$$\Delta_r H_m^{\ominus}(298.15K) = \sum_R \nu_R \Delta_f H_m^{\ominus}(R, 298.15K)$$

$$= [(-2)\times 0 + (-1)\times(-635.09) + (-3)\times(-285.83) + 1\times(-2326.30) + 3\times 0]kJ \cdot mol^{-1}$$

$$= -833.72kJ \cdot mol^{-1}$$

因为焓变等于恒压热效应，根据式(1-11)，有 $Q_p = -833.72kJ \cdot mol^{-1}$。

当反应进度 $\xi = 0.5mol$ 时，释放的热量 $Q = \xi \cdot Q_p = -416.86kJ$，这些热量足以将 1200g 的水从 20℃加热到 100℃。

利用标准摩尔生成焓的数据计算反应的标准摩尔焓变时应注意：

(1)书写反应方程式时一般要注明物质的状态，如 s(solid，表示固体)、g(gas，表示气体)、l(liquid，表示纯液体)、aq(aqueous，表示水溶液)等。同一物质不同的聚集状态，它们的标准摩尔生成焓是不同的，查表时需要注意。

(2)计算时反应方程式中的化学计量数不能遗漏，并且需注意符号：对反应物取负值，对生成物取正值。

(3)各物质的标准摩尔生成焓的数值有正有负，运算过程中，正、负号不能疏忽和混淆。

(4)若系统的温度不是 298.15K，反应的焓变会随温度而有所改变，但如果无相变发生，反应的焓变受温度变化影响不大。为了简便起见，本书中不考虑温度对反应焓变的影响，即

$$\Delta_r H_m^{\ominus}(T) \approx \Delta_r H_m^{\ominus}(298.15K) \tag{1-17}$$

1.4 化学反应的方向

1.4.1 化学反应的自发性

在一定条件下，无需外力影响(无需环境对系统做功)就能自动发生的过程称为自发过程。例如，热量会自发地由高温物体传递给低温物体，高压钢瓶阀门打开气体会自动喷出，铁在潮湿的空气中会生锈等，都是自发的过程。自发过程的逆过程称为非自发过程。显然，以上几个例子的逆过程如果没有外力影响都是不可能自动发生的。

一个自发的化学变化过程一般称为自发反应。化学反应在给定的条件下能否自发进行，或在什么样的条件下能够自发进行，一直以来都是生产实践中人们关注的重要问题。例如，钢铁的热处理工艺中有一种热处理方法称为渗氮处理，当钢铁部件(如齿轮)表面渗入 N 原子以后，可与 Fe 原子形成多种氮化物(如 Fe_xN，x=1～4)，从而提高部件的表面硬度、耐磨损、耐疲劳等性能。欲得到氮化物(以 Fe_4N 为例)，可以设想通过以下两种反应来实现：

$$8Fe(s) + N_2(g) \longrightarrow 2Fe_4N(s)$$

$$8Fe(s) + 2NH_3(g) \longrightarrow 2Fe_4N(s) + 3H_2(g)$$

热力学上这两个反应在给定条件下能否自发？或者在什么样的条件下可以自发？有没有一种判断或估算方法呢？为了解决这个问题，首先探讨影响化学反应自发性的因素。

1.4.2 影响化学反应自发性的因素——焓变和熵变

人们通过大量的物理、化学过程的研究发现，所有的自发过程都遵循以下规律：

(1)系统有取得最低能量状态的趋势。

(2)系统有取得最大混乱程度的趋势。

(3)自发过程具有对外做有用功的能力。

从能量角度来说，如果一个过程焓变小于零($\Delta H<0$)，是放热的，系统能量降低，似乎反应就可以自发进行。然而实践告诉我们有很多过程，如冰的融化、KNO_3的溶解、$CaCO_3$的分解等虽然都是吸热的，但在一定条件下也能够自发进行。这说明焓变不能作为反应是否能够自发进行的唯一判据。不过焓变小于零，系统能量降低，对自发肯定是有利的。

自然界中还有一些过程，如香水的挥发、食盐的溶解等也是自发过程。这类过程有一个共同的特点：系统自发地向取得最大混乱度(或无序度)的方向进行。

在热力学中，系统内物质微观粒子的混乱度可用熵(entropy)来衡量，符号为S。在统计热力学中$S=k\ln\Omega$，式中$k=R/N_A$(摩尔气体常量与阿伏伽德罗常量之比)为玻尔兹曼常量，Ω为系统总的微观状态数。可见，系统总的微观状态数越大，系统越混乱，系统的熵值越大。熵也是状态函数，系统从状态 1 变化到状态 2，熵的改变量$\Delta S = S_2-S_1$简称熵变。

同样，熵变也不能作为反应是否能够自发的唯一判据。但是，熵变大于零，系统混乱度增大，对自发也是有利的。

1.4.3 物质的标准摩尔熵和反应的标准摩尔熵变

系统内物质微观粒子的混乱度与物质的聚集状态和温度等有关。人们根据一系列低温实验事实，推测在绝对零度时，一切纯物质的完美晶体的熵值都等于零，这就是热力学第三定律。因为在绝对零度时，理想晶体内分子的各种运动都将停止，物质微观粒子处于完全整齐有序的状态，从统计热力学的角度来看，系统只有一种微观状态，$\Omega=1$，因此$S=0$。如果知道某一物质从绝对零度到指定温度下的一些热化学数据(如热容、相变热等)，就可以求出此温度时的熵值，称为这一物质的规定熵(与热力学能和焓不同，物质的热力学能和焓的绝对值是难以确定的)。单位物质的量的纯物质在标准状态下的规定熵称为该物质的标准摩尔熵，以符号$S_m^\ominus(T)$表示，常用单位为$J \cdot mol^{-1} \cdot K^{-1}$。

一般来说，物质的熵值有以下规律：

(1)相同温度下，同一种物质$S(g) \gg S(l) > S(s)$。例如，单质硫的气、液、固三态在 298.15K 时的标准摩尔熵分别为$168J \cdot mol^{-1} \cdot K^{-1}$、$35J \cdot mol^{-1} \cdot K^{-1}$、$32J \cdot mol^{-1} \cdot K^{-1}$。

(2)同一物质相同聚集态，S(高温)$>S$(低温)。例如，$CS_2(l)$在 161K 和 298K 时标准摩尔熵分别为$103J \cdot mol^{-1} \cdot K^{-1}$和$150J \cdot mol^{-1} \cdot K^{-1}$。

(3)温度和聚集状态相同时，S(复杂分子)$>S$(简单分子)。例如，298.15K 时 $CO_2(g)$和$CO(g)$的标准摩尔熵分别为$214J \cdot mol^{-1} \cdot K^{-1}$和$198J \cdot mol^{-1} \cdot K^{-1}$。

对于水合离子，规定标准状态下，水合氢离子的标准摩尔熵值为零。其他水合离子的标准摩尔熵可以推算出来(与水合离子的标准摩尔生成焓相似，水合离子的标准摩尔熵也是相对值)。参考温度T=298.15K 时物质的标准摩尔熵的数据可从有关的化学、化工手册中查到。本书附录 3 中列出了一些常见单质、化合物和水合离子的标准摩尔熵的数据。

与反应的标准摩尔焓变的计算相似，对于一般的化学反应方程式：

$$0=\sum_{R}\nu_{R}R$$

在 298.15K、标准状态下，反应的标准摩尔熵变的计算公式为

$$\Delta_r S_m^{\ominus}(298.15K)=\sum_{R}\nu_{R}S_m^{\ominus}(R,298.15K) \tag{1-18}$$

即反应的标准摩尔熵变等于反应中各物质的标准摩尔熵与其化学计量数乘积之和。若系统的温度不是 298.15K，反应的熵变会随温度而有所改变，但如果无相变发生，则反应的熵变受温度影响不大。为了简便起见，本书中也不考虑温度对反应熵变的影响，即

$$\Delta_r S_m^{\ominus}(T)\approx\Delta_r S_m^{\ominus}(298.15K) \tag{1-19}$$

1.4.4　吉布斯函数变与化学反应进行的方向

前面已经提到，自发过程无需环境对系统做功就可以自动进行，在一定条件下，自发过程反而可以对外做有用功。因此，判断一个反应能否自发进行的标准就是看它是否对外做有用功。基于这个思想，1875 年美国化学家吉布斯(J. W. Gibbs)提出了一个把焓和熵结合在一起的热力学函数：

$$G=H-TS \tag{1-20}$$

式中，热力学函数 G 称为吉布斯函数(Gibbs function)，它是状态函数 H 、T 和 S 的组合，显然也是状态函数。

在恒压、等温条件下，反应或过程的吉布斯函数变为

$$\Delta G=\Delta H-T\Delta S \tag{1-21}$$

式(1-21)称为吉布斯等温方程，是化学上最重要和最有用的方程之一。

热力学可以证明，系统的吉布斯函数变 ΔG 就是系统在恒压、等温条件下，系统对外所做的最大有用功 W'_{max} 。

$\Delta G<0$ ，系统能够对外做有用功，反应正向自发进行；

$\Delta G=0$ ，反应处于平衡状态；

$\Delta G>0$ ，系统不能对外做有用功，反应正向非自发进行，逆向自发进行。

由此可见，吉布斯函数变 ΔG 将影响自发反应的两个主要因素——焓变 ΔH 和熵变 ΔS，并通过温度统一起来，从而作为判断反应自发方向的依据。例如，如果一个反应的 $\Delta H<0$，$\Delta S>0$，对自发都是有利因素，因此无论温度是多少，ΔG 都小于 0，也就是说任何温度下反应都可以自发进行。其他情况下，反应自发性与 ΔH 和 ΔS 符号及温度 T 之间的定性关系见表 1-2。

表 1-2　ΔH、ΔS 符号对反应自发性的影响

序号	ΔH	ΔS	ΔG	反应自发性	实例
1	–	+	–	自发(任何温度)	$2H_2O_2(g) = 2H_2O(g)+O_2(g)$
2	+	–	+	非自发(任何温度)	$2CO(g) = 2C(g)+O_2(g)$
3	–	–	低温– 高温+	低温自发	$HCl(g)+NH_3(g) = NH_4Cl(s)$
4	+	+	低温+ 高温–	高温自发	$CaCO_3(s) = CaO(s)+CO_2(g)$

1.4.5 反应的摩尔吉布斯函数变的计算

温度为 T、反应进度 ξ=1mol 时，反应前后系统吉布斯函数的变化量称为摩尔吉布斯函数变，符号为 $\Delta_r G_m(T)$。如果系统处于标准状态，反应的摩尔吉布斯函数变就称为标准摩尔吉布斯函数变，用符号 $\Delta_r G_m^\ominus(T)$ 表示。反应的吉布斯函数变常用单位为 $kJ \cdot mol^{-1}$。

1. 298.15K 时反应的标准摩尔吉布斯函数变的计算

1) 利用物质的 $\Delta_f G_m^\ominus(298.15K)$ 数据来计算

与物质的焓相似，物质的吉布斯函数的规定也采用相对值。在标准状态时，由指定单质生成单位物质的量的纯物质时反应的吉布斯函数变称为该物质的标准摩尔生成吉布斯函数，以符号 $\Delta_f G_m^\ominus$ 表示。对于水合离子，也是以水合氢离子为基准，规定其标准摩尔生成吉布斯函数为零，进而可以获得其他水合离子的标准摩尔生成吉布斯函数。温度为 298.15K 时，常见的一些单质、化合物和水合离子的标准摩尔生成吉布斯函数的数据见本书附录 3。

利用物质的 $\Delta_f G_m^\ominus(298.15K)$ 数据计算 298.15K 下反应的标准摩尔吉布斯函数变 $\Delta_r G_m^\ominus(298.15K)$ 与反应的标准摩尔焓变和标准摩尔熵变的计算相似，公式为

$$\Delta_r G_m^\ominus(298.15K) = \sum_R \nu_R \Delta_f G_m^\ominus(R, 298.15K) \tag{1-22}$$

2) 利用物质的 $\Delta_f H_m^\ominus(298.15K)$ 和 $S_m^\ominus(298.15K)$ 数据来计算

利用 $\Delta_f H_m^\ominus(298.15K)$ 和 $S_m^\ominus(298.15K)$ 的数据计算出 $\Delta_r H_m^\ominus(298.15K)$ 和 $\Delta_r S_m^\ominus(298.15K)$，然后用吉布斯等温方程计算 $\Delta_r G_m^\ominus(298.15K)$，即

$$\Delta_r G_m^\ominus(298.15K) = \Delta_r H_m^\ominus(298.15K) - 298.15K \cdot \Delta_r S_m^\ominus(298.15K) \tag{1-23}$$

需要特别指出的是，由于 $\Delta_r H_m^\ominus$ 和 $\Delta_r G_m^\ominus$ 的常用单位为 $kJ \cdot mol^{-1}$，而 $\Delta_r S_m^\ominus$ 的常用单位为 $J \cdot mol^{-1} \cdot K^{-1}$，因此在利用式(1-23)计算反应的标准摩尔吉布斯函数变时必须注意单位换算和统一。

【例 1-3】 利用 $\Delta_f G_m^\ominus(298.15K)$ 的数据，计算反应 $8Fe(s) + N_2(g) \xlongequal{\quad} 2Fe_4N(s)$ 的 $\Delta_r G_m^\ominus(298.15K)$，并说明标准状态、298.15K 时，反应能否正向自发进行。[已知 $\Delta_f G_m^\ominus(Fe_4N, 298.15K) = 3.77kJ \cdot mol^{-1}$]

解 查附录 3 中各物质的标准摩尔生成吉布斯函数。

	$8Fe(s)$	$+ N_2(g)$	$\xlongequal{\quad} 2Fe_4N(s)$
$\Delta_f G_m^\ominus(298.15K)/(kJ \cdot mol^{-1})$	0	0	3.77

$$\begin{aligned}\Delta_r G_m^\ominus(298.15K) &= \sum_R \nu_R \Delta_f G_m^\ominus(R, 298.15K) \\ &= [(-8)\times 0 + (-1)\times 0 + 1\times 0 + 2\times 3.77]kJ \cdot mol^{-1} \\ &= 7.54kJ \cdot mol^{-1}\end{aligned}$$

由于 $\Delta_r G_m^\ominus(298.15K) > 0$，说明在标准状态、298.15K 时，该反应不能正向自发进行。

【例 1-4】 利用 $\Delta_f H_m^\ominus(298.15K)$ 和 $S_m^\ominus(298.15K)$ 的数据，计算反应 $8Fe(s) + 2NH_3(g) \xlongequal{\quad} 2Fe_4N(s) + 3H_2(g)$ 的 $\Delta_r G_m^\ominus(298.15K)$，并说明标准状态、298.15K 时，反应能否正向自发进行。[已知 $\Delta_f H_m^\ominus(Fe_4N, 298.15K) =$

$-10.46\text{kJ}\cdot\text{mol}^{-1}$，$S_m^\ominus(Fe_4N,\ 298.15\text{K})=156.06\text{kJ}\cdot\text{mol}^{-1}$]

解　查附录 3 中各物质的相关数据。

	$8Fe(s)$	$+\ 2NH_3(g)$	$=\!=\!=\ 2Fe_4N(s)$	$+\ 3H_2(g)$
$\Delta_f H_m^\ominus(298.15\text{K})/(\text{kJ}\cdot\text{mol}^{-1})$	0	−46.11	−10.46	0
$S_m^\ominus(298.15\text{K})/(\text{J}\cdot\text{mol}^{-1}\cdot\text{K}^{-1})$	27.28	192.45	156.06	130.68

$$\begin{aligned}\Delta_r H_m^\ominus(298.15\text{K}) &= \sum_R \nu_R \Delta_f H_m^\ominus(\text{R},298.15\text{K})\\ &= [(-8)\times 0+(-2)\times(-46.11)+2\times(-10.46)+3\times 0]\text{kJ}\cdot\text{mol}^{-1}\\ &= 71.30\text{kJ}\cdot\text{mol}^{-1}\end{aligned}$$

同理，可计算出 $\Delta_r S_m^\ominus(298.15\text{K})=101.02\ \text{J}\cdot\text{mol}^{-1}\cdot\text{K}^{-1}$，则

$$\begin{aligned}\Delta_r G_m^\ominus(298.15\text{K}) &= \Delta_r H_m^\ominus(298.15\text{K})-298.15\text{K}\cdot\Delta_r S_m^\ominus(298.15\text{K})\\ &= 71.30\text{kJ}\cdot\text{mol}^{-1}-298.15\text{K}\times 101.02\text{J}\cdot\text{mol}^{-1}\cdot\text{K}^{-1}\\ &= 41.18\text{kJ}\cdot\text{mol}^{-1}\end{aligned}$$

由于 $\Delta_r G_m^\ominus(298.15\text{K})>0$，说明在标准状态、298.15K 时，该反应不能正向自发进行。

2. 任意温度下反应的标准摩尔吉布斯函数变的计算

任意温度下反应的标准摩尔吉布斯函数变 $\Delta_r G_m^\ominus(T)$ 可以通过吉布斯等温方程[式(1-21)]来求出：

$$\Delta_r G_m^\ominus(T)=\Delta_r H_m^\ominus(T)-T\Delta_r S_m^\ominus(T) \tag{1-24}$$

前文已经指出，反应的焓变和熵变都是受温度影响的，但影响不大，粗略计算时可以用 $\Delta_r H_m^\ominus(298.15\text{K})$ 和 $\Delta_r S_m^\ominus(298.15\text{K})$ 近似代替 $\Delta_r H_m^\ominus(T)$ 和 $\Delta_r S_m^\ominus(T)$，所以有

$$\Delta_r G_m^\ominus(T)\approx\Delta_r H_m^\ominus(298.15\text{K})-T\Delta_r S_m^\ominus(298.15\text{K}) \tag{1-25}$$

式(1-25)就是任意温度下反应的标准摩尔吉布斯函数变的近似计算公式，实际运算时也要注意单位统一问题。式(1-25)还表明了反应的标准吉布斯函数变是温度的函数，且与温度近似呈线性关系，这一点与标准摩尔焓变和标准摩尔熵变不同。所以应当明确在温度 $T\neq 298.15\text{K}$ 时，$\Delta_r G_m^\ominus(T)$ 不能用 $\Delta_r G_m^\ominus(298.15\text{K})$ 近似代替。

【例 1-5】　估算例 1-4 反应在标准状态下能向正方向自发进行的温度条件。

解　标准状态下，若使反应能够正向自发进行，应满足

$$\Delta_r G_m^\ominus(T)\approx\Delta_r H_m^\ominus(298.15\text{K})-T\Delta_r S_m^\ominus(298.15\text{K})<0$$

将 $\Delta_r H_m^\ominus(298.15\text{K})$ 和 $\Delta_r S_m^\ominus(298.15\text{K})$ 数据代入上述不等式，有

$$71.30\text{kJ}\cdot\text{mol}^{-1}-T\times 101.02\text{J}\cdot\text{mol}^{-1}\cdot\text{K}^{-1}<0$$

解得

$$T>705.8\text{K}$$

说明在标准状态、温度高于 706K 时，该反应可以正向自发进行。

3. 任意状态下反应的摩尔吉布斯函数变的计算

对于任意温度、任意状态下的一般气体化学反应：

$$aA(g)+bB(g)+\cdots \xlongequal{\quad} xX(g)+yY(g)+\cdots$$

其反应的摩尔吉布斯函数变 $\Delta_r G_m(T)$ 的计算公式如下：

$$\Delta_r G_m(T)=\Delta_r G_m^{\ominus}(T)+RT\ln Q=\Delta_r G_m^{\ominus}(T)+2.303RT\lg Q \tag{1-26}$$

式中，R 为摩尔气体常量，其数值为 8.314J · mol^{-1} · K^{-1}；T 为温度；Q 为反应商。其中反应商的表达式为

$$Q=\prod_R\left[\frac{p(R)}{p^{\ominus}}\right]^{\nu_R} \tag{1-27}$$

式中，$\prod$ 为对通式 $\left[\frac{p(R)}{p^{\ominus}}\right]^{\nu_R}$ 求积；R 为任意气体物质；$p(R)$ 为该物质的分压；$p^{\ominus}$ 为标准压强；ν_R 为该物质的化学计量数。

利用上述公式计算反应的摩尔吉布斯函数变 $\Delta_r G_m(T)$ 时应注意：

(1) 反应的标准摩尔吉布斯函数变 $\Delta_r G_m^{\ominus}(T)$ 可通过式(1-25)求得，特别注意不能用 $\Delta_r G_m^{\ominus}(298.15K)$ 代替 $\Delta_r G_m^{\ominus}(T)$。

(2) 公式中各物理量常用单位并不一致，可能会出现单位为 kJ · mol^{-1} 和 J · mol^{-1} 数据的加减运算问题，运算时要注意单位的统一。

(3) 书写反应商 Q 的表达式时，对于反应式中的固态、液态纯物质或稀溶液中的溶剂(如水)，不列入反应商的表达式中；对于气体，用 $\frac{p(R)}{p^{\ominus}}$ 列入反应商的表达式；对于溶质中的水合离子，用 $\frac{c(R)}{c^{\ominus}}$ [$c(R)$ 表示任意物质的浓度，$c^{\ominus}$ 表示标准浓度]列入反应商的表达式，并以反应式中的化学计量数为指数。

例如：

$$MnO_2(s)+2Cl^-(aq)+4H^+(aq) \xlongequal{\quad} Mn^{2+}(aq)+Cl_2(g)+2H_2O(l)$$

该反应的反应商表达式为

$$Q=\left[\frac{c(Cl^-)}{c^{\ominus}}\right]^{-2}\left[\frac{c(H^+)}{c^{\ominus}}\right]^{-4}\frac{c(Mn^{2+})}{c^{\ominus}}\frac{p(Cl_2)}{p^{\ominus}}$$

或写成分式形式：

$$Q=\frac{\dfrac{c(Mn^{2+})}{c^{\ominus}}\dfrac{p(Cl_2)}{p^{\ominus}}}{\left[\dfrac{c(Cl^-)}{c^{\ominus}}\right]^{2}\left[\dfrac{c(H^+)}{c^{\ominus}}\right]^{4}}$$

必须注意，写成分式表达式时，所有反应物都应在分母上，所有生成物都应在分子上，且指数分别为相应物质化学计量数的绝对值(反应方程式中相应物质的系数)。

【例 1-6】 已知空气的压强 $p = 101.325\text{kPa}$，空气中所含 CO_2 的体积分数 $\varphi(CO_2) = 0.03\%$，试估算反应 $CaCO_3(s) \xlongequal{} CaO(s) + CO_2(g)$ 在空气中敞口反应能向正方向自发进行的温度。

解 查附录 3 中各物质的标准摩尔生成焓和标准摩尔熵数据如下：

	$CaCO_3(s)$	$CaO(s)$	$CO_2(g)$
$\Delta_f H_m^\ominus(298.15\text{K})/(\text{kJ}\cdot\text{mol}^{-1})$	−1206.92	−635.09	−393.51
$S_m^\ominus(298.15\text{K})/(\text{J}\cdot\text{mol}^{-1}\cdot\text{K}^{-1})$	92.9	39.75	213.74

$$\Delta_r H_m^\ominus(298.15\text{K}) = \sum_R \nu_R \Delta_f H_m^\ominus(\text{R}, 298.15\text{K}) = 178.32\text{kJ}\cdot\text{mol}^{-1}$$

$$\Delta_r S_m^\ominus(298.15\text{K}) = \sum_R \nu_R S_m^\ominus(\text{R}, 298.15\text{K}) = 160.59\text{J}\cdot\text{mol}^{-1}\cdot\text{K}^{-1}$$

CO_2 的体积分数 $\varphi(CO_2) = 0.03\%$，由此可得

$$p(CO_2) = p\varphi(CO_2) = 101.325\text{kPa}\times 0.03\% \approx 0.03\text{kPa} \neq p^\ominus$$

说明反应式中 CO_2 处于非标准态。欲使敞口反应能向正方向自发进行，应满足：

$$\Delta_r G_m(T) < 0$$

根据式(1-26)，有

$$\begin{aligned}\Delta_r G_m(T) &= \Delta_r G_m^\ominus(T) + RT\ln Q \\ &= \Delta_r H_m^\ominus(298.15\text{K}) - T\Delta_r S_m^\ominus(298.15\text{K}) + RT\ln Q \\ &= \Delta_r H_m^\ominus(298.15\text{K}) - T\Delta_r S_m^\ominus(298.15\text{K}) + RT\ln\frac{p(CO_2)}{p^\ominus} < 0\end{aligned}$$

将计算数据代入上述不等式：

$$178.32\ \text{kJ}\cdot\text{mol}^{-1} - T\times 160.59\ \text{J}\cdot\text{mol}^{-1}\cdot\text{K}^{-1} + T\times 8.314\text{J}\cdot\text{mol}^{-1}\cdot\text{K}^{-1}\times\ln\frac{0.03\text{kPa}}{100\text{kPa}} < 0$$

得

$$T > 782\text{K}$$

说明在空气中，当温度高于 782K 时，该反应可以正向自发进行。

1.4.6 反应的偶合

1. 平衡系统中反应的偶合

设系统中发生两个化学反应，若一个反应的产物在另一个反应中是反应物之一，则称这两个反应是偶合的。偶合反应可以影响反应的平衡位置，甚至使不能进行的反应得以通过另外的途径进行。

以 TiO_2 制备 $TiCl_4$ 为例来说明：

(1) $TiO_2(s) + 2Cl_2(g) \xlongequal{} TiCl_4(l) + O_2(g)$ $\Delta_{r1} G_m^\ominus(298.15\text{K}) = 152.3\text{kJ}\cdot\text{mol}^{-1}$

(2) $C(s) + O_2(g) \xlongequal{} CO_2(g)$ $\Delta_{r2} G_m^\ominus(298.15\text{K}) = -394.4\text{kJ}\cdot\text{mol}^{-1}$

在上述条件下，反应(1)的 $\Delta_{r1} G_m^\ominus(298.15\text{K})$ 的正值很大，在宏观上可以认为反应是不能进行的，而反应(2)的 $\Delta_{r2} G_m^\ominus(298.15\text{K})$ 的值很负，是能自发进行的，反应(1)通过与反应(2)的偶合得反应(3)，即可完成由 TiO_2 制备 $TiCl_4$。

(1) + (2) = (3)： $C(s) + TiO_2(s) + 2Cl_2(g) \xlongequal{} TiCl_4(l) + CO_2(g)$

$$\Delta_{r3}G_m^{\ominus}(298.15K)=\Delta_{r1}G_m^{\ominus}(298.15K)+\Delta_{r2}G_m^{\ominus}(298.15K)=-242.1kJ\cdot mol^{-1}<0$$

上例说明了通过反应(2)的 $\Delta_{r2}G_m^{\ominus}(T)$ 的值很负，抵消了反应(1)的 $\Delta_{r1}G_m^{\ominus}(T)$ 的正值，而把反应(1)带动起来了。当然这只是从平衡态的角度，讨论了利用偶合反应，使原先不能进行的反应，在偶合另一反应后，可以获得所需要的产物。但这仍然只是一种可能性，这种可能性能否实现，还必须结合反应的速率进行综合分析。

2. 非平衡系统中反应的偶合

金刚石在所有已知物质中硬度最高，导热性能比银和铜还要好，折射率高和透光性好。从经典平衡热力学相图的计算中可知碳在低压下的稳定相是石墨，而金刚石是亚稳相，因此预测必须在高于大气压强的 15000 倍的条件下才可能实现从石墨到金刚石的转变，并经过人类不断的努力于 1954 年利用高压法从石墨制得人造金刚石。由此普遍地认为，根据热力学的预测在低压下是不可能得到人造金刚石的。1970 年后苏联学者 Deryagin 和 Spitsyn 等在低压条件下引入超过平衡浓度的氢原子(简称超平衡氢原子)，由甲烷或石墨经过气相生长制备人造金刚石获得成功。一开始多数学者对这一成果都不相信，后来经过日本学者 Setaka 和美国学者 Roy 一再重复证实，直到 1986 年才为全世界所接受，并采用热丝法、等离子体法、火焰燃烧法等方法也都在低压下成功地经过气相生长出人造金刚石。

其非平衡系统中偶合反应的基本要点如下：

(1) C(石墨) $=\!=\!=$ C(金刚石)　　$\Delta G_1>0$　　$(T, p\leqslant 10^5\text{Pa})$

(2) $H^* =\!=\!= 0.5H_2$　　$\Delta G_2\ll 0$　　$(T_{激活}\gg T, p\leqslant 10^5\text{Pa})$

(3)=(1) + χ(2)：C(石墨) + χH^* $=\!=\!=$ C(金刚石) + $0.5\chi H_2$

$$\Delta G_3=\Delta G_1+\chi\Delta G_2$$

只要偶合系数 χ 不是很小，超平衡氢原子 H^* 又有足够的浓度，则有 $\Delta G_3<0$，说明在低压下石墨与超平衡氢原子作用生成氢分子和金刚石在热力学上是完全合理的。至于石墨与超平衡氢原子偶合的机理此处不做阐述。

因此，严格按照热力学基本原理，没有引入其他假定就得到似乎与传统的经典平衡热力学完全相反的结论——在低压下石墨有可能转变成金刚石。可见，平衡热力学有很大的局限性。它的结论只适用于平衡系统，而实际生产中遇到的几乎都是非平衡系统。显然对平衡系统应该采用平衡热力学，而对非平衡系统应该采用非平衡热力学。所以在平衡条件下不可能在低压下从石墨得到金刚石，以及非平衡条件下可以在低压下从石墨得到金刚石或者稳定地实现低压金刚石气相生长，都是符合热力学基本定律的。

1.5 化学反应进行的程度

1.5.1 可逆反应与化学平衡

化学反应中，只有极少数诸如氯酸钾的分解、氢气和氧气的化合等几乎能够进行到底，反应物几乎全部转化为生成物的反应。相反，绝大多数化学反应都是可逆反应(reversible reaction)，如合成氨反应、二氧化硫催化氧化反应等。

一定温度下，定量的反应物在密闭容器中进行的可逆反应，随着反应的进行，宏观上看，反应物逐渐减少，生成物逐渐增加，最终各物质的浓度或分压都不再变化，反应停止；微观上看，正反应速率逐渐减小，逆反应速率逐渐增加，最终正、逆反应速率相等，即单位时间内有多少反应物转化为生成物就有多少生成物转化为反应物。这种状态就称为平衡状态(equilibrium state)，平衡状态是可逆反应的限度。

化学平衡的特征：①可逆的自发反应总是单向地趋于平衡状态；②平衡是一种动态的平衡，宏观上反应看起来停止了，微观上反应仍在进行；③平衡状态只与反应条件有关，与达到平衡的途径(如催化剂条件)无关；④一定条件下反应达到平衡状态后，如果外界条件发生变化，原有的平衡就会被破坏并在新的条件下建立新的平衡。

1.5.2　平衡常数

可逆反应进行的程度可以用平衡常数来衡量。

1. 实验平衡常数

实验表明，在一定温度下，当化学反应处于平衡状态时，各产物与各反应物平衡时的浓度或分压以其反应方程式中的化学计量数的绝对值为指数的乘积之比是一个常数。

例如，对于一般的化学反应：

$$aA + bB + \cdots = xX + yY + \cdots$$

$$K_p = \frac{[p^{eq}(X)]^x[p^{eq}(Y)]^y\cdots}{[p^{eq}(A)]^a[p^{eq}(B)]^b\cdots} \text{（当各物质均为气体时）} \tag{1-28}$$

$$K_c = \frac{[c^{eq}(X)]^x[c^{eq}(Y)]^y\cdots}{[c^{eq}(A)]^a[c^{eq}(B)]^b\cdots} \text{（当各物质均为离子时）} \tag{1-29}$$

K_p 与 K_c 分别称为分压平衡常数与浓度平衡常数，通常是从实验数据中得到的，所以称为实验平衡常数(有时也称为经验平衡常数)。其表达式中的上标 eq 表示“平衡”(equilibrium)；p 代表各物质的分压；c 代表各物质的浓度。由于不同反应中反应物系数之和($a+b+\cdots$)与生成物系数之和($x+y+\cdots$)并不完全相等，因此一般情况下，K_p 与 K_c 量纲并不一定都是 1，且随反应方程式的不同，量纲也不相同，很不方便，为此引入标准平衡常数 $K^{\ominus}$ 。

2. 标准平衡常数

根据式(1-26)，任意状态反应的摩尔吉布斯函数变 $\Delta_r G_m(T) = \Delta_r G_m^{\ominus}(T) + RT\ln Q$ ，可知若起始状态下 $\Delta_r G_m(T)<0$ ，反应正向自发进行。随着反应的进行，反应物浓度(或分压)逐渐降低，生成物浓度(或分压)逐渐增加，因此反应商 Q 逐渐增大，$\Delta_r G_m(T)$ 的代数值也逐渐增大。当 $\Delta_r G_m(T)$ 增大到 0 时，反应失去推动力而停止(宏观上)，反应商 Q 不再变化，反应进行到极限，即达到了平衡。此时，有

$$0 = \Delta_r G_m^{\ominus}(T) + RT\ln Q^{eq} \tag{1-30}$$

式中，Q^{eq} 为平衡时的反应商。

对于某个特定的化学反应，一定温度下的标准摩尔吉布斯函数变 $\Delta_r G_m^{\ominus}(T)$ 为一常数，所以

当达到平衡时反应商Q^{eq}也是一个常数，称为标准平衡常数，用$K^{\ominus}$表示。换句话说，标准平衡常数就是反应达到平衡时的反应商，即

$$K^{\ominus}=Q^{eq} \tag{1-31}$$

并且由式(1-30)和式(1-31)可得

$$\Delta_r G_m^{\ominus}(T)=-RT\ln K^{\ominus} \tag{1-32}$$

或

$$\ln K^{\ominus}=\frac{-\Delta_r G_m^{\ominus}(T)}{RT} \tag{1-33}$$

由此可见，对于给定反应，$K^{\ominus}$只是温度的函数，与反应起始状态及平衡状态的压强或组成无关。标准平衡常数$K^{\ominus}$的量纲为1，表达式与平衡状态下反应商的表达式相同。在书写标准平衡常数表达式时要特别注意以下两点：

(1)标准平衡常数$K^{\ominus}$的表达式可直接根据化学反应方程式写出，与反应商表达式类似，只不过表达式中相应物质的浓度(或分压)均是达到平衡状态时物质的浓度(或分压)。

例如，对于反应：

$$MnO_2(s)+2Cl^-(aq)+4H^+(aq) = Mn^{2+}(aq)+Cl_2(g)+2H_2O(l)$$

该反应的标准平衡常数表达式为

$$K^{\ominus}=\left[\frac{c^{eq}(Cl^-)}{c^{\ominus}}\right]^{-2}\left[\frac{c^{eq}(H^+)}{c^{\ominus}}\right]^{-4}\frac{c^{eq}(Mn^{2+})}{c^{\ominus}}\frac{p^{eq}(Cl_2)}{p^{\ominus}}$$

或写成分式形式：

$$K^{\ominus}=\frac{\dfrac{c^{eq}(Mn^{2+})}{c^{\ominus}}\dfrac{p^{eq}(Cl_2)}{p^{\ominus}}}{\left[\dfrac{c^{eq}(Cl^-)}{c^{\ominus}}\right]^2\left[\dfrac{c^{eq}(H^+)}{c^{\ominus}}\right]^4}$$

(2)标准平衡常数$K^{\ominus}$的数值与化学反应方程式的写法有关。

例如，对于合成氨反应，其反应式可以写成下述①式：

$$N_2(g)+3H_2(g) = 2NH_3(g) \tag*{①}$$

$$K_1^{\ominus}=\frac{\left[\dfrac{p^{eq}(NH_3)}{p^{\ominus}}\right]^2}{\dfrac{p^{eq}(N_2)}{p^{\ominus}}\left[\dfrac{p^{eq}(H_2)}{p^{\ominus}}\right]^3}$$

也可以写成下述②式：

$$\frac{1}{2}N_2(g)+\frac{3}{2}H_2(g) = NH_3(g) \tag*{②}$$

$$K_1^{\ominus} = \frac{\dfrac{p^{\text{eq}}(\text{NH}_3)}{p^{\ominus}}}{\left[\dfrac{p^{\text{eq}}(\text{N}_2)}{p^{\ominus}}\right]^{\frac{1}{2}}\left[\dfrac{p^{\text{eq}}(\text{H}_2)}{p^{\ominus}}\right]^{\frac{3}{2}}}$$

显然，①=2×②，在相同的温度条件下，有

$$K_1^{\ominus} = (K_2^{\ominus})^2$$

虽然标准平衡常数与反应商关系密切，但必须注意二者还是有明显区别的。对于给定的反应，在一定温度下，反应商 Q 数值依赖反应所处的状态，会随着反应的进行，随着反应物和生成物浓度(或分压)的改变而改变。例如，合成氨反应 $N_2(g) + 3H_2(g) \rightleftharpoons 2NH_3(g)$，当起始 1mol N_2+3mol H_2 与 1mol N_2+1mol H_2 两种情况下，随着反应的进行，任意时刻它们的反应商是不同的，只有当反应都趋于平衡时，反应商才趋于相同。而标准平衡常数 $K^{\ominus}$ 不依赖反应所处的状态，不会随着反应的进行而变化，不管反应是否达到平衡都存在，并且是一个定值。

3. 多重平衡规则

从上述平衡常数表达式的写法中，可以总结出一个有用的运算规则。如果某个反应可以看成是两个或多个反应(含乘以不同的系数)的组合，则这个反应的平衡常数与组成它的各反应的平衡常数(相同温度下)之间的关系如下：

$$\text{反应式①} = 2 \times \text{反应式②} + \frac{1}{2} \times \text{反应式③} - 3 \times \text{反应式④}$$

$$K_1^{\ominus} = \frac{(K_2^{\ominus})^2 \times (K_3^{\ominus})^{\frac{1}{2}}}{(K_4^{\ominus})^3}$$

这就是多重平衡规则。利用多重平衡规则，可以从一些已知反应的平衡常数求出相同温度下许多未知反应的平衡常数，如酸碱平衡、多相离子平衡和配位平衡等中常要用到多重平衡规则。

4. $K^{\ominus}$ 与 T 之间的关系

根据式(1-25)和式(1-33)，有

$$\ln K^{\ominus} \approx -\frac{\Delta_r H_m^{\ominus}(298.15\text{K})}{R} \cdot \frac{1}{T} + \frac{\Delta_r S_m^{\ominus}(298.15\text{K})}{R} \tag{1-34}$$

式(1-34)表明，$\ln K^{\ominus}$ 与 $\frac{1}{T}$ 呈线性关系，斜率符号由 $\Delta_r H_m^{\ominus}(298.15\text{K})$ 的符号决定。对于吸热反应，$\Delta_r H_m^{\ominus}(298.15\text{K})>0$，斜率为负，随温度 T 升高，标准平衡常数 $K^{\ominus}$ 的数值增大；而对于放热反应，$\Delta_r H_m^{\ominus}(298.15\text{K})<0$，斜率为正，随温度 T 升高，标准平衡常数 $K^{\ominus}$ 的数值减小。反之，也可以由标准平衡常数 $K^{\ominus}$ 随温度 T 的变化关系判断出反应是吸热反应还是放热反应。

如果已知某一给定反应在不同温度 T_1 和 T_2 时的标准平衡常数 $K^{\ominus}(T_1)$ 和 $K^{\ominus}(T_2)$，则可以根据式(1-25)求出反应的标准摩尔焓变和标准摩尔熵变。

【例 1-7】 已知 $K_1^\ominus$ 、$K_2^\ominus$ 和 $K_3^\ominus$ 分别为下列反应①、②和③的标准平衡常数：

① $Fe(s) + CO_2(g) \rlap{=}{=\!=\!=} FeO(s) + CO(g)$　　$K_1^\ominus$

② $Fe(s) + H_2O(g) \rlap{=}{=\!=\!=} FeO(s) + H_2(g)$　　$K_2^\ominus$

③ $CO_2(g) + H_2(g) \rlap{=}{=\!=\!=} CO(g) + H_2O(g)$　　$K_3^\ominus$

在 973K 时，$K_1^\ominus(973\text{K}) = 1.47$，$K_2^\ominus(973\text{K}) = 2.38$；在 1273K 时，$K_1^\ominus(1273\text{K}) = 2.48$，$K_2^\ominus(1273\text{K}) = 1.49$。试估算反应③的 $\Delta_r H_m^\ominus(298.15\text{K})$ 和在 1073K 时的 $K_3^\ominus(1073\text{K})$ 。

解 因为反应③=反应①–反应②，根据多重平衡规则有

$$K_3^\ominus = \frac{K_1^\ominus}{K_2^\ominus}$$

所以，$K_3^\ominus(973\text{K}) = 0.62$，$K_3^\ominus(1273\text{K}) = 1.66$。

根据式(1-25)，有

$$\ln K_3^\ominus(973\text{K}) \approx \frac{-\Delta_r H_m^\ominus(298.15\text{K})}{R \times 937\text{K}} + \frac{\Delta_r S_m^\ominus(298.15\text{K})}{R}$$

$$\ln K_3^\ominus(1273\text{K}) \approx \frac{-\Delta_r H_m^\ominus(298.15\text{K})}{R \times 1273\text{K}} + \frac{\Delta_r S_m^\ominus(298.15\text{K})}{R}$$

联立上述两式，可解得

$$\Delta_r H_m^\ominus(298.15\text{K}) = 33.8\text{kJ} \cdot \text{mol}^{-1}\text{，} \Delta_r S_m^\ominus(298.15\text{K}) = 30.8\text{J} \cdot \text{mol}^{-1} \cdot \text{K}^{-1}$$

再将上述结果代入

$$\ln K_3^\ominus(1073\text{K}) \approx \frac{-\Delta_r H_m^\ominus(298.15\text{K})}{R \times 1073\text{K}} + \frac{\Delta_r S_m^\ominus(298.15\text{K})}{R}$$

可求得

$$K_3^\ominus(1073\text{K}) = 0.92$$

1.5.3 化学平衡的移动

化学平衡是一种动态平衡，是相对的和暂时的，只有在一定的条件下才能保持，条件改变，系统的平衡就会被破坏，气体混合物中各物质的分压或溶液中各溶质的浓度就要发生变化，直到与新的条件相适应，建立新的平衡。这种因条件的改变使化学反应从原来的平衡状态转变到新的平衡状态的过程称为化学平衡的移动。

化学平衡的移动符合平衡移动原理或称勒夏特列(A. L. Le Chatelier)原理，即如果改变平衡系统的条件之一，如浓度、压强或温度，平衡就向能减弱这个改变的方向移动。

化学平衡移动的本质是重新考虑反应的自发性，这可以通过化学热力学来说明。

由于 $\Delta_r G_m(T) = \Delta_r G_m^\ominus(T) + RT \ln Q$ 和 $\Delta_r G_m^\ominus(T) = -RT \ln K^\ominus$ ，所以有

$$\Delta_r G_m(T) = RT \ln \frac{Q}{K^\ominus}$$

当反应达到平衡时，Q 和 $K^\ominus$ 相等，$\Delta_r G_m(T) = 0$ 。此时若改变系统中物质的浓度、压强或温度等条件，其实就是改变了 Q 和 $K^\ominus$ 值的相对大小，$\Delta_r G_m(T)$ 不再为 0，反应会向某个方向进行，即化学平衡发生了移动。平衡移动的方向判定如下：

当 $Q < K^{\ominus}$，则 $\Delta_r G_m(T) < 0$，反应正向自发(平衡向正反应方向移动)；

当 $Q = K^{\ominus}$，则 $\Delta_r G_m(T) = 0$，平衡状态(平衡不移动)；

当 $Q > K^{\ominus}$，则 $\Delta_r G_m(T) > 0$，反应逆向自发(平衡向逆反应方向移动)。

以下具体讨论改变条件对平衡的移动方向的影响。

1. 改变系统部分组分对平衡移动方向的影响

改变系统某些组分的分压或浓度，Q 发生变化。若系统反应温度不变($K^{\ominus}$ 值不变)，平衡移动的方向讨论如下：

改变条件		发生变化情况	$Q/K^{\ominus}$	移动方向	结论
反应物浓度或分压	增加	$Q\downarrow$	<1	正向	向减少反应物方向移动
	减少	$Q\uparrow$	>1	逆向	向增加反应物方向移动
生成物浓度或分压	增加	$Q\uparrow$	>1	逆向	向减少生成物方向移动
	减少	$Q\downarrow$	<1	正向	向增加生成物方向移动

2. 改变温度对平衡移动方向的影响

改变反应温度，$K^{\ominus}$ 发生变化。若系统的组成不变(Q 值不变)，平衡移动的方向讨论如下：

改变条件	反应类型	发生变化情况	$Q/K^{\ominus}$	移动方向	结论
升高反应温度	吸热反应	$K^{\ominus}\uparrow$	<1	正向	向吸热方向移动
	放热反应	$K^{\ominus}\downarrow$	>1	逆向	
降低反应温度	吸热反应	$K^{\ominus}\downarrow$	>1	逆向	向放热方向移动
	放热反应	$K^{\ominus}\uparrow$	<1	正向	

3. 改变系统总体积对平衡移动方向的影响

温度不变的前提下，如果系统总体积发生改变，将涉及所有参与反应物质浓度或分压的变化。以气体反应 $a\mathrm{A(g)} + b\mathrm{B(g)} \longrightarrow x\mathrm{X(g)} + y\mathrm{Y(g)}$ 为例，讨论将系统总体积缩小到原来的 $1/n$ ($n>1$)后平衡的移动方向。

系统处于原平衡状态时各气体物质的分压分别为 $p(\mathrm{A})$、$p(\mathrm{B})$、$p(\mathrm{X})$、$p(\mathrm{Y})$，当系统总体积缩小后各气体物质的分压分别为 $p'(\mathrm{A})$、$p'(\mathrm{B})$、$p'(\mathrm{X})$、$p'(\mathrm{Y})$。显然 $p'(\mathrm{R}) = n \cdot p(\mathrm{R})$，R 为任一气体物质。

原平衡状态下反应商为

$$Q = \frac{\left[\frac{p(\mathrm{X})}{p^{\ominus}}\right]^x \left[\frac{p(\mathrm{Y})}{p^{\ominus}}\right]^y}{\left[\frac{p(\mathrm{A})}{p^{\ominus}}\right]^a \left[\frac{p(\mathrm{B})}{p^{\ominus}}\right]^b} = K^{\ominus}$$

系统总体积缩小后的反应商为

$$Q' = \frac{\left[\frac{p'(\mathrm{X})}{p^{\ominus}}\right]^x \left[\frac{p'(\mathrm{Y})}{p^{\ominus}}\right]^y}{\left[\frac{p'(\mathrm{A})}{p^{\ominus}}\right]^a \left[\frac{p'(\mathrm{B})}{p^{\ominus}}\right]^b} = \frac{\left[\frac{n \cdot p(\mathrm{X})}{p^{\ominus}}\right]^x \left[\frac{n \cdot p(\mathrm{Y})}{p^{\ominus}}\right]^y}{\left[\frac{n \cdot p(\mathrm{A})}{p^{\ominus}}\right]^a \left[\frac{n \cdot p(\mathrm{B})}{p^{\ominus}}\right]^b} = n^{(x+y)-(a+b)} Q$$

可见系统总体积变化后的Q'和变化前的Q之间大小关系与反应式中气体物质的化学计量数之和$\sum \nu_{\mathrm{g}} = (-a) + (-b) + x + y$，或者说气体分子总数变化情况有关。具体来说，平衡移动的方向讨论如下：

改变条件	反应类型	发生变化情况	$Q/K^{\ominus}$	移动方向	结论
总体积缩小	$\sum \nu_{\mathrm{g}} > 0$	$Q\uparrow$	>1	逆向	向气体分子总数减少方向移动
	$\sum \nu_{\mathrm{g}} < 0$	$Q\downarrow$	<1	正向	
	$\sum \nu_{\mathrm{g}} = 0$	Q不变	=1	不移动	
总体积增大	$\sum \nu_{\mathrm{g}} > 0$	$Q\downarrow$	<1	正向	向气体分子总数增加方向移动
	$\sum \nu_{\mathrm{g}} < 0$	$Q\uparrow$	>1	逆向	
	$\sum \nu_{\mathrm{g}} = 0$	Q不变	=1	不移动	

均匀溶液中发生的反应，可以通过添加或蒸发溶剂的方法来改变系统的总体积，讨论方法与上面类似。最后可以得出结论：如果溶液反应达到平衡后，加入溶剂稀释，平衡将向粒子(分子、离子)数目增加的方向移动；蒸发溶剂浓缩，平衡将向粒子(分子、离子)数目减少的方向移动。

4. 惰性气体对于平衡移动方向的影响

定容条件下，系统中充入惰性气体，不影响各气体组分的分压，因此反应商Q不变，平衡不发生移动。定压条件下，系统中充入惰性气体，为了保证总压强不变，系统的总体积将增大，对平衡移动方向的影响，可以参照前面改变系统体积时对平衡移动方向的影响。

1.6 化学反应速率

化学反应的方向可以通过化学热力学计算出反应的吉布斯函数变的符号来判定，但是热力学理论上能够发生的反应实际上是否就一定能够进行呢？例如，下面的合成氨反应和汽车尾气处理反应：

$$\mathrm{N_2(g) + 3H_2(g) === 2NH_3(g)} \qquad \Delta_{\mathrm{r}} G_{\mathrm{m}}^{\ominus}(298.15\mathrm{K}) = -33.9\mathrm{kJ \cdot mol^{-1}}$$

$$\mathrm{2CO(g) + 2NO(g) === 2CO_2(g) + N_2(g)} \qquad \Delta_{\mathrm{r}} G_{\mathrm{m}}^{\ominus}(298.15\mathrm{K}) = -343.8\mathrm{kJ \cdot mol^{-1}}$$

从以上两个反应的标准摩尔吉布斯函数变数据可以看出，理论上在标准状态下、298.15K时两个反应均可以正向自发进行。但实际上，标准状态、298.15K时，N_2和H_2并不能自动生

成 NH_3，同样 CO 和 NO 也不能自动生成 CO_2 和 N_2。欲使反应顺利进行，合成氨反应需要高温高压、催化剂条件，汽车尾气处理反应需要高温、催化剂条件。那么，是不是所研究的化学热力学出现了偏差？

其实，化学反应究竟能不能实现，除了热力学本质原因以外，还有动力学原因。上述两个反应在标准条件、298.15K 时难以进行，并不是热力学出现偏差。在标准状态、298.15K 条件下反应的确可以正向进行，只是因为反应速率极慢，以至于我们认为反应不能实现。一定条件下，化学热力学上可以发生的反应，动力学上不一定能够实现；而化学热力学上不可以发生的反应，动力学上一定不能实现。因此，在化工生产和化学实验等众多实际问题上，往往要从两方面综合考虑。

化学动力学(chemical kinetics)也称化学反应动力学，是研究化学反应进行的速率和反应机理的学科，其可以解决反应的现实性问题。

1.6.1　化学反应速率的表示方法

化学反应速率是衡量反应快慢的指标，对于均匀的恒容反应体系，通常用单位时间反应物浓度的减少或生成物浓度的增加来表示。化学反应速率通常用符号 r 表示，有平均反应速率和瞬时反应速率两种。

1. 反应速率

传统意义上，平均反应速率是指一段时间内单位时间物质浓度的改变量，用符号 $\overline{r}$ 表示；瞬时反应速率是指某一时刻单位时间物质浓度的改变量，用符号 r 表示。对于一般的化学反应方程式 $a\mathrm{A}+b\mathrm{B}+\cdots = x\mathrm{X}+y\mathrm{Y}+\cdots$，有

$$\overline{r}=\frac{|\Delta c(\mathrm{R})|}{\Delta t} \qquad r=\lim_{\Delta t\to 0}\frac{|\Delta c(\mathrm{R})|}{\Delta t}$$

式中，$\Delta c(\mathrm{R})$ 为参与反应的任意物质 R 反应前后浓度的改变量。按照这种定义方法，用不同物质表示反应速率时，数值可能不同。

2. 反应进度定义的反应速率

IUPAC 推荐使用单位体积内反应进度对反应时间的变化率来表示瞬时反应速率，即对于一般的化学反应方程式 $0=\sum_{\mathrm{R}}\nu_{\mathrm{R}}\mathrm{R}$，有

$$r=\frac{1}{V}\frac{\mathrm{d}\xi}{\mathrm{d}t}$$

对于恒容反应，有

$$\mathrm{d}\xi=\frac{1}{\nu_{\mathrm{R}}}\mathrm{d}n(\mathrm{R}) \qquad \mathrm{d}c(\mathrm{R})=\frac{1}{V}\mathrm{d}n(\mathrm{R})$$

所以，反应速率又可表示为

$$r=\frac{1}{\nu_{\mathrm{R}}}\cdot\frac{\mathrm{d}c(\mathrm{R})}{\mathrm{d}t}$$

一段时间内反应的平均反应速率则可以表示为

$$\overline{r} = \frac{1}{\nu_R} \cdot \frac{\Delta c(R)}{\Delta t}$$

上述反应速率的定义中引入化学计量数 ν_R，其最大的优点在于反应速率与反应物质 R 的选择无关。不过需注意的是，由于化学计量数 ν_R 与化学反应方程式的写法有关，因此用这种方法表示反应速率时需要对应相应的化学反应方程式。

化学反应速率常用的单位为 $mol \cdot dm^{-3} \cdot s^{-1}$。对于较慢的反应，时间单位也可采用 min、h 或 a 等。

影响反应速率的因素主要有三类：一是反应物本身的性质；二是反应物的浓度和系统的温度、压强、催化剂等条件；三是光、电、磁、微波等外场。本书着重讨论浓度和温度对化学反应速率的影响。

1.6.2 浓度对化学反应速率的影响

1. 速率方程

实验表明，在一定温度下，反应的速率与反应物浓度有关。对于基元反应(elementary reaction，即一步完成的反应)，反应速率与反应物浓度以化学反应方程式中相应物质化学计量数的绝对值为指数的乘积成正比。例如，对于基元反应：

$$a\text{A} + b\text{B} = y\text{Y} + z\text{Z}$$

其反应速率 r 与$[c(\text{A})]^a$ 和$[c(\text{B})]^b$ 成正比，或表示成速率方程(rate equation)：

$$r = k\,[c(\text{A})]^a \cdot [c(\text{B})]^b$$

该方程也称为质量作用定律表达式(必须注意，质量作用定律只适用于基元反应)。式中的比例常数 k 称为反应速率常数。对于某一给定的反应，k 值与反应物的浓度无关，而与反应物的本性、温度、催化剂和反应接触面积等有关，不同的反应或同一反应在不同的温度和催化剂等条件下，k 值不同。k 的单位取决于速率方程中浓度项指数的总和$(a + b)$。

速率方程中各反应物浓度项指数的总和$(a + b)$称为反应级数(reaction order)，其中对反应物 A 为 a 级反应，对反应物 B 为 b 级反应，整个反应的反应级数为$(a + b)$。反应物如果是固体或纯液体，级数为 0，或者说在表达式中不出现。表 1-3 列出部分反应的速率方程。

表 1-3 反应速率方程表达式与反应级数

反应类型	化学反应方程式	速率方程表达式	反应级数
基元反应	$2Na(s) + 2H_2O(l) = 2NaOH(aq) + H_2(g)$	$r = k$	0
	$C_2H_5Cl(g) = C_2H_4(g) + HCl(g)$	$r = k \cdot c(C_2H_5Cl)$	1
	$NO_2(g) + CO(g) = NO(g) + CO_2(g)$	$r = k \cdot c(NO_2) \cdot c(CO)$	2
	$2NO(g) + O_2(g) = 2NO_2(g)$	$r = k \cdot [c(NO)]^2 \cdot c(O_2)$	3
非基元反应	$H_2(g) + Cl_2(g) \xlongequal{\text{光照}} 2HCl(g)$	$r = k \cdot c(H_2) \cdot [c(Cl_2)]^{1/2}$	$1\frac{1}{2}$
	$H_2(g) + Br_2(g) = 2HBr(g)$	$r = \dfrac{k \cdot c(H_2) \cdot [c(Br_2)]^{1/2}}{1 + k' \cdot \dfrac{c(HBr)}{c(Br_2)}}$	无法确定
	$H_2(g) + I_2(g) = 2HI(g)$	$r = k \cdot c(H_2) \cdot c(I_2)$	2
	$2NO(g) + 2H_2(g) = 2H_2O(g) + N_2(g)$	$r = k \cdot [c(NO)]^2 \cdot c(H_2)$	3

必须指出，一个化学反应是无法通过其反应方程来确定是基元反应还是非基元反应的，当然也无法通过反应方程直接得到速率方程。事实上，不管是基元反应还是非基元反应的速率方程都是通过实验确定的。还应当注意，即使通过实验测定出反应的速率方程与按照质量作用定律写出的速率方程完全一致，也并不能说明该反应就一定是基元反应。这就涉及反应的机理问题。

2. 反应机理

1) $H_2(g)$和 $Cl_2(g)$反应的机理

$H_2(g)$和 $Cl_2(g)$在光照下的反应是一个自由基链式反应，经历以下几个基元反应：

① $Cl_2(g) \rightleftharpoons 2Cl\cdot(g)$　快反应

② $Cl\cdot(g) + H_2(g) = HCl(g) + H\cdot(g)$　慢反应(控制步骤)

③ $H\cdot(g) + Cl\cdot(g) = HCl(g)$　快反应

④ $H\cdot(g) + H\cdot(g) = H_2(g)$　快反应

⑤ $Cl\cdot(g) + Cl\cdot(g) = Cl_2(g)$　快反应

因为反应②是慢反应，所以它是总反应的定速反应，控制着整体反应的反应速率。这一步反应的速率即为总反应的速率，速率方程为

$$r = r_2 = k_2 \cdot c(H_2) \cdot c(Cl\cdot)$$

反应②的速率慢，致使可逆反应①这个快反应始终保持着正、逆反应速率相等的平衡状态，故有

$$r_1 = r_{-1}$$

即

$$k_1 \cdot c(Cl_2) = k_{-1} \cdot [c(Cl\cdot)]^2$$

$$c(Cl\cdot) = [k_1 \cdot (k_{-1})^{-1} \cdot c(Cl_2)]^{1/2}$$

所以

$$r = k_2 \cdot [k_1 \cdot (k_{-1})^{-1}]^{1/2} \cdot c(H_2) \cdot [c(Cl_2)]^{1/2} = k \cdot c(H_2) \cdot [c(Cl_2)]^{1/2}$$

2) $H_2(g)$和 $I_2(g)$反应的机理

实验测定的 $H_2(g)$和 $I_2(g)$反应速率方程与按照质量作用定律写出的速率方程表达式完全一样，所以人们一直认为这个反应是基元反应。但后来通过实验证明，它并不是一步完成的基元反应，其可能经过如下两个基元反应：

① $I_2(g) \rightleftharpoons 2I\cdot(g)$　快反应

② $H_2(g) + 2I\cdot(g) = 2HI(g)$　慢反应(控制步骤)

因为反应②是慢反应，所以它是总反应的定速反应，这一步反应的速率即为总反应的速率，速率方程为

$$r = r_2 = k_2 \cdot c(H_2) \cdot [c(I\cdot)]^2$$

反应②的速率慢，致使可逆反应①这个快反应始终保持着正、逆反应速率相等的平衡状态，故有

$$r_1 = r_{-1}$$

即

$$k_1 \cdot c(I_2) = k_{-1} \cdot [c(I\cdot)]^2$$

$$[c(I\cdot)]^2 = k_1 \cdot (k_{-1})^{-1} \cdot c(I_2)$$

所以

$$r = k_2 \cdot k_1 \cdot (k_{-1})^{-1} \cdot c(H_2) \cdot c(I_2) = k \cdot c(H_2) \cdot c(I_2)$$

3) NO(g)和 H_2(g)反应的机理

一般认为 NO(g)和 H_2(g)反应是通过以下几个步骤完成的：

① $2NO(g) \rightleftharpoons N_2O_2(g)$　　快反应

② $N_2O_2(g) + H_2(g) = N_2O(g) + H_2O(g)$　　慢反应(控制步骤)

③ $N_2O(g) + H_2(g) = H_2O(g) + N_2(g)$　　快反应

因为反应②是慢反应，所以它是总反应的定速反应，这一步反应的速率即为总反应的速率，速率方程为

$$r = k_2 \cdot c(N_2O_2) \cdot c(H_2)$$

反应②的速率慢，致使可逆反应①这个快反应始终保持着正、逆反应速率相等的平衡状态，故有

$$r_1 = r_{-1}$$

即

$$k_1 \cdot [c(NO)]^2 = k_{-1} \cdot c(N_2O_2)$$

$$c(N_2O_2) = k_1 \cdot (k_{-1})^{-1} \cdot [c(NO)]^2$$

所以

$$r = k_2 \cdot k_1 \cdot (k_{-1})^{-1} \cdot [c(NO)]^2 \cdot c(H_2) = k \cdot [c(NO)]^2 \cdot c(H_2)$$

3. 一级反应

若化学反应速率与反应物浓度的一次方成正比，即为一级反应。一级反应较为普遍，如某些元素的放射性衰变、一些物质的分解反应(如 $2H_2O_2 = 2H_2O + O_2$，非基元反应)、蔗糖转化为葡萄糖和果糖的反应等均属一级反应。

根据一级反应的速率方程，可得出有关一级反应的两个重要公式：

$$r = -\frac{dc}{dt} = kc$$

如果设反应开始时，即反应初始 $t = 0$ 时的反应物浓度为 c_0，反应进行到 t 时刻时反应物浓度为 c_t，则有

$$\int_{c_0}^{c_t} -\frac{dc}{c} = \int_0^t k dt$$

$$\ln\frac{c_0}{c_t} = kt \quad 或 \quad c_t = c_0 e^{-kt}$$

在化学上，将反应物消耗一半所需的时间称为半衰期，以符号 $t_{1/2}$ 表示。则可得出一级反应的半衰期与其速率常数之间的关系式。

当反应时间 $t=t_{1/2}$ 时，根据半衰期的定义则有 $c_t=\frac{1}{2}c_0$，代入上式求解可得

$$t_{1/2}=\frac{\ln 2}{k}\approx\frac{0.693}{k}$$

根据以上分析可得出一级反应的三个特征，其中任何一个特征均可作为判断反应是否为一级反应的依据：

(1) 以 $\ln c_t$ 对 t 作图应是一条直线，斜率为 $-k$。

(2) 半衰期 $t_{1/2}$ 与反应物的起始浓度无关，只与速率常数 k 有关。

(3) 速率常数 k 具有(时间)$^{-1}$ 的量纲，其常用单位为 s^{-1}。

某些元素的放射性衰变是估算考古学发现物、化石、矿物、陨石、月亮岩石及地球本身年龄的基础。例如，K-40 和 U-238 通常用于陨石和矿物年龄的估算，C-14 用于确定考古学发现物和化石的年代。

【例 1-8】 宇宙射线恒定地产生碳的放射性同位素 ^{14}C，$^{14}_{7}N+^{1}_{0}n\longrightarrow^{14}_{6}C+^{1}_{1}H$，植物又不断地将 ^{14}C 吸收进其组织中，使其微量的 ^{14}C 在总碳含量中维持在一个固定的比例——$1.10\times10^{-13}\%$。一旦树木被砍伐，种子被采摘，植物从空气中吸收 ^{14}C 的过程便停止了。由于 ^{14}C 不断地发生放射性衰变，^{14}C 在总碳中含量不断下降。因此，活着的动植物体内 ^{14}C 和 ^{12}C 两种同位素的比值和大气中 CO_2 所含的这两种同位素的比值是相等的，但动植物死亡后，^{14}C 和 ^{12}C 的比值不断下降。考古工作者正是根据考古发现物中 ^{14}C 和 ^{12}C 比值的变化来推算生物化石等的年龄。已知 ^{14}C 的衰变反应为一级反应，$^{14}_{6}C\longrightarrow^{14}_{7}N+^{0}_{-1}e$，半衰期 $t_{1/2}=5720a$，如在周口店遗址出土的斑鹿骨化石的 ^{14}C 和 ^{12}C 的比值是现生存动植物的 10.9%，试估算该化石的年龄。

解　根据 $t_{1/2}=\frac{0.693}{k}$，有

$$k=\frac{0.693}{t_{1/2}}=\frac{0.693}{5720a}\approx1.21\times10^{-4}a^{-1}$$

再根据 $\ln\frac{c_0}{c_t}=kt$，有

$$\ln\frac{c_0}{0.109c_0}=1.21\times10^{-4}a^{-1}\cdot t$$

得

$$t=1.83\times10^{4}a$$

故该化石距现在已有 1.83×10^4a。

1.6.3　温度对化学反应速率的影响

温度对化学反应速率的影响特别显著。实验表明，对于大多数反应，温度升高，反应速率增大，即速率常数 k 随温度升高而增大。但也有一些特殊情况，如爆炸反应和酶催化反应等。

范托夫(van't Hoff)根据大量的实验结果，提出了一个近似的经验规律：温度每上升 10℃，反应速率为原来速率的 2～4 倍。虽然不够精确，但当数据缺乏时，用它作粗略的估算仍是有用的。从范托夫经验规律可以看出温度对反应速率的影响是很大的。

阿伦尼乌斯(S. Arrhenius)根据大量实验和理论验证，提出了反应速率常数与温度的定量关系式：

$$k = A\mathrm{e}^{-\frac{E_a}{RT}}$$

$$\ln k = -\frac{E_a}{RT} + \ln A$$

$$\ln\frac{k_2}{k_1} = 2.303\lg\frac{k_2}{k_1} = -\frac{E_a}{R}\left(\frac{1}{T_2} - \frac{1}{T_1}\right)$$

式中，A 为指前因子，与速率常数 k 具有相同的量纲；E_a 为反应的活化能，常用单位为 $kJ \cdot mol^{-1}$；R 为摩尔气体常量。A 与 E_a 都是反应的特性常数，基本与温度无关，均可通过实验求得。如果分别测量温度 T_1 和 T_2 时的速率常数 k_1 和 k_2，代入上式便可求出 E_a，这也是目前测定化学反应活化能的重要方法。当然要注意 E_a 与 R 的单位统一。

活化能的大小反映了反应速率随温度变化的程度。由于活化能 E_a 一般为正值，因此对于活化能较大的反应，温度对反应速率的影响较显著，升高温度能显著地加快反应速率；活化能较小的反应则不显著。

有关活化能的概念请参阅相关教材中的反应速率理论（如有效碰撞理论和过渡状态理论），此处不再详述。

影响反应速率的因素还有很多，如催化剂。凡能加快反应速率的催化剂称为正催化剂，凡能减慢反应速率的催化剂称为负催化剂。若不明确指出是负催化剂时，一般就指加快反应速率的正催化剂。催化剂之所以能加快反应速率，主要是因为催化剂改变了反应的机理，有催化剂参与的反应历程和无催化剂时的反应历程相比，活化能降低了，故反应速率加快。例如，合成氨反应，没有催化剂时反应的活化能为 $326.4 kJ \cdot mol^{-1}$，加入 Fe 作催化剂时，活化能降低到 $175.5 kJ \cdot mol^{-1}$，假设温度为 773K，可计算出加入催化剂后正反应的速率增加到原来的 1.57×10^{10} 倍，可见催化剂对反应速率的影响十分显著。此外，加入催化剂后，由于正反应活化能降低的数值等于逆反应活化能降低的数值，表明催化剂不仅加快正反应的速率，同时也加快逆反应的速率。有关催化剂其他方面的知识，此处也不做展开。

本章要点

1. 系统与环境、相、状态与状态函数、过程与途径等基本概念。
2. 反应进度概念、热力学第一定律、体积功。
3. 恒压和恒容反应热、焓的定义、焓变的意义、标准状态、物质的标准摩尔生成焓、赫斯定律、化学反应的标准摩尔焓变的计算及其注意事项。
4. 影响化学自发性的因素、物质的标准摩尔熵、反应的标准摩尔熵变的计算及其注意事项、吉布斯函数、吉布斯函数变与反应方向之间的关系、反应商、标准摩尔生成吉布斯函数、不同反应条件下反应的摩尔吉布斯函数变的计算及其应用。
5. 化学平衡、标准平衡常数、标准平衡常数与标准摩尔吉布斯函数变的关系、多重平衡规则、温度对平衡常数的影响、化学平衡移动的热力学原理。
6. 反应速率、速率方程、反应级数、温度对反应速率的影响及阿伦尼乌斯方程。

习　题

1. 假设某气缸体积为 $1.2 dm^3$，内有一定量的理想气体，气体压强为 200kPa。试计算以下各过程的体积功：①向真空环境膨胀至 $1.5 dm^3$；②向 100kPa 恒压环境膨胀至 $1.5 dm^3$；③被 400kPa 恒压环境压缩至 $1.0 dm^3$；④恒容条件下气缸内气体压强升至 300kPa。

2. 某气缸内有 298.15K、压强为 200kPa 的 1mol 理想气体，向 100kPa 恒压环境恒温膨胀至 $20dm^3$，试求该过程的 W、Q、ΔU 和ΔH。
3. 298.15K 时向刚性密闭容器中加入 1.0g 正辛烷(C_8H_{16},l)，然后充入足量的氧气，完全燃烧后降温至 298.15K，测得反应热效应为–47.79kJ。试估算正辛烷完全燃烧反应的恒容热效应和标准摩尔焓变。
4. 液化气(以 C_3H_8 计)和天然气(以 CH_4 计)都是常用燃料，试计算标准状态下，298.15K 时液化气和天然气完全燃烧反应的标准摩尔焓变，并比较单位质量燃料产生的热量大小。通过比较可以说明什么？已知 $\Delta_f H_m^\ominus(C_3H_8, g, 298.15K) = -103.85kJ \cdot mol^{-1}$。

$$C_3H_8(g) + 5O_2(g) \xlongequal{\quad} 3CO_2(g) + 4H_2O(g)$$

$$CH_4(g) + 2O_2(g) \xlongequal{\quad} CO_2(g) + 2H_2O(g)$$

5. 试通过计算回答，常温(298.15K)下金属锡的制件在空气中能否被氧化。若要使金属锡的制件在常温下的空气中不被氧化，理论上要求空气中氧的最高压强是多少？
6. 若用生石灰吸收废气中的二氧化硫以净化环境，反应为

$$CaO(s)+ SO_2(g)+1/2\ O_2(g) \xlongequal{\quad} CaSO_4(s)$$

试根据有关热力学数据计算：

(1) 在标准条件下反应自发进行的温度条件；

(2) 当温度为 1250K，$p(SO_2)$=10kPa 和 $p(O_2)$=20kPa 时，反应的摩尔吉布斯函数变并判断反应的方向；

(3) 温度为 1500K 时反应的标准平衡常数。

7. 实验室中在处理含有 CO 的尾气时，通常以尾气通过灼热的 CuO(s)粉末发生如下反应以除去 CO(设各物质均处于标准态)：

$$CuO(s) + CO(g) \xlongequal{\quad} Cu(s) + CO_2(g)$$

(1) 试计算 298.15K 时，上述反应的标准摩尔焓变、标准摩尔熵变、标准摩尔吉布斯函数变和标准平衡常数；

(2) 若温度为 698.15K，上述反应的标准摩尔吉布斯函数变和标准平衡常数各为多少？与(1)比较说明了什么？

8. 某些技术处理中，往往由 NH_3 分解产生的 H_2 作还原性气体，N_2 作保护性惰性气体。

$$2NH_3(g) \xlongequal{\quad} N_2(g) + 3H_2(g)$$

(1) 计算 298.15K 和 398.15K 时，标准状态下反应的摩尔吉布斯函数变；

(2) 若系统中的 $p(N_2) = p(H_2) = p(NH_3)$ = 1000kPa，计算在 300℃反应的摩尔吉布斯函数变。

9. Ag_2O 遇热易分解，分解反应如下：

$$2Ag_2O(s) \xlongequal{\quad} 4Ag(s) + O_2(g)$$

(1) 将 Ag_2O 放入密闭的真空容器中，试分别计算在 298.15K 和 498.15K 时容器中氧气的分压。

(2) 欲使容器中氧气的分压达到 100kPa，应使温度达到多少？

(3) 若在敞口状态下进行分解，最低分解温度是多少？(已知空气压强为 101.325kPa，O_2 体积分数为 20.95%)

10. 设汽车内燃机内温度因燃料燃烧反应达到 1300℃，试估算反应：

$$N_2(g) + O_2(g) \xlongequal{\quad} 2NO(g)$$

在 1300℃时的标准摩尔吉布斯函数变和 $K^\ominus$ 的数值，并联系反应速率简单说明在大气污染中的影响。

11. 已知基元反应：　$2NO(g) + Cl_2(g) \xlongequal{\quad} 2NOCl(g)$

(1) 写出该反应的速率方程；

(2) 指出它的级数是多少；

(3) 其他条件不变，如果将容器的体积增加到原来的 2 倍，反应速率如何变化？

(4) 如果容器体积不变，而将 NO 的浓度增加到原来的 3 倍，反应速率又将如何变化？

12. H_2O_2 的分解反应是一级反应，$H_2O_2(l) \xlongequal{\quad} H_2O(l) + 1/2O_2(g)$，某温度下此反应的反应速率常数 k = $0.041min^{-1}$。现有 $1.0mol \cdot dm^{-3}$ 的 H_2O_2 溶液开始分解，则 30.0min 后，剩余 H_2O_2 的浓度为多少？H_2O_2 分解一半需要多长时间？

第 2 章　溶液和离子平衡

溶液是由一种或一种以上的物质以分子或离子形式分散于另一种物质中形成的均一、稳定的混合物。溶液可以是液态，也可以是气态和固态。通常所说的溶液一般指液态溶液，特别是水溶液。对于水溶液来说，水为溶剂，分散物质为溶质。无机化学反应大多是在溶液中进行的，许多物质的性质，也是在溶液中呈现的。因此，对于溶液系统进行讨论，了解其性质具有重要的意义。

2.1　溶液浓度的表示方法

溶液中所含溶质的多少，对于溶液性质影响非常大，一般用浓度来衡量。常用的浓度表达方式有质量分数、体积分数、物质的量浓度、质量摩尔浓度、摩尔分数等。不同浓度表达方式之间可以相互换算。

1. 质量分数

溶质 B 的质量分数是溶质的质量与溶液质量之比，用符号 w_B 表示，即

$$w_B = \frac{m_B}{m} \tag{2-1}$$

式中，m_B 为溶质 B 的质量；m 为溶液(溶质+溶剂)的质量。w_B 的量纲为 1。

2. 体积分数

液态溶质 B 的体积分数是溶质的体积与溶液体积之比，用符号 φ_B 表示，即

$$\varphi_B = \frac{V_B}{V} \tag{2-2}$$

式中，V_B 为溶质 B 的体积；V 为溶液(溶质+溶剂)的体积。φ_B 的量纲为 1。

3. 物质的量浓度

溶质 B 的物质的量浓度也称体积摩尔浓度，是溶质物质的量与溶液体积之比，用符号 c_B 表示，即

$$c_B = \frac{n_B}{V} \tag{2-3}$$

式中，n_B 为溶质 B 的物质的量；V 为溶液的体积。c_B 的单位为 $mol \cdot m^{-3}$，常用单位为 $mol \cdot dm^{-3}$ (或 $mol \cdot L^{-1}$)。

4. 质量摩尔浓度

溶质 B 的质量摩尔浓度是溶质物质的量与溶剂质量之比，用符号 b_B 的表示，即

$$b_B = \frac{n_B}{m_A} \tag{2-4}$$

式中，n_B 为溶质 B 的物质的量；m_A 为溶剂 A 的质量。b_B 的单位为 $mol \cdot kg^{-1}$。

5. 摩尔分数

溶质 B 的摩尔分数是溶质物质的量与溶液各组分物质的量总和之比，用符号 x_B 表示，即

$$x_B = \frac{n_B}{n} \tag{2-5}$$

式中，n_B 为溶质 B 的物质的量；n 为溶液各组分物质的量总和。x_B 的量纲为 1。

若溶液由溶质 B 和溶剂 A 组成，则

$$x_B = \frac{n_B}{n_A + n_B}, \quad x_A = \frac{n_A}{n_A + n_B}$$

显然，$x_A + x_B = 1$。

【例 2-1】 已知 20℃时质量分数为 1%的硫酸溶液密度为 $1.005g \cdot cm^{-3}$，则该硫酸的质量摩尔浓度、物质的量浓度和摩尔分数分别是多少?

解 假设溶液质量为 1kg，已知 $m_B = 0.01kg$，$m_A = 0.99kg$，V=0.995dm³，则

$$n_B = \frac{m_B}{M_B} = \frac{0.01kg}{0.098kg \cdot mol^{-1}} = 0.102mol, \quad n_A = \frac{m_A}{M_A} = \frac{0.99kg}{0.018kg \cdot mol^{-1}} = 55mol$$

所以硫酸的质量摩尔浓度、物质的量浓度和摩尔分数分别为

$$b_B = \frac{n_B}{m_A} = \frac{0.102mol}{0.99kg} = 0.1030mol \cdot kg^{-1}$$

$$c_B = \frac{n_B}{V} = \frac{0.102mol}{0.995dm^3} = 0.1025mol \cdot dm^{-3}$$

$$x_B = \frac{n_B}{n_A + n_B} = \frac{0.102mol}{55mol + 0.102mol} = 1.85 \times 10^{-3}$$

可见，对于较稀的水溶液，质量摩尔浓度(以 $mol \cdot kg^{-1}$ 为单位)与物质的量浓度(以 $mol \cdot dm^{-3}$ 为单位)数值接近。但如果溶液浓度较高，二者差异就会比较大。

2.2　溶液的通性

溶液中由于有溶质的分子或离子的存在，其性质与原溶剂已不相同。这些性质变化分为两类：第一类性质变化取决于溶质的本性，如溶液的颜色、密度和导电性等；第二类性质变化仅与溶质的多少有关而与溶质的本性无关，如溶液的蒸气压下降、沸点上升、凝固点下降和渗透压等。我们将这些仅取决于溶质的质点数而与溶质本性无关的性质称为溶液的通性。

2.2.1　水的相图

1. 水和冰的饱和蒸气压与三相点

将纯水放在留有空间的密闭容器中，在一定温度下，部分水分子会克服液态水分子间的引力蒸发形成气态水分子，同时气态水分子也会被吸引到液相中凝聚成液态水分子。经过一定时

间，便会在液体与其蒸气之间建立起液-气平衡。

$$H_2O(l) \underset{冷凝}{\overset{蒸发}{\rightleftharpoons}} H_2O(g)$$

平衡状态时的蒸气称为饱和蒸气，所产生的压强称为饱和蒸气压，简称蒸气压，用 p^*表示。p^*与 $K^\ominus$ 之间的关系为

$$K^\ominus = \frac{p^*(H_2O)}{p^\ominus} \tag{2-6}$$

因为由水到气的变化是吸热过程，所以随温度的升高 $K^\ominus$ 增大，水的饱和蒸气压 p^*也逐渐增大，如图 2-1 中曲线 oa 所示。oa 线又称为液-气平衡曲线。

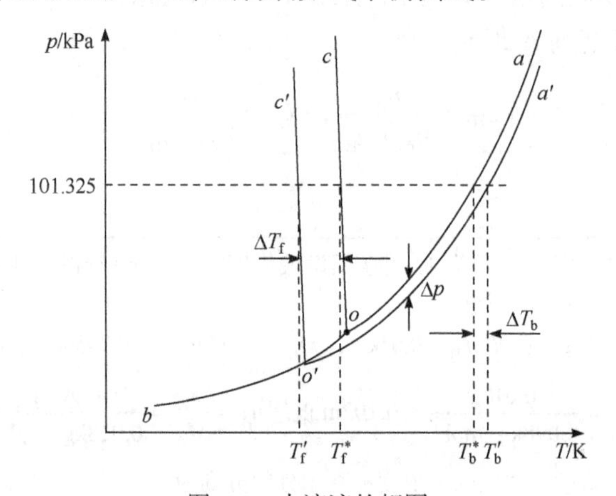

图 2-1　水溶液的相图

类似地，冰和水蒸气之间存在升华-凝华的平衡，此时水蒸气产生的蒸气压就称为冰的饱和蒸气压，与温度之间的关系如 2-1 中曲线 ob 所示。ob 线又称为固-气平衡曲线。

曲线 oa、ob 交于 o 点，该点称为水的三相点，对应的温度为 273.16K（0.01℃），压强为 0.61kPa（我国物理化学家黄子卿 1934～1935 年于美国麻省理工学院测出水的三相点的精确值，后成为国际实用温标选择基准点参照数据之一）。当处于三相点条件时，水的三态共存。

水的三相点也是固-液平衡曲线的起点。由 o 点开始，斜率为负且非常陡峭的曲线 oc 即固-液平衡曲线。固-液平衡曲线斜率的正、负与物质的本性有关。如果由液体变为固体时体积增大，斜率为负，反之为正。

2. 沸腾和沸点

随着液体温度的升高，液体的饱和蒸气压逐渐升高。当液体的饱和蒸气压与外界压强相同时，蒸发过程可以在液体表面和内部同时发生，液体表现出剧烈翻滚的气化现象，称为沸腾。液体沸腾所对应的温度，称为沸点，用 T_b 表示。液体的沸点与外界压强大小有关，外界压强越大，沸点越高。外界大气压为 101.325kPa 时液体的沸点称为正常沸点。纯水的正常沸点为 373.15K，即 100℃，如图 2-1 中 T_b^* 所示。

3. 凝固和凝固点

随着液体温度的降低，液体将由液态转化为固态，这个过程称为凝固。液体凝固时的温度

称为凝固点，用 T_f 表示。因为熔化和凝固是固、液转化的两个相反过程，所以液体的凝固点也称为固体的熔点。液体的凝固点同样与外界压强大小有关。对于纯水来说，外界压强越大，凝固点越低。外界大气压为 101.325kPa 时液体的凝固点称为正常凝固点。纯水的正常凝固点(也称为冰点)为 273.15K，即 0℃，如图 2-1 中 T_f^* 所示。

2.2.2　非电解质稀溶液的通性

1. 溶液的蒸气压下降——拉乌尔定律

实验证明，纯溶剂中溶解了难挥发的物质形成溶液后，溶液中溶剂蒸发所产生的蒸气压总是低于同温度下纯溶剂的蒸气压，这种现象称为溶液的蒸气压下降。由于溶液蒸气压的下降，使得溶液的液-气平衡曲线整体下移，且与冰的蒸气压曲线 ob 交点 o' (可称之为溶液的三相点)向下方偏移，如图 2-1 中曲线 $o'a'$ 所示。

溶液的蒸气压之所以下降，一是溶剂中溶解了难挥发溶质后，溶剂表面被一定数量的溶质粒子占据，从溶液中蒸发出来的溶剂分子数比从纯溶剂中蒸发出来的溶剂分子数少；二是溶质分子与溶剂分子之间的作用力大于溶剂分子之间的作用力，束缚了水分子的蒸发。因此，达到平衡时难挥发物质溶液的蒸气压要比纯溶剂的蒸气压低。显然，溶液浓度越大，溶液的蒸气压下降得越多。

1887 年法国物理学家拉乌尔(F. M. Raoult)根据实验结果总结出如下规律：在一定温度下，难挥发非电解质稀溶液的蒸气压下降数值与溶质在溶液中的摩尔分数成正比，而与溶质本性无关。这个规律称为拉乌尔定律。其数学表达式为

$$\Delta p = p^* \cdot x_B \tag{2-7}$$

2. 溶液的沸点上升和凝固点下降

实验表明，外界压强相同时，难挥发溶质溶液的沸点(T_b)总是高于纯溶剂的沸点(T_b^*)，溶液的凝固点(T_f)总是低于纯溶剂的凝固点(T_f^*)。这是由于溶液的蒸气压比纯溶剂的低，液-气平衡曲线下移，如图 2-1 中曲线 $o'a'$ 所示，只有在更高的温度下才能使蒸气压达到与外压相等而沸腾，因而溶液的沸点更高。同样，由于液-气平衡曲线下移，与固-气平衡曲线的交点 o' 左移，导致溶液的固-液平衡曲线也整体左移，如图 2-1 中曲线 $o'c'$ 所示，因此溶液中的溶剂需要在更低的温度下才能凝固。

根据实验可归纳出如下规律：难挥发的非电解质稀溶液的沸点上升和凝固点下降与溶液的质量摩尔浓度成正比，而与非电解质溶液本性无关。用数学表达式表示如下：

$$\Delta T_b = K_b \cdot b_B \tag{2-8}$$

$$\Delta T_f = K_f \cdot b_B \tag{2-9}$$

式中，K_b 与 K_f 分别为溶剂的沸点上升常数和凝固点下降常数。一些溶剂的 K_b 与 K_f 列于表 2-1。

表 2-1　一些溶剂的凝固点下降常数和沸点上升常数

溶剂	凝固点/℃	K_f / (K · kg · mol^{-1})	沸点/℃	K_b / (K · kg · mol^{-1})
水	0	1.86	100	0.52
乙酸	17	3.90	118	2.93
苯	5.5	5.12	80	2.53
乙醇	−117.3	1.99	78.4	1.22
四氯化碳	−22.9	32.0	76.7	5.03
乙醚	−116.2	1.80	34.7	2.02
萘	80	6.94	218	5.80

【例 2-2】 将 2.6g 尿素 $CO(NH_2)_2$ 溶于 50g 水中，计算此溶液的凝固点和沸点。

解　尿素 $CO(NH_2)_2$ 的摩尔质量为 60g · mol^{-1}，尿素的质量摩尔浓度为

$$b_B = \frac{n_B}{m_A} = \frac{\dfrac{2.6\text{g}}{60\,\text{g}\cdot\text{mol}^{-1}}}{50\,\text{g}} = 0.867\,\text{mol}\cdot\text{kg}^{-1}$$

$$\Delta T_b = K_b \cdot b_B = 0.52\text{K}\cdot\text{kg}\cdot\text{mol}^{-1}\times 0.867\,\text{mol}\cdot\text{kg}^{-1} = 0.45\text{K}$$

$$\Delta T_f = K_f \cdot b_B\ \Delta T_f = K_f \cdot b_B = 1.86\text{K}\cdot\text{kg}\cdot\text{mol}^{-1}\times 0.867\,\text{mol}\cdot\text{kg}^{-1} = 1.61\text{K}$$

溶液的沸点：　　373.15K + 0.45K=373.60K

溶液的凝固点：　　273.15K − 1.61K=271.54K

溶液的沸点上升和凝固点下降具有实际意义。例如，若在汽车、拖拉机的水箱(散热器)中加入乙二醇、乙醇、甘油等可使凝固点下降而防止结冰；有机化学实验中常用测定沸点或熔点的方法来检验化合物的纯度，这是因为含杂质的化合物可看作是一种溶液。化合物本身是溶剂，杂质是溶质，所以含杂质的物质的熔点比纯化合物低，沸点比纯化合物高。

3. 溶液的渗透压

渗透现象需通过一种膜展现，这种膜上的微孔对于物质的透过具有选择性，允许某些物质通过而不允许另外一些物质通过，称为半透膜。天然的半透膜，如动物膀胱、肠衣膜等，允许水分子透过，而不允许大分子或胶体粒子透过；人工合成的半透膜，如亚铁氰化铜膜等，只允许水透过不允许水中的糖透过。若被半透膜隔开的两种溶液的浓度不同，即可观察到渗透现象。

一个底部连通的容器，中间用半透膜隔开，一侧是纯溶剂(如水)，另一侧是溶液，两边液面处于同一水平线。由于水分子可以自由透过而溶质分子不能透过半透膜，开始时由纯水一侧向溶液一侧透过的水分子多于反方向透过的水分子，如图 2-2(a)所示。随着渗透的进行，纯水一侧液面下降，溶液一侧液面上升，从而产生压差，抑制了水分子由纯水向溶液一侧的扩散。当水分子双向扩散达到平衡，容器两侧液面便不再升降，最终溶液液面要高出水面一截。两边

液面高度不同产生的压差，就称为渗透压，如图 2-2(b)所示。

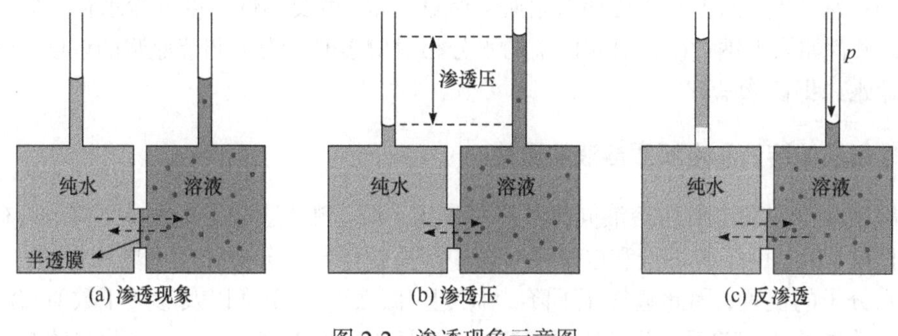

图 2-2　渗透现象示意图

1886 年荷兰物理学家范托夫发现非电解质稀溶液的渗透压可用与气体状态方程式相似的方程式来计算，即

$$\Pi V = n_{\mathrm{B}}RT \tag{2-10}$$

或

$$\Pi = \frac{n_{\mathrm{B}}}{V}RT = c_{\mathrm{B}}RT \tag{2-11}$$

式中，Π 为溶液的渗透压。此式表明在一定的体积和温度下，溶液的渗透压只与溶液中所含溶质的物质的量有关，而与溶质本性无关，且溶液浓度越高，渗透压越大。

如果在溶液一侧施加一个超过渗透压的压强，水分子反而从浓溶液向稀溶液扩散。这种现象称为反渗透，如图 2-2(c)所示。反渗透广泛用于海水淡化、工业废水或污水处理和溶液浓缩等领域。

【例 2-3】 1.0g 血红素溶于水配成 $100\mathrm{cm}^3$ 溶液，此溶液在 20℃时的渗透压为 366Pa。计算：(1)溶液的物质的量浓度；(2)血红素的分子量。

解　(1)由 $\Pi = c_{\mathrm{B}}RT$ 得

$$c_{\mathrm{B}} = \frac{\Pi}{RT} = \frac{366\mathrm{Pa}}{8.314\mathrm{J\cdot mol^{-1}\cdot K^{-1}}\times 293.15\mathrm{K}} = 0.15\mathrm{mol\cdot m^{-3}} = 1.5\times10^{-4}\mathrm{mol\cdot dm^{-3}}$$

(2)设血红素的摩尔质量为 M_{B}，则

$$c_{\mathrm{B}} = \frac{n_{\mathrm{B}}}{V} = \frac{\dfrac{m_{\mathrm{B}}}{M_{\mathrm{B}}}}{V}$$

$$M_{\mathrm{B}} = \frac{m_{\mathrm{B}}}{c_{\mathrm{B}}V} = \frac{1.0\mathrm{g}}{1.5\times10^{-4}\mathrm{mol\cdot dm^{-3}}\times 100\mathrm{cm^3}} = 6.7\times10^{4}\mathrm{g\cdot mol^{-1}}$$

大多数有机体的细胞膜有半透膜的性质，因此渗透现象对生命有重大意义。例如，为什么生理盐水的浓度必须是 0.9%呢？这就与渗透压有关。人体的血液是由血细胞和液体血浆组成。血细胞有红细胞、白细胞和血小板三种，其中红细胞占绝大多数。在正常情况下，红细胞内的渗透压与它周围血浆的渗透压相等，它们是等渗溶液(人体血液的渗透压约为 0.78MPa)，为了维持血管中正常的渗透压，向血管中输液时，也要用等渗溶液，0.9%食盐水就是与血浆等渗的

溶液。

若遇到特殊情况，如大面积烧伤引起血浆严重脱水，就要用低浓度的盐水补充血浆里的水分；再如，患者如果失钠过多，引起血浆的水分相对增多时，为了调节血浆的浓度，就要补充高浓度的盐水，即高渗盐水。

2.2.3 非电解质浓溶液和电解质溶液的通性

非电解质浓溶液和电解质溶液同样具有蒸气压下降、沸点上升、凝固点下降、具有一定的渗透压等性质。但是由于浓溶液和电解质溶液中溶质粒子与水分子作用力更加强烈，不再是简单地取代水分子的位置，因此蒸气压下降、沸点上升、凝固点下降以及渗透压数值与溶质的浓度不再符合简单的比例关系，并且比稀溶液更大。例如，因为氯化钙、五氧化二磷及浓硫酸等溶液的蒸气压更低，可用作干燥剂。因为电解质溶液的凝固点更低，氯化钠和冰的混合物，可得到–22℃的低温；氯化钙和冰的混合物，更可得到–55℃的低温；在水泥砂浆中加入食盐、亚硝酸盐或氯化钙，冬天可照样施工而不凝结。在金属表面处理中，利用溶液沸点上升的原理，可以使工件在高于 100℃的水溶液中进行处理。例如，使用含 $NaOH$ 和 $NaNO_2$ 的水溶液能将工件加热到 140℃以上。

2.2.4 浓度和溶质类型对溶液通性的影响规律

一定温度下，浓度是影响溶液通性的主要因素，浓度越高，蒸气压下降、沸点上升、凝固点下降及渗透压数值越大。当浓度相同时，溶质类型对溶液通性的影响一般有以下规律：

蒸气压的大小：A_2B 型或 AB_2 型强电解质＜AB 型强电解质＜弱电解质＜非电解质＜纯水

沸点高低：A_2B 型或 AB_2 型强电解质＞AB 型强电解质＞弱电解质＞非电解质＞纯水

凝固点高低：A_2B 型或 AB_2 型强电解质＜AB 型强电解质＜弱电解质＜非电解质＜纯水

渗透压高低：A_2B 型或 AB_2 型强电解质＞AB 型强电解质＞弱电解质＞非电解质＞纯水

2.3 弱电解质的解离平衡

2.3.1 酸碱理论

人们对酸碱的认识经历了一段很长的历史。最初从感官上来分辨酸碱，将凡具有酸味，能使紫色石蕊变红的物质称为酸；凡具有涩味，能使紫色石蕊变蓝的物质称为碱。随着人们对物质组成认识的逐渐深入，提出了一系列的酸碱理论。

1. 酸碱电离理论

1887 年瑞典化学家阿伦尼乌斯提出了电离理论（Arrhenius theory of ionization），并且定义：凡是在水溶液中电离产生的阳离子全部是 H^+的物质称为酸；电离产生的阴离子全部都是 OH^-的称为碱。酸碱反应的实质就是 H^+和 OH^-结合生成水的反应。酸碱电离理论从物质的化学组成上揭示了酸碱的实质，这是人们从现象到本质对酸碱认识的质的飞跃，对化学的发展起到了很大的作用，直到现在这个理论仍在普遍使用。但是随着科学的不断发展，酸碱电离理论的局限性也不断地表现出来。例如，电离理论不适用于非水溶液，而且也无法解释许多不

含 H^+和 OH^-的物质却表现出来的酸碱性质。此外，电离理论把碱限制为氢氧化物，对于氨水呈现碱性这一事实，人们长期误认为 NH_3 溶于水后，先生成 NH_4OH，再电离出 OH^-，因而显碱性。但科学家至今也未能分离出 NH_4OH，这说明酸碱理论尚不完善，还需要进一步地补充和发展。

2. 酸碱质子理论

为了弥补阿伦尼乌斯酸碱电离理论的不足，丹麦化学家布朗斯台德(J. N. Brønsted)和英国化学家劳里(T. M. Lowry)在 1923 年分别提出了酸碱质子理论(Brønsted-Lowry theory of acids and bases)。

酸碱质子理论认为：凡能给出质子(H^+)的物质都是酸；凡能接受质子的物质都是碱，酸碱反应的实质是质子的传递。质子理论中的酸碱不只局限于分子酸或分子碱，离子同样可以是酸碱。例如，H_2O、H_3O^+、HCl、HAc、HCO_3^-、NH_4^+、$[Al(H_2O)_6]^{3+}$等都能给出质子，它们都是酸。

$$H_2O \rightleftharpoons H^+ + OH^-$$

$$H_3O^+ \rightleftharpoons H^+ + H_2O$$

$$HCl \rightleftharpoons H^+ + Cl^-$$

$$HAc \rightleftharpoons H^+ + Ac^-$$

$$HCO_3^- \rightleftharpoons H^+ + CO_3^{2-}$$

$$NH_4^+ \rightleftharpoons H^+ + NH_3$$

$$[Al(H_2O)_6]^{3+} \rightleftharpoons H^+ + [Al(OH)(H_2O)_5]^{2+}$$

由于质子的解离过程是可逆的，酸解离出质子后余下的部分反过来也可以接受质子，也就是碱。如上所述，OH^-、H_2O、Cl^-、Ac^-、CO_3^{2-}、NH_3、$[Al(OH)(H_2O)_5]^{2+}$等都是碱。

酸碱的这种关系可用通式表示：

$$HB^n \rightleftharpoons B^{n-1} + H^+$$

酸碱质子理论中，酸碱不是单独存在的，有酸才有碱，有碱必有酸，酸碱通过质子可以相互转化。酸与碱相互依存、成对出现的关系称为酸碱的共轭关系。通式中左边的酸(HB)是右边碱(B^-)的共轭酸，而右边的碱(B^-)则是左边酸(HB)的共轭碱，这一对酸碱称为共轭酸碱对(conjugate acid-base pair)。

显然，酸越容易解离出质子，其共轭碱就越难结合质子，即酸越强其共轭碱就越弱；反之，酸越弱其共轭碱就越强。此外，如 H_2O、HCO_3^- 等既能提供质子也能接受质子的物质，称为两性物质。

必须指出，电离理论和质子理论中涉及的 H^+实际上在水中是不能单独存在的。当氢原子失去核外电子成为一个“裸露”的质子以后，由于其半径极小，因此具有极强的正电性，很容易与水或其他物质结合。所以，像酸在水中的解离，其实包含提供质子反应和质子亲和反应两个过程，以 HAc 为例：

提供质子反应 $HAc \rightleftharpoons H^+ + Ac^-$

质子亲和反应 $H^+ + H_2O \rightleftharpoons H_3O^+$

总反应 $HAc + H_2O \rightleftharpoons H_3O^+ + Ac^-$

早在 1919 年，法扬斯(K. Fajans)就曾估算出水的质子亲和反应的吉布斯函数变约为 $761.8kJ \cdot mol^{-1}$，并推算出水中游离的质子浓度约为 $10^{-130}mol \cdot dm^{-3}$。后来，人们根据能量分布定律，求得水中质子单独存在的概率约为 10^{-210}。由此可见，质子几乎不可能在水中孤立存在，而是与水分子结合以水合氢离子的形式存在。现已确知的水合氢离子有 H_3O^+、$H_5O_2^+$、$H_7O_3^+$、$H_9O_4^+$ 等结构，或用 $[H(H_2O)_n]^+$ (n=1、2、3、4)表示，酸度越大，温度越高，n 越小。通常情况下，以 H_3O^+为主。我们平时所说的水合氢离子，一般就是指 H_3O^+。正是由于水中几乎不存在单独的质子，所以把 H_3O^+简化为 H^+并不影响我们后面对于溶液中相关平衡问题的讨论。

酸碱质子理论虽然揭示了酸碱相互依存和转化的规律，但从根本上来说主要还是用来解决水溶液中的酸碱问题，对于非水溶液则不太适用。

3. 酸碱电子理论

1923 年美国化学家路易斯(G. N. Lewis)根据反应物分子在反应中价电子的重新分配而提出新的酸碱定义。路易斯酸碱理论(Lewis theory of acids and bases)又称酸碱电子理论或广义酸碱理论。

路易斯酸碱可简单地定义为：酸是可以接受电子对的分子、离子或原子团，即酸是电子对的接受体；碱则是可以提供电子对的分子、离子或原子团，即碱是电子对的给予体。

酸碱质子理论中的酸可以提供质子，而质子可以接受一对电子对，因此质子理论中的酸在电子理论中仍然是酸。同样，质子理论中的碱都能够接受 H^+，说明可以提供电子对与 H^+键合，所以在电子理论中仍然是碱。除此之外，像 BF_3、Ag^+等具有空轨道可以接受电子对，而 CO、R_2O(醚)等可以提供电子对，在电子理论中，也可归类为酸碱。

酸碱电子理论中酸碱反应的实质是通过共用电子对形成酸碱加合物。例如：

(1) H^+与 OH^-反应。这是酸碱电离理论和质子理论中典型的酸碱中和反应。根据酸碱电子理论，H^+是酸，OH^-是碱，二者反应时，OH^-给出电子对，H^+接受电子对，形成酸碱的加合物 H_2O。

(2) HCl 气体和 NH_3 气体反应。在这一反应中，HCl 中的质子转移给 NH_3，是一个质子转移反应。如果按照酸碱电子理论，HCl 提供的质子，可以接受电子对，NH_3 则提供电子对，形成酸碱加合物 NH_4^+。

(3) Ag^+和 Cl^-反应。酸碱电子理论中，Ag^+具有空轨道可以接受电子对，是酸。而 Cl^-可以提供电子对，是碱。所以二者通过共用电子对方式可以形成酸碱加合物 AgCl。

(4) Cu^{2+}和 NH_3、Ni 和 CO 反应。酸碱电子理论中，Cu^{2+}、Ni 都具有空轨道可以接受电子对，是酸；而 NH_3 和 CO 都可以提供电子对，是碱。所以，它们可以分别通过共用电子对的方式形成酸碱加合物 $[Cu(NH_3)_4]^{2+}$和 $Ni(CO)_4$。

2.3.2 水的自偶解离与 pH

根据酸碱质子理论，水既是质子酸又是质子碱，可以发生自身的酸碱反应，或称自偶解离。

$$H_2O + H_2O \rightleftharpoons H_3O^+ + OH^-$$

简写成

$$H_2O \rightleftharpoons H^+ + OH^-$$

水的解离方程的标准平衡常数表达式为

$$K_w^\ominus = \frac{c^{eq}(H^+)}{c^\ominus} \cdot \frac{c^{eq}(OH^-)}{c^\ominus} \tag{2-12}$$

可以看出，$K_w^\ominus$ 数值等于两个离子浓度数值的乘积，因此通常也称为水的离子积常数，简称水的离子积，下标 w 表示水。

水的离子积常数与温度有关，随温度升高 $K_w^\ominus$ 值增大，如表 2-2 所示。在没有特别说明温度对水的离子积常数影响的情况下，一般取 $K_w^\ominus = 1.0 \times 10^{-14}$。

表 2-2　不同温度下水的离子积常数

T/K	273	283	293	298	323	373
$K_w^\ominus$	1.1×10^{-15}	2.9×10^{-15}	6.8×10^{-15}	1.0×10^{-14}	5.5×10^{-14}	5.5×10^{-13}

由于许多化学反应和几乎全部的生物生理现象都是在 H^+浓度很小的溶液中进行，如果用物质的量浓度来表示溶液的酸碱度不太方便，因此常用 pH 表示溶液的酸度。pH 的定义为

$$pH = -\lg \frac{c^{eq}(H^+)}{c^\ominus} \tag{2-13}$$

如果 pH 改变 1 个单位，相应于 H^+浓度改变了 10 倍。与 pH 相似，也可定义

$$pOH = -\lg \frac{c^{eq}(OH^-)}{c^\ominus} \tag{2-14}$$

$$pK_w^\ominus = -\lg K_w^\ominus \tag{2-15}$$

对于同一溶液，有

$$pH + pOH = pK_w^\ominus = 14 \tag{2-16}$$

pH 和 pOH 范围一般在 0～14，在这个范围以外，用物质的量浓度，即以 $mol \cdot dm^{-3}$ 为单位表示酸度和碱度反而更方便。

2.3.3　一元弱电解质的解离平衡

一元弱酸如乙酸(HAc)和一元弱碱如氨水($NH_3 \cdot H_2O$)，它们在水溶液中只是部分解离，绝大部分以未解离的分子存在。溶液中始终存在着未解离的弱电解质分子与解离产生的正、负离子之间的平衡。这种平衡称弱电解质的解离平衡。

$$HAc \rightleftharpoons H^+ + Ac^- \qquad K_a^\ominus(HAc) = \frac{\dfrac{c^{eq}(H^+)}{c^\ominus} \cdot \dfrac{c^{eq}(Ac^-)}{c^\ominus}}{\dfrac{c^{eq}(HAc)}{c^\ominus}}$$

$$NH_3 + H_2O \rightleftharpoons NH_4^+ + OH^- \qquad K_b^{\ominus}(NH_3) = \frac{\dfrac{c^{eq}(NH_4^+)}{c^{\ominus}} \cdot \dfrac{c^{eq}(OH^-)}{c^{\ominus}}}{\dfrac{c^{eq}(NH_3)}{c^{\ominus}}}$$

式中，$K_a^{\ominus}$、$K_b^{\ominus}$ 分别称为酸、碱的解离平衡常数，下标 a 和 b 分别表示酸(acid)和碱(base)。

对于一元分子酸(碱)所对应的共轭碱(酸)的解离反应(其实就是酸碱电离理论中的水解反应)，解离平衡常数如下：

$$Ac^- + H_2O \rightleftharpoons HAc + OH^- \qquad K_b^{\ominus}(Ac^-) = \frac{\dfrac{c^{eq}(HAc)}{c^{\ominus}} \cdot \dfrac{c^{eq}(OH^-)}{c^{\ominus}}}{\dfrac{c^{eq}(Ac^-)}{c^{\ominus}}}$$

$$NH_4^+ \rightleftharpoons NH_3 + H^+ \qquad K_a^{\ominus}(NH_4^+) = \frac{\dfrac{c^{eq}(NH_3)}{c^{\ominus}} \cdot \dfrac{c^{eq}(H^+)}{c^{\ominus}}}{\dfrac{c^{eq}(NH_4^+)}{c^{\ominus}}}$$

不难得出，共轭酸碱对的解离平衡常数之积为定值，且等于水的离子积常数。

$$K_a^{\ominus} \cdot K_b^{\ominus} = K_w^{\ominus} \tag{2-17}$$

酸碱的解离平衡常数本质是化学平衡常数，可以衡量弱酸弱碱解离反应的程度。解离平衡常数越大，解离程度就越大，其酸性或碱性也就越强。一般情况下解离平衡常数大于 10^{-1} 的酸(碱)称为强酸(碱)，如 H_2SO_4、NaOH 等；介于 10^{-1}～10^{-4} 的酸(碱)称为中强酸(碱)，如 H_3PO_4、AgOH 等；介于 10^{-4}～10^{-7} 的酸(碱)称为弱酸(碱)，如 HAc、$NH_3 \cdot H_2O$ 等；而小于 10^{-7} 的酸(碱)称为极弱酸(碱)，如 HBrO、$Al(OH)_3$ 等。

对于给定的电解质而言，解离平衡常数只与温度有关。但一般来说受温度的影响不大，而且研究多为常温下的解离平衡。附录 4 列出了一些常见的电解质在 298.15K 下的解离平衡常数。

【例 2-4】 计算 $0.10 mol \cdot dm^{-3}$ HAc 溶液 pH 及解离度 α（$K_a^{\ominus}=1.75\times10^{-5}$）。

解 考虑一般情况，设任意一元弱酸 HB 初始浓度为 $c_0\ mol \cdot dm^{-3}$，平衡时有 $x\ mol \cdot dm^{-3}$ 的 HB 发生解离，则平衡时溶液中的 H^+ 和 B^- 浓度均为 $x\ mol \cdot dm^{-3}$(忽略水的自身解离)，根据解离平衡方程有

$$HB \rightleftharpoons H^+ + B^-$$

	HB	H^+	B^-
初始浓度/$(mol \cdot dm^{-3})$	c_0	0	0
平衡时浓度/$(mol \cdot dm^{-3})$	$c_0 - x$	x	x

$$K_a^{\ominus} = \frac{\dfrac{c^{eq}(H^+)}{c^{\ominus}} \cdot \dfrac{c^{eq}(B^-)}{c^{\ominus}}}{\dfrac{c^{eq}(HB)}{c^{\ominus}}} = \frac{x^2}{c_0 - x}$$

解得

$$x = \frac{-K_a^{\ominus} + \sqrt{(K_a^{\ominus})^2 + 4c_0K_a^{\ominus}}}{2} \tag{2-18}$$

如果 HB 初始浓度 c_0 不太低且解离平衡常数比较小(或 $c_0 / K_a^{\ominus} \geqslant 500$)，发生解离的 HB 浓度很少，

相对于初始浓度来说可以忽略，即 $c_0 - x \approx c_0$，上述方程可进一步简化：

$$K_a^\ominus = \frac{x^2}{c_0 - x} \approx \frac{x^2}{c_0}$$

可得到近似解：

$$x \approx \sqrt{c_0 K_a^\ominus} \tag{2-19}$$

对于本题，$\dfrac{c_0}{K_a^\ominus} = \dfrac{0.10}{1.75\times10^{-5}} = 5.71\times10^3 \gg 500$，可以利用近似解公式计算，即

$$\frac{c^{eq}(H^+)}{c^\ominus} = x \approx \sqrt{c_0 K_a^\ominus} = \sqrt{0.10\times1.75\times10^{-5}} = 1.32\times10^{-3}$$

$$c^{eq}(H^+) \approx 1.32\times10^{-3}\,mol\cdot dm^{-3}$$

解离度 α 定义为已解离浓度占初始浓度的分数，即

$$\alpha = \frac{1.32\times10^{-3}\,mol\cdot dm^{-3}}{0.1\,mol\cdot dm^{-3}}\times100\% = 1.32\%$$

$$pH = -\lg\frac{c^{eq}(H^+)}{c^\ominus} = -\lg(1.32\times10^{-3}) = 3 - \lg1.32 = 2.88$$

对于一元弱碱的解离问题，求解过程与上述方法类似。当一元弱碱的初始浓度为 c_0 且 $c_0 / K_b^\ominus \geqslant 500$，有 $\dfrac{c^{eq}(OH^-)}{c^\ominus} \approx \sqrt{c_0 K_b^\ominus}$。

2.3.4　多元弱电解质的分级解离

以多元弱酸为例。分子中含有两个或两个以上可解离的氢原子的酸，称为多元酸。H_2S、H_2CO_3 为二元弱酸，H_3PO_4 为三元酸。多元弱酸在溶液中的解离平衡比一元弱酸要复杂些。一元弱酸的解离平衡只有一步，而多元弱酸的解离则是分步(级)进行的，氢离子依次解离出来，其解离常数分别用 K_{a_1}、K_{a_2}、…表示。例如，H_2S 解离：

第一级解离　　$H_2S \rightleftharpoons H^+ + HS^-$

$$K_{a_1}^\ominus = \frac{\dfrac{c^{eq}(H^+)}{c^\ominus}\cdot\dfrac{c^{eq}(HS^-)}{c^\ominus}}{\dfrac{c^{eq}(H_2S)}{c^\ominus}} = 9.1\times10^{-8}$$

第二级解离　　$HS^- \rightleftharpoons H^+ + S^{2-}$

$$K_{a_2}^\ominus = \frac{\dfrac{c^{eq}(H^+)}{c^\ominus}\cdot\dfrac{c^{eq}(S^{2-})}{c^\ominus}}{\dfrac{c^{eq}(HS^-)}{c^\ominus}} = 1.1\times10^{-12}$$

从以上可以看出，氢硫酸的第一级解离远远大于第二级解离，这是多元弱酸解离的一个规律，即 $K_{a_1}^\ominus \gg K_{a_2}^\ominus \gg K_{a_3}^\ominus$。其原因主要是从带负电的离子中解离出带正电的 H^+，要比从中性分子中解离出 H^+ 更为困难，同时第一级解离产生的 H^+ 对第二级解离产生较强的抑制作用。由于

多元弱酸后续解离程度比第一步低很多，解离出的H^+对平衡时H^+的贡献很小，因此溶液的酸性主要由第一级解离决定。这样在比较多元酸的酸性强弱时，只需比较一级解离常数即可。计算溶液中H^+浓度时，也可忽略二级及后续的解离。

【例 2-5】 计算 0.100mol · dm^{-3} 饱和H_2S溶液中H^+、HS^-和S^{2-}的浓度。

解 由于H_2S属于二元弱酸，一级解离远大于二级解离（$K_{a_1}^{\ominus} \gg K_{a_2}^{\ominus}$），因此二级解离出的$H^+$浓度可以忽略，而且一级解离远大于水的解离（$K_{a_1}^{\ominus} \gg K_{w}^{\ominus}$），所以也可以忽略水解离出的$H^+$浓度。因此，达到平衡时的$H^+$浓度可以近似认为全部由$H_2S$一级解离产生。根据一级解离平衡方程：

$$H_2S \rightleftharpoons H^+ + HS^-$$

$$\frac{c_0}{K_{a1}^{\ominus}} = \frac{0.100}{9.1\times10^{-8}} \geqslant 500$$

所以$\dfrac{c^{eq}(H^+)}{c^{\ominus}} \approx \sqrt{c_0 K_{a_1}^{\ominus}} = \sqrt{0.100\times9.1\times10^{-8}} = 9.54\times10^{-5}$，$c^{eq}(H^+) \approx 9.54\times10^{-5}\ mol\cdot dm^{-3}$

一级解离出的HS^-部分发生二级解离，由于二级解离常数极小，因此发生解离的HS^-浓度极小，相对于一级解离出的HS^-来说可以忽略，所以

$$\frac{c^{eq}(HS^-)}{c^{\ominus}} \approx \frac{c^{eq}(H^+)}{c^{\ominus}} \approx 9.54\times10^{-5}\text{，}\quad c^{eq}(HS^-) \approx 9.54\times10^{-5}\ mol\cdot dm^{-3}$$

S^{2-}由二级解离产生，根据二级解离平衡：

$$HS^- \rightleftharpoons H^+ + S^{2-}$$

$$K_{a_2}^{\ominus} = \frac{\dfrac{c^{eq}(H^+)}{c^{\ominus}}\cdot\dfrac{c^{eq}(S^{2-})}{c^{\ominus}}}{\dfrac{c^{eq}(HS^-)}{c^{\ominus}}} \approx \frac{9.54\times10^{-5}\times\dfrac{c^{eq}(S^{2-})}{c^{\ominus}}}{9.54\times10^{-5}} = 1.1\times10^{-12}$$

所以

$$\frac{c^{eq}(S^{2-})}{c^{\ominus}} \approx K_{a_2}^{\ominus} = 1.1\times10^{-12}\text{，}\quad c^{eq}(S^{2-}) \approx 1.1\times10^{-12}\ mol\cdot dm^{-3}$$

由上可知，在氢硫酸溶液中，$c^{eq}(S^{2-})$在数值上约等于$K_{a_2}^{\ominus}$。一般来说，任何单一的二元弱酸溶液中二价负离子的浓度均约等于其二级解离常数。

S^{2-}浓度也可经由总解离平衡求出。

根据总解离平衡：

$$H_2S \rightleftharpoons 2H^+ + S^{2-}$$

该解离方程可由一级解离方程和二级解离方程相加得到，根据多重平衡规则，其解离平衡常数$K_a^{\ominus} = K_{a_1}^{\ominus}\cdot K_{a_2}^{\ominus} = 1.0\times10^{-19}$。由总解离方程，有

$$K_a^{\ominus} = \frac{\left[\dfrac{c^{eq}(H^+)}{c^{\ominus}}\right]^2\cdot\dfrac{c^{eq}(S^{2-})}{c^{\ominus}}}{\dfrac{c^{eq}(H_2S)}{c^{\ominus}}}$$

因为$\dfrac{c^{eq}(H^+)}{c^{\ominus}} \approx \sqrt{c_0 K_{a_1}^{\ominus}}$，$c^{eq}(H_2S) \approx 0.100\ mol\cdot dm^{-3}$，解得

$$\frac{c^{eq}(S^{2-})}{c^{\ominus}} \approx K_{a_2}^{\ominus} = 1.1\times10^{-12}，\ c^{eq}(S^{2-}) \approx 1.1\times10^{-12}\ mol\cdot dm^{-3}$$

两种方法计算结果一致。

必须注意，在应用总解离方程进行运算时，解离成分中 H^+与 S^{2-}的浓度之比并非 2∶1 关系(只有二元强酸完全解离时，H^+与酸根离子浓度之比才是 2∶1 关系)，否则将会导致错误结果。

【例 2-6】　在氢硫酸的饱和溶液(0.1mol · dm⁻³)中，加入适量的浓盐酸，使该溶液的 H^+浓度达到 1mol · dm⁻³(忽略溶液体积变化，假设氢硫酸仍处于饱和状态)，计算 $c^{eq}(S^{2-})$，并与例 2-5 结果进行比较。

解　(1)根据总解离平衡：

$$H_2S \rightleftharpoons 2H^+ + S^{2-}$$

$$K_a^{\ominus} = \frac{\left[\frac{c^{eq}(H^+)}{c^{\ominus}}\right]^2 \cdot \frac{c^{eq}(S^{2-})}{c^{\ominus}}}{\frac{c^{eq}(H_2S)}{c^{\ominus}}}$$

将 $c^{eq}(H^+) = 1.0mol\cdot dm^{-3}$，$c^{eq}(H_2S) \approx 0.1mol\cdot dm^{-3}$ 代入上式，解得

$$\frac{c^{eq}(S^{2-})}{c^{\ominus}} \approx 0.1\times1.0\times10^{-19} = 1.0\times10^{-20}，\ c^{eq}(S^{2-}) \approx 1.0\times10^{-20} mol\cdot dm^{-3}$$

(2)例 2-5 中，$c^{eq}(S^{2-}) = 1.1\times10^{-12} mol\cdot dm^{-3}$。

通过比较，说明由于向 H_2S 溶液中加入大量的游离 H^+，致使 H_2S 解离度大大降低，S^{2-}浓度变为原来的 10^{-8} 倍。

2.3.5　同离子效应与缓冲溶液

1. 同离子效应

弱酸、弱碱的解离平衡与其他的化学平衡一样，当溶液的温度、浓度等条件改变时，解离平衡也要发生移动。就浓度的改变来说，除用稀释的方法外，还可以在弱电解质溶液中加入具有相同离子的强电解质，改变某种离子的浓度，从而引起弱电解质解离平衡的移动。

例如，在氨水中加入一些 NH_4Cl，由于后者是强电解质，在溶液中完全解离，于是 NH_4^+ 浓度大大增加，使平衡 $NH_3\cdot H_2O \rightleftharpoons NH_4^+ + OH^-$向左移动，从而降低了氨的解离度。对于乙酸溶液，情况也是如此。当加入强电解质 NaAc 时，Ac^-浓度大大增加，使解离平衡 $HAc \rightleftharpoons H^+ + Ac^-$向左移动，HAc 的解离度降低。

由以上分析可知，在弱电解质溶液中，加入与弱电解质具有相同离子的强电解质时，可使弱电解质的解离度降低，这种现象称为同离子效应。

【例 2-7】　计算 0.20mol · dm⁻³ $NH_3\cdot H_2O$ 的解离度 α。

解

$$NH_3\cdot H_2O \rightleftharpoons NH_4^+ + OH^-$$

$$\frac{c_0}{K_b^{\ominus}} = \frac{0.20}{1.77\times10^{-5}} \geqslant 500$$

所以 $\dfrac{c^{eq}(OH^-)}{c^{\ominus}} \approx \sqrt{c_0 K_b^{\ominus}} = \sqrt{0.20 \times 1.77 \times 10^{-5}} = 1.88 \times 10^{-3}$， $c^{eq}(OH^-) \approx 1.88 \times 10^{-3}\ mol \cdot dm^{-3}$

$$pH=11.3$$

$$\alpha = \frac{c^{eq}(OH^-)}{c(NH_3 \cdot H_2O)} \times 100\% = \frac{1.88 \times 10^{-3}\ mol \cdot dm^{-3}}{0.20\ mol \cdot dm^{-3}} \times 100\% = 0.94\%$$

【例 2-8】 在 $0.40mol \cdot dm^{-3}$ 氨水溶液中，加入等体积 $0.40mol \cdot dm^{-3}$ NH_4Cl 溶液，求混合溶液中 OH^- 浓度、pH 和 $NH_3 \cdot H_2O$ 的解离度。并将结果与例 2-7 进行比较。

解　两种溶液等体积混合后浓度各减小一半，均为 $0.20mol \cdot dm^{-3}$。忽略水的解离，设已解离 $NH_3 \cdot H_2O$ 的浓度为 x $mol \cdot dm^{-3}$，则根据解离平衡：

$$NH_3 \cdot H_2O \rightleftharpoons NH_4^+ + OH^-$$

	$NH_3 \cdot H_2O$	NH_4^+	OH^-
起始浓度/$(mol \cdot dm^{-3})$	0.20	0.20	0
平衡浓度/$(mol \cdot dm^{-3})$	$0.20-x$	$0.20+x$	x

$$K_b^{\ominus} = \frac{\dfrac{c^{eq}(NH_4^+)}{c^{\ominus}} \cdot \dfrac{c^{eq}(OH^-)}{c^{\ominus}}}{\dfrac{c^{eq}(NH_3)}{c^{\ominus}}} = \frac{(0.2+x) \cdot x}{0.2-x}$$

因为 $NH_3 \cdot H_2O$ 的解离平衡常数很小，并且同离子效应将进一步抑制 $NH_3 \cdot H_2O$ 的解离，所以 x 相对于初始浓度来说可以忽略，即 $0.20 \pm x \approx 0.20$。上式可简化为

$$K_b^{\ominus} = \frac{(0.2+x) \cdot x}{0.2-x} \approx \frac{0.2x}{0.2}$$

解得　$$\frac{c^{eq}(OH^-)}{c^{\ominus}} = x \approx K_b, \quad c^{eq}(OH^-) \approx 1.77 \times 10^{-5}\ mol \cdot dm^{-3}$$

$$pH=9.30$$

$$\alpha = \frac{c^{eq}(OH^-)}{c(NH_3 \cdot H_2O)} \times 100\% = \frac{1.77 \times 10^{-5}\ mol \cdot dm^{-3}}{0.20\ mol \cdot dm^{-3}} \times 100\% = 0.009\%$$

比较例 2-7 和例 2-8 的计算结果得知，由于同离子效应，氨水的解离度从 0.94%降到 0.009%，pH 由 11.3 降到 9.30。同离子效应可以控制弱酸或弱碱的解离，所以经常利用同离子效应来调节溶液的酸碱性。

2. *缓冲溶液*

缓冲溶液是一种能抵御外加少量的强酸、强碱或适当地稀释，而保持溶液的 pH 基本稳定的溶液。这种抵抗外界干扰因素的性质称为缓冲作用。缓冲溶液一般含有两种物质，通常由共轭酸碱对组成，如 HAc-NaAc、$NH_3 \cdot H_2O$-NH_4Cl、H_2CO_3-$NaHCO_3$、H_3BO_3-$Na_2B_4O_7$(硼砂)。缓冲液还可以由既能失去质子，又能得到质子的两性物质组成，如 HCO_3^-、$H_2PO_4^-$ 及一些氨基酸(如甘氨酸)。此外，一些较高浓度的强酸或强碱溶液也具有缓冲溶液的性质，如 pH＜2 的强酸或 pH＞12 的强碱。

缓冲溶液为什么具有保持溶液的 pH 基本不变的能力呢？以 HAc-NaAc 缓冲体系为例。由于溶液中 HAc 和 Ac^-的浓度都很大，当加入少量强酸时，溶液中的 Ac^-与加入的 H^+生成 HAc，使 HAc 的解离平衡向分子化方向转移，溶液中 H^+浓度不会显著增加。当加入少量强碱时，溶液

中 H^+与外加的 OH^-生成 H_2O，使 HAc 的解离平衡向解离方向移动，从而补充了消耗的 H^+，因而溶液中 H^+浓度也没有太大变化。可以看出，Ac^-和 HAc 实际上分别是该缓冲体系的抗碱和抗酸成分。当加入水稀释时，稀释作用降低了溶液的 H^+的浓度，但稀释以后由于 HAc 浓度降低反而使其解离度增大，又会向溶液中补充一些 H^+，结果溶液中 H^+浓度仍然基本保持不变。

$$\text{HAc(大量)} \rightleftharpoons H^+ + \text{Ac}^-\text{(大量)}$$

（向右箭头上方：加入少量OH^-；向左箭头下方：加入少量H^+）

缓冲溶液的这种性质对于生命活动和生产实践具有重要的意义。例如，人体血液的 pH 必须保持在 7.35～7.45，才能维护正常的机体功能；当血液 pH 低于 6.9 或高于 7.7 时，就会发生生命危险。虽然人体在代谢过程中会不断产生酸或碱，但血液的 pH 仍能维持在 7.35～7.45，就是因为生物体内存在着 H_2CO_3-HCO_3^-、$H_2PO_4^-$-HPO_4^{2-} 及蛋白质-蛋白质盐等多种缓冲体系。在印染工业中，大多数染料对染浴的 pH 比较敏感，染浴的 pH 控制稍有不当，便会出现色浅、色差、色花等染疵。为了使染浴的 pH 具有良好的稳定性，需要使用相应的缓冲溶液。

下面简单推导由共轭酸碱对 HB-B^-组成的缓冲溶液的 pH 的计算公式。

设初始共轭酸 HB 和共轭碱 B^-浓度分别为 c_a mol · dm^{-3} 和 c_b mol · dm^{-3}，达到解离平衡时有 x mol · dm^{-3} 的 HB 发生解离。根据解离平衡：

	HB $\rightleftharpoons$	H^+ +	B^-
初始浓度/(mol · dm^{-3})	c_a	0	c_b
平衡浓度/(mol · dm^{-3})	c_a-x	x	c_b+x

$$K_a^\ominus = \frac{\dfrac{c^{eq}(H^+)}{c^\ominus}\cdot\dfrac{c^{eq}(B^-)}{c^\ominus}}{\dfrac{c^{eq}(HB)}{c^\ominus}} = \frac{x\cdot(c_b+x)}{c_a-x}$$

因为共轭酸的解离平衡常数很小，并且同离子效应将进一步抑制它的解离，所以 x 相对于共轭酸碱的初始浓度来说可以忽略，即 $c_a - x \approx c_a$，$c_b + x \approx c_b$。上式可简化为

$$K_a^\ominus \approx \frac{x\cdot c_b}{c_a}$$

解得

$$\frac{c^{eq}(H^+)}{c^\ominus} = x \approx K_a^\ominus\cdot\frac{c_a}{c_b}$$

$$pH = -\lg\frac{c^{eq}(H^+)}{c^\ominus} = -\lg\left(K_a^\ominus\cdot\frac{c_a}{c_b}\right) = pK_a^\ominus + \lg\frac{c_b}{c_a} \tag{2-20}$$

式(2-20)就是缓冲溶液 pH 计算公式，也称为亨德森-哈塞尔巴尔赫方程(Henderson-Hasselbalch equation)。式中共轭碱与共轭酸浓度的比值 c_b / c_a 又称为缓冲比。应用该式计算 pH 时，应当注意：①计算结果是近似值，与真实值有一定误差；②公式仅适用于共轭酸碱浓度较高且相差不太大的情况。

溶液的 pOH 可按下式计算：

$$pOH = 14 - pH = pK_b^{\ominus} - \lg\frac{c_b}{c_a} \tag{2-21}$$

【例 2-9】 计算含有 $0.10mol \cdot dm^{-3}$ HAc 和 $0.30mol \cdot dm^{-3}$ NaAc 溶液的 pH。(已知 HAc 的 pK_a=4.75)

解 HAc 和 NaAc 混合溶液构成缓冲体系，所以

$$pH = pK_a^{\ominus} + \lg\frac{c(Ac^-)}{c(HAc)} = 4.75 + \lg\frac{0.30\,mol \cdot dm^{-3}}{0.10\,mol \cdot dm^{-3}} = 5.23$$

【例 2-10】 在 $100cm^3$ 的 $0.10mol \cdot dm^{-3}$ HAc 与 $0.30mol \cdot dm^{-3}$ 的 NaAc 缓冲溶液中，加入 $1.0cm^3$ 的 $1.0mol \cdot dm^{-3}$ 盐酸，求其 pH。

解 因为 HCl 在溶液中完全解离，加入盐酸后，相当于加入的浓度为 $\frac{1.0\,cm^3 \times 1.0mol \cdot dm^{-3}}{1.0\,cm^3 + 100\,cm^3} \approx$ $0.01mol \cdot dm^{-3}$ 的 H^+。假设加入的 H^+ 与缓冲溶液中的 Ac^- 全部结合成 HAc。则起始 HAc 和 Ac^- 浓度分别为

$$c(HAc) \approx 0.10\,mol \cdot dm^{-3} + 0.01\,mol \cdot dm^{-3} = 0.11\,mol \cdot dm^{-3}$$

$$c(Ac^-) \approx 0.30\,mol \cdot dm^{-3} - 0.01\,mol \cdot dm^{-3} = 0.29\,mol \cdot dm^{-3}$$

$$pH = pK_a^{\ominus} + \lg\frac{c(Ac^-)}{c(HAc)} = 4.75 + \lg\frac{0.29\,mol \cdot dm^{-3}}{0.11\,mol \cdot dm^{-3}} = 5.17$$

对比例 2-9 和例 2-10 可知，当上述缓冲溶液本身 pH 为 5.23，加 $1.0cm^3$ 的 $1.0mol \cdot dm^{-3}$ HCl 后，pH 为 5.17。两者仅相差 0.05。若加入 $1.0cm^3$ $1.0mol \cdot dm^{-3}$ NaOH 后，pH 则由 5.23 变为 5.28，两者也仅相差 0.05。但是，若在 $100cm^3$ 纯水中加入同样的酸或碱，pH 将由 7 变为 2，改变 5 个单位。由此可见，缓冲溶液的缓冲作用是相当明显的。

3. 缓冲容量

缓冲溶液的缓冲能力是有一定限度的。当加入的酸碱越来越多，随着溶液中抗酸或抗碱成分的消耗，缓冲能力会逐渐下降，直至消失。1922 年，范斯莱克(V. Slyke)提出用缓冲容量β作为衡量缓冲能力的尺度。缓冲容量是指单位体积缓冲溶液中加入一元强酸或一元强碱的物质的量与 pH 变化量绝对值的比值。

$$\beta = \frac{1}{V} \cdot \frac{\Delta n}{|\Delta pH|} \tag{2-22}$$

式中，V 为缓冲溶液的体积，Δn 为加入一元强酸或一元强碱的物质的量；ΔpH 为 pH 变化量。微分定义式为

$$\beta = \lim_{\Delta n \to 0} \frac{1}{V} \cdot \frac{\Delta n}{|\Delta pH|} = \frac{1}{V} \cdot \frac{dn}{|dpH|} \tag{2-23}$$

如果β越大，说明 pH 变化越小，或者 pH 改变量一定时，加入的一元强酸或一元强碱越多，即缓冲溶液的缓冲能力越强。

【例 2-11】　$V\,\mathrm{dm^3}$ 由 HB-B⁻组成的缓冲溶液，共轭酸碱浓度分别为 $c_a\,\mathrm{mol\cdot dm^{-3}}$ 和 $c_b\,\mathrm{mol\cdot dm^{-3}}$，计算该缓冲溶液的缓冲容量。

解　以加入一元强酸为例。

根据式(2-20)可知初始时溶液的 pH 为

$$\mathrm{pH}=\mathrm{p}K_a^{\ominus}+\lg\frac{c_b}{c_a}$$

当加入 x mol($x\to 0$)一元强酸后，溶液中 HB 和 B⁻浓度分别变为 $c_a'=c_a+\frac{x}{V}$ 和 $c_b'=c_b-\frac{x}{V}$，此时溶液的 pH 为

$$\mathrm{pH}'=\mathrm{p}K_a^{\ominus}+\lg\frac{c_b'}{c_a'}=\mathrm{p}K_a^{\ominus}+\lg\frac{c_b-x/V}{c_a+x/V}$$

$$|\Delta\mathrm{pH}|=\mathrm{pH}-\mathrm{pH}'=\lg\frac{c_b}{c_a}-\lg\frac{c_b-x/V}{c_a+x/V}$$

根据式(2-23)，有

$$\beta=\lim_{x\to 0}\frac{1}{V}\cdot\frac{x}{\lg\frac{c_b}{c_a}-\lg\frac{c_b-x/V}{c_a+x/V}}$$

求极限后，得

$$\beta=\ln 10\cdot\frac{c_a c_b}{c_a+c_b}\tag{2-24}$$

如果加入一元强碱，可以证明，计算结果与式(2-24)相同。

由式(2-24)可以看出，一定体积由 HB-B⁻组成的缓冲溶液的缓冲容量与共轭酸碱对浓度有关。若缓冲比不变，缓冲容量与缓冲溶液总浓度成正比；当缓冲溶液总浓度一定时，缓冲比等于 1 时缓冲容量取得最大值。图 2-3 是 HAc-Ac⁻缓冲体系不同缓冲比对应的 pH 与β的关系。

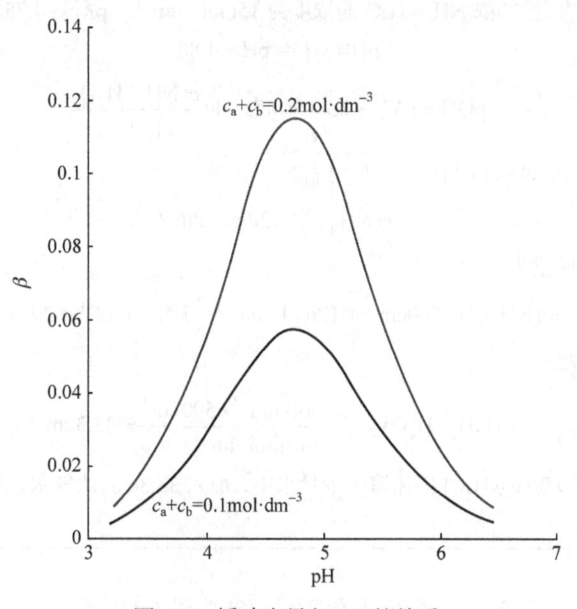

图 2-3　缓冲容量与 pH 的关系

可以验证，当缓冲比为 0.1 或 10 的时候，β大概仅为缓冲容量最大值的 1/3，若缓冲比更

小或者更大，缓冲容量会更小，缓冲能力降低甚至丧失。所以缓冲比在 0.1～10，是保证缓冲溶液具有足够缓冲能力的变化区间。缓冲比的这一区间代入式(2-20)，可以转化为缓冲溶液的缓冲范围，即 pH 在 $(\mathrm{p}K_a^\ominus-1)\sim(\mathrm{p}K_a^\ominus+1)$。

4. 缓冲溶液的配制

根据缓冲溶液的有效缓冲范围为 $(\mathrm{p}K_a^\ominus-1)\sim(\mathrm{p}K_a^\ominus+1)$，在配制缓冲溶液时，首先应当选择合适的共轭酸碱对体系，使目标 pH 在 $\mathrm{p}K_a^\ominus\pm1$ 内，并且对主反应无干扰、无沉淀、无副反应等，然后再通过调整缓冲比使缓冲溶液的 pH 达到要求。共轭酸碱对的浓度可以根据具体情况而定，如果需要缓冲的酸碱量大，共轭酸碱对浓度也要适当增大。表 2-3 列举了一些常见的缓冲体系及其 pH。

表 2-3　常见的缓冲体系及其 pH 范围

配制缓冲溶液的试剂	缓冲组分	$\mathrm{p}K_a^\ominus$	缓冲范围
HCOOH-NaOH	$HCOOH\text{-}HCOO^-$	3.75	2.75～4.75
HAc-NaAc	$HAc\text{-}Ac^-$	4.75	3.75～5.75
$NaH_2PO_4\text{-}Na_2HPO_4$	$H_2PO_4^-\text{-}HPO_4^{2-}$	7.21	6.21～8.21
$Na_2B_4O_7\text{-}HCl$	$H_3BO_3\text{-}[B(OH)_4]^-$	9.14	8.14～10.14
$NH_3\cdot H_2O\text{-}NH_4Cl$	$NH_4^+\text{-}NH_3$	9.25	8.25～10.25
$NaHCO_3\text{-}Na_2CO_3$	$HCO_3^-\text{-}CO_3^{2-}$	10.25	9.25～11.25
$Na_2HPO_4\text{-}NaOH$	$HPO_4^{2-}\text{-}PO_4^{3-}$	12.66	11.66～13.66

【例 2-12】 欲配制 pH=9.20，$NH_3\cdot H_2O$ 浓度为 $1.0\mathrm{mol\cdot dm^{-3}}$ 的缓冲溶液 $500\mathrm{cm^3}$，如何用浓 $NH_3\cdot H_2O$ 溶液和固体 NH_4Cl 配制？(已知浓 $NH_3\cdot H_2O$ 的浓度为 $15\mathrm{mol\cdot dm^{-3}}$，$\mathrm{p}K_b^\ominus=4.75$)

解

$$\mathrm{pOH}=14-\mathrm{pH}=4.80$$

$$\mathrm{pOH}=\mathrm{p}K_b^\ominus-\lg\frac{c_b}{c_a}=4.75-\lg\frac{c(NH_3\cdot H_2O)}{c(NH_4^+)}$$

将 $c(NH_3\cdot H_2O)=1.0\mathrm{mol\cdot dm^{-3}}$ 代入上式，解得

$$c(NH_4^+)=1.12\mathrm{mol\cdot dm^{-3}}$$

应称取固体 NH_4Cl 质量为

$$m(NH_4Cl)=500\mathrm{cm^3}\times1.12\mathrm{mol\cdot dm^{-3}}\times53.5\mathrm{g\cdot mol^{-1}}=29.96\mathrm{g}$$

所需浓氨水的体积为

$$V(NH_3\cdot H_2O)=\frac{1.0\mathrm{mol\cdot dm^{-3}}\times500\mathrm{cm^3}}{15\mathrm{mol\cdot dm^{-3}}}=33.3\mathrm{cm^3}$$

配制方法为：称取 29.96 g NH_4Cl 固体溶于少量水中，加入 $33.3\mathrm{cm^3}$ 浓氨水，然后加水至 $500\mathrm{cm^3}$ 即可配成所要求的缓冲溶液。

2.4　难溶电解质的沉淀溶解平衡

按照溶解度的不同，电解质大致可划分为易溶和难溶两大类。习惯上把溶解度小于

$0.01g \cdot 100g^{-1}$ H_2O 的电解质称为难溶电解质，如 AgCl、$BaSO_4$ 等。难溶电解质的沉淀溶解平衡是一种存在于固体和它的溶液中相应离子间的平衡，也称为多相离子平衡。多相离子平衡本质上也是一种化学平衡。

沉淀反应的应用是多方面的，在化工及精细化学品生产中，许多难溶电解质的制备、一些易溶产品中某些杂质的分离及产品的质量分析等，都会涉及一些与沉淀平衡有关的问题。

2.4.1 溶解度与溶度积常数

1. 溶度积常数

以 $BaSO_4$ 为例。$BaSO_4$ 是由 Ba^{2+} 和 SO_4^{2-} 构成的难溶的离子化合物。把它放入水中，在水分子作用下，同水相接触的固体表面上的 Ba^{2+} 和 SO_4^{2-} 进入水中，这个过程称为溶解。已溶解的一部分 Ba^{2+} 和 SO_4^{2-} 在运动中相互碰撞而重新结合成 $BaSO_4$ 晶体，这个过程称为结晶或沉淀。在一定温度下，当溶解与沉淀的速率相等时，便建立了固体和溶液中离子之间的动态平衡，这称为沉淀溶解平衡。

$$BaSO_4(s) \underset{\text{沉淀}}{\overset{\text{溶解}}{\rightleftharpoons}} Ba^{2+}(aq) + SO_4^{2-}(aq)$$

这个平衡的特点是：在一定温度下反应物 $BaSO_4$ 为固体，生成物为离子，溶液为饱和溶液，标准平衡常数表达式为

$$K_{sp}^{\ominus} = \frac{c^{eq}(Ba^{2+})}{c^{\ominus}} \cdot \frac{c^{eq}(SO_4^{2-})}{c^{\ominus}}$$

$K_{sp}^{\ominus}$ 称为难溶电解质的溶度积常数，简称溶度积。它表示在一定温度下，难溶电解质的饱和溶液中，相关离子浓度数值(因为 $c^{\ominus} = 1mol \cdot dm^{-3}$)的乘积为常数。附录 5 中列出了一些常见难溶电解质的溶度积常数。

用 A_nB_m 代表任意难溶电解质，则该难溶电解质的沉淀溶解平衡及其溶度积常数分别为

$$A_nB_m(s) \rightleftharpoons nA^{m+} + mB^{n-}$$

$$K_{sp}^{\ominus} = \left[\frac{c^{eq}(A^{m+})}{c^{\ominus}}\right]^n \left[\frac{c^{eq}(B^{n-})}{c^{\ominus}}\right]^m$$

2. 溶度积和溶解度的相互换算

溶度积和溶解度都代表难溶电解质的溶解能力。本书对物质溶解度的定义是指在一定温度下，物质饱和溶液的物质的量浓度，即单位体积溶剂(如水)中溶解的难溶电解质的物质的量，单位为 $mol \cdot dm^{-3}$。若已知难溶电解质的溶度积可以计算出溶解度。反之，若已知溶解度，也可以计算出溶度积。

【例 2-13】 298.15K 时，AgCl 的溶解度为 $1.33\times10^{-5} mol \cdot dm^{-3}$，求 AgCl 的溶度积。

解 由于 AgCl 是难溶强电解质，因此在 AgCl 的饱和溶液中：

$$c^{eq}(Ag^+) = c^{eq}(Cl^-) = 1.33\times10^{-5} mol \cdot dm^{-3}$$

$$K_{sp}^{\ominus}(AgCl) = \frac{c^{eq}(Ag^+)}{c^{\ominus}} \cdot \frac{c^{eq}(Cl^-)}{c^{\ominus}} = (1.33\times10^{-5})^2 = 1.77\times10^{-10}$$

【例 2-14】 298.15K 时，AgBr 的 $K_{sp}^{\ominus}$ 为 5.35×10^{-13}，求 AgBr 在水中的溶解度。

解 设 AgBr 的溶解度为 s mol · dm^{-3}，根据平衡方程：

$$AgBr(s) \rightleftharpoons Ag^{+} + Br^{-}$$

$$K_{sp}^{\ominus}(AgBr) = \frac{c^{eq}(Ag^{+})}{c^{\ominus}} \cdot \frac{c^{eq}(Br^{-})}{c^{\ominus}} = s^2 = 5.35\times10^{-13}$$

解得 s=7.31×10^{-7}，即 AgCl 的溶解度为 7.31×10^{-7} mol · dm^{-3}。

【例 2-15】 298.15K 时，Ag_2CrO_4 的 $K_{sp}^{\ominus}$ 为 1.12×10^{-12}，求 Ag_2CrO_4 在水中的溶解度。

解 设 Ag_2CrO_4 的溶解度为 s mol · dm^{-3}，则在 Ag_2CrO_4 的饱和溶液中，$c^{eq}(Ag^{+}) = 2s$ mol · dm^{-3}，$c^{eq}(CrO_4^{2-}) = s$ mol · dm^{-3}，根据平衡方程：

$$Ag_2CrO_4(s) \rightleftharpoons 2Ag^{+} + CrO_4^{-}$$

$$K_{sp}^{\ominus}(Ag_2CrO_4) = \left[\frac{c^{eq}(Ag^{+})}{c^{\ominus}}\right]^2 \cdot \frac{c^{eq}(CrO_4^{2-})}{c^{\ominus}} = (2s)^2 \cdot s = 4s^3 = 1.12\times10^{-12}$$

解得 s=6.54×10^{-5}，即 Ag_2CrO_4 的溶解度为 6.54×10^{-5}mol · dm^{-3}。

将以上三例的计算结果进行比较，可以看出：AgCl 的溶度积比 AgBr 的大，AgCl 的溶解度也比 AgBr 的大；AgCl 的溶度积大于 Ag_2CrO_4 的溶度积，但溶解度小于 Ag_2CrO_4 的溶解度。因此，对于同一类型的难溶电解质，可以通过溶度积来比较溶解度的大小。溶度积大者，其溶解度必大；溶度积小者，其溶解度必小。但对于不同类型的难溶电解质，却不能直接由溶度积来比较溶解度的大小。

【例 2-16】 计算 Ag_2CrO_4 在 0.1mol · dm^{-3} $AgNO_3$ 溶液中的溶解度。

解 设 Ag_2CrO_4 的溶解度为 s mol · dm^{-3}，则达到沉淀溶解平衡时，$c^{eq}(Ag^{+}) = (2s + 0.1)$ mol · dm^{-3}，$c^{eq}(CrO_4^{2-}) = s$ mol · dm^{-3}，根据平衡方程：

$$Ag_2CrO_4(s) \rightleftharpoons 2Ag^{+} + CrO_4^{-}$$

$$K_{sp}^{\ominus}(Ag_2CrO_4) = \left[\frac{c^{eq}(Ag^{+})}{c^{\ominus}}\right]^2 \cdot \frac{c^{eq}(CrO_4^{2-})}{c^{\ominus}} = (2s+0.1)^2 \cdot s = 1.12\times10^{-12}$$

由于 Ag_2CrO_4 的溶解度很小，解离出的 Ag^{+}浓度相对于溶液中原来的 Ag^{+}浓度可以忽略，即 $2s + 0.1 \approx 0.1$，上式可以简化为

$$K_{sp}^{\ominus}(Ag_2CrO_4) = (2s+0.1)^2 \cdot s \approx 0.1^2 \cdot s = 1.12\times10^{-12}$$

解得 $s \approx 1.12\times10^{-10}$，即 Ag_2CrO_4 在 0.1mol · dm^{-3} $AgNO_3$ 溶液中的溶解度为 1.12×10^{-10}mol · dm^{-3}。

对比例 2-15 和例 2-16，Ag_2CrO_4 在 0.1mol · dm^{-3} $AgNO_3$ 中的溶解度为比在纯水中降低了约 2×10^5 倍。由此可见，在 Ag_2CrO_4 平衡体系中，加入含有共同离子(如 Ag^{+})的易溶强电解质时，会使 Ag_2CrO_4 的溶解度降低。这种因加入含有共同离子的电解质而使难溶电解质溶解度降低的效应称为沉淀溶解平衡中的同离子效应。

2.4.2　溶度积规则

在一定条件下，某难溶电解质是生成沉淀还是沉淀溶解，可以根据溶度积规则判断。这里引入一个浓度积 Q_c 的概念，它表示在难溶电解质溶液中，相关离子浓度的乘积。对于任意难溶电解质 A_nB_m：

$$A_nB_m(s) \rightleftharpoons nA^{m+} + mB^{n-}$$

$$Q_c = \left[\frac{c(A^{m+})}{c^{\ominus}}\right]^n \left[\frac{c(B^{n-})}{c^{\ominus}}\right]^m$$

浓度积 Q_c 实际上就是反应商。根据化学平衡的移动原理，显然有：

(1) $Q_c < K_{sp}^{\ominus}$，平衡右移，溶液未达到饱和，若溶液中尚有固体难溶电解质存在，将继续溶解，溶液趋于饱和。

(2) $Q_c = K_{sp}^{\ominus}$，平衡不发生移动，溶液呈饱和状态。若溶液中尚有固体难溶电解质存在，则固体不会增加也不会减少。

(3) $Q_c > K_{sp}^{\ominus}$，平衡左移，溶液过饱和，会有新的沉淀析出，直至溶液达到饱和为止。

上述关系及其结论称为溶度积规则。它是难溶电解质沉淀平衡移动规律的总结。在一定温度下，控制难溶电解质溶液中离子的浓度，使溶液中浓度积大于或小于溶度积 $K_{sp}^{\ominus}$，就可使难溶电解质产生沉淀或使沉淀溶解。

2.4.3　沉淀的生成与分步沉淀

1. 沉淀的生成

按照平衡移动的原理以及溶液中离子浓度与溶度积的关系，可以判断溶液中是否有沉淀生成。

【例 2-17】 根据溶度积判断下列条件下是否有沉淀生成(体积变化忽略)。已知 $K_{sp}^{\ominus}(CaC_2O_4) = 2.34\times10^{-9}$，$K_{sp}^{\ominus}(CaCO_3) = 4.96\times10^{-9}$。

(1) 将 $10cm^3$ $0.02mol\cdot dm^{-3}$ $CaCl_2$ 溶液与等体积等浓度的 $Na_2C_2O_4$ 溶液混合。

(2) 在 $1.0mol\cdot dm^{-3}$ $CaCl_2$ 溶液中通入 CO_2 气体至饱和。

解　(1) 溶液等体积混合，各物质浓度均减小一半，则

$$c(Ca^{2+}) = 0.01mol\cdot dm^{-3},\quad c^{eq}(C_2O_4^{2-}) = 0.01mol\cdot dm^{-3}$$

$$Q_c = \frac{c(Ca^{2+})}{c^{\ominus}}\cdot\frac{c(C_2O_4^{2-})}{c^{\ominus}} = 0.01\times0.01 = 1.0\times10^{-4}$$

$$Q_c > K_{sp}^{\ominus}(CaC_2O_4)$$

因此溶液中有 CaC_2O_4 沉淀。

(2) 饱和 CO_2 水溶液中，

$$c(CO_3^{2-}) \approx K_{a_2}^{\ominus} = 5.61\times10^{-11}mol\cdot dm^{-3}$$

$$Q_c = \frac{c(Ca^{2+})}{c^{\ominus}}\cdot\frac{c(CO_3^{2-})}{c^{\ominus}} \approx 1.0\times5.61\times10^{-11} = 5.61\times10^{-11} < K_{sp}^{\ominus}(CaCO_3)$$

因此不会产生 $CaCO_3$ 沉淀。

【例 2-18】 已知 $K_{sp}^{\ominus}(BaSO_4)=1.07\times10^{-10}$，若向 10cm³ 0.02mol · dm⁻³ $BaCl_2$ 溶液中加入：

(1) 10.0cm³ 0.02mol · dm⁻³ Na_2SO_4 溶液；

(2) 10.0cm³ 0.04mol · dm⁻³ Na_2SO_4 溶液。

则溶液中 Ba^{2+}是否沉淀完全？（注：若离子浓度小于 10^{-5}mol · dm⁻³ 时，通常已达到定量分析的测试下限，此时可以认为离子已沉淀完全）

解 (1) Ba^{2+}和SO_4^{2-} 进行等物质的量反应，假设二者完全反应生成 $BaSO_4$ 沉淀，溶液中的 Ba^{2+}浓度相当于 $BaSO_4$ 沉淀溶于水中并达到沉淀溶解平衡时的浓度。设 Ba^{2+}的浓度为 s mol · dm⁻³，根据沉淀溶解平衡：

$$BaSO_4(s) \rightleftharpoons Ba^{2+} + SO_4^{2-}$$

$$K_{sp}^{\ominus}(BaSO_4)=\frac{c^{eq}(Ba^{2+})}{c^{\ominus}}\cdot\frac{c^{eq}(SO_4^{2-})}{c^{\ominus}}=s^2=1.07\times10^{-10}$$

解得 $s=1.03\times10^{-5}$，即溶液中 Ba^{2+}的浓度为 1.03×10^{-5}mol · dm⁻³，尚未达到定量分析的测试下限，所以不能认为 Ba^{2+}已经沉淀完全。

(2) 经分析可知 Na_2SO_4 过量，相当于 $BaSO_4$ 沉淀溶于 Na_2SO_4 溶液中。假设 Ba^{2+}全部形成 $BaSO_4$ 沉淀，溶液中的 Ba^{2+}浓度相当于 $BaSO_4$ 沉淀溶于 0.01mol · dm⁻³ 的 Na_2SO_4 溶液并达到沉淀溶解平衡时的浓度。设 Ba^{2+}的浓度为 s mol · dm⁻³，根据沉淀溶解平衡：

$$BaSO_4(s) \rightleftharpoons Ba^{2+} + SO_4^{2-}$$

$$K_{sp}^{\ominus}(BaSO_4)=\frac{c^{eq}(Ba^{2+})}{c^{\ominus}}\cdot\frac{c^{eq}(SO_4^{2-})}{c^{\ominus}}=s\cdot(s+0.01)=1.07\times10^{-10}$$

由于 $BaSO_4$ 溶解度很小，解离出的 SO_4^{2-} 浓度相对于溶液中的 SO_4^{2-} 浓度来说可以忽略，即 $s+0.01\approx0.01$，上式可以简化为

$$K_s^{\ominus}(BaSO_4)=s\cdot(s+0.01)\approx0.01s=1.07\times10^{-10}$$

解得 $s=1.07\times10^{-8}$，即溶液中 Ba^{2+}的浓度为 1.07×10^{-8}mol · dm⁻³，远远低于定量分析的测试下限，所以可以认为 Ba^{2+}已经沉淀完全。

由此可见，为确保某一种离子沉淀完全，可利用同离子效应，加入适当的过量的沉淀剂的方法实现。

2. 分步沉淀

前面讨论的沉淀反应只有一种沉淀的系统。若溶液中含有几种离子均可以与某种沉淀剂产生沉淀，通过控制沉淀剂的浓度，可以将这几种离子依次先后沉淀出来，称为分步沉淀。例如，在含有 I^-和 Cl^-的混合溶液中，逐滴加入 $AgNO_3$ 溶液，开始只生成溶度积较小的淡黄色 AgI 沉淀，然后才析出溶度积较大的白色 AgCl 沉淀。

【例 2-19】 向含有浓度均为 0.01mol · dm⁻³ 的 Cl^-、Br^-和 I^-混合溶液中逐步滴加 $AgNO_3$ 溶液（忽略溶液体积的变化）。判断三种离子的沉淀顺序，并说明三种离子能否完全分离。（提示：若后沉淀的离子刚开始沉淀时，先沉淀的离子已经完全沉淀，则两种离子可以利用沉淀方法进行完全分离，否则不可完全分离）

解 欲使离子沉淀，需要满足 $Q_c\geqslant K_{sp}^{\ominus}$。因此，使三种离子沉淀所需的 Ag^+浓度分别应满足：

$$\frac{c(Cl^-)}{c^{\ominus}}\cdot\frac{c_{Cl^-}(Ag^+)}{c^{\ominus}}\geqslant K_{sp}^{\ominus}(AgCl)$$

解得
$$c_{\text{Cl}^-}(\text{Ag}^+) \geqslant 1.77\times10^{-8}\text{mol}\cdot\text{dm}^{-3}$$

$$\frac{c(\text{Br}^-)}{c^\ominus}\cdot\frac{c_{\text{Br}^-}(\text{Ag}^+)}{c^\ominus} \geqslant K_{\text{sp}}^\ominus(\text{AgBr})$$

解得
$$c_{\text{Br}^-}(\text{Ag}^+) \geqslant 5.35\times10^{-13}\text{mol}\cdot\text{dm}^{-3}$$

$$\frac{c(\text{I}^-)}{c^\ominus}\cdot\frac{c_{\text{I}^-}(\text{Ag}^+)}{c^\ominus} \geqslant K_{\text{sp}}^\ominus(\text{AgI})$$

解得
$$c_{\text{I}^-}(\text{Ag}^+) \geqslant 8.51\times10^{-15}\text{mol}\cdot\text{dm}^{-3}$$

可见，使 I^-沉淀所需的 Ag^+浓度最小，所以 I^-最先沉淀；使 Cl^-沉淀所需的 Ag^+浓度最大，所以 Cl^-最后沉淀。三种离子沉淀的先后次序是 I^-最先沉淀，其次是 Br^-，最后是 Cl^-。

当 Br^-刚开始沉淀时，溶液中的 Ag^+浓度为 $5.35\times10^{-13}\text{mol}\cdot\text{dm}^{-3}$。由于溶液中已经存在 AgI 沉淀，AgI 在溶液中处于沉淀溶解平衡状态，所以溶液中的 I^-浓度应满足：

$$\frac{c(\text{I}^-)}{c^\ominus}\cdot\frac{c(\text{Ag}^+)}{c^\ominus} = K_{\text{sp}}^\ominus(\text{AgI})$$

解得
$$c(\text{I}^-) = 1.59\times10^{-4}\ \text{mol}\cdot\text{dm}^{-3}$$

也就是说当 Br^-刚开始沉淀时，溶液中的 I^-仍未完全沉淀，所以 I^-和 Br^-不能完全分离。

当 Cl^-刚开始沉淀时，溶液中的 Ag^+浓度为 $1.77\times10^{-8}\text{mol}\cdot\text{dm}^{-3}$。由于溶液中已经存在 AgBr 和 AgI 沉淀，且二者在溶液中都处于沉淀溶解平衡状态。此时溶液中的 Br^-和 I^-浓度应分别满足：

$$\frac{c(\text{Br}^-)}{c^\ominus}\cdot\frac{c(\text{Ag}^+)}{c^\ominus} = K_{\text{sp}}^\ominus(\text{AgBr})$$

解得
$$c(\text{Br}^-) = 3.02\times10^{-5}\ \text{mol}\cdot\text{dm}^{-3}$$

$$\frac{c(\text{I}^-)}{c^\ominus}\cdot\frac{c(\text{Ag}^+)}{c^\ominus} = K_{\text{sp}}^\ominus(\text{AgI})$$

解得
$$c(\text{I}^-) = 4.81\times10^{-9}\ \text{mol}\cdot\text{dm}^{-3}$$

由此可见，当 Cl^-刚开始沉淀时，溶液中的 Br^-仍未完全沉淀，所以 Cl^-和 Br^-也不能完全分离。综合来看，三种离子不能通过沉淀的方法进行完全分离。

2.4.4 沉淀的溶解与转化

1. 沉淀的溶解

根据溶度积规则，沉淀溶解的必要条件是 $Q_c < K_{\text{sp}}^\ominus$，因此只要采用一定的方法降低多相离子平衡系统中有关离子浓度，即可促使沉淀溶解平衡向沉淀溶解的方向移动。一般可采用以下几种方法：

1)生成弱电解质使沉淀溶解

由弱酸形成的难溶盐(如 $CaCO_3$、FeS、ZnS 等)能溶于强酸中。例如，含有 $CaCO_3$ 固体的饱和溶液与盐酸作用，生成 CO_2 而使 $CaCO_3$ 溶解。反应如下：

$$CaCO_3 \rightleftharpoons Ca^{2+} + CO_3^{2-}$$
$$+$$
$$2H^+$$
$$\Vert$$
$$H_2CO_3 \longrightarrow CO_2 + H_2O$$

平衡移动方向

加盐酸后，H^+与CO_3^{2-}形成H_2CO_3，由于H_2CO_3极不稳定，分解为CO_2和H_2O，从而降低了溶液中CO_3^{2-}浓度，使$Q_c < K_{sp}^{\ominus}$，多相离子平衡就向$CaCO_3$溶解的方向移动。

2)利用氧化还原反应使沉淀溶解

某些金属硫化物(如CuS、PbS等)溶度积很小，即使加入高浓度的强酸也不能有效地降低S^{2-}浓度，因此它们不能溶于非氧化性强酸。如果加入具有氧化性的硝酸，由于发生氧化还原反应，将S^{2-}氧化成单质S，有效地降低了S^{2-}的浓度，使$Q_c < K_{sp}^{\ominus}$，结果硫化物沉淀溶解。CuS的溶解反应用离子方程式表示如下：

$$3CuS + 8H^+ + 2NO_3^- = 3Cu^{2+} + 3S\downarrow + 2NO\uparrow + 4H_2O$$

3)利用配位反应使沉淀溶解

某些物质可以使沉淀解离形成更加稳定的配位离子，也可有效降低相关离子的浓度，促使沉淀溶解平衡向右移动，从而使沉淀溶解。例如，照相中的定影过程，就是利用海波($Na_2S_2O_3$)与Ag^+形成稳定的$[Ag(S_2O_3)_2]^{3-}$，从而有效降低了Ag^+的浓度，$Q_c < K_{sp}^{\ominus}$，结果使未曝光的AgBr溶解。其反应用离子方程式表示如下：

$$AgBr + 2S_2O_3^{2-} = [Ag(S_2O_3)_2]^{3-} + Br^-$$

2. 沉淀的转化

在含有某些沉淀的溶液中，若加入适当的试剂，可以与难溶电解质解离出的离子结合成更难溶解的沉淀，而原沉淀溶解消失。这种由一种沉淀转化为另一种沉淀的现象称为沉淀的转化。例如，$CaSO_4$是锅炉内壁上锅垢的主要成分，难以用酸溶解、配位溶解及氧化还原溶解的方法除去，但可以用Na_2CO_3溶液处理，使$CaSO_4$转化为$CaCO_3$，进而用稀酸溶解除去。反应可表示如下：

$$CaSO_4(s) + CO_3^{2-} \rightleftharpoons CaCO_3(s) + SO_4^{2-}$$

该反应可由以下两个反应叠加而成：

① $$CaSO_4(s) \rightleftharpoons SO_4^{2-} + Ca^{2+}$$

② $$CaCO_3(s) \rightleftharpoons CO_3^{2-} + Ca^{2+}$$

根据多重平衡规则，沉淀转化反应平衡常数$K^{\ominus}$与$CaSO_4$、$CaCO_3$的溶度积关系为

$$K^{\ominus} = \frac{K_{sp}^{\ominus}(CaSO_4)}{K_{sp}^{\ominus}(CaCO_3)} = \frac{7.1\times10^{-6}}{4.96\times10^{-9}} = 1.4\times10^4$$

计算表明反应平衡常数较大，表示$CaSO_4$转化为$CaCO_3$的转化程度较高。

【例 2-20】 298.15K 时，19.7g $BaCO_3$ 能否溶解于 $1dm^3$ 浓度为 $0.15mol \cdot dm^{-3}$ 的 K_2CrO_4 溶液中，并全部转化为 $BaCrO_4$ 沉淀？[已知 $K_{sp}^{\ominus}(BaCO_3)=2.58\times10^{-9}, K_{sp}^{\ominus}(BaCrO_4)=1.17\times10^{-10}$]

解 19.7g $BaCO_3$ 若全部转化为 $BaCrO_4$ 时应生成等物质的量的 CO_3^{2-} 和 $BaCrO_4$，同时要维持化学平衡，必须保证溶液中有一定浓度的 CrO_4^{2-} 。

设 $BaCO_3$ 全部转化为 $BaCrO_4$，则 CO_3^{2-} 的浓度为

$$c(CO_3^{2-}) = \frac{\dfrac{19.7\,g}{197\,g \cdot mol^{-1}}}{1\,dm^3} = 0.1\,mol \cdot dm^{-3}$$

根据沉淀转化总反应：

$$BaCO_3(s) + CrO_4^{2-} \rightleftharpoons BaCrO_4(s) + CO_3^{2-}$$

$$K^{\ominus} = \frac{K_s^{\ominus}(BaCO_3)}{K_s^{\ominus}(BaCrO_4)} = \frac{2.58\times10^{-9}}{1.17\times10^{-10}} = 22.1$$

欲使溶液中不再产生 $BaCO_3$ 沉淀，上述反应不可向左移动，因此有

$$Q_c = \frac{\dfrac{c(CO_3^{2-})}{c^{\ominus}}}{\dfrac{c(CrO_4^{2-})}{c^{\ominus}}} < K^{\ominus}$$

解得 $$c(CrO_4^{2-}) > 4.5\times10^{-3}\,mol \cdot dm^{-3}$$

形成 $BaCrO_4$ 需要的 CrO_4^{2-} 浓度为 $0.1mol \cdot dm^{-3}$。所以需要的 $c(CrO_4^{2-}) > 0.1mol \cdot dm^{-3} + 4.5\times10^{-3} mol \cdot dm^{-3} = 0.1045mol \cdot dm^{-3}$。显然，$K_2CrO_4$ 的实际浓度大于 $0.1045mol \cdot dm^{-3}$，故 $BaCO_3$ 可以全部转化为 $BaCrO_4$。

此题也可这样考虑：假设 $BaCO_3$ 全部转化为 $BaCrO_4$，则 CO_3^{2-} 全部游离出来且不会产生 $BaCO_3$ 沉淀，则有 $\dfrac{c(CO_3^{2-})}{c^{\ominus}} \cdot \dfrac{c(Ba^{2+})}{c^{\ominus}} < K_{sp}^{\ominus}(BaCO_3)$，同时溶液中 $BaCrO_4$ 处于饱和状态，有

$$\frac{c(CrO_4^{2-})}{c^{\ominus}} \cdot \frac{c(Ba^{2+})}{c^{\ominus}} = K_{sp}^{\ominus}(BaCrO_4)$$

联立两式，可得到游离 CrO_4^{2-} 的浓度范围。

本章要点

1. 溶液浓度的几种表示方法及互算关系。
2. 水的饱和蒸气压、三相点、沸点、凝固点、难挥发非电解质稀溶液的性质、溶质类型对溶液性质的影响。
3. 酸碱质子理论、水的自偶解离、pH 定义、一元弱电解质解离平衡、一元弱酸弱碱溶液 pH 计算、多元弱电解质的分级解离、同离子效应、缓冲溶液 pH 计算公式、缓冲容量、缓冲溶液的配制。
4. 溶度积常数、溶解度和溶度积关系、溶度积规则、沉淀的生成、分步沉淀、沉淀的溶解、沉淀的转化。

习 题

1. 293.15K 时水的饱和蒸气压为 2.338kPa，如果在 100g 水中溶解 9g 葡萄糖($C_6H_{12}O_6$，M=180g · mol⁻¹)，求该温度下此溶液的蒸气压。

2. 有两种溶液在同一温度时结冰，已知其中一种溶液为 1.5g 尿素[$CO(NH_2)_2$]溶于 200g 水中，另一种溶液为 42.8g 某未知物溶于 1000g 水中，求该未知物的摩尔质量。
3. 试比较浓度均为 $0.1mol \cdot kg^{-1}$ 的蔗糖、柠檬酸(一种三元弱酸)、KCl、Na_2SO_4 溶液凝固点高低。
4. 已知氨水溶液的浓度为 $0.20mol \cdot dm^{-3}$。
   (1) 求该溶液中的 OH^- 的浓度、pH 和氨的解离度。
   (2) 在上述溶液中加入 NH_4Cl 晶体，并使 NH_4Cl 溶解后浓度为 $0.20mol \cdot dm^{-3}$。求所得溶液的 OH^- 浓度、pH 和氨的解离度。
5. 取 $50.0cm^3$ $0.100mol \cdot dm^{-3}$ 某一元弱酸溶液，与 $20.0cm^3$ $0.100mol \cdot dm^{-3}$ KOH 溶液混合，将混合溶液稀释至 $100cm^3$，测得此溶液的 pH 为 5.25。求此一元弱酸的解离常数。
6. 在烧杯中盛放 $20.0cm^3$ $0.100mol \cdot dm^{-3}$ 氨的水溶液，逐步加入 $0.100mol \cdot dm^{-3}$ HCl 溶液。试计算：
   (1) 当加入 $10.00cm^3$ HCl 后，混合液的 pH；
   (2) 当加入 $20.00cm^3$ HCl 后，混合液的 pH；
   (3) 当加入 $30.00cm^3$ HCl 后，混合液的 pH。
7. 用弱酸 HA (已知 pK_a=5.3) 和它的盐 NaA 配制成 pH 为 5.00 的缓冲溶液，在 $100cm^3$ 此溶液中加入 $10cm^3$ $1mol \cdot dm^{-3}$ HCl，若 pH 改变了 0.3 个单位，原溶液中 HA 和 NaA 的浓度分别是多少？
8. 现有 H_3PO_4、NaH_2PO_4、Na_2HPO_4 和 Na_3PO_4 的四种水溶液，浓度均为 $0.10mol \cdot dm^{-3}$，欲配制 pH 为 7.0 的缓冲溶液 $1.0dm^3$，应选哪两种溶液混合？各取多少体积？
9. 某混合溶液中 Zn^{2+}、Mn^{2+} 浓度均为 $0.10mol \cdot dm^{-3}$，若通入 H_2S 气体至饱和(浓度约为 $0.1mol \cdot dm^{-3}$)，哪种离子先沉淀？溶液的 pH 应控制在什么范围可以使这两种离子完全分离？
10. 在 298.15K 时 $Mg(OH)_2$ 在饱和溶液中完全解离，试计算：
    (1) $Mg(OH)_2$ 在纯水中的溶解度及 Mg^{2+}、OH^- 的浓度；
    (2) 在 $0.010mol \cdot dm^{-3}$ NaOH 溶液中 Mg^{2+} 的浓度；
    (3) $Mg(OH)_2$ 在 $0.010mol \cdot dm^{-3}$ $MgCl_2$ 溶液中的溶解度。
11. 通过计算说明下列条件下能否生成 $Mg(OH)_2$ 沉淀。
    (1) 在 $10cm^3$ $0.0015mol \cdot dm^{-3}$ 的 $MnSO_4$ 溶液中，加入 $5cm^3$ $0.15mol \cdot dm^{-3}$ 的氨水溶液；
    (2) 若在上述 $10cm^3$ $0.0015mol \cdot dm^{-3}$ 的 $MnSO_4$ 溶液中，加入 0.495g 硫酸铵固体(设加入固体后，溶液体积不变)，然后加入 $5cm^3$ $0.15mol \cdot dm^{-3}$ 的氨水溶液。
12. 某溶液中含有 Pb^{2+} 和 Ba^{2+}，它们的浓度分别为 $0.10mol \cdot dm^{-3}$ 和 $0.010mol \cdot dm^{-3}$，逐滴加入 K_2CrO_4 溶液，则哪种离子先沉淀？两者有无分离的可能？(忽略溶液体积变化)
13. 25℃时，在 $1.0dm^3$ 含有 $BaSO_4$ 固体的饱和水溶液中，若同时存在 0.10mol 的 $BaCO_3$ 固体，试通过计算说明应加入多少克 Na_2SO_4 固体可使 $BaCO_3$ 转化为 $BaSO_4$ 沉淀。

第3章　氧化还原与电化学

化学反应可以分为两大类：一类是非氧化还原反应，在这类反应的反应过程中，反应物之间没有电子转移或偏移，如酸碱中和反应、复分解反应、沉淀反应等；另一类是氧化还原反应，反应物在反应过程中发生了电子转移或偏移，如置换反应、燃烧反应、光合作用等。氧化还原反应极为普遍，在化学反应中占有重要地位，也是人们获取能源的重要途径。氧化还原反应的化学能在一定条件下可以转化为电能。将氧化还原反应的化学能转变为电能的装置称为电池。凡是发生在电池两极上的反应，其实质都是氧化还原反应。

电化学主要就是研究化学能和电能相互转化及转化规律的一门学科。如今电化学在国民经济中具有十分重要的实际意义。例如，利用电解方法进行金属冶炼，电化学合成等制备多种化工产品。此外，电化学在电镀工业、“三废”处理、电化学腐蚀、电源的制造等领域均有很多用途。

3.1　氧化还原反应的基本概念

3.1.1　氧化数

氧化数(oxidation number)又称氧化值、氧化态，是以化合价学说和元素电负性概念为基础发展起来的化学概念，在一定程度上反映了元素在化合物中的化合状态。1970 年，国际纯粹与应用化学联合会(IUPAC)对氧化数进行了严格的定义：氧化数为某元素原子的表观电荷数，这种电荷数可以由假设把每个化学键中的电子指定给电负性更大的原子而确定。后来人们对确定元素氧化数的方法制定了一些规则，目前化学界普遍接受的规则是：

(1)在单质中，元素的氧化数为零。

(2)在离子化合物中，元素的氧化数等于该元素单原子离子的电荷数。

(3)在结构已知的共价化合物中，把属于两原子的共用电子对指定给两原子中电负性较大的原子时，分别在两原子上留下的表观电荷数就是它们的氧化数。如果该化合物中某一元素有多个共价键，则该元素的氧化数为其所有键所表现的氧化数的代数和。

(4)在结构未知的共价化合物中，某元素的氧化数可根据其他元素已知的氧化数，利用中性分子各元素原子氧化数的代数和为零，复杂离子各元素原子氧化数的代数和等于离子的总电荷数这一原则计算得出。

以下是比较容易确定氧化数的元素情况：

(1)金属的氧化数皆为正值(极少例外，如 CsAu 中的 Au)，其中碱金属的氧化数为+1，碱土金属的氧化数为+2。

(2)氟在所有化合物中的氧化数都为−1。

(3)H 除了在金属氢化物(如 NaH、CaH_2)中氧化数为−1，在其他化合物中为+1。

(4)O 除了在过氧化物中(如 H_2O_2、Na_2O_2)中氧化数为−1，以及在氧的氟化物(如 OF_2、O_2F_2)中氧化数为正值，在其他化合物中的氧化数都为−2。

(5)除 F 以外的卤素原子，除了与 O 形成氧化物(如 ClO_2)或与前周期卤素形成互卤化物

(如 ICl_3)时显示正氧化数，在其他化合物中的氧化数皆为–1。

【例 3-1】 从化学键角度确定 $CHCl_3$ 中 C 原子的氧化数。

解 根据 $CHCl_3$ 分子结构：

```
        H
        |
Cl —— C —— Cl
        |
        Cl
```

C—Cl 键中，C 原子相对于 Cl 原子来说电负性较小，则指定 C 原子把参与成键的电子给 Cl 原子，所以 Cl 原子的表观电荷数是–1，C 原子表观电荷数是+1。C—H 键中，C 原子相对于 H 原子来说电负性较大，则指定 H 原子把参与成键的电子给 C 原子，所以 C 原子的表观电荷数是–1，H 原子表观电荷数是+1。总共指定 C 原子把 3 个电子给了 3 个 Cl 原子，指定 1 个 H 原子把 1 个电子给了 C 原子，所以 C 原子总的表观电荷数是+2。也就是说，$CHCl_3$ 中 C、H、Cl 原子的氧化数分别是+2、+1、–1。

【例 3-2】 分别计算 $S_2O_3^{2-}$ (硫代硫酸根)和 $S_2O_8^{2-}$ (过硫酸根)中 S 的氧化数。

解 (1)已知 O 的氧化数为–2，根据离子氧化数代数和等于离子电荷数，设 S 的氧化数为 x，有

$$2x + 3\times(-2) = -2$$

解得 $x = +2$，即 S 的氧化数为+2。

(2) $S_2O_8^{2-}$ 中含有一个过氧键，因此 8 个 O 原子中有 2 个 O 原子氧化数为–1，其余 6 个 O 原子氧化数为–2。设 S 的氧化数为 x，有

$$2x + 6\times(-2) + 2\times(-1) = -2$$

解得 $x = +6$，即 S 的氧化数为+6。

需要指出的是，$S_2O_3^{2-}$ 中两个 S 的成键情况并不相同，因此氧化数也不一样，其中一个氧化数为+6，一个为–2，最终求得的 S 的氧化数为+2，其实是所谓的平均氧化数。类似地，$S_2O_8^{2-}$ 中 O 的(平均)氧化数是–7/4。

3.1.2 氧化还原半反应

在氧化还原反应中，物质失去电子或氧化数升高的过程称为氧化(oxidation)；物质得到电子或者氧化数降低的过程称为还原(reduction)。失去电子的物质称为还原剂(reducing agent)，它本身被氧化；得到电子的物质称为氧化剂(oxidizing agent)，它本身被还原。物质中元素的高氧化数状态(或高价态)称为氧化态(oxidation state)，元素的低氧化数状态(或低价态)称为还原态(reduction state)。例如，反应：

$$Cr_2O_7^{2-} + 6Fe^{2+} + 14H^+ = 2Cr^{3+} + 6Fe^{3+} + 7H_2O$$

上述反应中，Fe^{2+}是还原剂，被氧化为 Fe^{3+}；$Cr_2O_7^{2-}$ 是氧化剂，被还原为 Cr^{3+}。Fe^{2+}和 Cr^{3+}为还原态，Fe^{3+}和 $Cr_2O_7^{2-}$ 为氧化态。

通常可以将一个氧化还原反应分成两个“半反应”。例如，上述反应可以表示成以下两个半反应：

还原半反应：　$Cr_2O_7^{2-} + 14H^+ + 6e^- \Longrightarrow 2Cr^{3+} + 7H_2O$

　　　　　　氧化态　　　　　　还原态

氧化半反应：　$Fe^{2+} \Longrightarrow Fe^{3+} + e^-$

　　　　　　还原态　氧化态

半反应也可以写成通式：

$$\text{氧化态(或 Ox)} + ne^- \rightleftharpoons \text{还原态(或 Re)}$$

式中，n 表示半反应中电子转移的个数。

每个半反应中氧化态物质和还原态物质总是成对出现，称为氧化还原电对，记作“氧化态/还原态”或“Ox/Re”，如 $Cr_2O_7^{2-}/Cr^{3+}$、Fe^{3+}/Fe^{2+}、Cu^{2+}/Cu、Cl_2/Cl^-、H^+/H_2 等。

写半反应时应配平，这一点无论是对配平氧化还原总反应式，还是以后计算电极电势均很重要。有些电极反应有含氧酸根参与，写电极反应时，应将 H^+ 或 OH^- 考虑进去，并用 H_2O 加以平衡。

3.2　原电池和电极电势

3.2.1　原电池

如果将 Zn 片放入 $CuSO_4$ 溶液中，可以发现 Zn 慢慢溶解，蓝色的 $CuSO_4$ 溶液颜色变浅，红色的 Cu 在 Zn 片上不断析出。Zn 与 $CuSO_4$ 之间发生了氧化还原反应：

$$Zn + Cu^{2+} \Longrightarrow Cu + Zn^{2+} \qquad \Delta_r H_m^{\ominus}(298.15K) = -218.66kJ \cdot mol^{-1}$$

由于 Zn 与 $CuSO_4$ 溶液接触，电子从 Zn 原子直接转移到 Cu^{2+} 上，电子的流动毫无秩序，因而得不到有序的电流。随着反应的进行，化学能转变为热能，溶液的温度升高。

为避免电子直接转移，可以让氧化反应和还原反应分别在两个烧杯中进行，电子通过导体进行定向传递，这样就能够产生电流，将化学能转换成电能。如图 3-1 所示，在盛有 $ZnSO_4$ 溶液的烧杯中放入 Zn 片，在盛有 $CuSO_4$ 的溶液中放入 Cu 片，用一个“盐桥”(倒置 U 形管)将两个烧杯连接，再在 Cu 片和 Zn 片之间用导线连接一个安培计。可以看到，安培计指针发生偏转，并且 Zn 片发生溶解，Cu 片上有金属 Cu 沉积。Zn 片溶解是由于 Zn 失去电子成为 Zn^{2+} 进入溶液，失去的那些电子顺着导线流向 Cu 片，然后 $CuSO_4$ 溶液中 Cu^{2+} 从 Cu 片上获得电子变为金属 Cu 沉积在 Cu 片上。因为装置中电子定向地顺着导线由 Zn 片流向 Cu 片，所以电路中出现了“电流”。这个电流可以对外做电功，将反应所释放的化学能转变为电能。这种利用氧化还原反应产生电流，将化学能直接转变为电能的基本装置称为原电池(primary cell)。

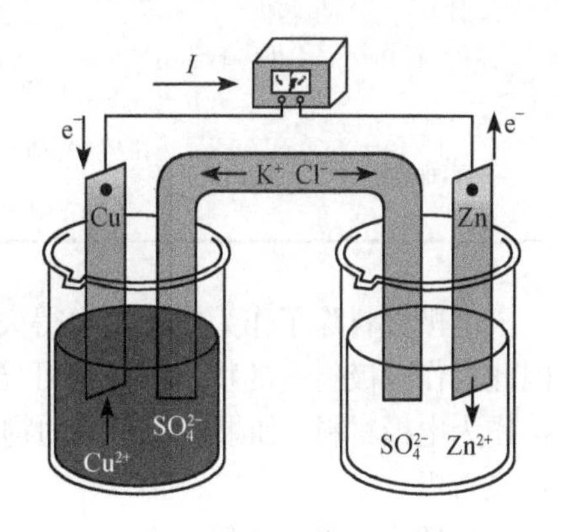

图 3-1　原电池装置示意图

原电池包含两个半电池，半电池也称为电极，它是由电极的金属部分和溶液部分组成的。图 3-1 所示的原电池，称为铜锌原电池或丹尼尔(Daniel)电池。其中，Zn 和 $ZnSO_4$ 溶液为锌半电池，称为锌电极；Cu 和 $CuSO_4$ 溶液为铜半电池，称为铜电极。

连接两电极的盐桥中一般装有吸满饱和 KCl 溶液的琼脂凝胶，在倒置情况下 KCl 不致流出，同时还可以保证 Cl^-、K^+自由移动。其作用是保持两个半电池溶液的电中性，保证反应的正常进行。当取出盐桥时，电流表指针会回到零点，放入盐桥后，电流表指针又会发生偏转，说明盐桥起了使整个装置构成通路的作用。如果没有盐桥，当 Zn 变成 Zn^{2+}进入 $ZnSO_4$ 溶液，使 $ZnSO_4$ 溶液带正电；Cu^{2+}变成 Cu 沉积后，$CuSO_4$ 溶液带负电。两种溶液的电性都会阻止电子继续从 Zn 向 Cu 流动，所以不会产生电流。当放入盐桥后，K^+从盐桥移向 $CuSO_4$ 溶液，Cl^-从盐桥移向 $ZnSO_4$ 溶液，分别中和过剩的电荷，保持溶液的电中性，电流就能够持续，一直到完全反应为止。

在铜锌原电池中，总的反应仍为 $Zn + Cu^{2+} = Cu + Zn^{2+}$，只是氧化还原反应的两个半反应分别在两处进行。其中在铜半电池中发生还原反应：$Cu^{2+} + 2e^- = Cu$，是接受电子的一极，称为正极；在锌半电池中发生氧化反应：$Zn - 2e^- = Zn^{2+}$，是失去电子的一极，称为负极。

原电池的装置画起来太复杂，可以用原电池符号表示。例如，Cu-Zn 原电池的符号为

$$(-)\ Zn(s)|Zn^{2+}(c_1)||Cu^{2+}(c_2)|Cu(s)\ (+)$$

书写原电池符号时，习惯上把负极写在左边，正极写在右边，以“|”表示两相之间的界面，以“||”表示盐桥，c_1、c_2 表示溶液中离子的浓度。如果有气体，则标注其分压(p)。为简便起见，本书有时不标注浓度和分压。

Cu-Zn 原电池中两个电极均是由金属及其离子组成的电极。除此之外，还有气体-离子、离子-离子及金属-难溶盐组成的电极，如表 3-1 所示。

表 3-1　常见的电极类型

电极类型	示例	电极反应	电极符号	电极材料
金属-离子	Cu^{2+}/Cu	$Cu^{2+} + 2e^- = Cu$	$\|Cu^{2+}\|Cu$ (+)	固体金属可直接作为电极材料
		$Cu - 2e^- = Cu^{2+}$	(−) $Cu\|Cu^{2+}\|$	
气体-离子	H^+/H_2	$2H^+ + 2e^- = H_2$	$\|H^+\|H_2\|Pt$ (+)	需外加惰性电极
		$H_2 - 2e^- = 2H^+$	(−) $Pt\|H_2\|H^+\|$	
离子-离子	Fe^{3+}/Fe^{2+}	$Fe^{3+} + e^- = Fe^{2+}$	$\|Fe^{3+}, Fe^{2+}\|Pt$ (+)	需外加惰性电极
		$Fe^{2+} - e^- = Fe^{3+}$	(−) $Pt\|Fe^{3+}, Fe^{2+}\|$	
金属-难溶盐	AgCl/Ag	$AgCl + e^- = Ag + Cl^-$	$\|Cl^-\|AgCl\|Ag$ (+)	固体金属可直接作为电极材料
		$Ag + Cl^- - e^- = AgCl$	(−) $Ag\|AgCl\|Cl^-\|$	

电极材料除了作为电子发生得失反应的场以外，从电极材料上还应当可以直接引出导线，因此可作电极材料的物质一般是可导电的固体材料。如果有固体金属参与反应，该金属可以直接作为电极材料。如果参与反应的物质中没有固体金属，则需要外加惰性电极材料，常用的有铂或石墨。

从理论上讲，任何一个氧化还原反应，都能组成原电池。例如：

$$Sn^{2+} + 2Fe^{3+} \xlongequal{\quad} Sn^{4+} + 2Fe^{2+}$$

电极反应：

$$Sn^{2+} - 2e^- \xlongequal{\quad} Sn^{4+}\text{（氧化反应，作负极）}$$

$$2Fe^{3+} + 2e^- \xlongequal{\quad} 2Fe^{2+}\text{（还原反应，作正极）}$$

在一个烧杯中放入含 Fe^{3+}和 Fe^{2+}的溶液，在另一个烧杯中放入含 Sn^{4+}和 Sn^{2+}的溶液，两极分别以惰性金属 Pt 作电极，插入盐桥后，就组成了原电池，其电池符号为

$$(-)\,Pt|Sn^{2+}, Sn^{4+}||Fe^{2+}, Fe^{3+}|Pt\,(+)$$

3.2.2　电极电势

原电池能够产生电流，说明在两极之间存在一定的电势差，或者说构成原电池的两个电极的电势是不相等的。1889 年，德国科学家能斯特（W. Nernst）提出了双电层（electrical double layer）理论，对电极电势产生的机理做了很好的解释。

1. 双电层理论

双电层理论认为：当把金属插入水中时，由于极性分子与金属晶格中的金属离子相互作用，金属离子就可能离开金属而进入与金属表面相邻的水层中。例如，把金属 M 放入其盐的溶液中，M 就有以其离子 M^{n+}的状态进入溶液的倾向，同时溶液中金属离子也有在金属表面沉积的倾向。金属越活泼，溶液越稀，前一种倾向越大；反之，当金属越不活泼，溶液越浓，后一种倾向越大。这两种倾向最后达到平衡：

$$M(s) \underset{\text{沉积}}{\overset{\text{溶解}}{\rightleftharpoons}} M^{n+}(aq) + ne^-\text{(电极上)}$$

若前一种倾向大于后一种倾向，金属带负电，金属附近的溶液带正电；相反，若后一种倾向大于前一种倾向，金属带正电，金属附近的溶液带负电，如图 3-2 所示。

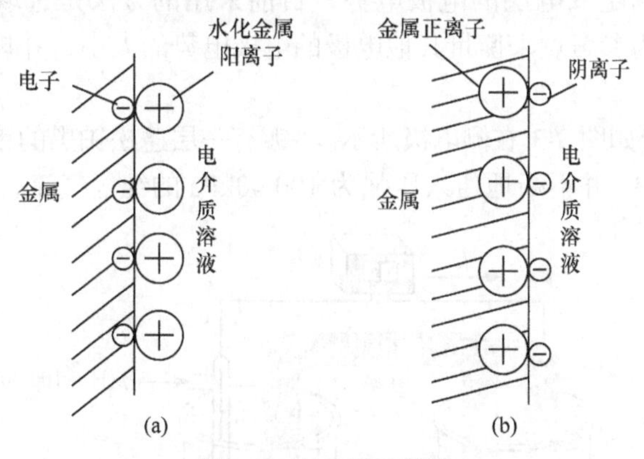

图 3-2　双电层示意图

无论哪种情况，由于异性电荷相吸，金属与其盐溶液之间都会形成双电层，从而产生了电势差，这种电势差称为金属的电极电势（electrode potential），通常用符号“φ(氧化态/还原态)”表示。金属的活泼性不同，其电极电势也不同。因此，可以用电极电势来衡量金属失去电子的能力。当然，电极电势也与金属离子的浓度有关。

对于借助惰性金属构成的电极，如 $Pt|Fe^{3+},Fe^{2+}$ 电极，由于金属 Pt 只起电子导体作用，溶液中氧化还原电对 Fe^{3+}/Fe^{2+} 的转化，可以通过金属 Pt 上电子的过剩或缺乏表现出来，当 Fe^{2+} 失去电子变成 Fe^{3+}，失去的电子集中在 Pt 表面使之显负电，在其周围由于静电吸引聚集大量正离子，而形成双电层，并产生电极电势。

原电池两极的电势差称为原电池的电动势，通常用符号 E 表示。规定原电池的电动势等于正极的电极电势减去负极的电极电势，即

$$E = \varphi_+ - \varphi_- \tag{3-1}$$

将两个电极电势数值不同的电极按原电池的形式连接起来，在两个电极之间就产生了电势差，电子在电势差的作用下定向移动而形成电流。这其实就是原电池中产生电流的根本原因。

2. 标准电极电势

电极电势的大小不仅取决于电极物质的本性，还与溶液的离子浓度、气体的压强以及温度有关。为了便于比较和计算电极电势的大小，人们通常选取一个公共的参考状态作为标准，即标准状态。标准状态的规定与前面一致，对于离子，浓度为 $c^{\ominus} = 1\text{mol}\cdot\text{dm}^{-3}$；对于气体，分压为 $p^{\ominus} = 100\text{kPa}$，温度通常选取 298.15K 作为参考温度。处于标准状态的电极所具有的电极电势称为标准电极电势，用符号“$\varphi^{\ominus}$(氧化态/还原态)”表示。必须指出，当一个电极处于标准状态时，并不仅仅指氧化态和还原态物质处于标准态，而是参与整个电极反应的所有物质均处于标准态。例如，$Cr_2O_7^{2-}/Cr^{3+}$ 电极，只有当 $c(Cr_2O_7^{2-})$、$c(Cr^{3+})$、$c(H^+)$ 均为 $1\text{mol}\cdot\text{dm}^{-3}$ 时，才处于标准态。

两个标准电极之间的电动势称为标准电动势，用符号 $E^{\ominus}$ 表示，并且有

$$E^{\ominus} = \varphi_+^{\ominus} - \varphi_-^{\ominus} \tag{3-2}$$

由于至今尚无法测定双电层的电极电势，目前采用的方法是选取标准氢电极(standard hydrogen electrode)作为参考点来衡量其他电极的电极电势的大小，并规定标准氢电极的电极电势恒为 0V。

标准氢电极的构造如图 3-3 右侧电极所示。将镀有一层蓬松铂黑的铂片插入氢离子浓度为 $1\text{mol}\cdot\text{dm}^{-3}$ 的酸溶液中，并不断地通入压强为 100.00kPa 的纯氢气流，这时溶液中的 H^+ 与铂

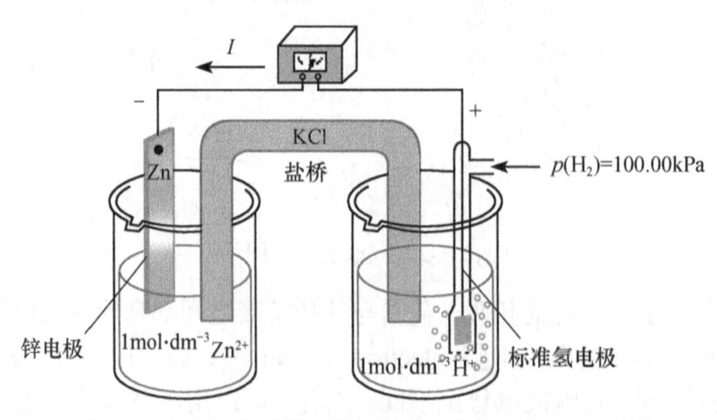

图 3-3　标准氢电极测定锌电极的电极电势装置示意图

所吸附的氢气建立起动态平衡：$2H^+ + 2e^- \rightleftharpoons H_2$。吸附氢气达饱和的铂黑和具有 H^+浓度为 $1mol \cdot dm^{-3}$ 的酸溶液之间产生的电势就是标准氢电极的电极电势，并且

$$\varphi^{\ominus}(H^+/H_2) = 0.0000V$$

测定其他电极的电极电势时，可将该电极与标准氢电极组合为原电池并测定其电动势。其他电极的电极电势比标准氢电极高，就为正值，反之为负值。

以测定标准锌电极的电极电势为例，按图 3-3 组装原电池。实验表明标准锌电极作负极，标准氢电极作正极，则该原电池反应为：$Zn + 2H^+ = Zn^{2+} + H_2$。由电位计测得该原电池的电动势为 0.7618V。根据式(3-2)有

$$E^{\ominus} = \varphi^{\ominus}(H^+ / H_2) - \varphi^{\ominus}(Zn^{2+} / Zn) = 0.7618V$$

所以
$$\varphi^{\ominus}(Zn^{2+} / Zn) = -0.7618V$$

测定标准铜电极的电极电势，方法类似。此时标准氢电极为负极，铜电极为正极，整个电池反应为：$H_2 + Cu^{2+} = 2H^+ + Cu$。测得电池的电动势为 0.3419V。同样根据式(3-2)有

$$E^{\ominus} = \varphi^{\ominus}(Cu^{2+} / Cu) - \varphi^{\ominus}(H^+ / H_2) = 0.3419V$$

所以
$$\varphi^{\ominus}(Cu^{2+} / Cu) = 0.3419V$$

用类似的方法，可以测得一系列电对的标准电极电势，将各氧化还原电对的标准电极电势按其代数值递增顺序，排列成表就是标准电极电势表(附录 7)。

根据标准电极电势表，可以看出物质的氧化还原能力，即电极电势代数值越小，电对所对应的还原态物质还原能力越强，氧化态物质氧化能力越弱，相反，电极电势代数值越大，电对所对应的还原态物质还原能力越弱，氧化态物质氧化能力越强。因此，电极电势是表示氧化还原电对所对应的氧化态物质及还原态物质得失电子能力(即氧化还原能力)相对大小的一个物理量。

使用电极电势表，应注意以下几点：

(1)在相关书籍和手册中，标准电极电势表都分为酸表与碱表，这是由电极反应的介质酸碱性所决定的。电极反应的介质中，凡出现 H^+，皆查酸表，出现 OH^-皆查碱表。若在电极反应中，既无 H^+，又无 OH^-出现时，可以从存在状态来考虑。例如，$Fe^{3+} + e^- = Fe^{2+}$能在酸性溶液中存在，故在酸表中查此电对的电极电势。

(2)标准电极电势具有强度性质，没有加和性。无论半电池反应式的系数乘以还是除以任何实数，$\varphi^{\ominus}$ 值仍不变。另外，无论电极反应向什么方向进行，$\varphi^{\ominus}$ 值的符号仍不变。

(3)标准电极电势表中的电极反应介质均是水，对于非标准态、非水溶液体系，不能用 $\varphi^{\ominus}$ 值比较物质的氧化还原能力。

(4)查表时要仔细核对所选用的反应物和生成物的形式、价态及介质条件，才能使所得的 $\varphi^{\ominus}$ 值准确无误。例如，

$$AgCl + e^- \rightleftharpoons Cl^- + Ag \qquad \varphi^{\ominus} = 0.2223V$$

$$Ag^+ + e^- \rightleftharpoons Ag \qquad \varphi^{\ominus} = 0.7996V$$

由于标准氢电极是气体电极，非常灵敏，制作和使用都很不方便。因此，在实际测定中，往往采用饱和甘汞电极(saturated calomel electrode)作为参比电极，如图 3-4 所示。该电极在一

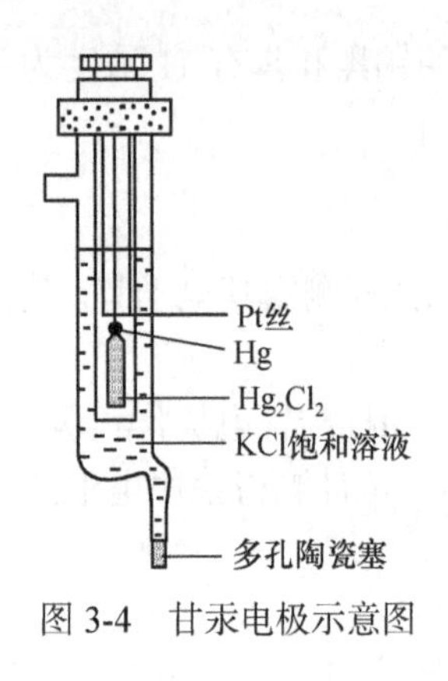

图 3-4　甘汞电极示意图

定温度下有比较稳定的电极电势，由 Hg、糊状 Hg_2Cl_2 和 KCl 溶液组成，电极符号可表示为

$$Pt \mid Hg \mid Hg_2Cl_2(\text{糊状}) \mid KCl$$

电极反应为

$$Hg_2Cl_2(s) + 2e^- \rightleftharpoons 2Hg + 2Cl^-$$

使用饱和甘汞电极时要注意，饱和 KCl 溶液要经常更换，盐桥口若被待测溶液沾污，测量结果将不准确。使用过程中应该把“对流孔”橡皮套打开，不用时关闭，以使饱和 KCl 溶液能不断地从盐桥口渗出，保持新鲜的液体界面。

3.3　电池电动势和电池反应的摩尔吉布斯函数变的关系

3.3.1　E 与 $\Delta_r G_m$ 的关系

假设一个自发的氧化还原反应构成原电池，对外只做电功，且原电池的电动势为 E，电路中通过的电量为 q，则电功 $W' = -qE$，(这里的“−”表示系统对环境做功)。这部分能量显然来自于氧化还原反应。我们已经知道，系统的吉布斯函数变就是系统在恒压等温条件下系统能够对外所做的最大有用功，这对于氧化还原反应同样成立。因此，可以得到

$$\Delta_r G_m = W' = -qE = -nFE \tag{3-3}$$

式中，F 为法拉第常量，即 1mol 电子的电量，为 96485C · mol^{-1}；n 为 $\xi = 1$mol 原电池反应转移电子的物质的量数值。

当原电池反应中的反应物和生成物都处于标准状态时(相关离子浓度均为 1mol · dm^{-3}，气体分压均为 100.00kPa)的电动势就是标准电动势 $E^\ominus$。这时有

$$\Delta_r G_m^\ominus = -nFE^\ominus \tag{3-4}$$

【例 3-3】　已知铜锌原电池的标准电动势为 1.10V，试计算 298.15K 时原电池的标准摩尔吉布斯函数变。

解

$$Zn + Cu^{2+} \longrightarrow Zn^{2+} + Cu$$

因为每摩尔反应转移了 2mol 电子，所以 $n = 2$。

根据式(3-4)，有

$$\Delta_r G_m^\ominus = -nFE^\ominus = -2 \times 96485\text{C} \cdot \text{mol}^{-1} \times 1.10\text{V} = -212.3\text{kJ} \cdot \text{mol}^{-1}$$

由于原电池的电动势比较容易测量，因此常用测定原电池电动势的方法，来计算反应的吉布斯函数变。对于活泼金属和非金属的电对，如 Na^+/Na、K^+/K、F/F^- 等不能用组成原电池的方法测定其标准电极电势，可以用热力学的方法求得。

3.3.2　浓度对电动势的影响

处于标准状态的原电池，如果改变了反应物质的浓度(或分压)，电动势也会发生变化。推导过程如下：

氧化还原反应作为化学反应的一种，仍然满足式(1-26)：

$$\Delta_r G_m(T) = \Delta_r G_m^{\ominus}(T) + RT\ln Q = \Delta_r G_m^{\ominus}(T) + 2.303RT\lg Q$$

将式(3-3)和式(3-4)代入，可得以下关系：

$$-nFE = -nFE^{\ominus} + 2.303RT\lg Q$$

再将 F= 96485C · mol^{-1}、R=8.314J · mol^{-1} · K^{-1}、T=298.15K 代入上式，整理并简化，有

$$E = E^{\ominus} - \frac{0.0592\text{V}}{n}\lg Q \tag{3-5}$$

式中，n 为原电池反应进度为 1mol 时转移的电子的物质的量数值；Q 为反应商。该式称为电动势能斯特方程。利用式(3-5)可以计算非标准态时原电池的电动势。

3.3.3　浓度对电极电势的影响

浓度改变对原电池电动势产生影响的根本原因是电极电势发生了变化。例如，如果增加电极中还原态物质的浓度，则该物质表现为失去更多电子，电极的电势降低，进而使原电池的电动势发生改变。处于非标准态的电极，电极电势计算公式可以由能斯特方程推导出来。

对于任意的电极反应：

$$a\text{Ox(aq)} + b\text{B(aq)} + ne^- \rightleftharpoons x\text{Re(aq)} + y\text{Y(aq)}$$

式中，Ox、Re 分别为发生电子得失反应的氧化态和还原态物质；B 和 Y 为不发生电子得失反应的其他反应物质；a、b、x、y、n 为相应物质系数。

标准氢电极的电极反应为

$$\frac{n}{2}\text{H}_2\text{(g)} - ne^- \rightleftharpoons n\text{H}^+\text{(aq)}$$

将电极与标准氢电极组成原电池，并假设标准氢电极作负极，则原电池反应为

$$a\text{Ox(aq)} + b\text{B(aq)} + \frac{n}{2}\text{H}_2\text{(g)} \rightleftharpoons x\text{Re(aq)} + y\text{Y(aq)} + n\text{H}^+\text{(aq)}$$

根据式(3-5)，有

$$E = E^{\ominus} - \frac{0.0592\text{V}}{n}\lg\frac{[c(\text{Re})/c^{\ominus}]^x[c(\text{Y})/c^{\ominus}]^y[c(\text{H}^+)/c^{\ominus}]^n}{[c(\text{Ox})/c^{\ominus}]^a[c(\text{B})/c^{\ominus}]^b[p(\text{H}_2)/p^{\ominus}]^{n/2}}$$

因为 $E = \varphi - \varphi^{\ominus}(\text{H}^+/\text{H}_2) = \varphi$，$E^{\ominus} = \varphi^{\ominus} - \varphi^{\ominus}(\text{H}^+/\text{H}_2) = \varphi^{\ominus}$，$c(\text{H}^+) = c^{\ominus}$，$p(\text{H}_2) = p^{\ominus}$，所以可得

$$\varphi = \varphi^{\ominus} - \frac{0.0592\text{V}}{n}\lg\frac{[c(\text{Re})/c^{\ominus}]^x[c(\text{Y})/c^{\ominus}]^y}{[c(\text{Ox})/c^{\ominus}]^a[c(\text{B})/c^{\ominus}]^b}$$

或

$$\varphi = \varphi^{\ominus} + \frac{0.0592\text{V}}{n}\lg\frac{[c(\text{Ox})/c^{\ominus}]^a[c(\text{B})/c^{\ominus}]^b}{[c(\text{Re})/c^{\ominus}]^x[c(\text{Y})/c^{\ominus}]^y} \tag{3-6}$$

式(3-6)也称为电极电势的能斯特方程，利用该式可以计算非标准态电极的电极电势。需要注意的是对于反应物中的固体、纯液体和水等物质，不列入方程式中，气体则用 $p(\text{R})/p^{\ominus}$ 代入(R 为参与反应的任意气体物质)。

【例 3-4】 计算 298.15K 时锌离子浓度为 0.001mol · dm⁻³ 溶液中锌的电极电势。

解 电极反应为 $Zn^{2+} + 2e^- \rightleftharpoons Zn \quad n = 2$

已知 $c(Zn^{2+}) = 0.001mol \cdot dm^{-3}$，还原态物质为固体。查表得 $\varphi^\ominus(Zn^{2+}/Zn) = -0.7618V$，由式(3-6)，得

$$\varphi(Zn^{2+}/Zn) = \varphi^\ominus(Zn^{2+}/Zn) + \frac{0.0592V}{n}\lg\frac{c(Zn^{2+})}{c^\ominus}$$

$$= -0.7618V + \frac{0.0592V}{2}\lg\frac{0.001mol \cdot dm^{-3}}{1mol \cdot dm^{-3}}$$

$$= -0.8506V$$

【例 3-5】 计算 298.15K，$p(H_2)$=0.100kPa 时 H^+/H_2 的电极电势(假设其他条件均为标准态)。

解 电极反应为 $2H^+ + 2e^- \rightleftharpoons H_2$

由式(3-6)，得

$$\varphi(H^+/H_2) = \varphi^\ominus(H^+/H_2) + \frac{0.0592V}{n}\lg\frac{[c(H^+)/c^\ominus]^2}{p(H_2)/p^\ominus}$$

$$= 0.0000V + \frac{0.0592V}{2}\lg\frac{\left(\dfrac{1mol \cdot dm^{-3}}{1mol \cdot dm^{-3}}\right)^2}{\dfrac{0.100kPa}{100kPa}}$$

$$= 0.0888V$$

【例 3-6】 当 pH=3 时，计算 $Cr_2O_7^{2-}/Cr^{3+}$ 电对的电极电势(假设其他条件均为标准态)。

解 电极反应为 $Cr_2O_7^{2-} + 14H^+ + 6e^- \rightleftharpoons 2Cr^{3+} + 7H_2O \quad n = 6$

pH=3 时，$c(H^+) = 1.0 \times 10^{-3}mol \cdot dm^{-3}$，查表得 $\varphi^\ominus(Cr_2O_7^{2-}/Cr^{3+})$=1.332V，由式(3-6)，得

$$\varphi(Cr_2O_7^{2-}/Cr^{3+}) = \varphi^\ominus(Cr_2O_7^{2-}/Cr^{3+}) + \frac{0.0592V}{n}\lg\frac{[c(Cr_2O_7^{2-})/c^\ominus]\cdot[c(H^+)/c^\ominus]^{14}}{[c(Cr^{3+})/c^\ominus]^2}$$

$$= 1.332V + \frac{0.0592V}{6}\lg\frac{\dfrac{1mol \cdot dm^{-3}}{1mol \cdot dm^{-3}} \times \left(\dfrac{1 \times 10^{-3}mol \cdot dm^{-3}}{1mol \cdot dm^{-3}}\right)^{14}}{\left(\dfrac{1mol \cdot dm^{-3}}{1mol \cdot dm^{-3}}\right)^2}$$

$$= 0.918V$$

从例 3-4、例 3-5 可以看出，离子浓度和气体的分压对电极电势有影响，但一般影响不大。当 Zn^{2+}浓度和 H_2 压强减小到标准态的 1/1000 时，电极电势改变还不到 0.1V。但是对于有 H^+参与反应的含氧酸根电极来说，溶液的酸度对于电极电势影响很大，如例 3-6 中，H^+浓度减小到标准态的 1/1000 时，电极电势下降了 0.4V。所以，具有氧化性的含氧酸盐通常需要在酸性介质中才能表现出更强的氧化性。

【例 3-7】 向 Cu^{2+}/Cu^+标准电极中加入 KCl 固体(假设不引起溶液体积的变化)，并最终使得 Cl^-浓度达到 1.0mol · dm⁻³，计算此时 Cu^{2+}/Cu^+的电极电势。已知 $\varphi^\ominus(Cu^{2+}/Cu^+) = 0.16V$， $K_{sp}^\ominus(CuCl)=1.72\times10^{-7}$。

解 电极反应为 $Cu^{2+} + e^- \rightleftharpoons Cu^+ \quad n = 1$

Cu^{2+}/Cu^+标准电极中 $c(Cu^{2+})=c(Cu^+)=1mol \cdot dm^{-3}$，加入 KCl 后，$Cl^-$与 Cu^+形成 CuCl 沉淀，并形成沉

淀溶解平衡。

$$CuCl(s) \rightleftharpoons Cu^{+}(aq) + Cl^{-}(aq)$$

根据溶度积规则，当 Cl^{-}浓度为 1mol · dm^{-3}时，溶液中的 Cu^{+}浓度为

$$c(Cu^{+})/c^{\ominus} = \frac{K_{sp}^{\ominus}}{c(Cl^{-})/c^{\ominus}} = 1.72 \times 10^{-7}$$

由式(3-4)，得

$$\begin{aligned}\varphi(Cu^{2+}/Cu^{+}) &= \varphi^{\ominus}(Cu^{2+}/Cu^{+}) + 0.0592V \times \lg\frac{c(Cu^{2+})/c^{\ominus}}{c(Cu^{+})/c^{\ominus}} \\ &= 0.16V + 0.0592V \times \lg\frac{1}{1.72\times10^{-7}} \\ &= 0.56V\end{aligned}$$

与 $\varphi^{\ominus}(Cu^{2+}/Cu^{+})$ 比较，由于难溶化合物的生成，电极中 Cu^{+}浓度降低，电极电势升高，Cu^{2+}氧化能力增强，Cu^{+}还原能力下降。

能够大大改变电极电势的除了溶液的酸度(有 H^{+}参与反应的)、生成沉淀以外，若氧化还原电对中的物质生成配位化合物后，其离子浓度也会发生很大改变，从而引起电极电势大的变化，详见第 5 章。

3.4 电极电势和原电池的应用

3.4.1 电极电势的应用

1. 判断原电池正、负极，计算电动势

原电池中，总是以电极电势代数值较小的电极为负极，电极电势代数值较大的电极为正极。原电池的电动势 $E = \varphi_{+} - \varphi_{-}$。当组成原电池的两极中有关离子浓度为标准态时，直接从标准电极电势表中查出 $\varphi^{\ominus}$，若有关离子不是标准态时，一定要根据能斯特方程式算出 φ，再根据 φ (而不是根据 $\varphi^{\ominus}$)来判断正、负极与计算电动势。

【例 3-8】 Zn^{2+}浓度为 0.01mol · dm^{-3} 的 Zn^{2+}/Zn 电极和标准 Zn^{2+}/Zn 电极构成原电池，判断该原电池的正、负极并计算电动势。

解 $c(Zn^{2+}) = 0.01$mol · dm^{-3}时，由式(3-6)，得

$$\begin{aligned}\varphi(Zn^{2+}/Zn) &= \varphi^{\ominus}(Zn^{2+}/Zn) + \frac{0.0592V}{n}\lg\frac{c(Zn^{2+})}{c^{\ominus}} \\ &= -0.7618V + \frac{0.0592V}{2}\lg\frac{0.01mol\cdot dm^{-3}}{1mol\cdot dm^{-3}} \\ &= -0.821V\end{aligned}$$

标准 Zn^{2+}/Zn 电极的电极电势 $\varphi^{\ominus}(Zn^{2+}/Zn) = -0.7618V$，所以标准 Zn^{2+}/Zn 电极为正极。

电极电势代数值较小的电极为负极，即左边为负极。电极电势代数值较大的电极为正极，即右边为正极。

$$E = \varphi_{+} - \varphi_{-} = -0.7618V - (-0.821V) = 0.0592V$$

虽然这种电池两电极的电极材料和电解质相同，但在相应离子浓度不同时，两极的电极电势就不同，导致两电极间产生电流，这种电池称为浓差电池。

2. 判断氧化剂和还原剂的相对强弱

我们经常接触和应用氧化剂和还原剂，怎样才能知道这些氧化剂和还原剂的相对强弱呢？如果通过一系列实验来进行比较，那么在各种条件下都要试验，显然不胜其烦。而且，有许多氧化还原反应速率非常缓慢，常容易得出错误的结论。电极电势的大小可以作为一个定量标准，用来判断溶液中物质得失电子能力的强弱。现将标准电极电势中存在的关系归纳于表 3-2。

表 3-2 标准电极电势间的关系

电对	氧化态 $+ne^- \rightleftharpoons$ 还原态	$\varphi^\ominus$ / V
Li^+/Li	最强的还原剂	
Zn^{2+}/Zn	氧化能力增大↓　　还原能力增大↑	代数值增大↓
H^+/H_2		
Cu^{2+}/Cu		
F_2/F^-	最强的氧化剂	

可见，表中最强的还原剂是 Li，最强的氧化剂是 F_2；而相应的 Li^+是最弱的氧化剂，F^-是最弱的还原剂。

推广到一般情况，φ 的代数值越小，该电对中的还原态物质越易失去电子，是较强的还原剂，其对应的氧化态物质越难得到电子，是较弱的氧化剂。φ 的代数值越大，该电对中的氧化态物质是较强的氧化剂，其对应的还原态物质是较弱的还原剂。或者说，电极电势越正，电对中氧化态物质氧化能力越强，电极电势越负，电对中还原态物质还原能力越强。

3. 判断氧化还原反应进行的方向

由电极电势判断原电池的正、负极，本质上是确定氧化还原反应进行的方向。电极电势代数值的大小，能指示氧化剂和还原剂的相对强弱，当然，就可以预测氧化还原反应进行的方向。

例如，反应(设各物质均为标准态)：

$$2Fe^{3+} + Sn^{2+} \rightleftharpoons 2Fe^{2+} + Sn^{4+}$$

这一反应的两个电对分别为 Fe^{3+}/Fe^{2+}和 Sn^{4+}/Sn^{2+}，查得标准电极电势分别为 0.771V 和 0.151V，两者相比 $\varphi^\ominus(Sn^{4+}/Sn^{2+}) < \varphi^\ominus(Fe^{3+}/Fe^{2+})$，若将其装配成原电池，电池符号为

$$(-)\,Pt|Sn^{4+}, Sn^{2+}||Fe^{3+}, Fe^{2+}|Pt\,(+)$$

负极是电子流出的极，说明 Sn^{2+}比 Fe^{2+}更易失去电子，是较强的还原剂，而 Fe^{3+}比 Sn^{4+}更易得到电子，是较强的氧化剂，反应由左向右自发进行。

由上述事实可见，反应总是自发地由较强的氧化剂与较强的还原剂相互作用，向生成较弱的还原剂和较弱的氧化剂的方向进行。

如果从热力学的角度分析，恒温、恒压下反应的摩尔吉布斯函数变 $\Delta_r G_m$ 是自发反应的判据。根据式(3-3)有

$\Delta_r G_m = -nFE < 0$，即 $E > 0$，反应正向自发；

$\Delta_r G_m = -nFE = 0$，即 $E = 0$，反应达到平衡；

$\Delta_r G_m = -nFE > 0$，即$E < 0$，反应正向非自发，逆向自发。

由此可见，电动势E也可作为氧化还原反应能否自发进行的判据。例如，在上述反应中，假设反应能够正向进行的话，Sn^{4+}/Sn^{2+}失去电子作负极，Fe^{3+}/Fe^{2+}获得电子作正极，电动势$E^{\ominus} = \varphi_+^{\ominus} - \varphi_-^{\ominus} = 0.62V > 0$，与假设一致，所以反应可以正向进行。

如果有关离子浓度不是标准态时，一定要利用能斯特方程进行计算，然后再加以判断，不能直接用$E^{\ominus}$判断反应的方向。

【例 3-9】 试判断$Pb^{2+} + Sn \rightleftharpoons Pb + Sn^{2+}$，当$c(Pb^{2+})=0.1mol \cdot dm^{-3}$，$c(Sn^{2+})=1.0mol \cdot dm^{-3}$时反应能否自发向右进行。

解 查表$\varphi^{\ominus}(Pb^{2+}/Pb) = -0.1262V$，$\varphi^{\ominus}(Sn^{2+}/Sn) = -0.1375V$，由式(3-6)，得

$$\varphi(Pb^{2+}/Pb) = \varphi^{\ominus}(Pb^{2+}/Pb) + \frac{0.0592V}{n}\lg\frac{c(Pb^{2+})}{c^{\ominus}}$$

$$= -0.1262V + \frac{0.0592V}{2}\lg\frac{0.1mol \cdot dm^{-3}}{1mol \cdot dm^{-3}}$$

$$= -0.1558V$$

$$\varphi(Sn^{2+}/Sn) = \varphi^{\ominus}(Sn^{2+}/Sn) = -0.1375V$$

假设反应能够自发向右进行，则Pb^{2+}/Pb电极为正极、Sn^{2+}/Sn电极为负极。

$$E = \varphi_+ - \varphi_- = -0.1558V - (-0.1375V) < 0$$

其结果为电动势$E<0$，表明事实上Sn^{2+}/Sn电极为正极、Pb^{2+}/Pb电极为负极，与假设相反，说明反应不能正向自发进行，而是逆向自发进行。

例 3-9 中，如果Pb^{2+}也处于标准态，根据以上判定方法可以判定反应方向正向自发。由此可知，当参与反应的电对的标准电极电势比较接近时，离子浓度的变化，可能导致氧化还原反应方向发生逆转。

4. 判断氧化还原进行的程度

根据式(1-33)：

$$\ln K^{\ominus} = \frac{-\Delta_r G_m^{\ominus}(T)}{RT}$$

对于氧化还原反应又有

$$\Delta_r G_m^{\ominus} = -nFE^{\ominus}$$

由以上两式可得

$$\ln K^{\ominus} = \frac{nFE^{\ominus}}{RT} \tag{3-7}$$

当温度为 298.15K 时，上式可简化为

$$\lg K^{\ominus} = \frac{nE^{\ominus}}{0.0592V} \tag{3-8}$$

由式(3-8)可以看出，$K^{\ominus}$值越大，氧化还原反应进行得程度越大，反应进行得越彻底。

【例 3-10】 计算下述反应在 298.15K 时的标准平衡常数。

$$Zn + Cu^{2+}(0.1mol \cdot dm^{-3}) \rightleftharpoons Zn^{2+}(0.1mol \cdot dm^{-3}) + Cu$$

解 该原电池反应 n=2，查表得 $\varphi^{\ominus}(Zn^{2+}/Zn)=-0.7618V$，$\varphi^{\ominus}(Cu^{2+}/Cu)=0.3419V$，有

$$E^{\ominus}=\varphi_{+}^{\ominus}-\varphi_{-}^{\ominus}=0.3419V-(-0.7618V)=1.1037V$$

根据式(3-8)，可得

$$\lg K^{\ominus}=\frac{nE^{\ominus}}{0.0592V}=\frac{2\times1.1037V}{0.0592V}=37.3$$

所以 $K^{\ominus}=1.5\times10^{37}$。

计算结果表明，该反应的标准平衡常数非常大，表明反应进行得非常彻底。

3.4.2 化学电源

化学电源指的是能将化学能转化为电能的装置，俗称电池。Cu-Zn 原电池(也称丹尼尔电池)就是其中的一种，但作为具有实用价值的电池，应该有以下几个特点：

(1)电池反应要相当迅速，要具备一定的电压，并且整个电池在工作期间，均能保持恒定值。

(2)电池寿命要长，体积要小，使用要方便。

(3)电池要坚固，易于携带，若能再次充电，效益更大。

(4)价格便宜。

电池的分类方法很多。根据电池能否反复使用分为一次电池和二次电池(又称蓄电池)；根据工作介质的性质可分为酸性电池和碱性电池；按电解液的状态可分为干电池(糊状)和液体电池等。例如，普通锌锰电池就属于一次酸性干电池，铅酸蓄电池属于二次酸性液体电池，可充电镍氢电池属于二次碱性干电池等。

这里简单介绍几种电池。

1. 镉镍蓄电池

镉镍蓄电池是一种碱性蓄电池，电池反应为

负极反应 $$Cd+2OH^{-}\rightleftharpoons Cd(OH)_2+2e^{-}$$

正极反应 $$2Ni(OH)_3+2e^{-}\rightleftharpoons 2Ni(OH)_2+2OH^{-}$$

总反应 $$Cd+2Ni(OH)_3=Cd(OH)_2+2Ni(OH)_2$$

为增加导电能力，电解液中需加 LiOH，电池电压约 1.5V，它具有质量较轻、体积较小、抗震性好、坚固耐用等优点，除工业中使用外，在小型电子计算器中也可作为电源。

这种电池最早应用于手机等设备上，可重复充电 500 次以上，内阻小，充电快。可提供大电流，是很好的直流供电电池。但是这类电池最大的缺点是，如果在充放电过程中处理不当，会使电池容量降低，寿命大大缩短；而且镉有毒，不利于环境保护，所以镉镍蓄电池在数码设备中已经基本被淘汰。

2. 锂锰电池

锂锰电池是一种典型的有机电解质电池，这类电池是日本三洋电机公司于 1975 年发明并研制成功，其外形有硬币形、圆形和方形，安全性很好。其是在 20 世纪 80 年代蓬勃发展起来

的电池，是当今世界上应用最广泛的商品锂电池。金属锂既活泼，质量又较轻，由于锂与水的反应剧烈，因此电解质需用非水溶液，由 $LiClO_4$ 溶解在碳酸丙烯酯和己二醇二甲醚的混合液中，其浓度为 1.0mol · dm^{-3}，用聚丙烯作电池隔膜。

负极反应　$$Li \rightleftharpoons Li^+ + e^-$$

正极反应　$$MnO_2 + Li^+ + e^- \rightleftharpoons LiMnO_2$$

总反应　$$Li + MnO_2 = LiMnO_2$$

此电池属于高能电池类型，可以获得较高电压，广泛应用于无线电通信设备、大规模及超大规模集成电路、电子计算机、录音机、照相机、助听器、测试仪表等方面。

3. 铅酸电池

铅酸电池(VRLA)是一种电极主要由铅及其氧化物制成，电解液是硫酸溶液的蓄电池。铅酸电池在放电状态下，正极主要成分为二氧化铅，负极主要成分为铅；在充电状态下，正负极的主要成分均为硫酸铅。反应方程式如下：

负极反应　$$Pb + SO_4^{2-} \underset{充电}{\overset{放电}{\rightleftharpoons}} PbSO_4 + 2e^-$$

正极反应　$$PbO_2 + SO_4^{2-} + 4H^+ + 2e^- \underset{充电}{\overset{放电}{\rightleftharpoons}} PbSO_4 + 2H_2O$$

总反应　$$Pb + PbO_2 + 2H_2SO_4 \underset{充电}{\overset{放电}{\rightleftharpoons}} 2PbSO_4 + 2H_2O \qquad E^{\ominus} = 2.04V$$

铅酸电池由法国人普兰特(G. Plante)于 1860 年发明。当时仅是实验室的一种新事物，直到 13 年后，即 1873 年，直流发电机问世，铅酸电池才逐步走向实用化。经历一百多年的发展，铅酸电池在理论研究、产品种类、产品电气性能等方面得到了长足的进步，在交通、通信、电力、军事、航海、航空等各个领域都发挥着重要作用。

铅酸电池的结构和各组件材料及作用如图 3-5 和表 3-3 所示。

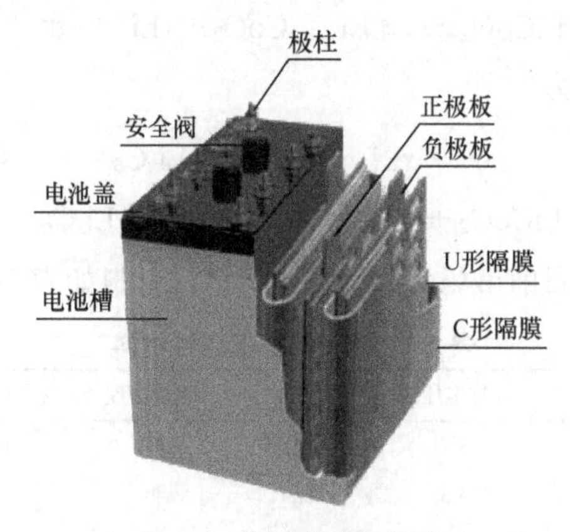

图 3-5　铅酸电池的结构

铅酸电池是这样设计的：在电池中，一部分数量的电解液被吸收在极片和隔板中，以此增加负极吸氧能力，阻止电解液损耗，使电池能够实现密封。

表 3-3　铅酸电池各组件材料及作用

组件	材料	作用
正极	正极为铅-锑-钙合金栏板，内含氧化铅活性物质	保证足够的容量； 长时间使用中保持蓄电池容量，减小自放电
负极	负极为铅-锑-钙合金栏板，内含海绵状纤维活性物质	保证足够的容量； 长时间使用中保持蓄电池容量，减小自放电
隔板	先进的多微孔超细玻璃纤维隔板保持电解液，防止正极与负极短路	防止正、负极短路； 保持电解液； 防止活性物质从电极表面脱落
电解液	在电池的电化学反应中，硫酸作为电解液传导离子	使电子能在电池正、负极活性物质间转移
外壳和盖子	在没有特别说明下，外壳和盖子为 ABS 树脂	提供电池正、负极组合栏板放置的空间
安全阀	材质为具有优质耐酸和抗老化的合成橡胶	电池内压高于正常压强时释放气体，保持压强正常； 阻止氧气进入
端子	根据电池的不同，正、负极端子可为连接片、棒状、螺柱或引出线	密封端子有助于大电流放电和长的使用寿命

4. 锂电池

锂电池是一类由锂金属或锂合金为正/负极材料、使用非水电解质溶液的电池。1912 年锂金属电池最早由路易斯提出并研究。20 世纪 70 年代时，威廷汉提出并开始研究锂离子电池。锂金属的化学特性非常活泼，使得锂金属的加工、保存、使用对环境要求非常高。随着科学技术的发展，锂电池已经成为主流。锂电池大致可分为两类：锂金属电池和锂离子电池。锂离子电池不含金属态的锂，并且可以充电。

锂离子电池一般是使用锂合金金属氧化物为正极材料、石墨为负极材料、使用非水电解质的电池。

充电正极上发生的反应为

$$LiCoO_2 \rightleftharpoons Li_{(1-x)}CoO_2 + xLi^+ + xe^-$$

充电负极上发生的反应为

$$6C + xLi^+ + xe^- \rightleftharpoons Li_xC_6$$

充电电池总反应：　$LiCoO_2 + 6C = Li_{1-x}CoO_2 + Li_xC_6$

可选的正极材料很多，目前市场上常见的正极活性材料如表 3-4 所示。

表 3-4　常见的正极活性材料

正极材料	化学成分	标称电压/V	结构	能量密度	循环寿命	成本	安全性
钴酸锂(LCO)	$LiCoO_2$	3.7	层状	中	低	高	低
锰酸锂(LMO)	$Li_2Mn_2O_4$	3.6	尖晶石	低	中	低	中
镍酸锂(LNO)	$LiNiO_2$	3.6	层状	高	低	高	低
磷酸铁锂(LFP)	$LiFePO_4$	3.2	橄榄石	中	高	低	高
镍钴铝三元(NCA)	$LiNi_xCo_yAl_{1-x-y}O_2$	3.6	层状	高	中	中	低
镍钴锰三元(NCM)	$LiNi_xCo_yMn_{1-x-y}O_2$	3.6	层状	高	高	中	低

正极反应：放电时锂离子嵌入，充电时锂离子脱嵌。

充电时：

$$LiFePO_4 \rightleftharpoons Li_{1-x}FePO_4 + xLi^+ + xe^-$$

放电时：

$$Li_{1-x}FePO_4 + xLi^+ + xe^- \rightleftharpoons LiFePO_4$$

负极材料：多采用石墨。另外，锂金属、锂合金、硅碳负极、氧化物负极材料等也可用于负极。

负极反应：放电时锂离子脱嵌，充电时锂离子嵌入。

充电时：

$$xLi^+ + xe^- + 6C \rightleftharpoons Li_xC_6$$

放电时：

$$Li_xC_6 \rightleftharpoons xLi^+ + xe^- + 6C$$

2019 年诺贝尔化学奖颁发给三位科学家，分别为美国科学家约翰 · 古迪纳夫(John B. Goodenough)、英国科学家斯坦利 · 威廷汉(M. Stanley Whittingham)和日本科学家吉野彰(Akira Yoshino)，以表彰他们在锂离子电池研究方面的贡献。

5. 燃料电池

目前世界各国政府正在制定零排放电动交通解决方案的任务和时间表，电池电动汽车将成为城市汽车的理想选择。二次电池存在充电和放电两个过程，不能持续供电，但是燃料电池使用外部燃料，只要有燃料，就可以持续运行，为城市车辆提供更长的续航能力。此外，与传统电池相比，燃料电池不含有害材料，也没有活动部件，可以最大限度地减少维护成本。

根据燃料电池使用的电解质，主要分为六种类型：质子交换膜燃料电池(PEMFC)、直接甲醇燃料电池(DMFC)、莫尔顿碳酸盐燃料电池(MCFC)、磷酸燃料电池(PAFC)、固体氧化物燃料电池(SOFC)和碱性燃料电池(AFC)。其中占主导地位的技术是质子交换膜燃料电池，如图 3-6 所示，其具有多功能性、耐用性、用途广泛等特点。

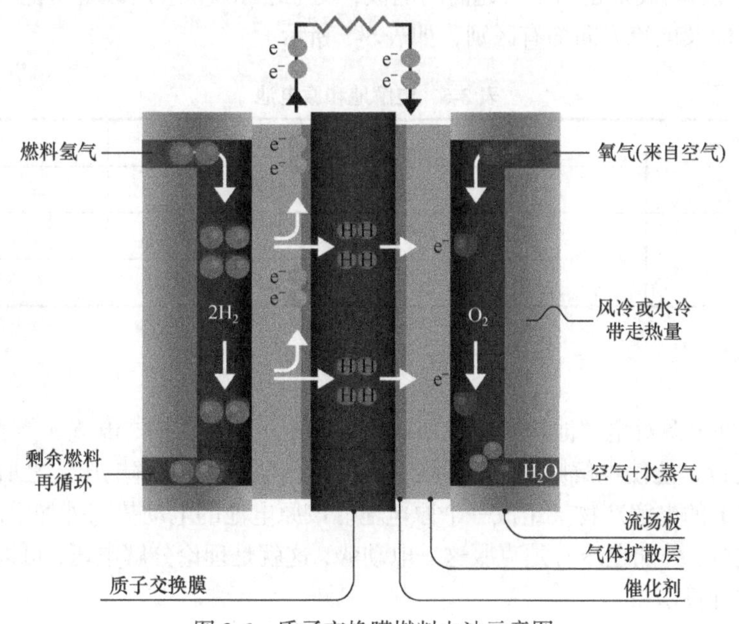

图 3-6　质子交换膜燃料电池示意图

3.5 电解及其应用

要使某些不能自发进行的($\Delta G>0$)氧化还原反应可以进行，或者使原电池的反应逆转，就必须向体系提供一定的能量，把电能转变为化学能。电解工业就是利用这种方法，生产出许多电解产品。

3.5.1 电解池的组成和电极反应

使电流通过电解质溶液(或熔融电解质)而引起的氧化还原反应过程称为电解，这种将电能转变为化学能，进行氧化还原反应的装置称为电解池(或电解槽)。

在电解池中，和直流电源的负极相连的极称为阴极，和直流电源的正极相连的极称为阳极。电子一方面从电源的负极沿导线进入电解池的阴极；另一方面，电子又离开电解池的阳极沿导线流回电源的正极。这样在阴极上电子过剩，在阳极上电子缺少；电解液(或熔融液)中的正离子移向阴极，在阴极上得到电子进行还原反应；负离子移向阳极，在阳极上给出电子进行氧化反应。在电解池的两极反应中，正离子得到电子及负离子给出电子的过程都称为放电。

例如，用石墨作电极，电解 $CuCl_2$ 溶液时，Cu^{2+}移向阴极，在阴极上得到电子(还原)；Cl^-移向阳极，在阳极上失去电子(氧化)。因此，阴极上产生 Cu，阳极上产生 Cl_2。

阴极　　$Cu^{2+} + 2e^- \rightleftharpoons Cu$

阳极　　$2Cl^- - 2e^- \rightleftharpoons Cl_2$

总反应式　　$Cu^{2+} + 2Cl^- = Cu + Cl_2$

应该指出，正、负极是物理学上的分类，正极是电势高的电极，即缺电子的电极，负极是电势低的电极，即富电子的电极。阴、阳极是化学上常用的称谓，阳极是指负离子所趋向的电极，发生氧化反应，阴极是正离子所趋向的电极，发生还原反应。所以电解池与原电池的电极的名称、电极反应及电流方向均有区别，如表 3-5 所示。

表 3-5 电解池和原电池

原电池	负极(−)	电子流出	氧化
	正极(+)	电子流入	还原
电解池	阴极	电子从直流电源流入	还原
	阳极	电子流回直流电源	氧化

3.5.2 分解电压

电解时，当外电源对电解池两极所施加的电压高于一定数值时，电流才能通过电解液，使电解得以顺利进行。能使电解顺利进行所必需的最低电压称为分解电压。之所以需要分解电压，是因为两极上的电解产物又组成一个原电池。该原电池的电动势与外加电压的方向相反，要使反应顺利进行，外加电压必须克服这一电动势，这就是理论分解电压，可以用能斯特方程式和电动势公式计算求得。

例如，以铂作电极，电解 $0.1mol \cdot dm^{-3}$ 的 NaOH 溶液时，在阳极析出氧，阴极析出氢，它们分别吸附在铂片上组成氢氧原电池。

电池符号　　$(-)\mathrm{Pt}\,|\,\mathrm{H_2}\,|\,\mathrm{NaOH}(0.1\mathrm{mol\cdot dm^{-3}})\,|\,\mathrm{O_2}\,|\,\mathrm{Pt}(+)$

原电池的电动势是正极(氧电极)的电极电势和负极(氢电极)的电极电势之差，可计算如下：在 $0.1\mathrm{mol\cdot dm^{-3}}$ 的 NaOH 溶液中，$c(\mathrm{OH^-})=0.1\mathrm{mol\cdot dm^{-3}}$，所以 $c(\mathrm{H^+})=10^{-14}/10^{-1}=10^{-13}(\mathrm{mol\cdot dm^{-3}})$。

正极反应　$$2H_2O + O_2 + 4e^- \rightleftharpoons 4OH^-$$

正极电势　$$\varphi=\varphi^\ominus+\frac{0.05917\mathrm{V}}{4}\lg[1/(0.1)^4]=0.40\mathrm{V}-0.05917\mathrm{V}\times\lg(0.1)=+0.46\mathrm{V}$$

负极反应　$$H_2 \rightleftharpoons 2H^+ + 2e^-$$

负极电势　$$\varphi=\varphi^\ominus+\frac{0.05917\mathrm{V}}{2}\lg(10^{-13})^2=0.00\mathrm{V}+0.05917\mathrm{V}\times\lg10^{-13}=-0.77\mathrm{V}$$

氢氧原电池的电动势　$E=\varphi_{正}-\varphi_{负}=0.46\mathrm{V}-(-0.77\mathrm{V})=1.23\mathrm{V}$

此即为电解 $0.1\mathrm{mol\cdot dm^{-3}}$ NaOH 溶液的理论分解电压。当外加电压略超过该数值时，电解应当进行。但实际上与理论计算值有较大差距。如果将 $0.1\mathrm{mol\cdot dm^{-3}}$ NaOH 溶液按图 3-7 的装置进行电解，通过可变电阻(R)调节外加电压(V)，从电流计(I)可以读出在一定的外加电压下的电流数据。电解池接通电源，当外加电压很小时，电流很小，当电压逐渐增加到 1.23V 时，电流增大仍很小。只有当电压增加到约 1.7V 时，电流才开始剧增，之后随电压的增加，电流直线上升。同时，在两极上有明显的气泡产生，电解顺利进行。这种能使电解顺利进行的最低电压即为实际分解电压，如图 3-8 中 D 所示。通常情况下，实际分解电压总是大于理论分解电压，其原因，除电解池的电解液内阻外，主要是电极的极化作用(如浓差极化、超电压)。

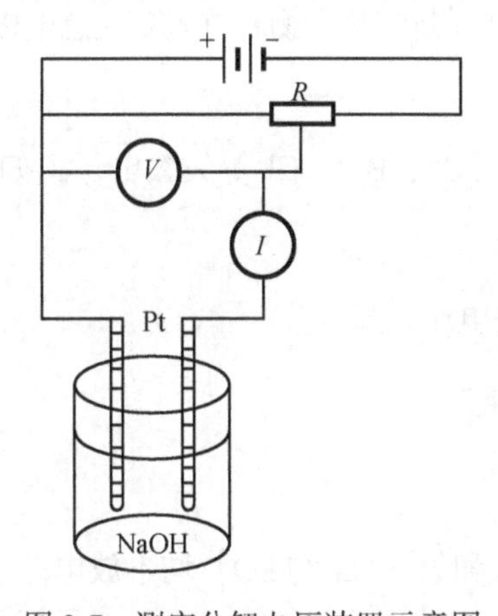

图 3-7　测定分解电压装置示意图

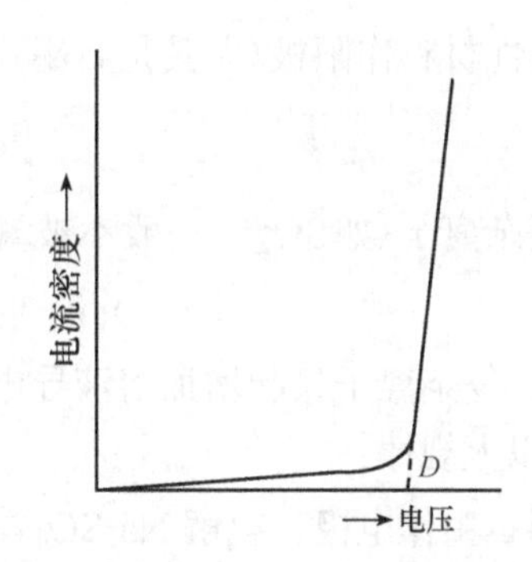

图 3-8　测定分解电压的电压-电流密度曲线

浓差极化是由于电解时，离子在电极上放电，电极附近的离子浓度比溶液中其他区域低，形成浓差电池，其电动势与外加电压相对抗，使实际需要的外加电压增大。搅拌和升高温度可使浓差极化减小。

进行电解时，在电极上析出电解产物，由于受到某一步骤的影响(如离子的放电、原子结合为分子、气泡的形成等)，在阴极上放电的离子相应减少，阴极上电子过剩，因此阴极的电势代数值变小。在阳极上，放电的离子也相应减少，阳极上电子不足，所以阳极的代数值变大。由这些原因引起的极化作用称为超电势。阳极超电势与阴极超电势总称为超电压。由于超电压的存在，实际上外加电压比理论电压大。

电解产物不同，超电压的数值也不同。例如，金属(除 Fe、Co、Ni 外)的超电势一般很小，气体的超电势较大，而氢、氧的更大。对同一物质来说，超电势还受很多因素影响。例如，在不同电极材料上析出电解产物时，超电势的数值不同。此外，电流密度越大，超电势越大，温度升高可以降低超电势。

3.5.3　电解产物的一般规律

在水溶液电解时，除了电解质的正、负离子外，还有由水电离出来的 H^+ 和 OH^-。所以，在每个极上至少有两种离子可能放电，究竟哪一种离子先放电，要由它的析出电势来决定。而析出电势要由它的标准电极电势、离子浓度及电解产物在所采用的电极上的超电势等因素综合考虑。

根据电极电势应用可知在阳极上进行的氧化反应，首先反应的必定是容易给出电子的物质；在阴极上进行的是还原反应，首先反应的必定是容易与电子结合的物质。即在阳极上放电的是电极电势代数值较小的还原态物质，而在阴极上放电的是电极电势代数值较大的氧化态物质。

根据以上原则可得出电解质水溶液电解时阴、阳极产物的一般规律。

阴极：

(1) 电极电势代数值大于 Al 的金属离子总是首先获得电子。

$$M^{n+} + ne^- \rightleftharpoons M$$

(2) 电极电势代数值小于 Al(包括 Al)的金属离子，在水溶液中不放电，而是 H^+ 获得电子。

$$2H^+ + 2e^- \rightleftharpoons H_2$$

阳极：

(1)除了 Pt、Au 外的可溶性阳极首先失去电子，所以判断电解产物时首先要注意电极材料。

$$M \rightleftharpoons M^{n+} + ne^-$$

(2)惰性材料作阳极(尤其是石墨)时，简单离子 S^{2-}、I^-、Br^-、Cl^- 等失去电子，如

$$2Cl^- \rightleftharpoons Cl_2 - 2e^-$$

(3)复杂离子(如 SO_4^{2-})一般不被氧化而是 OH^- 失去电子，即

$$2OH^- \rightleftharpoons H_2O + 1/2\ O_2 + 2e^-$$

此时，复杂离子只起增加溶液导电能力的作用。

根据以上规律：

(1)用石墨作电极，电解 Na_2SO_4 溶液，只能得到氢和氧。Na^+ 与 SO_4^{2-} 均不放电。

水的电离　　$4H_2O \rightleftharpoons 4OH^- + 4H^+$

阴极　　$4H^+ + 4e^- \rightleftharpoons 2H_2$

阳极　　$4OH^- - 4e^- \rightleftharpoons 2H_2O + O_2$

总反应　　$2H_2O = 2H_2 + O_2$

(2)用金属镍作电极电解 $NiSO_4$ 溶液。

阴极　　$Ni^{2+} + 2e^- \rightleftharpoons Ni$

阳极　　$Ni - 2e^- \rightleftharpoons Ni^{2+}$

总反应　　$Ni(阳) + Ni^{2+} = Ni^{2+} + Ni(阴)$

(3)熔融盐电解时，因无水存在，所以均是组成盐的离子进行氧化还原。

3.5.4　电解的应用

电解在工业上广泛用来机械加工和表面处理。最常用的表面处理方法是电镀。电镀是将一种金属涂到另一种金属表面的过程。如上述电解 $NiSO_4$ 的例子中，把镀件作为阴极，则镀件被镀上一层镍。镀锌、镀银、镀铜等电镀原理也与此相同。目前，为了装饰、防腐及大量修复一些机械零部件和配件的要求，电镀工艺正被广泛使用。

在工业上也常用电解法精炼铜、镍等金属。现以电解精炼为例，用“火法”熔炼铜矿，可把活泼性较大的杂质除去(如硫)，但不能除去金、银等贵金属以及活泼性与铜相似的杂质(如 As、Sb、Bi 等)，而这些杂质对于铜的机械性能很不利(发脆)。铜作为导体时必须达到很高的纯度(如 0.01%的 As 可使 Cu 的电阻增加 301%)。电解法精炼铜可得到 99.98%的高纯度。其方法是把粗铜作阳极，$CuSO_4$ 和 H_2SO_4 作电解液，用许多涂有蜡或石墨的薄纯铜作阴极。通电后粗铜阳极氧化成为 Cu^{2+}进入溶液，而溶液中的 Cu^{2+}迁移到阴极后还原成 Cu 并沉积。此时，As、Sb、Bi 等被氧化进入溶液后，水解成氧化物与其他杂质形成“阳极泥”沉淀，Ag、Au 等贵金属不能溶解，一起沉积在“阳极泥”中。比 Cu 活泼的金属杂质，如 Zn、Fe、Co、Ni 等被氧化进入溶液后，不会在阴极上重新沉淀出来。

另外，利用电解法还可以进行金属表面的精加工，即电镀抛光和电解加工。

3.6　金属的腐蚀与防腐

金属是制造机器和设备常用的材料。金属表面与周围介质发生化学或电化学作用引起的破坏，称为金属的腐蚀。金属腐蚀现象十分严重，世界上每年因腐蚀而不能使用的金属制品重量大约相当于金属产量的 1/4～1/3。因此，了解腐蚀的一些基本原理，在施工和设计中，尽量减少或避免腐蚀因素，或采取有效的防护措施，对于增产节约、安全生产有着十分重要的意义。根据腐蚀机理的不同，可以分为化学腐蚀和电化学腐蚀两类。

3.6.1　化学腐蚀

化学腐蚀是金属在高温下与腐蚀气体或非电解质发生的纯化学作用而引起的破坏现象。由于化学腐蚀是纯化学过程，因此遵循化学反应规律。过程温度越高，反应速率越快。例如，铁在 800～1000℃时氧化极为显著，生成三层氧化物，如图 3-9 所示。最靠近金属铁的是 FeO 层，其次是 Fe_3O_4 层，最外层是 Fe_2O_3 层。氧分子可以继续通过氧化层向内扩散和渗透，使腐蚀作用不断进行。在 570℃以上，FeO 层是最稳定的，低于此温度则发生缓慢分解，其反应式为

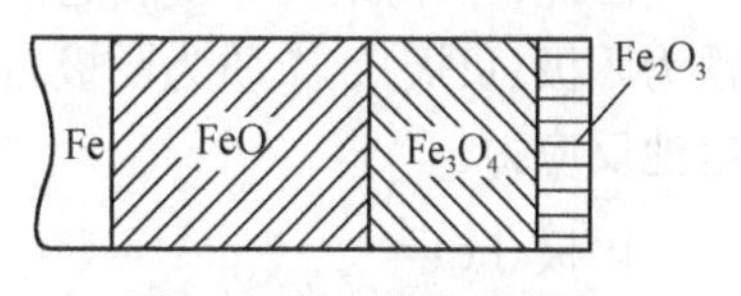

图 3-9　铁上氧化层分布

$$4FeO = Fe + Fe_3O_4$$

如果在周围环境中有酸性气体，如 H_2S、HCl 等，可与铁发生下列反应：

$$Fe + H_2S = FeS + H_2$$

同样，该反应在高温下进行得很快，生成的 FeS 夹在金属晶格之间(主要发生在界面上)，

使铁温度下降，生成的氢以原子状态溶于铁中，接着氢原子扩散并逐步聚集于铁的应力集中处和缺陷处，使铁变脆，这种现象称为氢脆。这是金属发生断裂的原因之一，氢脆对高强度钢危害很大。

另外，碳钢在高温处理时，钢中碳与环境中的 O_2、H_2 和 $H_2O(g)$ 等发生化学反应：

$$C + O_2 = CO_2$$

$$C + 2H_2 = CH_4$$

$$C + CO_2 = 2CO$$

$$C + H_2O = H_2 + CO$$

所生成的气体离开碳钢的表面或向内部扩散，而碳钢内部的碳随反应的进行不断向反应区域扩散，使得靠近反应区域的铁层中含碳量不断减少，于是形成了脱碳层，这种现象称为脱碳。脱碳作用使金属的机械性能，如表面层的硬度和强度大大降低。

在高温下，化学腐蚀对金属原有的机械性能影响很大，然而这在金属加工、铸造、热处理过程中是经常遇到的。因此，在实际操作中，必须严加控制温度和选择较适宜的环境条件。

3.6.2　电化学腐蚀

电化学腐蚀是金属腐蚀最为广泛的一种。当金属与电解质溶液接触时，金属表面形成一种原电池，又称为腐蚀电池。电池中的负极习惯上称为阳极，正极称为阴极。阳极上进行氧化反应，使阳极发生溶解；阴极上进行还原反应，一般只起传递电子的作用。腐蚀电池的形成主要是金属表面吸附空气中的水分，形成了一层水膜，空气中的 CO_2、SO_2 等都溶解于这层水膜中，形成了电解质溶液。而浸泡在这种溶液中的金属又总是不纯的，常见机械产品一般都采用碳钢或合金钢作原材料，不同的金属微粒(或原子)组成了原电池的两个极，从而发生电化学腐蚀。以铁的腐蚀为例进行分析，如图 3-10 所示。

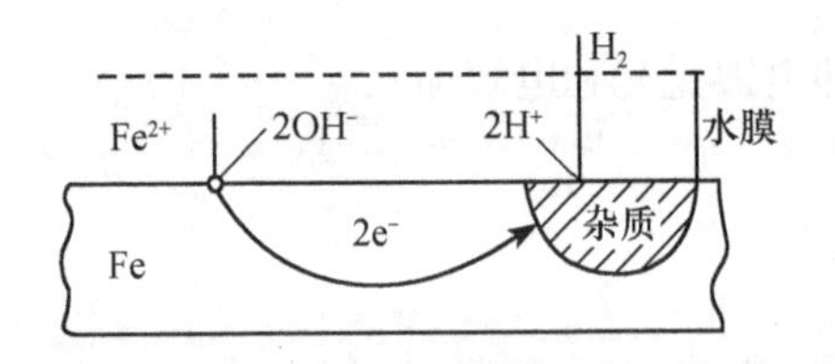

图 3-10　铁腐蚀示意图

铁吸附了一层水膜，在水膜中溶解有 CO_2、SO_2 等气体，这些气体在水膜中发生如下反应：

$$CO_2 + H_2O \rightleftharpoons H_2CO_3 \rightleftharpoons H^+ + HCO_3^-$$

$$SO_2 + H_2O \rightleftharpoons H_2SO_3 \rightleftharpoons H^+ + HSO_3^-$$

因此，铁与杂质等于浸泡在含有 H^+、HCO_3^-、HSO_3^- 的溶液中，形成了原电池，电池中的铁为阳极(负极)，杂质为阴极(正极)。由于铁与杂质紧密接触，因此使电化学腐蚀不断进行。电池反应为

阳极(Fe)　$Fe \rightleftharpoons Fe^{2+} + 2e^-$

$$Fe^{2+} + 2OH^- \rightleftharpoons Fe(OH)_2$$

阴极(杂质)　$2H^+ + 2e^- \rightleftharpoons H_2$

总反应　$Fe + 2H_2O \rightleftharpoons Fe(OH)_2 + H_2$

可见，腐蚀反应的过程是：铁失去电子变成 Fe^{2+}进入水膜，同时多余的电子直接转移到杂质上，H^+在杂质上和电子结合变成氢气放出，水膜中的 OH^-与 Fe^{2+}结合生成 $Fe(OH)_2$，化学

反应式为

$$4Fe(OH)_2 + 2H_2O + O_2 \rightleftharpoons 4Fe(OH)_3$$

继而由 $Fe(OH)_3$ 及其脱水产物 Fe_2O_3 组成常见的褐色铁锈。由于在腐蚀过程中产生氢气，故又称为析氢腐蚀。只有在铁表面的吸附水膜酸性较强（或 H^+ 浓度较大）的条件下，阴极上才可能是 H^+ 被还原成 H_2。

另一种情况是铁表面的吸附水膜酸性不是那么强，而是较弱或是接近中性时，腐蚀反应仍然能进行，但这时在阴极上获得电子的不是 H^+，而是 O_2。电池反应为

阳极　$Fe \rightleftharpoons Fe^{2+} + 2e^-$

阴极　$O_2 + 2H_2O + 4e^- \rightleftharpoons 4OH^-$

总反应　$2Fe + O_2 + 2H_2O \rightleftharpoons 2Fe(OH)_2$

同样 $Fe(OH)_2$ 被空气中的 O_2 所氧化，生成 $Fe(OH)_3$，部分脱水转化成 Fe_2O_3，从而形成红色的铁锈。这种腐蚀称为吸氧腐蚀。钢铁制品在大气中的腐蚀主要是吸氧腐蚀。

还有一种腐蚀反应，当某种金属置于电解质溶液中，因氧浓度分布不均匀而引起的电化学腐蚀。若将一根铁棒插入泥土中，被腐蚀的是埋在地下的部分，因为铁棒所接触的电解质（吸附水膜）在空气部分溶解的氧浓度大，而在地下部分氧的浓度小，根据能斯特方程可知，当反应：

$$O_2 + 2H_2O + 4e^- \rightleftharpoons 4OH^-$$

$$\varphi(O_2/OH^-) = \varphi^\ominus(O_2/OH^-) + \frac{0.05917}{4}\lg\frac{p(O_2)/p^\ominus}{[c(OH^-)/c^\ominus]^4}$$

$p(O_2)$ 越大，φ 值越大，氧的氧化能力越强；反之，氧的氧化能力越弱。这样，由于 O_2 的浓度不同而产生了上部和下部 φ 值的不同，从而形成了浓差电池。其中氧气浓度较大的部分（空气部分）为阴极，φ 值较大被还原；氧气较小的部分（地下部分）为阳极，φ 值较小被氧化。电池反应为

阳极　$Fe \rightleftharpoons Fe^{2+} + 2e^-$

阴极　$O_2 + 2H_2O + 4e^- \rightleftharpoons 4OH^-$

总反应　$2Fe + O_2 + 2H_2O \rightleftharpoons 2Fe(OH)_2$

$Fe(OH)_2$ 进一步被氧化成 $Fe(OH)_3$，部分脱水形成 Fe_2O_3，从而形成铁锈。这种由于氧的浓度分布不均匀而引起的腐蚀现象常称为差异充气腐蚀。此种腐蚀在日常生活中及工业上屡见不鲜。例如，自行车机械零件上落了灰尘后，在灰尘覆盖处及组合机件衔接处容易生锈都是这种原因引起的。

除了以上讨论的几种腐蚀现象外，还有多种腐蚀类型，如晶间腐蚀、应力腐蚀等，这里不一一介绍。

3.6.3　金属腐蚀的防止

金属的防腐蚀方法很多，常用的方法有以下几种。

1. 采用金属合金

直接提高金属本身的耐腐蚀性。针对电化学腐蚀的主要因素，冶金工作者着重研究降低合金的阴极活性和阳极活性，制造出各种用途的耐腐蚀合金。例如，含铬不锈钢，就是加铬与铁形成合金，提高了电极电势，减少了阳极活性，从而使金属稳定性大大提高。

2. 金属的钝化

一块普通的铁片放在稀硝酸中很容易溶解，但在浓硝酸中则几乎不溶解，经过浓硝酸处理后的铁片，即使再放入稀硝酸中，其腐蚀速率也比未处理前有明显下降。这时金属处于钝态，这种现象称为化学钝化。金属钝化方法很多，有化学和电化学方法。金属钝化后在表面上形成一层薄而致密的氧化膜，此膜能阻止金属发生化学与电化学反应，从而保护金属不受腐蚀。

3. 用保护法使金属与介质隔离

为防止金属腐蚀，常使用非金属材料作为保护层，如耐腐蚀物质的油漆、搪瓷、高分子材料等涂在要保护的金属表面上。还可以用耐腐蚀性较强的金属或合金覆盖在要保护的金属表面上。较为重要的覆盖方法是电镀，如镀银、镀铜等。在实际应用中，常根据不同情况选择不同的金属镀层。对于黑色金属制品通常在大气条件下用镀锌层，如铁上镀锌的白铁片，是属于阳极镀层。食用罐头因接触有机酸，选用铁上镀锡层，即马口铁。不仅防腐蚀能力强，而且腐蚀产物对人体无害，属于阴极镀层。

4. 缓蚀剂法

在腐蚀介质中添加少量能够延缓腐蚀速率的物质，就能大大降低金属的腐蚀，此法称为缓蚀剂法。按缓蚀剂的化学性能可分为有机和无机缓蚀剂。无机缓蚀剂的作用主要是在金属表面形成氧化膜或难溶物质，有机缓蚀剂有苯胺、乌洛托品等，通常是在酸性介质中使用。一般认为，缓蚀机理主要是缓蚀剂吸附在阴极表面，增加了氢的超电势，妨碍氢离子的放电过程，从而使金属溶解速率减慢，阻碍金属腐蚀。

5. 电化学保护法

在金属的电化学腐蚀中，是阳极(较活泼金属)被腐蚀，因此使用外加阳极，而将要保护的金属作为阴极保护起来，称为阴极保护法，又可分为以下两种方法。

(1)外加电流法。将要保护的金属与另一附加电极作为电解池的两个极。要保护金属为阴极，附加电极为阳极，在直流电作用下，使阴极受到保护。这种保护法主要是防止土壤、海水及河水中金属设备的腐蚀。

(2)牺牲阳极保护法。将活泼金属或合金连接在要保护的金属设备上，形成原电池。这时较活泼的金属作为腐蚀微电池的阳极而被腐蚀，要保护金属为阴极而得到保护，常用的牺牲阳极材料有 Mg、Al、Zn 及其合金，此法常用于蒸气锅炉的内壁、海轮的外壳和海底设备等。

本 章 要 点

1. 氧化还原反应的概念：氧化，还原，氧化剂，还原剂，氧化态，还原态，氧化还原半反应和氧化还原电对，氧化数。

2. 原电池和电极电势：原电池的工作原理，正极，负极，原电池符号，电极电势的产生，标准电极电势，能斯特方程，影响电极电势的因素。
3. 电池电动势和电池反应的摩尔吉布斯函数变的关系：氧化还原反应的能量变化，$\Delta_r G_m^\ominus = -nFE^\ominus$，$\Delta_r G_m = -nFE$，$E = E^\ominus - \dfrac{0.0592V}{n}\lg Q$。
4. 电极电势的应用：判断原电池正、负极，计算电动势，判断氧化剂和还原剂的相对强弱，判断氧化还原反应进行的方向，判断氧化还原进行的程度 $\lg K^\ominus = \dfrac{nE^\ominus}{0.0592V}$。
5. 根据专业特点选择性掌握化学电源、电解、金属腐蚀防护的机理和方式等相关知识。

习　题

1. 计算 $H_2C_2O_4$ 中 C 的氧化数。
2. “氧化还原反应中，氧化剂一定是标准电极电势大的电对的氧化型，还原剂是标准电极电势小的电对的还原型”这一说法是否正确？请说明。
3. 举例说明电极电势的应用。
4. 当电池反应达到平衡时，电动势等于多少？
5. 根据标准电极电势，判断标准状态下，下列电对中氧化态物质的氧化性由强到弱的次序。

$$Cu^{2+}/Cu,\ Fe^{3+}/Fe^{2+},\ Cl_2/Cl^-,\ MnO_4^-/Mn^{2+},\ Cr_2O_7^{2-}/Cr^{3+}$$

6. 标准状态下，将下列氧化还原反应装配成原电池，写出电极反应方程式和电池符号，计算标准电动势。

(1) $Zn + CdSO_4 \rightleftharpoons ZnSO_4 + Cd$

(2) $Fe^{2+} + Ag^+ \rightleftharpoons Fe^{3+} + Ag$

7. 判断下列氧化还原反应进行的方向(离子浓度均为 $1.0mol \cdot dm^{-3}$)。

(1) $Cu + 2Fe^{3+} \longrightarrow Cu^{2+} + 2Fe^{2+}$

(2) $Sn^{2+} + Hg^{2+} \longrightarrow Sn^{4+} + Hg$

(3) $I_2 + 2Fe^{2+} \longrightarrow 2Fe^{3+} + 2I^-$

(4) $PbO_2 + 4H^+ + 4Cl^- \longrightarrow PbCl_2 + Cl_2 + 2H_2O$

(5) $2Cr^{3+} + 3I_2 + 7H_2O \longrightarrow Cr_2O_7^{2-} + 6I^- + 14H^+$

8. 现有含 Cl^-、Br^-、I^-三种离子的混合溶液，现欲使 I^-氧化为 I_2 而不使 Br^-、Cl^-氧化，选用氧化剂 $Fe_2(SO_4)_3$ 和 $KMnO_4$ 中哪一种符合要求？(设相关离子均处于标准态)
9. 查出下列电对的电极反应的标准电势值，判断各组中哪种物质是最强的氧化剂，哪种物质是最强的还原剂。

(1) MnO_4^-/Mn^{2+}, Fe^{3+}/Fe^{2+}

(2) $Cr_2O_7^{2-}/Cr^{3+}$, CrO_4^{2-}/CrO_2, $CrO_4^{2-}/Cr(OH)_3$

(3) Cu^{2+}/Cu, Fe^{3+}/Fe^{2+}, Fe^{2+}/Fe

10. 从标准电极电势值分析下列反应在标准状态下应向哪个方向进行。

$$MnO_2 + 2Cl^- + 4H^+ \longrightarrow Mn^{2+} + Cl_2 + 2H_2O$$

实验室中根据什么原理，采取什么措施使之产生 Cl_2？并计算产生 Cl_2 时 HCl 的浓度最低为多少。(假设 Cl_2、Mn^{2+}均为标准态)

11. 由标准钴电极和标准氯电极组成原电池，测得其电动势为 1.63V，此时钴电极为负极，已知氯标准电极电势为 1.36V，问：

(1) 标准钴电极的电极电势是多少？(不查表)

(2) 当氯气的压强增大或减小时，原电池的电动势将发生怎样的变化？

(3) 当 Co^{2+}浓度降低到 $0.01mol \cdot dm^{-3}$ 时，原电池的电动势将怎样变化？

12. 反应：$Pb + PbO_2 + 4H^+ + 2SO_4^{2-} \rightleftharpoons 2PbSO_4 + 2H_2O$ 组成原电池后，根据标准电极电势计算 298.15K 时反应的标准摩尔吉布斯函数变和标准平衡常数。
13. 由两个氢半电池 $Pt|H_2(100kPa)|H^+(1mol \cdot dm^{-3})$ 和 $Pt|H_2(100kPa)|H^+(x\,mol \cdot dm^{-3})$，组成一原电池，测得该电池的电动势为 0.016V。若后一个电极作为该电池的正极，x 应是多少？
14. 已知

$$Ag^+ + e^- \rightleftharpoons Ag \qquad \varphi^{\ominus}(Ag^+/Ag) = 0.799V$$

$$AgBr + e^- \rightleftharpoons Ag + Br^- \qquad \varphi^{\ominus}(AgBr/Ag) = 0.071V$$

求 AgBr 的溶度积常数。
15. 设 $c(MnO_4^-) = c(Mn^{2+}) = c(I^-) = c(Br^-) = 1mol \cdot dm^{-3}$，通过计算说明当 pH=3 和 pH=6 两种情况下 $KMnO_4$ 可否氧化 I^- 和 Br^-。
16. 求下列电极在 298.15K 时电极反应的电势值。
(1)金属铜放在 $0.5mol \cdot dm^{-3}$ 的 Cu^{2+} 溶液中。
(2)在 $1dm^3$ 上述(1)的溶液中加入 0.5mol 固体 Na_2S。
(3)在 $1dm^3$ 上述(1)的溶液中加入固体 Na_2S，使溶液中 S^{2-} 浓度达到 $1.0mol \cdot dm^{-3}$(加入固体所引起的溶液体积变化忽略不计)。
17. 试用反应式表示下列物质的主要电解产物。
(1)电解 Na_2SO_4，两电极材料均为铜。
(2)电解 KOH，两电极均用 Pt。
(3)电解熔融盐 $MgCl_2$，阳极用石墨，阴极用铁。
18. 电解镍盐溶液，其中 $c(Ni^{2+}) = 0.1mol \cdot dm^{-3}$，如果在阴极上只要求 Ni 析出，而不产生氢气，计算溶液的最小 pH(设氢在镍上的超电势为 0.21V)。
19. 原电池、电解池及腐蚀微电池，在构造和原理上有何特点？各举一例说明(从电极名称、电子流动方向、两极反应等方面进行比较)。
20. 用电解法精炼铜，以硫酸铜为电解液，粗铜为阳极，精铜在阴极析出。怎样通过电解法除去粗铜的 Ag、Au、Pb、Ni、Fe、Zn 等杂质？
21. 大气腐蚀通常主要是析氢腐蚀还是吸氧腐蚀？写出两极反应的离子方程式。
22. 防止金属腐蚀的方法主要有哪些？各根据什么原理？

第4章　物质结构基础

前面几章，主要从宏观上讨论化学反应的一般原理。从微观上说，化学反应是组成反应物分子的原子之间的重新组合。反应的发生与否、反应的快慢和限度等，从本质上说都与反应物和生成物的组成和性质有关。因此，欲深入了解各种化学反应的实质，掌握元素及化合物的性质，必须进一步研究物质的微观结构。

4.1　原子结构与周期性

4.1.1　原子光谱

人们很早以前就发现日光通过三棱镜会被分散成彩色的连续色带，称为连续光谱(continuous spectrum)。在19世纪中叶人们又发现如果在一个密封的玻璃管中充入稀薄的氢气并使之灼热发光，再经过三棱镜分解，得到的不是连续的色带，而是相间的几条亮线，亮线之间被暗区隔开，称为线状光谱(line spectrum)，如图4-1所示。不同的元素得到的都是线状光谱，而且每种元素都有着特定的谱线。应用光谱分析，人们发现了铯、铷等元素，还从太阳的光谱中发现了氦元素。如何解释线状光谱这一现象？

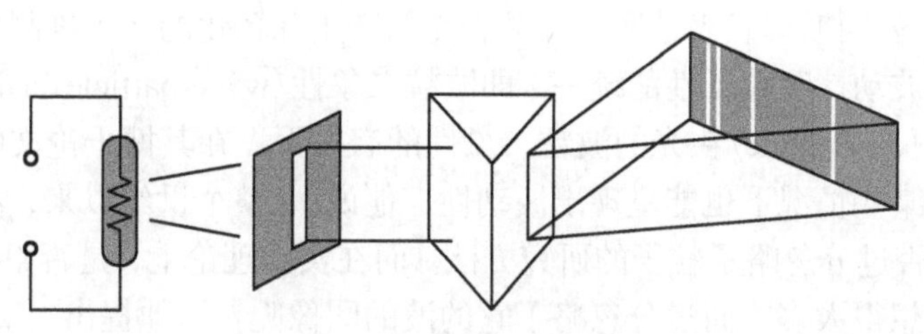

图4-1　氢原子的线状光谱

1913年丹麦物理学家玻尔(N. Bohr)在经典的牛顿(J. Newton)力学的基础上，吸收了爱因斯坦(A. Einstein)的光子学说、普朗克(M. Planck)的量子理论及卢瑟福(E. Rutherford)的带核原子模型等思想，建立了玻尔原子模型。玻尔提出三点假设：

(1)电子沿着一定的不连续的轨道绕核做圆周运动，在这些轨道上运动的电子既不吸收能量也不放出能量，处于相对稳定的状态。

(2)处在不同轨道上的电子具有不同的能量，其中在离核最近的轨道上的电子能量最低，称为基态(ground state)。当电子接收能量时便可跃迁到能量较高的轨道上而处于激发态(excited state)。

(3)处于激发态的电子不稳定，它可能跃迁到能量较低的轨道上，并释放能量。放出的能量以光子的形式表现，光的频率满足：

$$\nu = \frac{E_2 - E_1}{h} \tag{4-1}$$

式中，ν为发射光子的频率；E为电子的能量；h为普朗克常量(6.626×10^{-34}J · s)。

因为轨道的能量是不连续的，决定了电子跃迁释放的能量也是不连续的，因此产生光子的频率也不连续。这就是氢原子的光谱为线状的原因。玻尔还计算出电子在核外运动的轨道半径、能量状态及辐射光的频率均与正整数 n 有关：

$$r = a_0 n^2 \tag{4-2}$$

$$E = -\frac{1312}{n^2}\ \mathrm{kJ \cdot mol^{-1}} \tag{4-3}$$

$$\nu = 3.29 \times 10^{15}\left(\frac{1}{n_1^2} - \frac{1}{n_2^2}\right) \qquad (n_2 > n_1) \tag{4-4}$$

式中，$a_0 = 0.053\mathrm{nm}$，通常称为玻尔半径；$n = 1, 2, 3, \cdots$，称为主量子数。

玻尔理论冲破了经典理论中能量连续变化的束缚，引入量子化(quantization)思想，成功地解释了氢原子线状光谱形成的原因，而且根据玻尔的理论计算得到的光谱的频率与实验测得的数据也符合得很好。但是当玻尔试图将他的这套理论用于解释多电子原子的光谱时，遇到了困难。这是由于电子的运动形式与宏观物体不同，而且在多电子原子中，电子除了受到核的作用外，还受到其他电子的作用。虽然玻尔采用了量子化的思想，但仍然没有冲破经典力学的束缚。只有人们对电子的本质有更深的了解后，才能建立更加正确的原子结构理论。

4.1.2　微观粒子的波粒二象性

早在牛顿时代，人们就对光本质的认识争论不休。以牛顿为首的一些科学家认为光是一种微粒，而惠更斯(C. Huygens)则坚持认为光是一种机械波。然而他们的理论与实际观察结果均有出入。1905 年，爱因斯坦发表了题为《关于光的产生和转化的一个推测性观点》的论文，首次揭示微观客体波动性和粒子性的统一，即波粒二象性(wave-particle duality)。1924 年法国物理学家德布罗意(de Broglie)在光的波粒二象性的启发下，在其博士论文中大胆预言有静止质量的微观粒子在某些情况下也能呈现出波动性。他说："整个世纪以来，在光学上，比起波动的研究方法，是否过分忽略了粒子的研究方法。而在实物理论上，是否犯了相反的错误，是否把它的粒子图像想得太多，而过分忽略了它的波的图像呢？"他提出，实物微粒与光一样，同样具有波粒二象性。并且指出微观粒子的质量 m、运动速率 v 和产生波动性相应的波长 λ 满足以下关系：

$$\lambda = \frac{h}{mv}$$

德布罗意的预言在 1927 年被美国的物理学家戴维森(C. Davisson)和革末(L. Germer)通过电子衍射实验所证实，如图 4-2 所示。

同时在 1927 年海森伯(W. Heisenberg)提出著名的测不准原理(uncertainty principle)，告诉我们对于微观粒子不可能同时准确测出其速度(或动量)和位置，测得的速度(或动量)准确度越高其位置误差也越大，反之亦然。测得动量误差和位置误差满足：

$$\Delta x \cdot \Delta p \approx h$$

式中，Δx 为测量位置误差；Δp 为测量动量误差；h 为普朗克常量。

由此可见，微观粒子的运动形式与宏观物体的运动形式有很大差别。对于宏观物体的运动可以用经典的牛顿力学来求解，而对于微观物体则需要运用量子力学来处理。20 世纪 20 年代建立的量子力学理论至今仍是用来描述电子及其他微观粒子运动的基本理论。

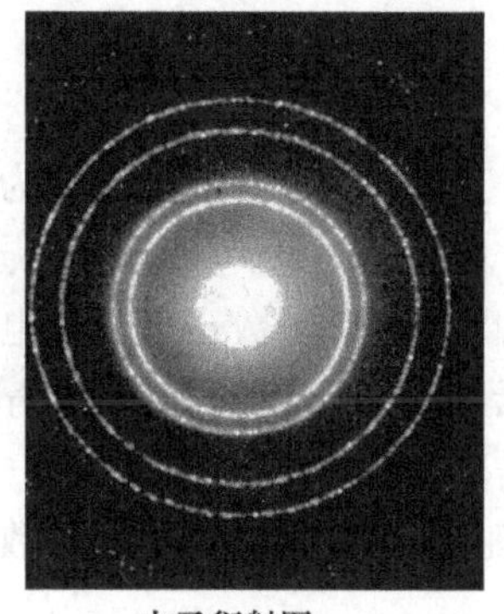

电子衍射图

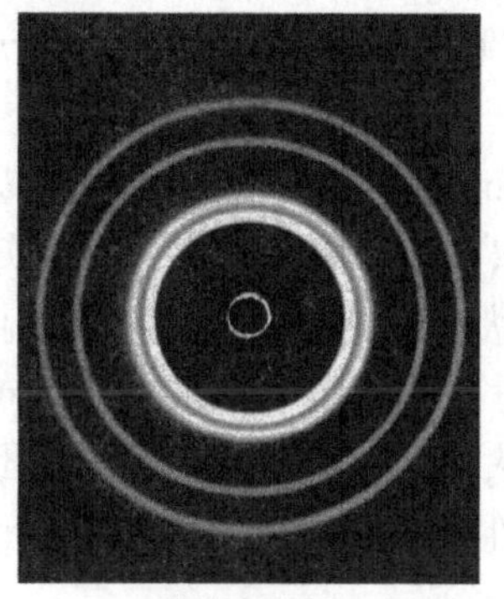

X射线衍射图

图 4-2　电子和 X 射线通过晶体的衍射

新中国成立伊始，我国著名化学家唐敖庆谢绝美国哥伦比亚大学导师的再三挽留，毅然回国，不断钻研量子力学，探索微观化学，为我国理论化学和高等教育事业做出了卓越的贡献。他与其研究团队关于“配位场理论”的研究，获 1982 年国家自然科学奖一等奖，被誉为我国“量子化学之父”。

4.1.3　波函数与原子轨道

1. 波函数及四个量子数

电子作为一种微观粒子，既具有粒子性又具有波动性。电子在核外的运动不能用经典的牛顿力学去描述，必须用量子化的方法来解决。

1926 年，奥地利物理学家薛定谔(E. Schrödinger)提出单电子的运动规律可以用一个二阶偏微分方程描述，这个方程称为薛定谔方程，即

$$\frac{\partial^2\psi}{\partial x^2}+\frac{\partial^2\psi}{\partial y^2}+\frac{\partial^2\psi}{\partial z^2}+\frac{8\pi^2 m}{h^2}(E-V)\psi=0$$

式中，x、y、z 为电子在空间的位置坐标；m 为电子的质量；h 为普朗克常量；E 为电子的总能量；V 为电子的势能，即电子由于核的吸引而具有的能量；ψ 为电子运动的波函数，简称波函数(wave function)。

求解薛定谔方程(不属本书范围)，可以得到 ψ。薛定谔方程在数学上有非常多的解，但要得到能够合理描述电子运动状态的物理意义上的解，必须引入三个参数，称为量子数(quantum number)，分别是主量子数、角量子数和磁量子数。为了更加完整地描述电子在核外的运动状态，人们又引入第四个量子数——自旋量子数。

1) 主量子数 n

主量子数(principal quantum number) n 取值为 1、2、3、…，为自然数。它是决定电子运动能量高低最主要的因素，也是描述电子运动距离原子核远近的重要参数。n 越大，电子出现位置离核的平均距离越远，能量也越高。在同一个原子内，具有相同的主量子数的电子，近乎在同样的空间范围内运动，因而通常划分为一个电子层(shell)，也称为主层。主量子数与电子主层符号对应关系为

主量子数 n：1　2　3　4　5　6　…

主层符号： K L M N O P …

2) 角量子数 l

角量子数 (azimuthal quantum number) l 取值为 0、1、2、…，最大取值为 $(n-1)$。例如，$n=3$ 时，l 只能取 0、1、2 三个值。光谱实验证明，即使是处于同一电子主层 (n 值相同) 的电子，电子云的形状也可能不同，能量也有高低之分，而角量子数正是反映电子云的形状及电子运动角动量大小的量子数。角量子数不同，电子云的空间形状也不同。角量子数越大，电子运动的角动量越大，能量也越高，所以角量子数也是决定电子能量的因素之一。为方便区分不同的角量子数，在同一电子层之内又划分了若干个亚层 (subshell)。角量子数取值与亚层符号对应的情况如下：

角量子数 l：0 1 2 3 4 …

亚层符号： s p d f g …

3) 磁量子数 m

角量子数相同的电子，具有确定电子云形状，但是其空间伸展方向可能不同，每一个伸展方向称为一个原子轨道 (atomic orbital)。磁量子数 (magnetic quantum number) m 就决定着原子轨道的空间伸展方向和个数，它的取值受到 l 的制约，可以取 0、±1、±2、…、$\pm l$ 。m 的取值个数就是原子轨道空间伸展方向的个数。例如，$l=3$ 时，m 可取 0、±1、±2、±3 共 7 个值，说明 f 亚层共有 7 个不同的空间伸展方向，即 7 个原子轨道。必须注意的是，这里所说的原子轨道并不同于行星轨道、火车轨道这种宏观轨道的概念，它是用函数来描述电子运动状态，或者说电子是按照某种函数式运动。因此，从这个角度来说，“轨道”改称“轨函”更合适一些。

4) 自旋量子数 m_s

大量的光谱研究发现，只用以上三个量子数还不能完全描述电子在核外的运动状态，因此人们又提出第四个量子数，即自旋量子数 (spin quantum number) m_s 。1925 年荷兰物理学家乌仑贝克 (G. Uhlenbeck) 和哥希密特 (S. Goudsmit) 提出电子除了绕核运动之外，还有自旋运动的假设。他们认为电子自旋有两个相反的方向 (一般用↑和↓表示)，对应 m_s 分别取 $+\frac{1}{2}$ 和 $-\frac{1}{2}$ 。这里的自旋并不是指电子真正像地球等天体绕本身自转轴旋转，而是基于实验结果提出的一种假设。当两个电子自旋方向相同 (↑↑或↓↓) 称为自旋平行，自旋方向相反 (↑↓) 称为自旋反平行。

通过以上四个量子数就可以完整地确定电子在核外的运动状态，通常用一个一维数组 (n,l,m,m_s) 表示。例如，某个电子的运动状态为 $\left(3,2,-1,+\frac{1}{2}\right)$，就表示在第三主层 (M 层)，d 亚层，$m=-1$ 的空间伸展方向，以 $+\frac{1}{2}$ 作自旋运动的电子。

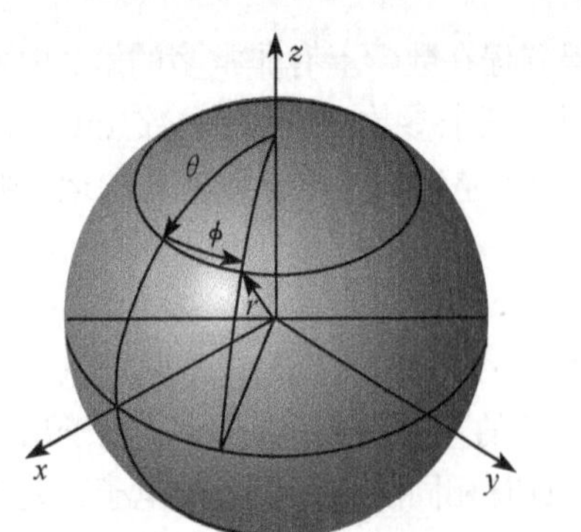

图 4-3 空间坐标和球坐标的对应关系

2. 波函数的角度分布和径向分布

通过求解薛定谔方程可以得到以 x 、y 、z 为变量的波函数形式 $\psi(x,y,z)$ ，经转化为球坐标系后可以表示成以 r、θ、ϕ 为变量的波函数形式 $\psi(r,\theta,\phi)$ ，见图 4-3。

在数学上可以将 $\psi(r,\theta,\phi)$ 分解成角度 $Y(\theta,\phi)$ 和径向 $R(r)$ 两部分：

$$\psi(r,\theta,\phi)=R(r)\cdot Y(\theta,\phi)$$

表 4-1 中列出氢原子几个原子轨道波函数以及它们的径向部分和角度部分函数表达式。

表 4-1　氢原子的波函数(a_0=玻尔半径)

轨道	$\psi(r,\theta,\phi)$	$R(r)$	$Y(\theta,\phi)$
1s	$\sqrt{\dfrac{1}{\pi a_0^3}}\mathrm{e}^{-r/a_0}$	$2\sqrt{\dfrac{1}{a_0^3}}\mathrm{e}^{-r/a_0}$	$\sqrt{\dfrac{1}{4\pi}}$
2s	$\dfrac{1}{4}\sqrt{\dfrac{1}{2\pi a_0^3}}\left(2-\dfrac{r}{a_0}\right)\mathrm{e}^{-r/2a_0}$	$\sqrt{\dfrac{1}{8a_0^3}}\left(2-\dfrac{r}{a_0}\right)\mathrm{e}^{-r/2a_0}$	$\sqrt{\dfrac{1}{4\pi}}$
$2p_z$	$\dfrac{1}{4}\sqrt{\dfrac{1}{2\pi a_0^3}}\left(\dfrac{r}{a_0}\right)\mathrm{e}^{-r/2a_0}\cos\theta$	$\sqrt{\dfrac{1}{24a_0^3}}\left(\dfrac{r}{a_0}\right)\mathrm{e}^{-r/2a_0}$	$\sqrt{\dfrac{3}{4\pi}}\cos\theta$
$2p_x$	$\dfrac{1}{4}\sqrt{\dfrac{1}{2\pi a_0^3}}\left(\dfrac{r}{a_0}\right)\mathrm{e}^{-r/2a_0}\sin\theta\cos\phi$		$\sqrt{\dfrac{3}{4\pi}}\sin\theta\cos\phi$
$2p_y$	$\dfrac{1}{4}\sqrt{\dfrac{1}{2\pi a_0^3}}\left(\dfrac{r}{a_0}\right)\mathrm{e}^{-r/2a_0}\sin\theta\sin\phi$		$\sqrt{\dfrac{3}{4\pi}}\sin\theta\sin\phi$

波函数描述电子的运动状态虽然精确但不直观，如果对径向部分和角度部分在相应的坐标系中做出图形，从而获得比较直观的印象。

1）波函数的角度分布图

对波函数的角度部分$Y(\theta,\phi)$随θ、ϕ变化的规律在空间坐标系中作图，可以得到波函数的角度分布图，如图 4-4 所示。

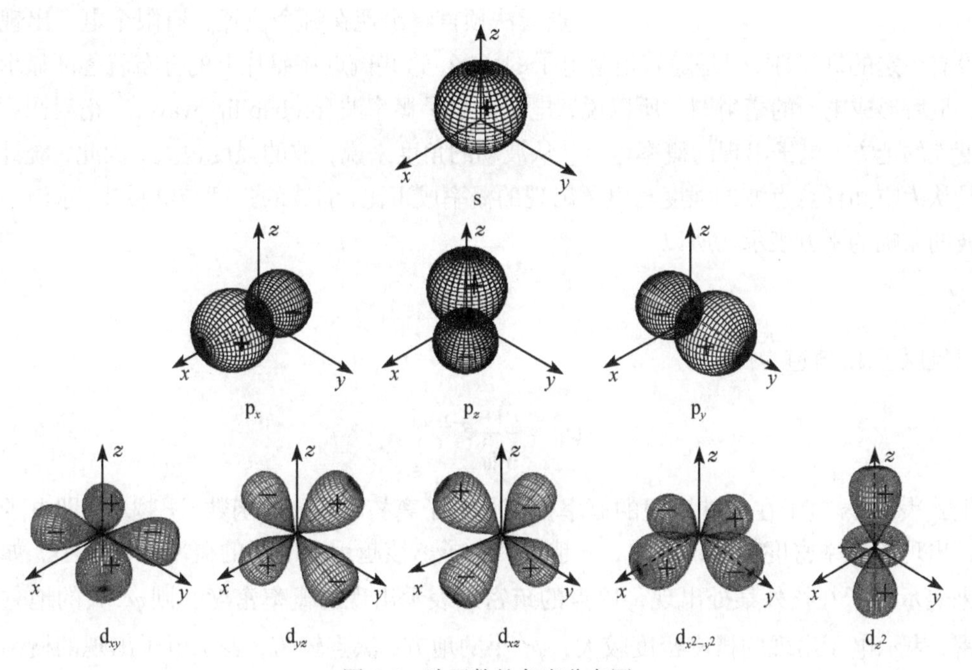

图 4-4　波函数的角度分布图

s 亚层原子轨道的角度分布图为一个球心在原点的球壳，函数值恒为正；p 亚层的三个原子轨道均是两个对切的球壳，相切于原点，函数值一半为正，一半为负；d 亚层的五个原子轨道的角度分布图较复杂，基本呈花瓣状，函数值也有正负之分。还有一点需要指出，这里的正负只是函数值的正负，不要误认为是正电荷和负电荷。

波函数的角度分布只与角量子数 l 和磁量子数 m 有关，与主量子数 n 无关。例如，不管是 2p 亚层还是 3p 亚层或者 4p 亚层，均有三个不同的方向，且角度分布图都是两个对切的球壳。因此，波函数的角度分布图无需标出轨道符号前的主量子数。

在解释共价键形成理论时，常用到波函数的角度分布图。

2）波函数的径向分布图

波函数的径向分布只与主量子数 n 和角量子数 l 有关，与磁量子数无关。波函数的径向函数与 θ 、ϕ 无关，反映了 R 值在任意角度随半径 r 变化的趋势，可由波函数的径向分布图表现出来。图 4-5 给出了部分原子轨道的径向分布示意图。

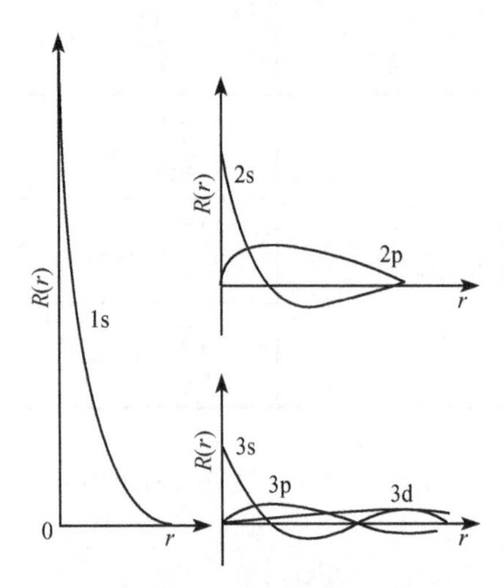

图 4-5　部分原子轨道的径向分布示意图

纵坐标为 $R(r)\cdot\sqrt{a_0^3}$ ，横坐标为 r/a_0

3. 概率密度和电子云

波函数虽然描述了电子在核外运动的状态，但遗憾的是至今仍无法找到一个宏观的物理量与之对应。然而波函数的平方 ψ^2 可以反映电子在空间某个位置上单位体积内出现的概率大小，即概率密度（ρ）。这可以从统计的角度来解释。在慢速电子衍射实验中，单个电子通过晶格后在底片上产生一个斑点，这个斑点无法预言将出现在哪个位置，有限个电子出现的斑点也没有一定的规律性。但是随着衍射电子的增多，这些斑点在照片上的分布就逐渐显示出规律性，最后形成电子的衍射图。所以说，电子波也是概率波(probability wave)。衍射图中，衍射强度大的地方，电子出现的概率也大，从波动的角度来说，波的强度也大。因此，统计的解释就是认为空间任意点波的强度与电子出现的概率成正比，而波的强度与电磁波、水波一样可以用波的振幅的平方表示，所以

$$\psi^2 \propto \rho$$

以氢原子 1s 轨道为例

$$\psi_{1s}^2 = \frac{1}{\pi a_0^3}\mathrm{e}^{-2r/a_0}$$

上式表明 1s 电子在核外出现的概率密度是电子离核距离 r 的函数。r 越小，即电子离核越近，出现的概率密度越大；反之，r 越大，电子离核越远，出现的概率密度越小。如果以黑点来表示电子在核外某处出现，以点的疏密来表示出现的概率密度，则 ψ^2 大的地方，黑点较密，表示电子出现的概率密度较大；ψ^2 小的地方，黑点较疏，表示电子出现的概率密度较小。这种以黑点的疏密表示概率密度的分布图称为电子云。氢原子 1s 电子云呈球形，如图 4-6 所示。

应当指出，图中的众多黑点并不代表氢原子电子的数目，而只代表电子在空间某个位置出现的概率密度的大小。对于 2s、2p、3s、3p、3d 等轨道的电子云也可以按上述规则画出来，但是要复杂得多。为使问题简化，也可以从径向和角度两个不同的侧面来反映电子云，即画出电子云的径向分布图和角度分布图。

图 4-6　氢原子 1s 电子云

1) 电子云角度分布图

电子云的角度分布图可以通过波函数角度部分的平方 Y^2 对 θ 、ϕ 作图得到，如图 4-7 所示。

电子云的角度分布图反映了电子在核外各个方向上概率密度的分布规律，其特征如下：

(1) 从外形上看，s、p、d 电子云角度分布图与波函数的角度分布图相似，但是 p、d 电子云角度分布图稍“瘦”些。

(2) 波函数角度分布图有正负之分，而电子云角度分布图没有正负之分。

(3) 电子云角度分布图与波函数角度分布图一样，与主量子数 n 无关。

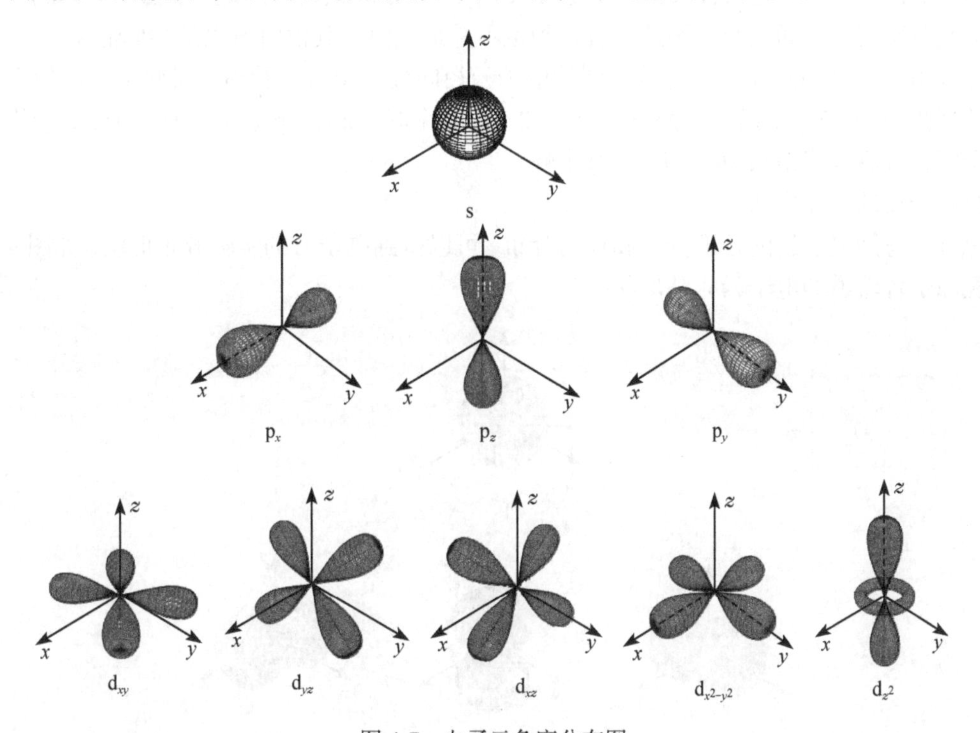

图 4-7　电子云角度分布图

2) 电子云径向分布图

电子云的径向分布是衡量电子在核外距离原子核为 r 的一薄层球壳单位体积内出现的概率的大小。电子云的径向分布图可以通过波函数的径向分布部分的平方 R^2 对 r 作图得到，如图 4-8 所示。

对比波函数径向分布图可以看出，1s 轨道的波函数径向部分 R 最大值出现在核附近 (r=0)，概率密度 R^2 最大值同样也在核附近，而电子云角度分布的最大值出现在 a_0 附近，这是什么原

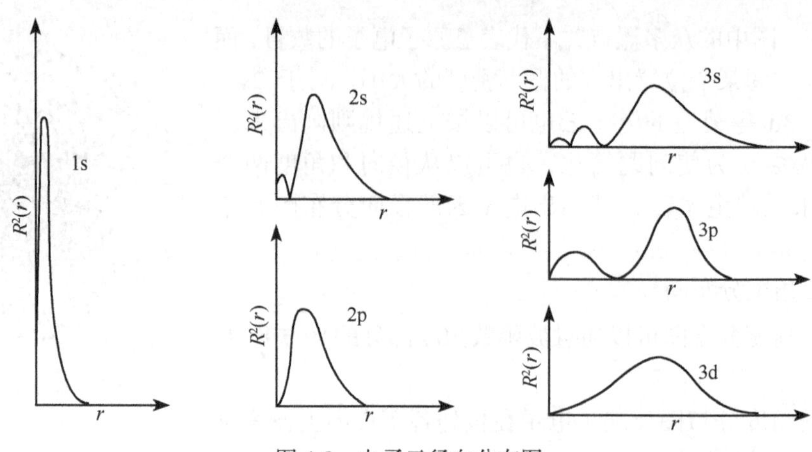

图 4-8　电子云径向分布图

纵坐标为 $D(r)\cdot a_0^3$，横坐标为 r/a_0

因呢？这是概率和概率密度的概念不同造成的，电子在空间某个区域内出现的概率等于在该区域的概率密度与区域体积的乘积。虽然电子在离核最近处的径向概率密度(R^2)最大，但是球壳的体积反而最小，因此二者乘积并不是最大；同样，在离核较远的地方，虽然球壳的体积很大，但是概率密度反而很小，因此二者乘积也不是最大值。其他轨道也是类似情况。

比较角量子数相同而主量子数不同的电子云径向分布图可以看出，各轨道的峰值个数有一定的规律。1s、2s、3s 轨道分别有 1 个、2 个、3 个峰；2p、3p 轨道各有 1 个、2 个峰；3d 有 1 个峰，普遍规律是 nl 轨道有 $(n-l)$ 个峰。

3) 电子云的实际形状

综合考虑到电子云的角度分布和径向分布，可以得到电子云的实际分布形状，如图 4-9 所示为氢原子各轨道的电子云完整形状。

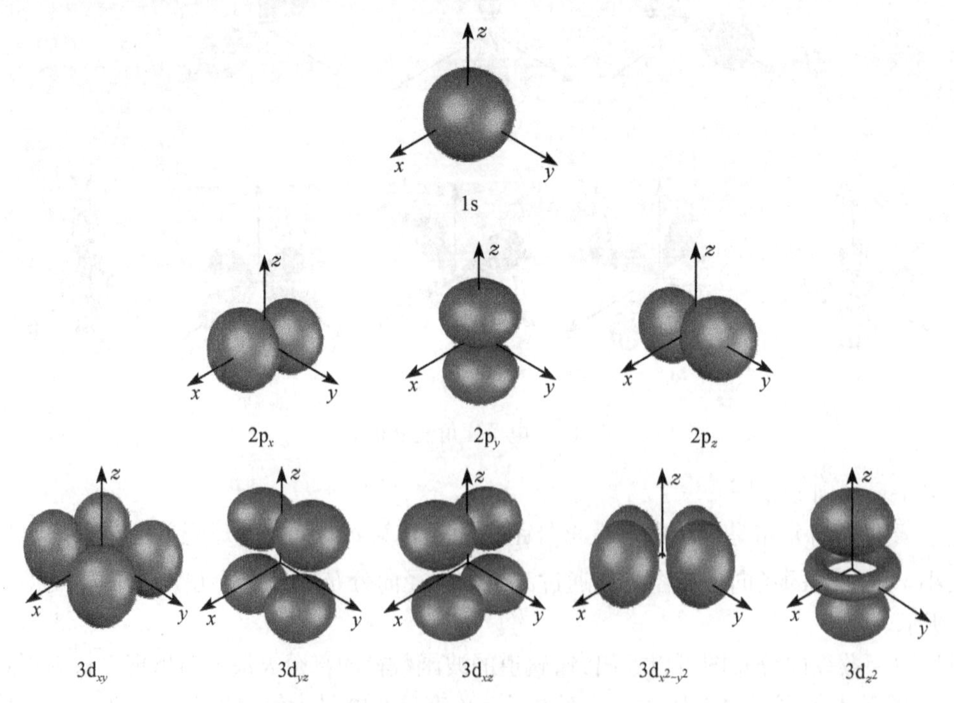

图 4-9　氢原子各轨道电子云完整形状图

4.2　多电子原子结构和元素周期表

4.2.1　原子轨道的能级

1. 多电子原子轨道的能级

处于不同原子轨道的电子具有不同的能量，我们就认为原子轨道具有能量并且有高低的区别，称为原子轨道的能级。氢原子核外只有一个电子，其能量只取决于原子核的吸引，只与主量子数 n 有关[式(4-3)]。在多电子原子中，电子的能量是由原子核的吸引作用和其他电子的排斥作用共同决定的，原子轨道的能量与主量子数 n 和角量子数 l 有关，但是对氢原子结构的研究结论仍可近似地应用到多电子原子结构中。

一般来说，原子轨道能级高低有以下规律：

(1)角量子数相同，主量子数越大，能级越高。例如

$$E_{1s} < E_{2s} < E_{3s} < E_{4s} < \cdots, \quad E_{2p} < E_{3p} < E_{4p} < \cdots$$

(2)主量子数相同，角量子数越大，能级越高。例如

$$E_{4s} < E_{4p} < E_{4d} < E_{4f} < \cdots$$

(3)当主量子数和角量子数都不同时，有时会发生能级交错(energy level overlap)的现象。例如

$$E_{4s} < E_{3d} < E_{4p}$$

多电子原子轨道能级的复杂性可以通过屏蔽效应和钻穿效应加以解释。

1)屏蔽效应

对于核电荷为 Z 的多电子原子，某电子既受到核的吸引，又受到其他电子的排斥。由于其他电子对该电子的排斥作用抵消了部分核电荷，削弱了核电荷对它的吸引，这种作用称为屏蔽效应(shielding effect)。引入屏蔽常数 σ，表示由于其他电子对该电子的排斥作用所抵消掉的部分核电荷。能吸引电子的核电荷称为有效核电荷(effective nuclear charge)，用 Z' 表示，则有

$$Z' = Z - \sigma$$

参考氢原子电子的能量[式(4-3)]，多电子原子中电子的能量可近似地表示为

$$E = -1312\frac{Z'^2}{n^2}\,\text{kJ}\cdot\text{mol}^{-1} = -1312\frac{(Z-\sigma)^2}{n^2}\,\text{kJ}\cdot\text{mol}^{-1}$$

对于氢原子来说，$\sigma = 0$，$Z' = 1$，不需要考虑屏蔽效应，上式与式(4-3)是一致的。

对于多电子原子来说，由于有多个电子在核外运动，因此 $1 < \sigma < Z - 1$。在考虑屏蔽效应时，通常只考虑内层电子对外层电子以及同层电子之间的屏蔽效应，σ 值越大，电子受到的屏蔽作用越强，电子的能量越高。

斯莱特(J. C. Slater)根据光谱数据，总结了屏蔽效应大小的经验规律：

(1)对电子层进行分层。将核外电子按照主量子数 n 和角量子数 l 分组，每组电子视为一

层，靠近核的称为内层，远离核的称为外层。分层原则是除ns和np合并起来视为一层，其余各自为一层，如(1s)(2s2p)(3s3p)(3d)(4s4p)(4d)(4f)…。

(2)外层电子对内层电子的屏蔽作用可以不考虑，$\sigma=0$。

(3)内层电子对外层电子有屏蔽作用。当被屏蔽电子是ns和np电子时，($n-1$)层中的每一个电子对它的屏蔽作用$\sigma=0.85$，而($n-2$)层以及更内层电子对它的屏蔽作用$\sigma=1.0$；当被屏蔽电子是nd和nf电子时，内层电子对它的屏蔽作用$\sigma=1.0$。

(4)同层电子之间也有屏蔽作用，但它们之间的屏蔽要比内层电子对外层电子的屏蔽效应小，$\sigma=0.35$；1s轨道上一个电子受到另一个电子的屏蔽作用时，$\sigma=0.30$。

(5)被屏蔽电子受到的总的屏蔽作用为所有内层电子屏蔽作用之和。

根据上述规则，可以估算从元素原子中任一电子的屏蔽常数σ及相应的能量。

【例 4-1】 已知钾原子的核外电子分布式为$1s^2 2s^2 2p^6 3s^2 3p^6 4s^1$，试计算钾原子4s电子的能量。如果最外面的电子分布在3d上，该电子的能量又是多少？

解 被屏蔽的是4s电子，($n-1$)层有8个电子，($n-2$)层以及更内层共有10个电子，根据上述规则：

$$\sigma_{4s}=0.85\times 8+1.0\times 10=16.8$$

$$E_{4s}=-1312\times\frac{(19-16.8)^2}{4^2}\text{kJ}\cdot\text{mol}^{-1}=-396.9\text{kJ}\cdot\text{mol}^{-1}$$

如果最外面的电子分布在3d上，则产生屏蔽作用的电子共有18个，则

$$\sigma_{3d}=1.0\times 18=18.0$$

$$E_{3d}=-1312\times\frac{(19-18)^2}{3^2}\text{kJ}\cdot\text{mol}^{-1}=-145.8\text{kJ}\cdot\text{mol}^{-1}$$

由此可见，4s电子比3d电子的能量低。为什么外层电子的能量有时比内层电子能量还要低而发生能级交错的现象呢？这可以用钻穿效应来解释。

2) 钻穿效应

由电子云的径向分布图(图4-8)可以看出，当主量子数较大时，电子出现概率最大的地方(最大峰)离核也较远，然而有些轨道在离核较近的地方却出现若干个小峰。这表明虽然电子大多出现在离核较远的地方，但在离核较近的地方，电子也有出现的可能。也就是说主量子数较大的外层电子有机会钻到离核较近的空间区域，避开内层电子的屏蔽作用，使其轨道能量降低。这种现象称为钻穿效应(penetration effect)。

例如，3d和4s相比，从图4-10可以看出：4s有4个峰，3d只有一个峰，4s的最大峰比

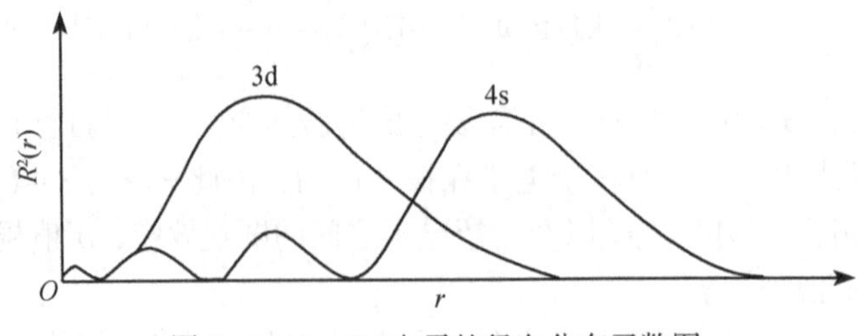

图 4-10 4s、3d电子的径向分布函数图

纵坐标为$D(r)\cdot a_0^3$，横坐标为r/a_0

3d 的最大峰离核更远，但 4s 的三个小峰中有两个小峰比 3d 的最大峰离核更近，4s 电子的钻穿效应更大，从而使 4s 轨道的能量降低，结果 $E_{4s}<E_{3d}$。

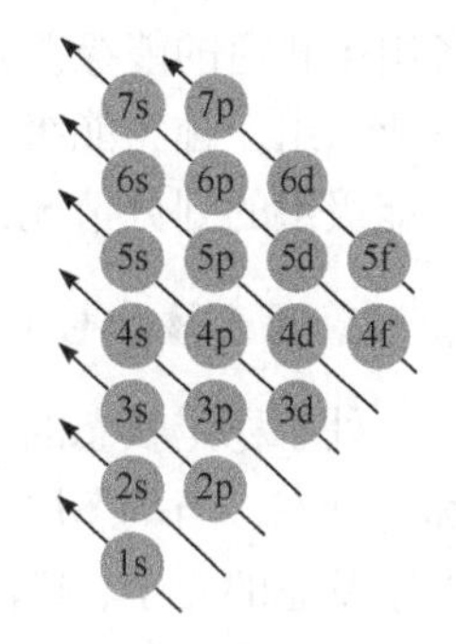

图 4-11　近似能级图

美国化学家鲍林(L. Pauling)根据光谱实验数据，提出了多电子原子中原子轨道近似能级图(图 4-11)。近似能级图考虑了能级交错，按原子轨道能量高低顺序排列为

$$E_{1s}<E_{2s}<E_{2p}<E_{3s}<E_{3p}<E_{4s}<E_{3d}<E_{4p}<E_{5s}<E_{4d}<E_{5p}<\cdots$$

如何比较两个原子轨道能级的高低？我国化学家徐光宪提出了一条经验方法，即根据$(n+0.7l)$值的大小进行比较，值越大，轨道能量也就越高，见表 4-2。

表 4-2　用徐光宪公式计算的多电子原子轨道能级顺序

原子轨道	1s	2s	2p	3s	3p	4s	3d	4p	5s	4d	5p	…
$n+0.7l$	1.0	2.0	2.7	3.0	3.7	4.0	4.4	4.7	5.0	5.4	5.7	…
能级组	1	2		3		4			5			…

必须指出，轨道的能级高低顺序并不是一成不变的，随着外层电子数目的增加，对内层电子的排斥作用势必增加，会或多或少地削弱屏蔽效应，增加有效核电荷，因此内层轨道的能级一般会下降。但是各轨道能量下降的多少并不一致，因而各轨道能级之间的相对位置也会随之改变。从图 4-12 中可以看出当原子序数小于 21 时，$E_{4s}<E_{3d}$，而当原子序数大于 21 时，$E_{4s}>E_{3d}$。但总的来看，轨道的能级高低还是基本符合上述顺序的。

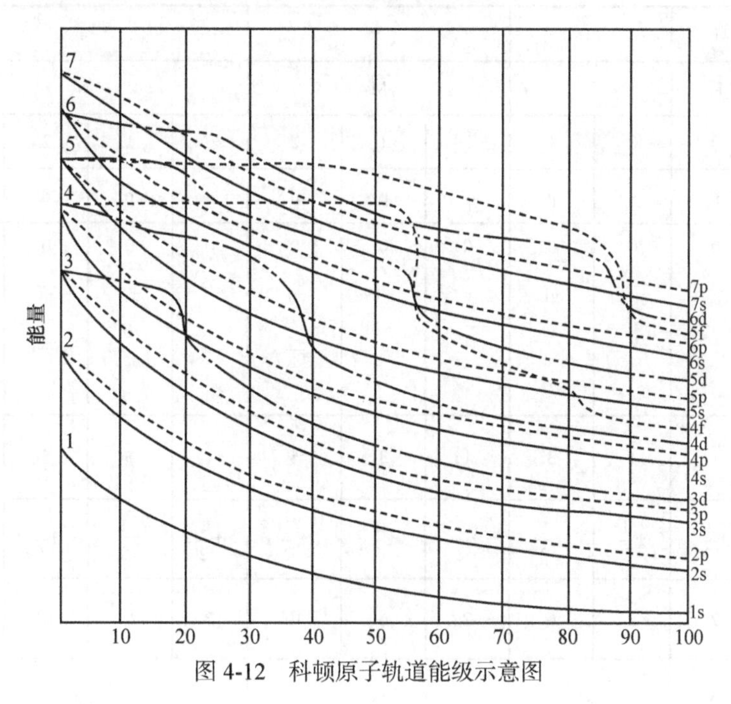

图 4-12　科顿原子轨道能级示意图

从科顿原子轨道能级图还可以发现1s 、2s2p 、3s3p 、4s3d4p 、5s4d5p 、6s4f5d6p 、…

各组中轨道的能级差别较小，而相邻的两个组差别较大。我们把这些能量差别较小的几个能级分成一组，称为能级组。徐光宪把（$n+0.7l$）值的整数位数字相同的合并为一个能级组，与上述能级组的划分情况也是一致的。能级组的划分是周期表中周期划分的本质依据。

2. 原子核外电子分布的几个规律

处于稳定状态的原子，其核外的电子在特定的原子轨道上运动，并且能量最低，这个状态称为基态。当基态原子得到能量时，电子会发生跃迁，处于高能量的激发状态，简称激发态。处于基态的原子，其核外电子都是有次序地分布在原子核外的。一般来说，电子的分布遵循以下几个规律：

1）能量最低原理（lowest energy principle）

能量最低原理是自然界普遍存在的规律，系统总是尽量处于低能量的状态，能量越低，系统越稳定。同样，稳定状态的原子，其核外的电子分布也是尽量使整个原子能量处于最低状态。所以，电子在核外进行分布时，必然首先占据能量较低的轨道，然后再占据能量较高的轨道。

2）泡利不相容原理（Pauli exclusion principle）

奥地利物理学家泡利（W. Pauli）指出：同一个原子内不可能存在四个量子数完全相同的两个电子，或者说，每个原子轨道最多只能容纳两个电子，而且它们的自旋方向相反。如果两个电子的 n 、l 、m 都相同的话，欲使得四个量子数不完全相同，m_s 必须分别是 $+\frac{1}{2}$ 和 $-\frac{1}{2}$ ，所以每个原子轨道（n,l,m,m_s）最多只能容纳两个电子。泡利不相容原理告诉我们每个原子轨道所能容纳的电子是有限的，因此每个电子亚层和主层所能容纳的电子也是有限的，如表 4-3 所示。

表 4-3　电子亚层和电子层的最大容纳电子数

主量子数 n	1	2		3			4				…
电子层符号	K	L		M			N				
角量子数 l	0	0	1	0	1	2	0	1	2	3	
电子亚层符号	s	s	p	s	p	d	s	p	d	f	
磁量子数 m	0	0	0 ±1	0	0 ±1	0 ±1 ±2	0	0 ±1	0 ±1 ±2	0 ±1 ±2 ±3	
亚层轨道空间伸展总数（$2l+1$）	1	1	3	1	3	5	1	3	5	7	
自旋量子数 m_s	$\pm\frac{1}{2}$	$\pm\frac{1}{2}$	$\pm\frac{1}{2}$	$\pm\frac{1}{2}$	$\pm\frac{1}{2}$	$\pm\frac{1}{2}$	$\pm\frac{1}{2}$	$\pm\frac{1}{2}$	$\pm\frac{1}{2}$	$\pm\frac{1}{2}$	
亚层最大容量 $2(2l+1)$	2	2	6	2	6	10	2	6	10	14	
电子层最大容量 $2n^2$	2	8		18			32				

3)洪德规则(Hund's rule)

德国物理学家洪德(F. Hund)根据光谱实验结果发现：在每个电子亚层中，电子将尽可能以自旋平行的方式首先单独占据不同的轨道。例如，p 亚层有三个原子轨道，它们的能量是完全相同的，通常称为简并轨道(equivalent orbital)或等价轨道(degenerate orbital)。如果在这三个等价轨道上分布两个电子，那么这两个电子的分布情况应该是：(↑)(↑)( )或(↓)(↓)( )，而不是(↑)(↓)( )或(↑↓)( )( )。

从大量的光谱实验中发现，当电子在同一亚层轨道中的分布处于全空、全满情况时，系统的能量较低，原子结构比较稳定。而对于某些原子的 d 和 f 亚层来说，处于半充满状态时原子结构也比较稳定。这个规律有时称为全充满和半充满规律。

4.2.2　核外电子分布和外层电子构型

1. 核外电子分布式

根据以上电子在核外分布的几个规律，我们可以轻而易举地描述出电子在核外各层的分布情况，写成一个表达式，称为核外电子分布式。电子的分布首先服从能量最低原理，所以电子总是从低能级轨道向高能级轨道逐步填充，并且每个轨道最多容纳的电子数服从泡利不相容原理。例如，Ti 原子核外有 22 个电子，按照能级顺序的分布情况应该是

$$1s^{2}2s^{2}2p^{6}3s^{2}3p^{6}4s^{2}3d^{2}$$

但是，电子分布式习惯上按照电子层顺序来写，所以要对上式稍做调整，即

$$1s^{2}2s^{2}2p^{6}3s^{2}3p^{6}3d^{2}4s^{2}$$

其中 3d 亚层共有 5 个等价轨道，只填充 2 个电子，根据洪德规则，这两个电子的分布情况是(↑)(↑)( )( )( )或(↓)(↓)( )( )( )。

对于 Cr 原子，按照上述方法，电子分布式似乎应该是 $1s^{2}2s^{2}2p^{6}3s^{2}3p^{6}3d^{4}4s^{2}$。但是由于 3d 亚层已经排了 4 个电子，还缺一个就可以达到半充满结构，所以与之能量相近的 4s 亚层上的一个电子跃迁到 3d 亚层，从而使之达到半充满结构，有利于整个原子能量的降低。因此，电子分布式为 $1s^{2}2s^{2}2p^{6}3s^{2}3p^{6}3d^{5}4s^{1}$。此外，Mo、Cu、Ag、Au 等原子核外电子分布的情况也符合全充满和半充满规律。

应该说明，核外电子分布的原理是概括了大量的事实后提出的一般结论，因此大多数的原子核外电子分布的情况与这些原理是一致的。但是由于人们对于核外电子分布的实际情况尚未完全认识清楚，这些原理并不能完全涵盖所有原子核外电子的分布情况。我们不能拿事实去适应原理，也不能因为原理还有某些不足而完全否定它。但有一点可以肯定，实际的电子分布情况总的来说仍然是尽量使原子处于能量最低的状态。

综上所述，书写基态原子的核外电子分布式可以按照以下三步进行：

(1)按照原子轨道能级顺序和电子排布规律把电子依次填充到轨道上。

(2)按照电子层的顺序进行整理得到核外电子分布式。

(3)个别原子的实际核外电子分布式与按照能级顺序排列得到的结果不一致，需要进一步调整。

2. 外层电子构型

当原子发生化学变化时，往往只是外层电子发生得失，而内层电子的分布情况并未发生变化。因此，在某些情况下，我们关注的是外层电子的分布情况，即外层电子分布式，也称外层电子构型。

一般来说，主族元素和零族元素的外层电子构型只要考虑它们的最外层电子分布式，副族元素的外层电子构型不仅要考虑最外层电子，还要考虑它们次外层 d 亚层和 f 亚层电子的分布式。例如，S 是主族元素，核外电子分布式为 $1s^22s^22p^63s^23p^4$，外层电子构型就是最外层电子分布式 $3s^23p^4$；Ti 是副族元素，核外电子分布式为 $1s^22s^22p^63s^23p^63d^24s^2$，外层电子构型是 $3d^24s^2$。

如果已知某元素的核外电子分布式，则可以直接根据其核外电子分布式来判断该元素是主族元素还是副族元素。例如，最外层电子如果有 p 电子，一定是主族元素(如果 p 电子有 6 个电子是零族元素，He 除外)；最外层如果是 s 电子，次外层无 d 电子或 f 电子，一定是主族元素；最外层是 s 电子，次外层有 d 电子或 f 电子，一定是副族元素。例如，某元素的核外电子分布式为 $1s^22s^22p^63s^23p^64s^2$，其最外层是 s 电子，次外层无 d 电子，所以是主族元素(Ca)；某元素 $1s^22s^22p^63s^23p^63d^64s^2$，最外层是 s 电子，次外层有 d 电子，所以是副族元素(Fe)；某元素 $1s^22s^22p^63s^23p^63d^{10}4s^24p^5$，最外层有 p 电子，所以是主族元素(Br)。

离子是原子得到或失去电子形成的，所以离子的外层电子构型应该基于原子的外层电子构型，再通过添加或减少电子得到的。原子得到电子形成负离子，一般不会引起电子层的增加，负离子的外层电子构型只要在原子外层电子构型的基础上添加相应的电子即可。例如，Cl 原子外层电子构型为 $3s^23p^5$，Cl^- 外层电子构型为 $3s^23p^6$；原子失去电子形成正离子，并且失去电子时一般是主量子数最大的电子(最外层电子)首先失去。当主量子数相同时，角量子数较大的电子先失去。这样通常会引起电子层的减少，从而原子的次外层变为离子的最外层。所以，正离子的外层电子构型不能简单地通过减少原子外层电子构型中电子的数目得到，而应该是形成的正离子的最外层电子分布式。例如，K 的外层电子构型为 $4s^1$，K^+ 外层电子构型是 $3s^23p^6$，而不是 $4s^0$；Cu 的外层电子构型为 $3d^{10}4s^1$，Cu^+ 外层电子构型是 $3s^23p^63d^{10}$，而不是 $3d^{10}4s^0$ 或 $3d^{10}$ 或 $3d^94s^1$；Cu^{2+} 外层电子构型是 $3s^23p^63d^9$，而不是 $3d^9$ 或 $3d^84s^1$。

4.2.3 元素周期表

元素的性质随着核电荷数的递增呈现周期性的变化，这一规律称为元素周期律(periodic law of the elements)。元素周期表是元素周期律的具体表现形式。元素周期表有多种表现形式，其中最常用的是长式周期表。元素周期表的构成依据是原子的外层电子构型。

1. 能级组与元素的周期

元素周期表的行，称之为周期(period)。每一周期的元素外层电子构型都是从 ns^1 开始，至 ns^2np^6 结束(第一周期除外，以 ns^2 结束)。周期的划分与能级组的划分是完全一致的，并且每一能级组内所能容纳的电子总数与周期表中每一周期内的元素个数相等。对应关系如表 4-4

所示。

表 4-4　能级组与元素的周期

原子结构			元素周期	
能级组	能级	最多容纳电子总数	周期数	元素个数
1	1s	2	1	2
2	2s 2p	8	2	8
3	3s 3p	8	3	8
4	4s 3d 4p	18	4	18
5	5s 4d 5p	18	5	18
6	6s 4f 5d 6p	32	6	32
7	7s 5f 6d 7p	32	7	23(未满)

元素的周期数可以根据元素原子的最高能级组数确定，反之亦然。例如，已知钯(Pd)的外层电子构型为 $4d^{10}$，虽然电子在核外只占据四个电子层，但是由于最高能级是 4d，属于第五能级组，所以 Pd 属于第五周期而不是第四周期。

2. 外层电子构型与元素的分族和分区

从周期表的纵向来看，元素原子的外层电子构型也呈现出很强的规律性，这为族的划分和区的划分提供了依据。

1)元素的分区

根据核外电子的分布规律，我们将最后一个电子填入 s、p、d、f 亚层的元素分别划分为 s 区、p 区、d 区和 f 区。对于 d 区元素，我们又视 d 亚层是否全充满分成 d 区和 ds 区。因此，一般来说，元素周期表分为 s 区、p 区、d 区、ds 区和 f 区共五个区。需要指出的是 f 区的元素，由于该区元素原子的核外电子分布情况很复杂，有些元素电子的分布尚未明确，因此并不是每个元素原子的最后一个电子都填入 f 亚层。

2)元素的分族

族的划分是针对周期表的每一纵行来说的。外层电子构型 ns^1 和 ns^2(He 除外)分别为第一主族(ⅠA)和第二主族(ⅡA)；外层电子构型 ns^2np^1～ns^2np^5 分别为第三主族(ⅢA)至第七主族(ⅦA)；外层电子构型 ns^2np^6(He 除外)为零族；外层电子构型 $(n-1)d^{10}ns^1$ 和 $(n-1)d^{10}ns^2$ 为第一副族(ⅠB)和第二副族(ⅡB)；外层电子构型 $(n-1)d^xns^y$，$x+y=3$～7 分别为第三副族(ⅢB)至第七副族(ⅦB)；$x+y=8$～10 为第八族(Ⅷ)。f 区除镧和锕两个元素属第三副族外，其余元素一般不划成任何一族，而统称为镧系元素和锕系元素。

元素分区和分族之间有一定的联系，如图 4-13 所示。

此外，我们通常称主族元素为典型元素；副族元素为过渡元素，其中镧系元素和锕系元素也称为内过渡元素；零族元素又称为稀有气体元素。

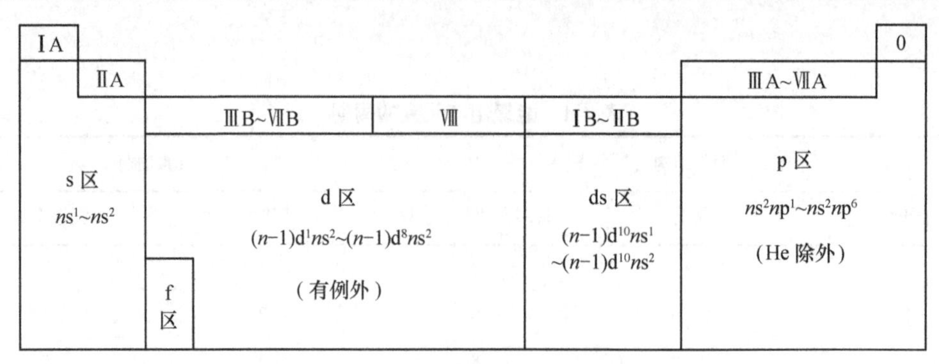

图 4-13　元素的分区和分族

3. 元素性质的周期性

1)元素的最高氧化数的周期性

元素的最高氧化数就是该元素原子在形成化合物时所能提供的最高电子数。从第一主族到第七主族，最高氧化数从+1 到+7，等于对应的族数；副族元素的最高氧化数规律性不是很强，第二副族到第七副族，最高氧化数从+2 到+7，等于对应的族数；而第一副族的最高氧化数各个元素都不同，Cu 为+2，Ag 为+1，Au 为+3；第八族元素除 Ru 和 Os 发现可以达到+8 外，其余均没有达到或超过+8 的，一般是+3。下面我们分主族和副族将第四周期元素的最高氧化数列表比较，见表 4-5 和表 4-6。其余周期也有相似情形。

表 4-5　第四周期主族元素的最高氧化数

族数	ⅠA	ⅡA	ⅢA	ⅣA	ⅤA	ⅥA	ⅦA
元素	K	Ca	Ga	Ge	As	Se	Br
最高氧化数	+1	+2	+3	+4	+5	+6	+7

表 4-6　第四周期副族元素的最高氧化数

族数	ⅢB	ⅣB	ⅤB	ⅥB	ⅦB	Ⅷ			ⅠB	ⅡB
元素	Se	Ti	V	Cr	Mn	Fe	Co	Ni	Cu	Zn
最高氧化数	+3	+4	+5	+6	+7	+3	+3	+3	+2	+2

2)元素的电离能(I)的周期性

元素的电离能(I)也称电离势。气态原子失去一个电子成为气态正离子所需的能量称为元素的第一电离能(I_1)。

$$A(g) \longrightarrow A^+(g) + e^-$$

由气态+1 价离子再失去一个电子成为气态+2 价离子所需的能量称为第二电离能(I_2)，其余依此类推，显然 $I_1 < I_2 < I_3 < \cdots$。其中第一电离能最重要，通常简称电离能。元素的第一电离能随着核电荷数的增加也呈现出周期性的递变规律。

由图 4-14 可以看出：

(1)每一个“尖峰”都是稀有气体元素。说明稀有气体元素的第一电离能都很高，原子失去电子很难，很稳定。

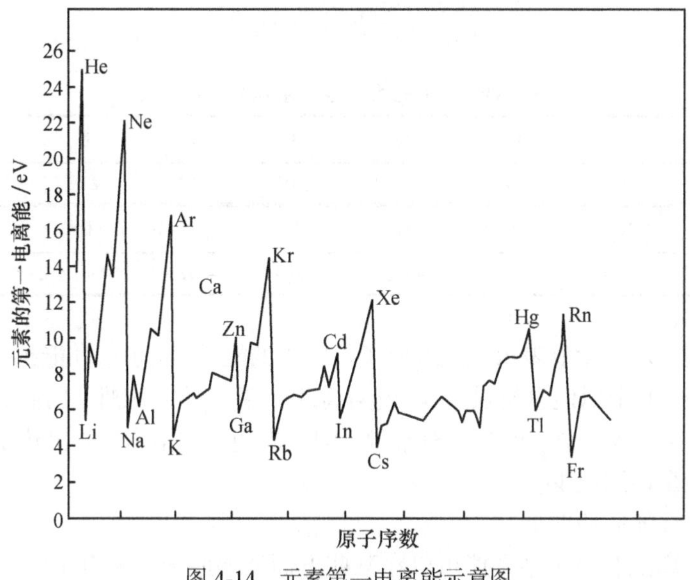

图 4-14　元素第一电离能示意图

(2)每一个“尖谷”都是碱金属元素。说明碱金属元素的第一电离能都很低，很容易失去一个电子，因而很活泼，金属性很强。

(3)每一个“尖谷”至下一个“尖峰”，随着核电荷数的增加，第一电离能逐渐增大，中间出现小的波折。

(4)副族元素随着元素序数的增加第一电离能增加缓慢。

表 4-7 列出了第三周期元素的电离能数据，可以看出 Na 的 $I_1 \ll I_2$，Mg 的 $I_2 \ll I_3$，Al 的 $I_3 \ll I_4$，Si 的 $I_4 \ll I_5$，…，相应元素的最高氧化数分别为+1, +2, +3, +4, …，因此元素的电离能的变化与元素的最高氧化数也是有着一定的内在联系。

表 4-7　第三周期元素的电离能(kJ · mol^{-1})

电离能	元素							
	Na	Mg	Al	Si	P	S	Cl	Ar
I_1	496	738	578	787	1012	1000	1251	1521
I_2	4562	1450	1817	1557	1903	2251	2297	2666
I_3		7733	2745	3232	2912	3361	3822	3931
I_4			11578	4356	4957	4564	5158	5771
I_5				16091	6274	7013	6540	7283
I_6					21296	8496	9362	8781
I_7						27106	11018	11995
I_8							33605	13842

3)元素的电子亲和能(E)的周期性

元素的电子亲和能(E)也称为电子亲和势。气态原子结合一个电子形成一价气态负离子时所放出的能量称为第一电子亲和能(E_1)，部分元素的第一电子亲和能的数据见表 4-8。同样、一价气态负离子再得到一个电子形成气态二价负离子所放出的能量称为第二电子亲和能(E_2，通常这一过程为吸热过程)，依此类推。

$$A(g) + e^- \longrightarrow A^-(g)$$

表 4-8　部分元素的第一电子亲和能(kJ · mol^{-1})

元素	H	He	Li	Be	B	C	N	O	F
E_1	−72.8	21	−56.9	18.3	−28.9	−122.5	20.3	−141.6	−332.9
元素	Ne	Na	Mg	Al	K	Cl	Br	I	
E_1	21	−32.8	21	−50.2	−50.0	−348.3	−341.6	−317.5	

电子亲和能在一定程度上表示了元素原子得电子的能力，电子亲和能越负，表示该元素原子越容易捕获电子，非金属性也越强。由于电子亲和能数据测定困难，因而数据不全，准确性也较差，所以规律性不太明显。但是一般来说，同一周期从左至右，放出热量逐渐增多，同一族从上至下放出能量逐渐减少。

4) 元素的电负性的周期性

虽然元素的电离能和电子亲和能可以在某些方面反映原子得失电子的能力，但是原子在相互化合时，需要综合考虑各原子得失电子的难易程度，所以人们又提出了电负性的概念(1932 年美国化学家鲍林首先提出)来衡量原子在形成化合物时得失电子的能力。电负性是指原子在分子中把电子吸向自己的本领，它是一个相对的概念。鲍林根据热化学数据和分子键能数据，指定氟的电负性为 4.0，根据一系列热力学数据推算出其他元素的电负性。电负性越大，表明原子吸引电子的能力越大，相应的非金属性越强。反之，电负性越小，元素金属性越强。各元素的鲍林电负性数值图见附录 8。

由鲍林电负性数值可以看出电负性的递变规律：主族元素从左至右逐渐增大，由上至下逐渐减小；副族元素电负性变化规律不明显，电负性相差不大，特别是 f 区元素电负性相差更小。另外，金属元素电负性一般小于 2.0，非金属元素电负性大于 2.0。

电负性经过半个多世纪的发展，已经成为化学中应用最为广泛的一个概念，尤其近年来与量子化学的结合，在已有原子电负性概念的基础上又提出了分子电负性、基团电负性等新概念，给电负性的应用注入了新活力。

4.3　化学键和分子间力

一般情况下，除稀有气体外物质都是通过原子相互化合成分子或以晶体的形式存在。分子或晶体中的原子不是简单地堆砌在一起，而是通过种种强烈的相互作用力彼此以一定的排列方式结合在一起的。分子或晶体中原子之间的这种强烈的作用力称之为化学键(chemical bond)。根据作用力性质的不同，可以将化学键分为离子键(ionic bond)、金属键(metallic bond)和共价键(covalent bond)三大类。化学键的类型和性质决定了分子或晶体的性质。

4.3.1　离子键

当活泼的金属原子(如 K、Na)和活泼的非金属原子(如 F、Cl)在一定条件下相遇时，由于原子双方电负性相差较大，金属原子的外层电子转移到非金属原子上，形成核外具有稳定结构电子构型(ns^2np^6)的正、负离子，然后正、负离子通过静电吸引力结合在一起而形成离子化合物。这种由正、负离子之间通过强烈的静电引力形成的化学键称为离子键。离子键通常存在于离子晶体中。

离子的电荷分布是球形对称的，只要空间条件允许，离子可以从不同的方向同时与多个异号离子之间产生静电吸引力而形成离子键。因此，离子键既没有方向性(可以沿任何方向)也没有饱和性(可以形成多个)。

离子键的强度与离子所带的电荷成正比，与离子的半径成反比。一般来说，离子所带电荷越多，离子半径越小，离子键强度就越大，相应的离子化合物的某些性质如熔点、沸点、硬度等也越高。例如，NaF、NaCl、NaBr 和 NaI 四种离子化合物中，负离子半径 $F^- < Cl^- < Br^- < I^-$，熔点依次为 993℃、801℃、747℃和 661℃，逐渐降低。这正是由离子半径的增加，静电引力减小，离子键强度降低造成的。

当正、负离子相互接近时，正离子必然要吸引负离子的电子云排斥其原子核，从而引起负离子电子云发生变形，这一现象称为离子的极化。同样，负离子也可使正离子电子云发生变形而产生极化。由于正离子半径较小，负离子半径较大，负离子电子云更容易发生变形，因此讨论极化作用时，通常只考虑正离子对负离子的极化作用。显然，正离子的极化作用与离子的半径和所带电荷有关。离子半径越小，电荷越多，极化作用越强；离子半径越大，电荷越少，极化作用越弱。离子极化的结果使正、负离子之间的电子云密度增大，而增加了某些共价键的成分。如果正、负离子之间相互极化作用很强烈，则将由离子键过渡为共价键，如图 4-15 所示。

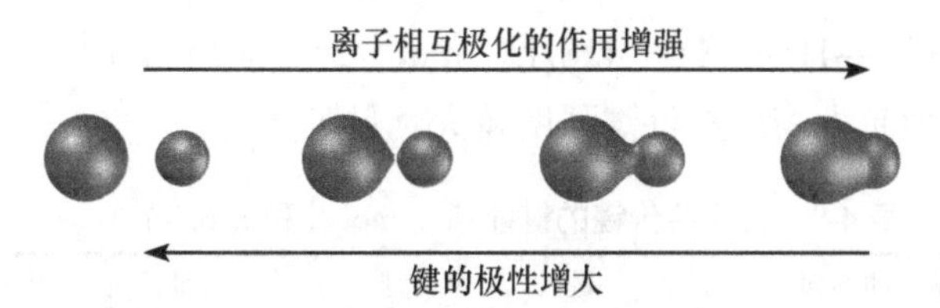

图 4-15　离子极化示意图

例如，AgF、AgCl、AgBr 和 AgI 四种化合物中，Ag^+与 F^-、Cl^-、Br^-和 I^-的相互极化作用逐渐增大，化学键的性质也由离子键逐渐过渡到共价键。相应地表现出四种化合物的溶解度逐渐降低、颜色逐渐加深等性质。

4.3.2　金属键

金属元素占已发现元素总数的十分之九，其特点是电负性较小，电离能也较小，原子外层的电子容易失去而形成正离子。在金属单质中，这些脱离原子的电子不是固定在某一个金属离子附近，而是在整个金属晶体中自由运动，众多的电子形成所谓的“自由电子气”。依靠自由电子将金属离子结合起来的作用力称为金属键。由于自由电子运动方向不固定，也不属于任何原子，因此金属键也无方向性和饱和性。金属原子可以以很紧密的方式排列在一起形成一个巨大的晶体结构。

4.3.3　共价键

电负性相差不大的两种元素原子(非金属与金属或非金属与非金属)或者同种非金属元素原子形成化合物分子或者单质分子时，原子双方都不能把对方电子完全据为己有，最终以共用电子对的方式结合。这种靠共用电子对将原子双方结合起来的作用力称为共价键。

1. 共价键参数与分子性质

用来描述共价键性质的某些物理量称为共价键参数，通常包括键能、键长、键角及键的极性等。

1) 键能

热力学中一般规定在 298.15K 和 101.325kPa 条件下断开单位物质的量的气态分子化学键而生成气态原子所需的能量称为标准键解离能(bond dissociation energy)，以符号 D 表示。例如

$$\text{H—Cl(g)} \longrightarrow \text{H(g)} + \text{Cl(g)} \qquad D(\text{H—Cl}) = 427\text{kJ} \cdot \text{mol}^{-1}$$

对于双原子分子来说，键解离能可以认为就是该气态分子中共价键的键能，以符号 E 表示。例如

$$E(\text{H—Cl}) = D(\text{H—Cl}) = 427\text{kJ} \cdot \text{mol}^{-1}$$

对于由两种元素组成的多原子分子来说，可取键解离能平均值作为键能。例如，H_2O 分子中含有两个 O—H 键，实验数据表明，这两个键的解离先后不同，键的解离能也各有不同。

$$\text{H}_2\text{O(g)} \longrightarrow \text{H(g)} + \text{OH(g)} \qquad D_1 = 498\text{kJ} \cdot \text{mol}^{-1}$$

$$\text{OH(g)} \longrightarrow \text{H(g)} + \text{O(g)} \qquad D_2 = 428\text{kJ} \cdot \text{mol}^{-1}$$

则 O—H 的键能

$$E(\text{O—H}) = (498 + 428)\text{kJ} \cdot \text{mol}^{-1}/2 = 463\text{kJ} \cdot \text{mol}^{-1}$$

一般来说，键能数值越大表示共价键强度越大，见表 4-9。

表 4-9 常见共价键的键能($kJ \cdot mol^{-1}$)和键长(pm)

共价键	键能	键长	共价键	键能	键长	共价键	键能	键长	共价键	键能	键长
H—H	432	74	N—H	391	101	Si—H	323	148	S—H	347	134
H—F	565	92	N—N	160	146	Si—Si	226	234	S—S	266	204
H—Cl	427	127	N—P	209	177	Si—O	368	161	S—F	327	158
H—Br	363	141	N—O	201	144	Si—S	226	210	S—Cl	271	201
H—I	295	161	N—F	272	139	Si—F	565	156	S—Br	218	225
			N—Cl	200	191	Si—Cl	381	204	S—I	170	234
C—H	413	109	N—Br	243	214	Si—Br	310	216			
C—C	347	154	N—I	159	222	Si—I	234	240	F—F	159	143
C—Si	301	186							F—Cl	193	166
C—N	305	147	O—H	463	96	P—H	320	142	F—Br	212	178
C—O	358	143	O—P	351	160	P—Si	213	227	F—I	263	187
C—P	264	187	O—O	204	148	P—P	200	221	Cl—Cl	243	199
C—S	259	181	O—S	265	151	P—F	490	156	Cl—Br	215	214
C—F	453	133	O—F	190	142	P—Cl	331	204	Cl—I	208	243
C—Cl	339	177	O—Cl	203	164	P—Br	272	222	Br—Br	193	228
C—Br	276	194	O—Br	234	172	P—I	184	246	Br—I	175	248
C—I	216	213	O—I	234	194				I—I	151	266
C═C	614	134	C═O(CO_2)	803	116	N═O	607	120	C≡O(CO)	1070	113
C═N	615	127	O═O(O_2)	498	121	C≡C	839	121	N≡N	948	110
C═O	745	123	N═N	418	122	C≡N	891	115	N≡O(NO)	631	106

2) 键长

分子中成键原子的核间平均距离称为键长(bond length，或核间距)，可通过光谱或衍射等实验方法测定或用量子力学方法近似计算。通常键长越短，键能越大，共价键越牢固，见表 4-9。

3) 键角

分子中两个化学键之间的夹角称为键角(bond angle)。键角是反映分子空间构型(space configuration)的重要因素之一，也是判定分子极性及其他一些物理性质的因素之一。键角通常也是判断一个分子结构理论是否正确的重要依据之一。

4) 键的极性

形成共价键的两个原子由于电负性的差异而使电子云偏向电负性较大的一方，从而产生电荷分布不对称的现象，称该共价键是有极性的[或称极性键(polar bond)]。一般来说，电负性相差越大，键的极性越强。如果形成共价键的两个原子相同，电子云不偏向任何一方，电荷分布对称，称该共价键没有极性[或称非极性键(nolar bond)]。键的极性是判断分子是否具有极性的依据之一。

2. 分子的性质

1) 分子的极性

在分子中，原子核所带的正电荷总数总是等于核外电子总数，因而分子总体呈电中性。但是从分子内部来看，原子电负性的差异可能使分子电荷分布不对称。假设分子中存在正、负电荷中心，若电荷分布不对称，那么正、负电荷中心就不重合，称为极性分子(polar molecular)；若电荷分布对称，那么正、负电荷中心就重合在一起，称为非极性分子(non-polar molecular)。

分子的极性大小可以用偶极矩来衡量。物理学上把大小相等符号相反成对出现的两个电荷($+q$ 和$-q$)称为偶极子(dipole)。偶极子所带的电量 q 与偶极子之间的距离 d 的乘积称为偶极矩(dipole moment)，用μ表示，单位是 C · m：

$$\mu = q \cdot d$$

分子内正、负电荷中心也可以看作偶极子。因此，可以用偶极矩来衡量分子极性的大小。偶极矩越大，分子极性越大；偶极矩为零，则为非极性分子。

偶极矩的数据通常由实验测定，见表 4-10。

表 4-10　一些物质分子的偶极矩($\times 10^{-30}$C · m)

分子	偶极矩	分子	偶极矩	分子	偶极矩
HF	6.07	H_2	0	CO_2	0
HCl	3.60	HCN	9.94	NH_3	4.90
HBr	2.74	H_2O	6.17	BF_3	0
HI	1.47	SO_2	5.44	$CHCl_3$	3.37
CO	0.37	H_2S	3.24	CH_4	0
N_2	0	CS_2	0	CCl_4	0

对于双原子分子来说，分子的极性与键的极性一致。例如，H_2 分子的 H—H 是非极性键，H_2 分子就是非极性分子；HCl 分子的 H—Cl 是极性键，HCl 分子就是极性分子。对于多原子分子来说，分子的极性不仅与键的极性有关，而且与分子的空间构型有关。例如，H_2O 和 CO_2

都是三原子分子，共价键都是极性键，但是由于 H_2O 分子的空间结构不对称，因此显示出极性，而 CO_2 分子的空间结构对称，因此显示出非极性。

2) 分子的磁性

不同物质的分子在磁场中会表现出不同的磁性质，这与分子中电子的配对情况有关。分子中若存在未配对的单电子的话，电子的自旋运动会产生一个小磁场。如果把这类物质放入外磁场中，在磁场的作用下，电子的自旋整齐排列，产生一个能顺着外磁场方向的磁矩，称为顺磁性(paramagnetism)，如 O_2、NO 等。反之，如果分子中所有的电子均已配对的话，在外磁场中将会产生一个与外磁场方向相反的磁矩，表现出一种微弱的抵抗力，称为逆磁性[或反磁性、抗磁性(diamagnetism)]，如 H_2O、CO_2 等。总之，分子表现出磁的性质取决于分子中有无未配对的电子存在。

3. 共价键理论

为了解释电负性相差不大甚至相同的原子之间能够形成稳定的化合物的原因，1916 年美国化学家路易斯提出共价学说，建立了经典的共价键理论，即“八隅律”。但是该理论只是从电子配对形成具有稳定电子层结构基础上建立起来的，不能够解释诸如 PCl_5 分子的形成以及共价键的方向性和饱和性的问题。量子力学发展起来后，1927 年英国物理学家海特勒(Heitler)和德国物理学家伦敦(F. W. London)利用量子力学的理论建立了价键理论。1931 年，美国化学家鲍林等又发展了这一成果，从而建立了现代价键理论，简称 VB 法。1932 年美国化学家马利肯(R. S. Mulliken)和德国化学家洪德从另外一个角度提出了分子轨道理论，简称 MO 法。这两个理论至今仍是解释共价键形成的重要理论。

1) 现代价键理论(VB 法)

现代价键理论包括价键理论和杂化轨道理论。

(1) 价键理论。海特勒和伦敦运用量子力学原理处理氢气分子形成时认为：当两个氢原子相互靠近时，如果它们 1s 轨道上的电子自旋方向相反，电子运动的空间原子轨道会发生重叠，电子在两核之间出现的机会较大，电子可以配对成键形成氢分子。如果电子自旋方向相同，电子在两核之间出现的机会反而减小，两个氢原子不能结合成氢分子。

把对解释氢分子形成的结论推广到其他双原子分子及多原子分子，便得到价键理论，其基本要点如下：

(i) 形成共价键的两个原子必须都具有未成对的单电子，并且电子的自旋方向相反，这样核间电子出现的概率较大，可以形成稳定的共价键。原子所能形成共价键的数目受到未成对电子数目的限制，当自旋方向相反的电子配对成键后，就不能再容纳其他的未成对的电子了，所以共价键具有饱和性。例如，H—H、Cl—Cl、H—Cl 等分子中 2 个原子各有一个未成对电子，可以相互配对，形成一个共价键；又如，NH_3 分子中的 N 原子有 3 个未成对电子，可以分别与 3 个 H 原子的未成对电子相互配对，形成 3 个共价键。一般来说，形成共价化合物的原子所能提供的未成对电子数就是该原子所能形成的共价键的数目，称为共价数。

(ii) 电子的配对实质上是原子轨道的重叠，而重叠总是尽可能沿着原子轨道最大重叠的方向进行，称为最大重叠原理。重叠时应该是波函数的正正叠加或者负负叠加，这样可以使波函数得到加强，波函数的平方变大。也就是说轨道重叠越多，电子在两核之间出现的概率越大，形成的键越牢固。我们知道，原子轨道在空间有一定取向，除 s 轨道呈球形对称外，p、d、f 轨道都有一定的空间伸展方向，因此除了 s 轨道与 s 轨道成键没有方向限制外，其他轨道必须沿着某一特定的方向才可能进行最大程度的重叠。所以，共价键有方向性。例如，s 轨道与 p 轨道的重叠方式如图 4-16 所示。

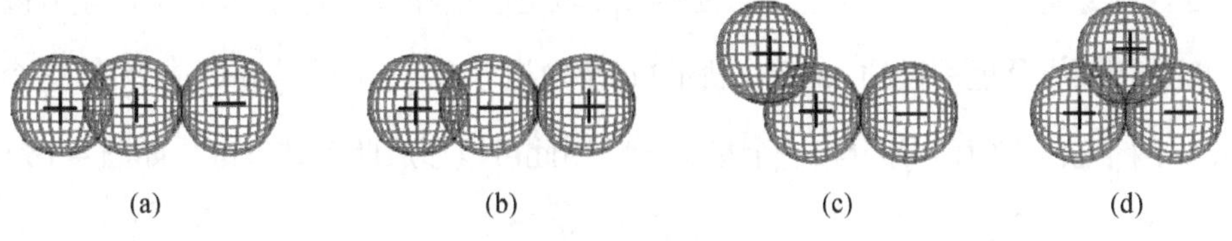

图 4-16 s 轨道和 p 轨道重叠方式示意图

根据上述轨道重叠的原则，s 轨道和 p 轨道自身之间以及两者之间不同的重叠方式，可以形成两种不同的共价键。一种称为 σ 键，另一种称为 π 键，如图 4-17 所示。

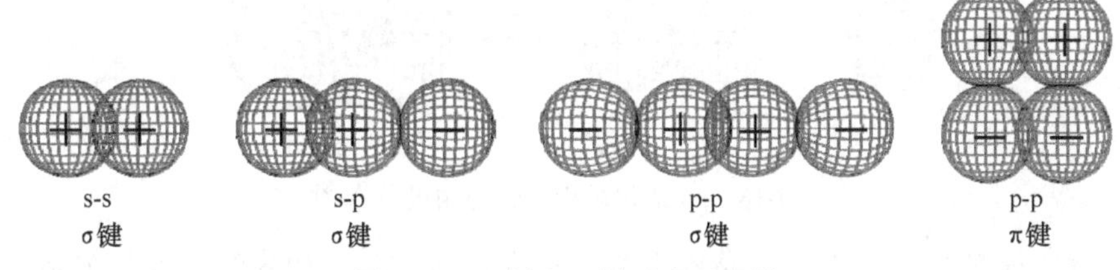

图 4-17 σ 键和 π 键形成示意图

像 H_2、HCl、Cl_2 中原子轨道的重叠是沿两核连线方向以“头碰头”的重叠方式进行的，形成的共价键称为 σ 键，以“—”表示。O_2 中 O 原子的两个未成对电子分别位于 p_x 和 p_z 轨道上，这两个轨道互成 90°夹角。当两个 O 原子的 p_x-p_x 以“头碰头”的方式重叠后，p_z-p_z 不可能再以这种方式重叠，只能沿着与两核连线垂直的方向以“肩并肩”的方式重叠，形成的共价键称为 π 键，以“…”表示，O_2 中两个共价键可以表示成 O$\overset{\cdots}{—}$O。显然，π 键的重叠比 σ 键的重叠小得多，因此 π 键比 σ 键弱，比较容易断裂。应当指出，当两个原子形成共价键时，首先选择“头碰头”重叠方式形成 σ 键，如果还有未成对电子，则按照“肩并肩”重叠方式形成 π 键。例如，N_2 中共有三个共价键，包括一个 σ 键和两个 π 键，表示为 N$\overset{\cdots}{\underset{\cdots}{—}}$N。

价键理论成功地解释了双原子分子和一些多原子分子的形成，但是对于另外一些基本事实无法解释。例如，Be、B、C 原子未成对电子数分别为 0、1、2，按照上述理论，Be 不能形成共价键，B 只能形成一个共价键，C 只能形成两个共价键，但事实上 $BeCl_2$、BF_3 和 CH_4 中分别有 2、3、4 个共价键。此外，价键理论也无法解释 H_2O 和 NH_3 的键角不为 90°的事实。于是鲍林等人在这一基础上又提出了杂化轨道理论。

(2) 杂化轨道理论。杂化轨道理论认为原子轨道在成键过程中并不是一成不变的，中心原子在成键过程中受到成键原子影响，能量相近的某些原子轨道波函数进行线性组合，重新分配能量和确定空间方向，形成一组新的原子轨道。这一过程称为杂化(hybridization)，形成的新轨道称为杂化轨道(hybrid orbit)。这一理论的要点如下：

(i) 只有能量相近的原子轨道，如 $ns$$n$p、$(n-1)$d$ns$$n$p 等，才能进行杂化。原子在成键过程中，电子可以在激发状态下跃迁至能量相近的其他轨道，并改变自旋方向占据该轨道。

(ii) 参与杂化的轨道数目等于形成的杂化轨道的数目，形成的杂化轨道的能量相同。

(iii) 杂化轨道之间力图在空间取最大夹角分布，使相互间的排斥能最小，因而形成的键较稳定。

(iv) 形成的杂化轨道仍是原子轨道，成键时要满足最大重叠原理。

以 $BeCl_2$、BF_3、CH_4、H_2O 和 NH_3 等分子的形成过程来具体讨论杂化轨道的应用。

sp 杂化　Be 原子的 2s 轨道上有两个电子，当它受到成键原子的进攻后，其中的一个电子受激并改变自旋方向跃迁到 $2p_x$ 轨道上，使得 $2p_x$ 轨道能量降低，同时 2s 轨道能量升高，最终形成两个能量相同成分也一样的 sp 杂化轨道(每个轨道各含 $\frac{1}{2}$ s 的和 $\frac{1}{2}$ p 的成分)，这个过程称为 sp 杂化。两个杂化轨道上各分布一个单电子，因此可以形成两个共价键，如图 4-18 所示。

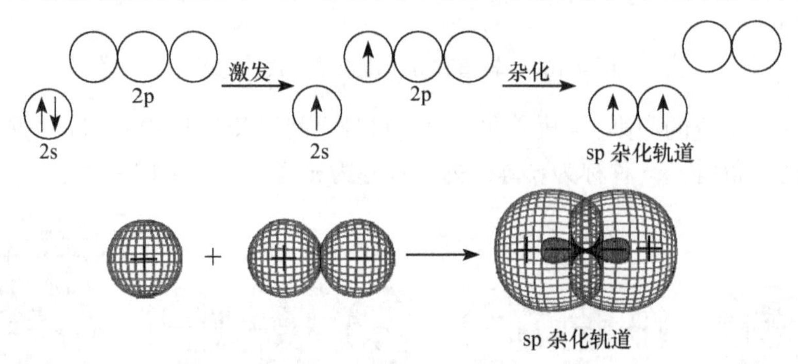

图 4-18　sp 杂化过程及轨道角度分布图

从量子力学角度来看，形成的 sp 杂化轨道的角度分布与 s 和 p 的角度分布完全不一样，呈现出“一头大，一头小”，且大端为正小端为负的分布。这样在成键时就可以有更大程度的重叠，形成的共价键也更稳定。由 sp 杂化轨道的角度分布图可以看出，两个杂化轨道轴线互成 180°，所以形成的 $BeCl_2$ 分子空间构型为直线形，键角为 180°，如图 4-19 所示。

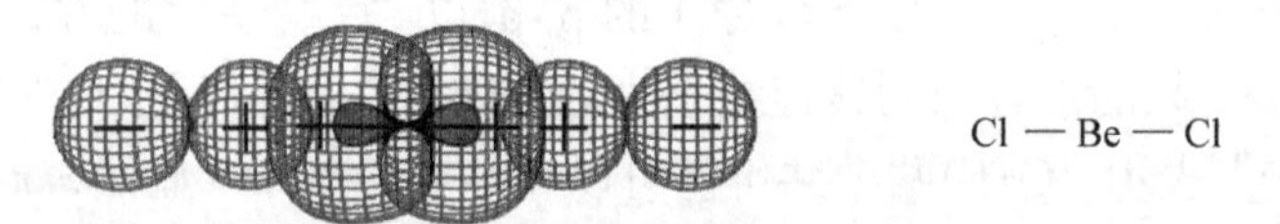

图 4-19　sp 杂化分子的空间构型

sp^2 杂化　B 原子的外层电子构型为 $2s^22p^1$，当它受到成键原子的进攻时，2s 轨道上的一个电子受激并改变自旋方向跃迁到 $2p_y$ 轨道上，最后形成三个能量完全相同成分也一样的 sp^2 杂化轨道(每个轨道各含 $\frac{1}{3}$ s 的和 $\frac{2}{3}$ p 的成分)，这个过程称为 sp^2 杂化。三个杂化轨道上各分布一个单电子，因此可以形成三个共价键，如图 4-20 所示。

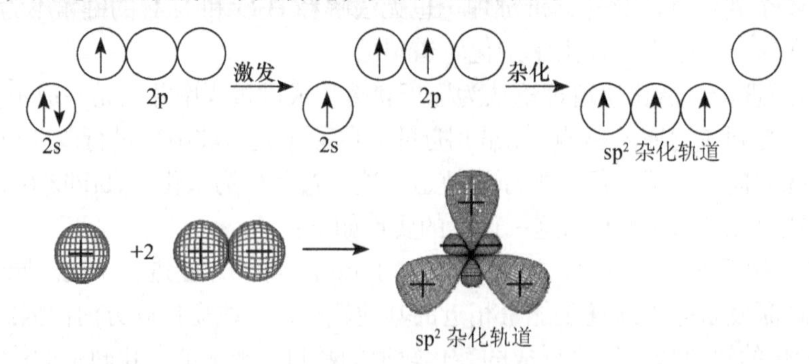

图 4-20　sp^2 杂化过程及杂化轨道角度分布图

形成的三个 sp^2 杂化轨道的角度分布也是“一头大，一头小”的形状，轴线在同一平面内，并且互成 120°夹角。所以 BF_3 分子的空间构型为平面三角形，键角为 120°，如图 4-21 所示。

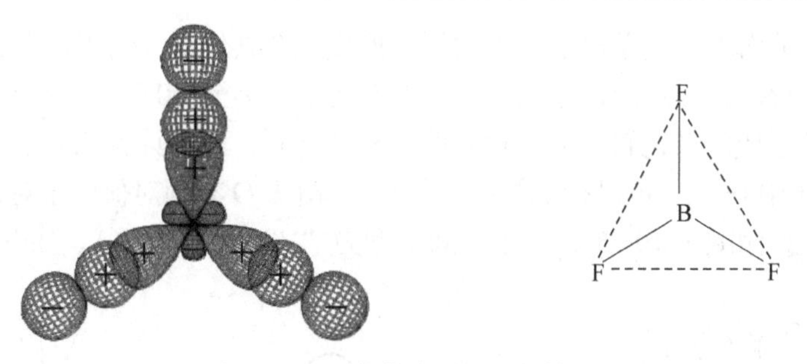

图 4-21　sp^2 杂化分子的空间构型

sp^3 杂化　C 原子的外层电子构型为 $2s^22p^2$，当它受到成键原子的进攻时，2s 轨道上的一个电子受激并改变自旋方向跃迁到 $2p_z$ 轨道上，最后形成四个能量完全相同成分也一样的 sp^3 杂化轨道(每个轨道各含 $\frac{1}{4}$ s 的和 $\frac{3}{4}$ p 的成分)，这个过程称为 sp^3 杂化。四个杂化轨道上各分布一个单电子，因此可以形成四个共价键，如图 4-22 所示。

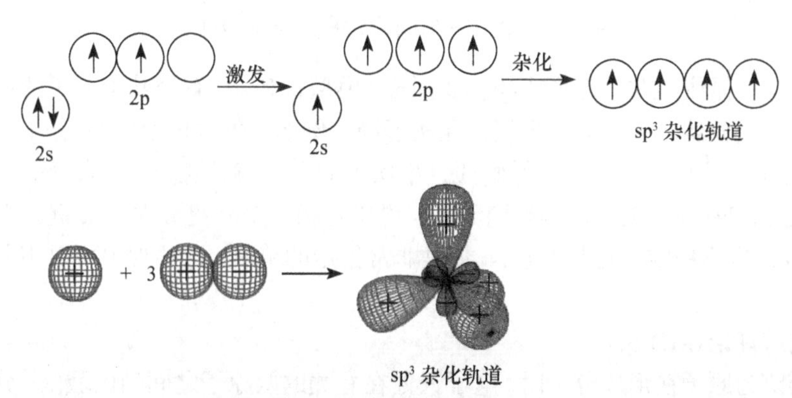

图 4-22　sp^3 杂化过程及杂化轨道角度分布图

形成的四个 sp^3 杂化轨道的角度分布同样也是“一头大，一头小”的形状，轴线指向正四面体的四个顶点，并且互成 109.5°夹角。所以 CH_4 分子的空间构型为正四面体，键角为 109.5°，如图 4-23 所示。

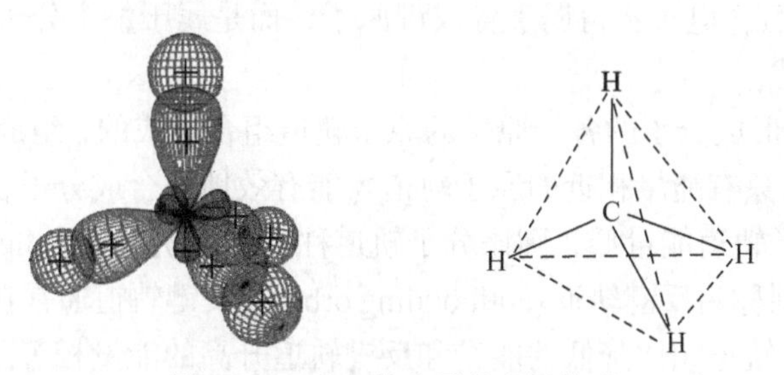

图 4-23　sp^3 杂化分子的空间构型

以上几种杂化，形成的杂化轨道的能量相同，成分也一样，称为等性杂化(equivalent hybridization)。下面讨论不等性杂化(nonequivalent hybridization)。

不等性 sp^3 杂化　NH_3 形成过程中，N 原子受到 H 原子的攻击，2s 和 2p 轨道也发生杂化，但是杂化过程中没有发生电子的跃迁，最后形成四个能量相同的杂化轨道。这四个杂化轨道的角度分布的轴线也是指向正四面体的四个顶点，其中一个轨道上分布着成对电子(或孤电子对)，其余三个轨道分别分布着三个单电子，因此可以形成三个共价键。由于孤电子对电子云密度较大，对另外三个共价键有很强的排斥作用，使得键夹角减小至 107.3°，分子空间构型为三角锥形。这种杂化虽然形成的杂化轨道能量相同但是成分不同，而且具有孤电子对，故称为不等性 sp^3 杂化。H_2O 分子中 O 原子也进行不等性 sp^3 杂化，由于 O 有两对孤电子对，对 O—H 键的排斥作用更大，而使键角减至 104.5°，分子空间构型为“V”形(或角形)，如图 4-24 所示。

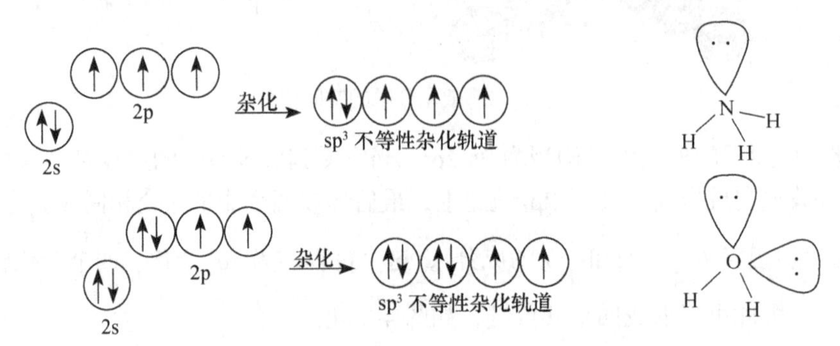

图 4-24　NH_3 分子和 H_2O 分子的空间构型

现代价键理论抓住了共价键形成的主要因素，模型直观，在解释共价分子的形成及分子的空间构型方面相当成功，但是有些事实仍无法解释。例如，价键理论中 O_2 分子中电子都是配对的，因此 O_2 分子应该是一种反磁性物质，事实上 O_2 为顺磁性物质，这说明 O_2 分子中有未成对电子。此外，N_2 分子按照价键理论 N≡N 键中包括一个 σ 键和两个 π 键，由于 π 键不稳定，所以 N_2 应该也不稳定，但事实上 N_2 却是非常稳定的单质。这些现象可以用分子轨道理论来解释。

2) 分子轨道理论(MO 法)

价键理论认为原子在形成分子时，电子只处在有关的两原子之间的区域内，分别属于原来的原子轨道。分子轨道理论则认为，原子在形成分子以后，电子不再属于原来的原子，其运动范围遍及整个分子，即在分子轨道中运动，所谓分子轨道(molecular orbital)就是描述分子中电子运动状态的波函数。

(1) 分子轨道理论的基本要点。

(i) 原子组成分子后，电子不再属于各成键原子，而是属于整个分子，每个电子的运动状态可用分子轨道来描述。

(ii) 分子轨道是由形成分子的各个原子的原子轨道组合而成的，组成的分子轨道数等于参与组合的原子轨道数，只有能量相近的原子轨道才能有效地组合成分子轨道。如果组合形成的分子轨道比原来的原子轨道能量低，则该分子轨道称为成键轨道(bonding orbit)；而能量高于原子轨道的分子轨道则称为反键轨道(antibonding orbit)。反键轨道通常在其轨道符号上加“*”表示。成键轨道与原子轨道相比降低的能量和反键轨道升高的能量相等。当一对成键和反键分子轨道中都填满电子时，能量变化基本抵消。在成键轨道中，原子核间电子云密度较大，有利于原子结合成分子，而在反键轨道中，两核间电子云密度减小，使两核之间产生斥力而导致两原子分离。

(iii) 电子在分子轨道中的排布也遵循原子轨道中电子排布的三项原则，即能量最低原理、泡利不相容原理和洪德规则。

(iv) 键级(bond order)常用来表示成键的牢固程度。一般说来，键级越大，键能越高，键越

牢固，分子也越稳定；键级为零，表明分子不能存在。键级的定义为

$$键级 = \frac{1}{2}(成键轨道电子数 - 反键轨道电子数)$$

(2)原子轨道的组合及双原子分子的分子轨道能级图。

由原子轨道组合成的分子轨道，若是沿键轴方向呈圆柱形对称的，称为σ轨道；如果分子轨道反对称于键轴平面时，则称为π轨道。几种主要组合类型如下：

s-s 组合　*n*s 和 *n*s 轨道组合得到的分子轨道为σ轨道，其中成键轨道以 σ_{ns} 表示，反键轨道以 σ_{ns}^* 表示，如图 4-25 所示。

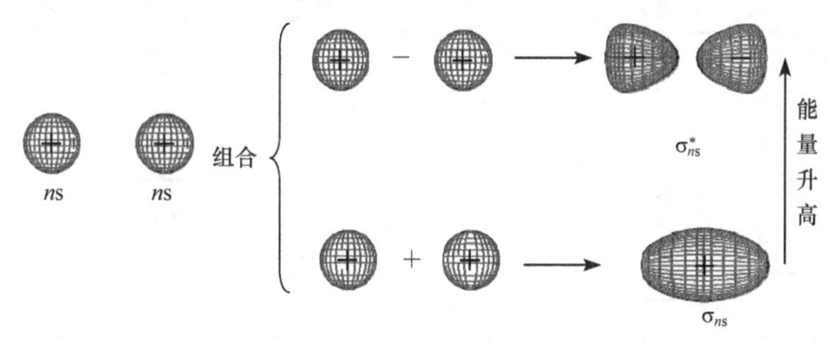

图 4-25　分子轨道 σ_{ns} 和 σ_{ns}^* 的形成

p-p 组合　两个 *n*p$_x$ 轨道沿 *x* 轴以“头碰头”方式组合时，得到的分子轨道为σ轨道，成键轨道记作 σ_{np_x}，反键轨道记作 $\sigma_{np_x}^*$，如图 4-26 所示。

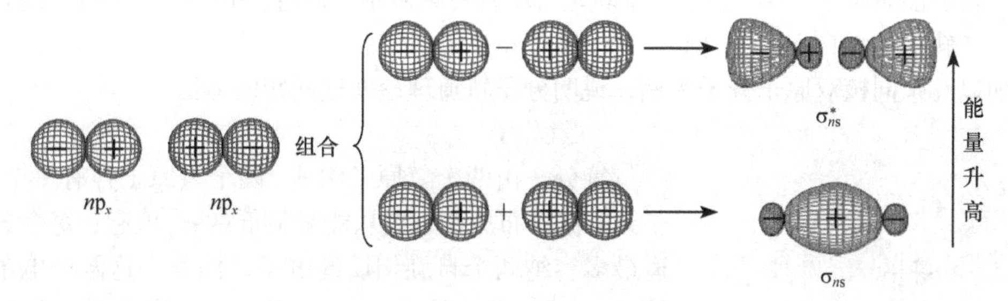

图 4-26　分子轨道 σ_{np_x} 和 $\sigma_{np_x}^*$ 的形成

np_y 与 np_y、np_z 与 np_z 的组合以“肩并肩”的方式进行，得到的分子轨道为π轨道，成键分子轨道记作 π_{np_y}（或 π_{np_z}），反键分子轨道记作 $\pi_{np_y}^*$（或 $\pi_{np_z}^*$），如图 4-27 所示。

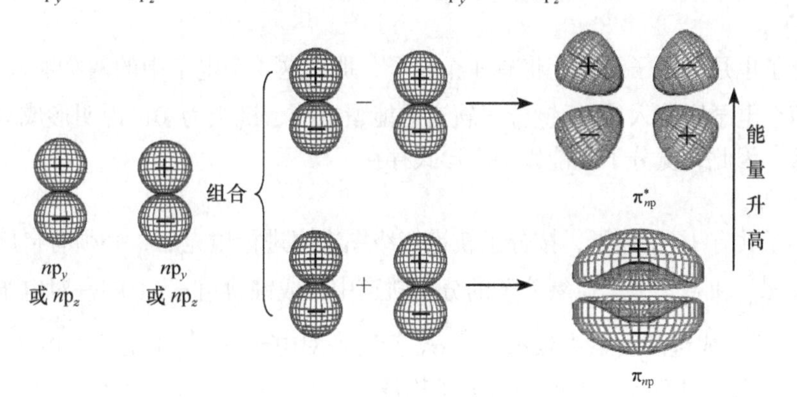

图 4-27　分子轨道 π_{np} 和 π_{np}^* 的形成

此外还有 s-p 组合、d-d 组合和 p-d 组合等。

如果把分子中各分子轨道按能级由低到高地排列起来，就可以得到分子轨道能级图。由于分子中各原子轨道相互作用略有差异，因此不同分子的分子轨道能级图也不完全相同。图 4-28 是第二周期同核双原子分子的分子轨道能级图，其中(a)是 O_2、F_2 的分子轨道能级图，(b)是 N_2、C_2、B_2 等的分子轨道能级图。

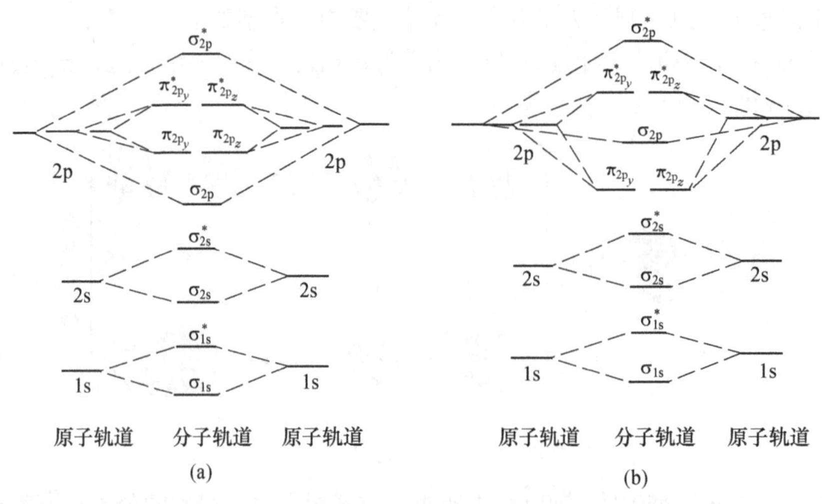

图 4-28 第二周期同核双原子分子的分子轨道能级图

分子轨道能级图中“—”表示一个轨道，左右两侧为原子轨道，中间为原子轨道组合的分子轨道，各轨道能量自下而上升高。

下面以几个同核双原子分子为例，说明分子轨道理论处理问题的方法。

(i) 氢分子。

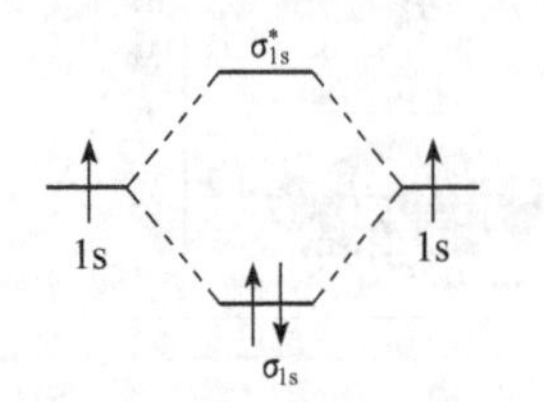

图 4-29 氢分子的分子轨道能级图

氢分子由两个氢原子组成，两个氢原子各有一个 1s 电子。根据排布原则，应从能量最低的 σ_{1s} 填起，每个分子轨道最多容纳两个自旋相反的电子。因此，这两个电子都应填入 σ_{1s} 成键分子轨道。这可用图 4-29 的氢分子轨道能级图表示。

在 σ 轨道上的电子，称为 σ 电子，所以氢分子是由一对 σ 电子构成的共价键结合成的，键级为 1，与价键理论所得结果完全一致。

(ii) 氦分子。

假设氦分子也是双原子结构，将有 4 个电子，那么这 4 个电子中的两个填入 σ_{1s} 成键分子轨道，另外两个电子则填入 σ_{1s}^* 反键分子轨道，能量抵消，键级为 0，说明形成双原子分子能量并没有降低。因此，氦分子不能以 He_2 形式存在。

(iii) 氧分子。

两个氧原子共有 16 个电子，按分子轨道能级图次序进行填充后，必须有自旋平行的两个电子分别填入 $\pi_{2p_y}^*$ 和 $\pi_{2p_z}^*$ 中。在氧分子的分子轨道中，成键轨道 σ_{1s} 上的一对电子和反键轨道 σ_{1s}^* 上的一对电子对成键的贡献大致抵消。σ_{2s} 上的一对电子和 σ_{2s}^* 上的一对电子的作用抵消。实际对成键有贡献的只有 σ_{2p_x} 上的一对电子构成的一个 σ 键，成键轨道 π_{2p_y} 上的一对电子和反键轨道$\pi^*_{2p_y}$上的一个电子构成一个三电子π键。同样，成键轨道π_{2p_z}上的一对电子和反键轨道$\pi^*_{2p_z}$上的一个电子构成另一个三电子π键。所以，氧分子中包含一个σ键和两个三电子π键。由于三电子π键中两个电子在成键轨道上，一个在反键轨道上，因而三电子π键比双电子π键(两个电子均在成键轨道上)弱得多，只相当于双电子π键能量的一半，键级为 2。所以，从能量的角度来看，两个氧原子之间的结合只相当于一个σ键和一个π键。

此外，从氧分子的分子轨道能级图中可以看出(图 4-30)，$\pi^*_{2p_y}$和$\pi^*_{2p_z}$上各有一个未成对的电子，这与实验测定氧分子中应有两个未成对电子以及具有顺磁性的事实相符合。

(iv)氮分子的结构。

氮分子由两个氮原子组成，两个氮原子核外共有 14 个电子，氮分子的分子轨道能级图如图 4-31 所示。

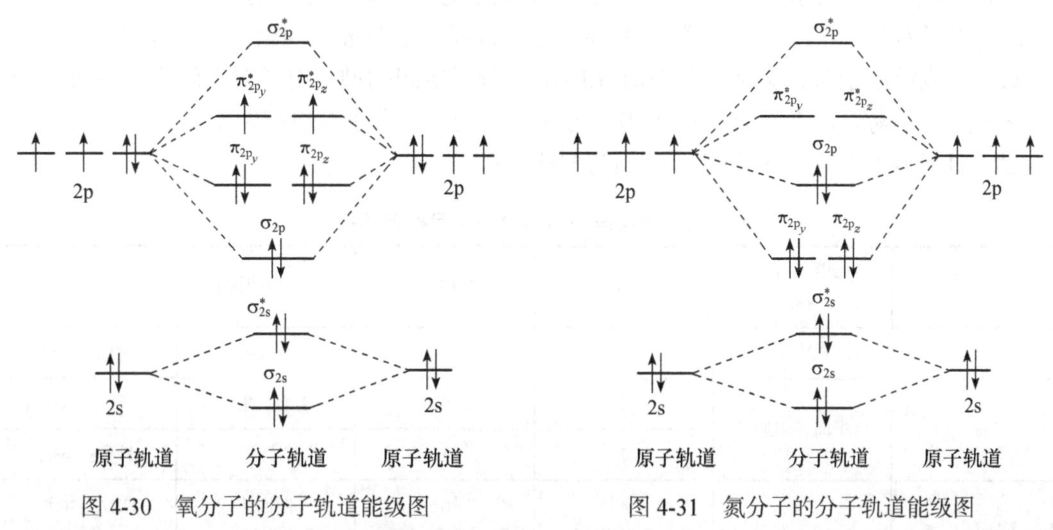

图 4-30　氧分子的分子轨道能级图　　图 4-31　氮分子的分子轨道能级图

在氮分子的分子轨道中，成键的σ_{1s}、σ_{2s}轨道和反键的σ^*_{1s}、σ^*_{2s}轨道上的电子的贡献互相抵消，实际对成键有贡献的是σ_{2p_x}、π_{2p_y}和π_{2p_z}上的三对电子，即形成了一个σ键和两个π键，键级为 3。由于氮分子中的两个π键电子均在成键轨道上，因此π键相当稳定，这可以解释为什么氮分子呈现出惰性性质。

3)价层电子对互斥理论

价层电子对互斥理论(valence-shell electron pair repulsion theory)(VSEPR 理论)是一种经验理论，主要用于 AB_n 型分子空间几何构型的预测。其中心思想是“共价分子中各价层电子对尽可能采取一种完全对称的空间排布状态，使电子对相互之间保持排斥力最小。”

(1)价层电子对互斥理论的基本要点。

(i)共价分子的空间构型主要取决于中心原子价层轨道中的电子对(包括成键电子对和未成键的孤电子对)的排斥作用，分子总是采取电子对相互排斥作用最小的那种结构。

(ii)价层电子对之间的斥力大小与价层电子对的类型及电子对之间的夹角有关。电子对之间斥力大小一般顺序为：孤电子对-孤电子对＞孤电子对-成键电子对＞成键电子对-成键电子对；电子对之间的夹角越小，排斥力越大。

(iii)分子中的双键和三键仍看作一对电子对，排斥力作用：三键＞双键＞单键。

(2) VSEPR 理论判断分子空间构型的一般步骤。

(i) 确定中心原子的价层电子数和价层电子对数(VP)。

$$VP=\left[\text{中心原子价电子数}+\text{配原子价电子数}\pm\text{离子电荷数}\begin{pmatrix}\text{负离子}\\\text{正离子}\end{pmatrix}\right]\div 2$$

中心原子提供所有的价电子，如 O 作为中心原子提供 6 个价电子，Cl 作为中心原子提供 7 个价电子。每个配原子提供一个价电子，如 Cl 作为配原子提供 1 个价电子。特别地，氧族元素(如 O、S)作为配原子可认为不提供价电子。

计算 VP 时，若余数为 1，当作 1 对电子对处理。

当价层电子对数分别为 2、3、4、5、6 时，相应的电子对空间分布为直线形、平面三角形、四面体、三角双锥、八面体。

(ii) 确定中心原子的成键电子对数(BP)和孤电子对数(LP)，推断分子的空间几何构型。

成键电子对数等于配原子个数，即 BP=n，所以孤电子对数 LP=VP−BP。若中心原子价层电子对全是成键电子对，无孤电子对时(LP=0)，分子空间构型与电子对空间构型一致。若中心原子价层电子对含孤电子对时(LP≠0)，分子空间构型与电子对空间构型不同。

表 4-11 给出价层电子对与分子空间构型的关系。

表 4-11　价层电子对与分子空间构型的关系

VP	价层电子对空间分布	BP	LP	分子空间构型	实例
2	直线型	2	0	直线形	$HgCl_2$、CO_2
3	平面三角形	3	0	平面三角形	FB_3、SO_3
		2	1	V 形	$PbCl_2$、SO_2
4	四面体	4	0	四面体	CH_4、SO_4^{2-}
		3	1	三角锥	NH_3、SO_3^{2-}
		2	2	V 形	H_2O、ClO_2^-
5	三角双锥	5	0	三角双锥	PCl_5
		4	1	变形四面体	SF_4
		3	2	T 形	ClF_3
		2	3	直线形	XeF_2、I_3^-
6	八面体	6	0	八面体	SF_6、$[AlF_6]^{3-}$
		5	1	四方锥	IF_5、$[SbF_5]^{2-}$
		4	2	平面正方形	XeF_4、ICl_4^-

【例 4-2】 根据价层电子对互斥理论判断 NH_3 和 NH_4^+ 的空间构型。

解　中心原子 N 提供 5 个价电子，每个 H 各提供一个价电子。

NH_3 中 N 原子的价层电子对数 LP=$\frac{5+3}{2}$=4，N 原子 5 个价电子中 3 个成键，所以有一对孤电子对，因此 NH_3 空间构型为三角锥形。

NH_4^+ 中 N 原子的价层电子对数 VP=$\frac{5+4-1}{2}$=4，N 原子 5 个价电子全部成键，无孤电子对，因此 NH_4^+ 空间构型为四面体形。

【例 4-3】 根据价层电子对互斥理论判断 ClF_3 空间构型。

解 中心原子 Cl 提供 7 个价电子，每个 F 各提供一个价电子。

ClF_3 中 Cl 原子的价层电子对数 LP=$\frac{7+3}{2}$=5，Cl 原子 7 个价电子中 3 个成键，所以有两对孤电子对。Cl 原子的五个价层电子对占据三角双锥的五个顶点，其中两个为孤电子对。根据不同的排列组合，可能存在 3 种结构，如图 4-32 所示。

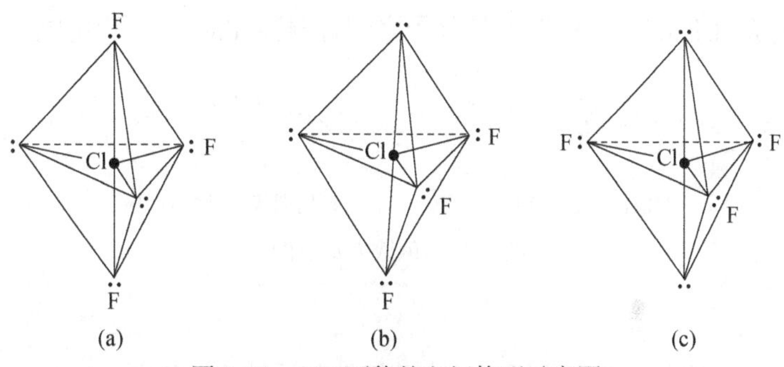

图 4-32　ClF_3 可能的空间构型示意图

以上三种可能的结构中，存在电子对之间的斥力，由于在 90°方向斥力较大，因此主要讨论电子对在 90°方向上的排斥情况，见表 4-12。

表 4-12　ClF_3 可能结构中的电子对排斥情况

结构	90°孤电子对-孤电子对	90°孤电子对-成键电子对	90°成键电子对-成键电子对
(a)	0	4	2
(b)	1	3	2
(c)	0	6	0

(a)和(b)比较，(b)有 90°孤电子对-孤电子对的排斥，所以(a)较(b)排斥力小；(a)和(c)比较，(a)的 90°孤电子对-成键电子对的排斥数比(c)少，所以(a)较(c)排斥力小。所以(a)在三种可能的结构中排斥力最小，是最可能的结构。

因此 ClF_3 空间构型为 T 形。

4.3.4　分子之间的相互作用力

前面讨论的化学键是分子或晶体内部原子间的强烈作用力，而在分子与分子之间还存在一种较弱的作用力。这种弱作用力分为分子间力(intermolecular force)和氢键(hydrogen bond)两种类型。

1. 分子间力

分子间力又称范德华力(van der Waals force)。按作用力产生的原因和特性可分为色散力(dispersion force)、诱导力(induction force)和取向力(orientation fore)三种。

1)色散力

色散力是伦敦于1930年根据近代量子力学方法证明的，由于从量子力学导出的理论公式与光色散公式相似，因此把这种作用称为色散力，又称为伦敦力。每个分子的原子核和电子都处在不断的运动之中，因此经常会发生电子云和原子核的瞬时相对位移。例如，非极性分子本身正、负电荷中心是重合的，但是由于电子云和原子核的瞬时相对位移，正、负电荷中心也发生瞬时的位移，形成瞬时偶极(instantaneous dipole)，两个分子产生的瞬时偶极必然是处于异极相邻的状态，从而产生相互的引力，称为色散力，如图4-33所示。由于色散力是瞬时偶极之间的作用力，所以色散力不仅仅只存在于非极性分子之间，极性分子之间、极性分子和非极性分子之间也同样存在色散力。色散力是分子之间普遍存在的一种作用力。

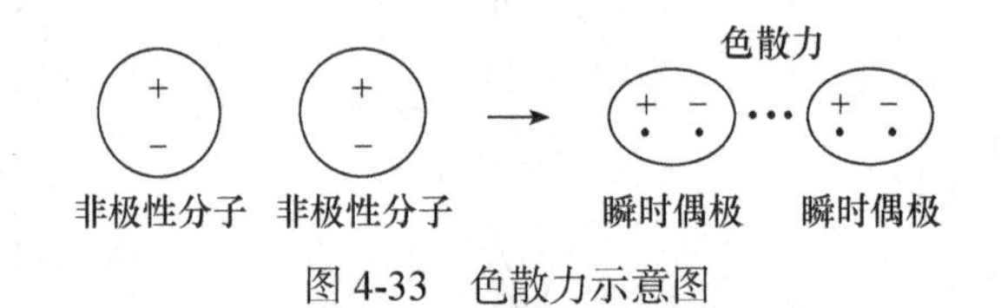

图4-33 色散力示意图

2)诱导力

当极性分子与非极性分子相互靠近时，由于极性分子的正、负电子中心不重合[称为固有偶极或永久偶极(permanent dipole)]，可以使非极性分子发生变形，正、负电荷中心产生偏移，产生诱导偶极(induced dipole)。固有偶极和诱导偶极之间产生的吸引力，称为诱导力，如图4-34所示。同样，极性分子与极性分子之间也会彼此产生诱导作用，因此也存在诱导力。

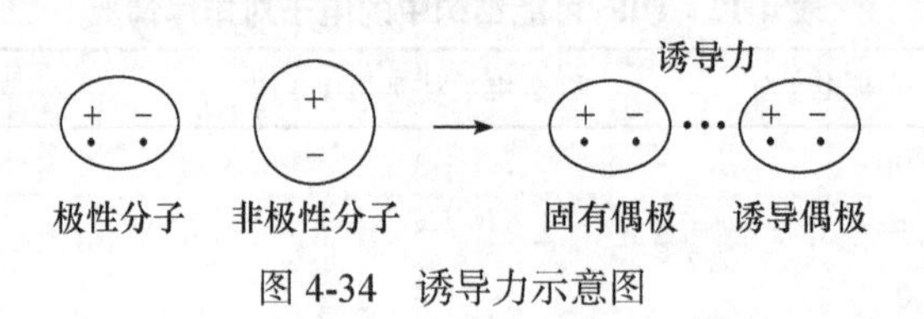

图4-34 诱导力示意图

3)取向力

极性分子与极性分子相互靠近时，固有偶极之间异性相吸同性相斥的结果，使分子按照一定的取向排列，而产生吸引力，称为取向力，如图4-35所示。

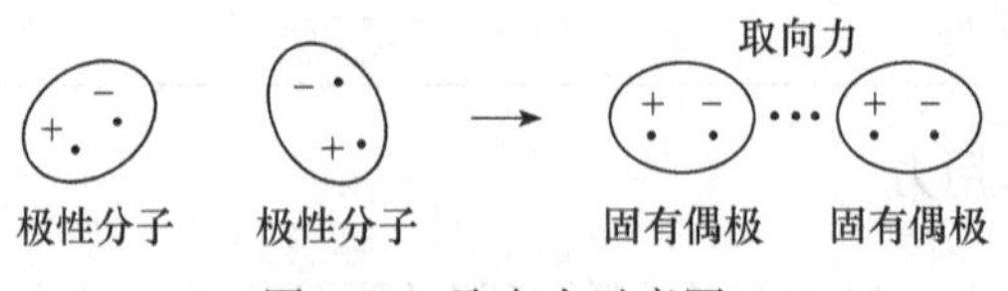

图4-35 取向力示意图

分子间力一般只有几至几十千焦每摩尔，比化学键小1～2个数量级。在分子间力几种类型中，色散力是主要的，只有在极性很大的分子中，取向力才占较大的比例，而诱导力通常都很小。

表 4-13 列出上述三种分子间力在部分分子中的分配情况。

表 4-13　分子间力在一些分子中的分配(kJ · mol^{-1})

分子	取向力	诱导力	色散力	总和
Ar	0	0	8.5	8.5
CO	0.003	0.008	8.75	8.75
HI	0.025	0.113	25.87	26.00
HBr	0.69	0.502	21.94	23.11
HCl	3.31	1.00	16.83	21.14
NH_3	13.31	1.55	14.95	29.60
H_2O	36.39	1.93	9.00	47.31

2. 氢键

氢原子与电负性很大的原子 X(如 O、F、N)形成 HX 时，由于共价键 H—X 中 X 对电子云的吸引力很强，因此电子云强烈偏向 X 原子，而使氢原子几乎成了一个没有电子、半径很小、带一个正电荷的原子核(或者说是一个裸露的质子)。当这个氢原子遇到另外一个电负性很大的原子 Y(如 O、F、N)时，H 和 Y 之间会产生较强的静电吸引力，这种力称为氢键。图 4-36 描述了氢键的形成。

$\overset{\delta-}{X}$ —— $\overset{\delta+}{H}$ ······ $\overset{\delta-}{Y}$

图 4-36　氢键形成示意图

应该指出，氢键只是分子之间的一种特殊的作用力，并不是真正意义上的化学键，键能也远比化学键的键能小得多，一般为几十千焦每摩尔，与分子间力的数量级相当。但有一点，氢键和共价键一样也具有方向性和饱和性。例如，液态 HF 中，氢键使 HF 分子通常以$(HF)_n$的结构存在(通常称为缔合作用)，如图 4-37 所示。

氢键不仅存在于分子之间，在某些化合物的分子内部，也有可能形成氢键。例如，苯酚的邻位如果有—COOH、—CHO、—OH、—NO_2 等基团时，在分子内部就可以形成氢键，通常称为分子内氢键，如图 4-38 所示。

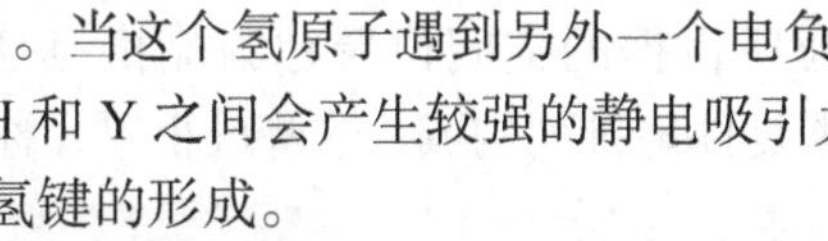

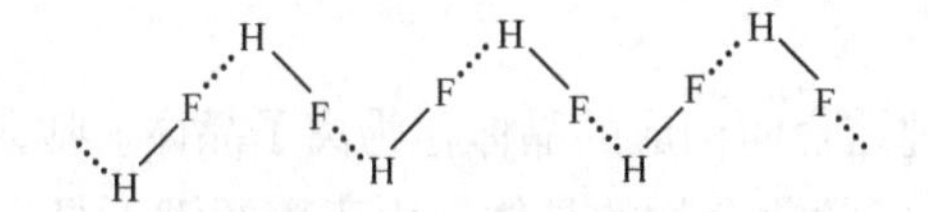

图 4-37　HF 分子间氢键的作用

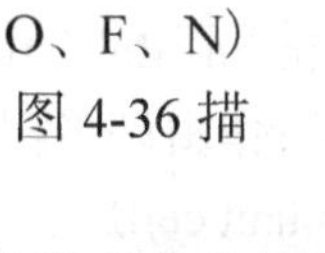

图 4-38　分子内氢键形成示意图

氢键的存在对物质的理化性质都有一定的影响。例如，NH_3、H_2O 及 HF 的熔沸点比同族的 PH_3、H_2S 和 HCl 高出很多，就是因为 NH_3、H_2O 和 HF 的分子之间有氢键。H_2O 和乙醇能够以任意比例互溶，也是由于水分子和乙醇分子之间可以形成氢键。一般情况下，化合物自身分子之间能够形成氢键，其熔沸点显著升高，见表 4-14。化合物分子内部若形成分子内氢键，熔沸点要相应地降低一些，水溶性变差。

表 4-14 部分氢化物的沸点(℃)

ⅣA		ⅤA		ⅥA		ⅦA	
CH_4	−160	NH_3	−33	H_2O	100	HF	20
SiH_4	−120	PH_3	−88	H_2S	−61	HCl	−85
GeH_4	−88	AsH_3	−55	H_2Se	−41	HBr	−67
SnH_4	−52	SbH_3	−18	H_2Te	−2	HI	−36

在蛋白质结构中，多肽链的酰胺基尽可能多地形成氢键，使其结构保持稳定的螺旋形。DNA 的稳定双螺旋结构也是靠碱基对之间的氢键结合，因此氢键在生命过程中起着十分重要的作用。目前，对于氢键的本质及其作用方式仍在持续研究中。

4.4 晶 体 结 构

在生产实践和科学实验中，我们通常遇到的不是单个原子或单个分子，而是原子、离子或者分子的集合体。原子、离子或者分子通过各种化学键和作用力结合起来，使物质呈现出固态、液态和气态三种聚集状态。固体物质是工程中最常用的材料。物质内部微粒做有规律的排列所构成的固体称为晶体(crystal)；微粒做无规则地排列构成的固体称为非晶体(amorphous matter)。组成晶体的微粒(原子、离子或者分子)在空间有确定的相对位置，具有一定的空间几何形状，称为晶格(crystal lattice)。组成晶格的微粒所占据的空间位置称为晶格点(lattice point)。晶格可以看作由许多相同的最小单元有规则重复性地排列构成，这些最小单元称为晶胞(crystal cell 或 unit cell)。

4.4.1 晶体的基本类型

一般来说，晶体有一定的几何形状和固定的熔点，表现出各向异性；而非晶体则没有一定的外形和固定的熔点，表现出各向同性。根据晶体微粒间的作用力性质的不同可以把晶体分为离子晶体(ionic crystal)、原子晶体(atomic crystal)、分子晶体(molecular crystal)和金属晶体(metallic crystal)四种。

1. 离子晶体

晶格点上交替排列着正、负离子，其间以离子键结合而构成的晶体称为离子晶体。典型的离子晶体主要是由活泼的金属元素与非金属元素形成的化合物的晶体。由于离子键不具有方向性和饱和性，因此离子晶体中各离子将会与尽可能多的异号离子结合。离子晶体中一个离子与邻近异号离子结合的数目称为配位数，见表 4-15 及图 4-39。

表 4-15 离子晶体空间结构类型的特征

空间结构类型	实例	配位情况
NaCl 型	Li^+、Na^+、K^+、Rb^+的卤化物，Mg^{2+}、Ca^{2+}、Sr^{2+}、Ba^{2+}的氧化物，硫化物和硒化物	正、负离子配位数均为 6

续表

空间结构类型	实例	配位情况
CsCl 型	CsCl、CsBr、CsI、TlCl、TlBr、NH_4Cl 等	正、负离子配位数均为 8
ZnS 型	BeO、BeS、BeSe、BeTe、MgTe 等	正、负离子配位数均为 4
CaF_2 型	CaF_2、PbF_2、HgF_2、ThO_2、UO_2、CeO_2、$SrCl_2$、$BaCl_2$ 等	正离子配位数为 8，负离子配位数均为 4

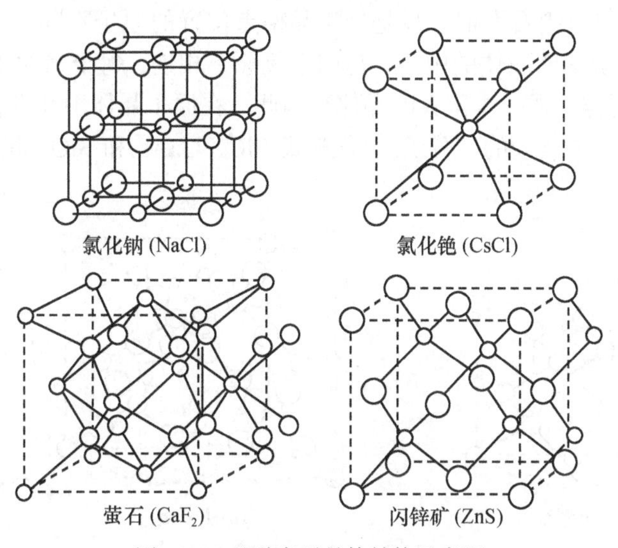

图 4-39　几种离子晶体结构示意图

不同离子晶体的配位数是不同的，这主要是由正、负离子的半径比 r_+/r_- 不同造成的。对于 AB 型的离子晶体通常满足半径比规则，如表 4-16 所示。

表 4-16　AB 型化合物离子半径比与配位数的关系

r_+/r_-	配位数	空间构型类型
0.225～0.414	4	ZnS 型
0.414～0.732	6	NaCl 型
0.732～1.00	8	CsCl 型

需要指出的是，上述规则只适用于 AB 型离子型晶体，在共价键占主导地位的化合物中并不适用。当然这也只是一个近似的规则，有一些离子晶体并不满足半径比规则。例如，RbCl 和 KCl 的正、负离子半径之比分别为 0.735 和 0.80，似乎配位数应为 8，属 CsCl 型，而实际上配位数为 6，属 NaCl 型。事实上，离子化合物的晶形不仅与离子的半径有关，也与离子的极化情况有关。

在离子晶体中，晶格点之间靠较强的离子键结合，因此离子晶体一般具有较高的熔点和较大的硬度，且延展性差，比较脆。多数离子晶体易溶于水等极性溶剂，其水溶液或者熔融液都易导电。

2. 原子晶体

晶格点上排列的微粒为原子，原子之间靠共价键结合构成的晶体称为原子晶体。常见的单质如金刚石(C)、单晶硅(Si)和单晶锗(Ge)以及化合物如金刚砂(SiC)、方石英(SiO_2)和砷化镓(GaAs)等都属于原子晶体。由于共价键具有饱和性和方向性，因此原子晶体的配位数一般都不高。以典型的金刚石原子晶体为例，每个 C 原子在成键时以 sp^3 等性杂化形成四个 sp^3 杂化轨道，与邻近的四个 C 原子以四个共价键构成正四面体的结构，因此配位数为 4[图 4-40(a)]。无数 C 原子相互连接构成一个整体的骨架结构，形成一个巨大的“分子”。Si、Ge、SiC 和 GaAs 等晶体的结构与金刚石类似，只是处于晶格点位置的原子不同。方石英(SiO_2)的晶体结构，每个硅原子位于正四面体的中心，与四个氧原子相连，每个氧原子与两个硅原子相连[图 4-40(b)]，无限延伸构成一个巨大的晶体。因此，在原子晶体中并没有独立存在的原子或分子，整个晶体就是一个巨大的“分子”。化学式 SiC、GaAs 和 SiO_2 等只代表晶体中各种元素原子数的比例。

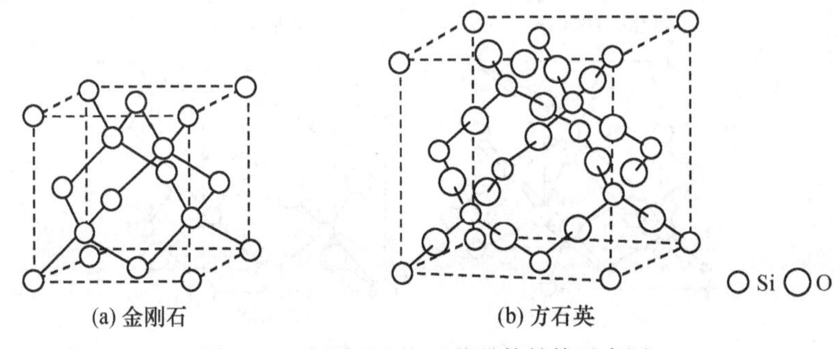

图 4-40　金刚石和方石英晶体结构示意图

原子晶体中各原子之间靠共价键结合，因此破坏原子晶体的结构非常困难，相应地表现出极高的熔点和硬度，且延展性差，脆性大，不导电或者导电性差(Si 和 Ge 可作半导体)等性质。

3. 分子晶体

晶格点上排列的微粒如果是共价分子或者是单原子分子，微粒之间靠分子间力(某些还含有氢键)结合构成的晶体称为分子晶体。例如，CO_2 的晶体结构就是 CO_2 分子占据立方体的八个顶点和六个面心，如图 4-41 所示。分子晶体和离子晶体及原子晶体不同，存在单个的分子，化学式就表示一个分子即分子式。由于分子间力没有方向性和饱和性，因此分子晶体内分子一般都是尽可能趋于紧密堆积的排列，配位数可高达 12。

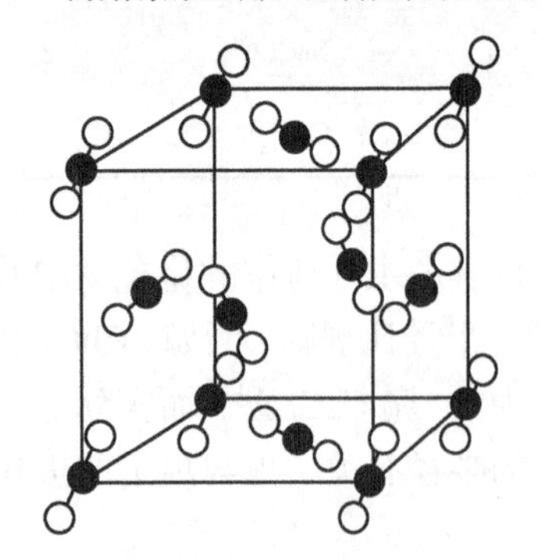

图 4-41　CO_2 分子晶体结构示意图

分子间力较弱，因此分子晶体的熔点(一般低于 600K)和硬度都很低，有的具有较大的挥发性(如固体的碘和萘等)。另外，分子晶体通常都是电的不良导体，无论是液态还是水溶液都不导电。但是如果分子的极性很大，与水结合成水合离子，则可以导电。例如，氯化氢晶体不导电，但是当其溶于水后发生下述反应而导电。

$$HCl + H_2O \Longrightarrow H_3O^+ + Cl^-$$

4. 金属晶体

晶格点上排列的微粒为金属原子或正离子，微粒之间靠从金属原子上脱落下来的自由电子以金属键结合构成的晶体称为金属晶体。绝大多数金属单质和合金都属于金属晶体。从前面讲的金属键的形成过程可以知道，金属键没有方向性和饱和性，因此金属晶体中原子也是按照紧密堆积的方式排列，配位数也可高达 12。堆积方式通常有三种，如图 4-42 所示。

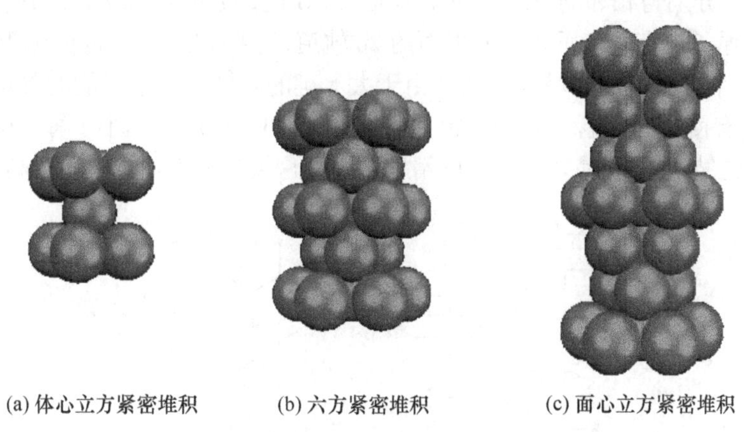

(a) 体心立方紧密堆积　(b) 六方紧密堆积　(c) 面心立方紧密堆积

图 4-42　金属原子的堆积方式

金属原子失去电子变成正离子，但又可捕获电子变成金属原子，因此金属键就这样处在不断的破坏和形成之中。当金属晶体各部分发生相对滑动时，金属键在一处破坏又能在另一处重新形成，不致使晶体破坏，因此金属晶体或合金大多具有良好的延展性能和机械加工性能。此外，由于金属晶体中存在大量自由电子，能够迅速在电场中移动和传递能量，故金属或合金具有良好的导电性和导热性能。

4.4.2　过渡型晶体

许多固体物质如某些单质或由一般金属与非金属元素形成的化合物往往不属于上述四种基本晶体类型，而是属于过渡型晶体。这类晶体常见的有链状结构晶体和层状结构晶体两种。

1. 链状结构晶体

在天然硅酸盐晶体中的基本结构单位是 1 个硅原子和 4 个氧原子所组成的四面体，根据这种四面体的不同连接方式，可以得到不同结构的硅酸盐。若将各个四面体通过两个顶角的氧原子分别与另外两个四面体中的硅原子相连，便构成链状结构的硅酸盐负离子，如图 4-43 所示。图中虚线表示四面体，直线表示共价键。这些硅酸盐负离子具有由无数硅、氧原子通过共价键组成的长链形式，链与链之间充填着金属正离子(如 Na^{+}、Ca^{2+})。由于带负电荷的长链与

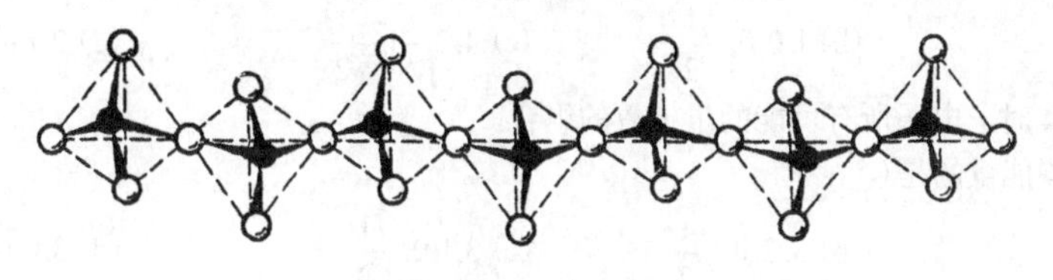

图 4-43　硅酸盐负离子单链结构示意图

金属正离子之间的静电作用能比链内共价键的作用能要弱，因此若沿平行于链的方向用力，晶体往往易裂开成柱状或纤维状。石棉就是类似这类结构的晶体。

2. 层状结构晶体

石墨是典型的层状结构晶体，如图 4-44 所示。在石墨中每一个碳原子以 sp^2 杂化形成三个 sp^2 杂化轨道，分别与相邻的三个碳原子形成三个σ键，键角为 120°，构成一个正六边形的平面层。每个碳原子还有一个垂直于该平面的 2p 轨道，这些相互平行的 p 轨道可以相互重叠，形成一个遍及整个平面层的离域大 π 键。由于大 π 键的离域性，电子能沿着每一平面的方向移动，使石墨具有良好的导电、导热性能。同时由于层间的作用力远小于每一层中碳原子之间的作用力，所以层与层之间易发生相对的滑动，因此这类晶体工业上常用作高温固体润滑剂。

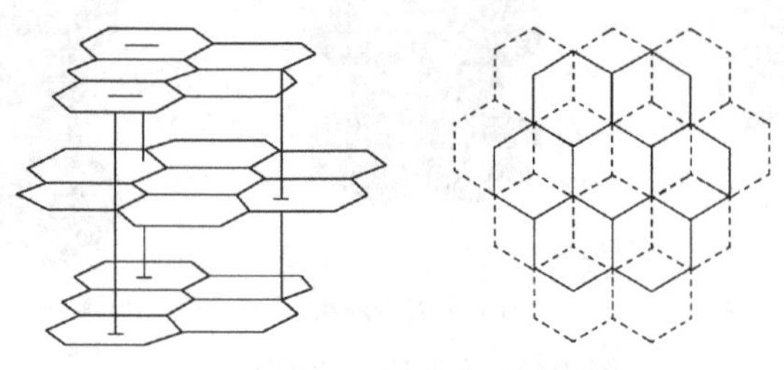

图 4-44 石墨的层状结构示意图

过渡型晶体中微粒之间往往不只存在单一的作用力，有时也称为混合型晶体。

本章要点

1. 了解玻尔原子结构模型的三种假设，掌握四个量子数的含义与取值。
2. 掌握多电子原子轨道能级顺序和核外电子分布规律，并能够描述核外电子分布式和核外电子构型。
3. 了解元素周期律与核外电子间的关系。
4. 掌握价键理论和杂化理论，并分析判断分子空间构型与分子极性、分子间相互作用力。

习 题

1. 关于光的波粒二象性的描述正确的是（　　）。
   (a) 光既具有波动性，又具有粒子性，这是互相矛盾、不统一的
   (b) 任何光现象都能明显地显示出波动性和粒子性
   (c) 大量的光子的效果显示出波动性，个别的光子产生的效果显示出粒子性
   (d) 频率较低的光子波动性较明显，频率较高的光子粒子性较明显
2. 以下电子的四个量子数的组合不合理的是（　　）。
   (a) $3,3,-1,+\frac{1}{2}$　　(b) $1,0,0,-\frac{1}{2}$　　(c) $4,2,-1,-\frac{1}{2}$　　(d) $2,1,-2,+\frac{1}{2}$
3. 写出主量子数 n=4 时，电子所有可能的量子数的组合。
4. 以下电子具有相同能量的是（　　）。
   (a) $3,1,-1,+\frac{1}{2}$　　(b) $3,2,0,-\frac{1}{2}$　　(c) $3,1,0,-\frac{1}{2}$　　(d) $3,0,0,+\frac{1}{2}$
5. 下列电子分布式违背泡利不相容原理的是（　　）。
   (a) $1s^22s^22p^63s^23p^63d^1$　　(b) $1s^22s^1$　　(c) $1s^22s^22p^63s^23p^63d^{10}4s^3$　　(d) $1s^22s^22p^6$

6. 不查元素周期表，根据核外电子分布规律写出原子序数为 51 的元素的核外电子分布式，判断该元素是主族元素还是副族元素，写出该元素的外层电子构型，并确定其在周期表中的位置。然后对照元素周期表，验证是否正确。
7. 芯片中常用到的一种半导体元素材料，其+4 价离子的电子分布式为 $1s^22s^22p^6$，则该元素在周期表中第_____周期，第_____族，_____区，元素符号为______。该元素原子的电子分布式为________________，外层电子构型为__________，对应的二氧化物分子空间构型为__________。
8. 比较 BBr_3 和 NCl_3 分子的空间构型，并解释为什么它们同为 AB_3 型化合物空间构型却不同。
9. 填写下表：

分子	中心原子杂化类型	分子空间构型	分子极性
SiH_4			
H_2S			
BCl_3			
$HgCl_2$			
PH_3			

10. 下列过程需要克服哪种类型的作用力？
    碘的升华__________，NaCl 溶于水__________，液氨蒸发_________，SiO_2 熔化_________，Al 熔化________。
11. 下列分子自身之间存在哪种类型的作用力(若为范德华力需指出具体的作用力类型)？
    (1) H_2　(2) CH_3COOH　(3) CCl_4　(4) HCHO　(5) H_3BO_3　(6) H_2S
12. 下列各组物质的晶体类型分别是什么？
    (1) CO_2，SiO_2，MnO_2　(2) $SiCl_4$，SiC　(3) Ca，I_2，C(金刚石)

第 5 章　配位化合物

配位化合物(coordination compound)简称配合物，又称络合物。它是存在广泛、数量众多、结构复杂、用途甚广的一类化合物。1798 年法国化学家 Tassert 合成了第一个配位化合物 $[Co(NH_3)_6]Cl_3$。1893 年 26 岁的瑞士化学家 Werner 发表了一篇研究配位化合物的论文，提出配位理论和内界、外界的概念，标志着配位化学的建立，并因此获得 1913 年诺贝尔化学奖。

配位化合物在湿法冶金、电镀、金属离子的分离及物质的提纯等方面有着广泛的用途。近年来的研究表明，血液中的血红蛋白是铁的配位化合物，它起着运载氧气的作用。动物体内的各种酶几乎都是以金属配位化合物形式存在的。植物中的叶绿素是镁的配位化合物，它是进行光合作用的基础。某些铂的配位化合物对癌细胞有抑制作用，有望为征服癌症做出贡献。分子氮配位化合物的合成及还原性能的研究，以期能在常温常压下合成氨，使现行合成氨工艺来一场新的技术革命。研究配位化合物的化学，称为配位化合物化学，简称配位化学。它不仅渗透到所有的化学领域，并已进入材料科学、生物科学、原子能科学等领域，成为化学领域中一门独立的、极其活跃的分支学科。

5.1　配位化合物的定义、组成和命名

5.1.1　配位化合物的定义

在硫酸铜溶液中加入氨水，首先得到淡蓝色的碱式硫酸铜沉淀，继续加入氨水时沉淀消失，转变为深蓝色溶液。加入稀氢氧化钠溶液检测铜离子和氨气时，发现既无氢氧化铜沉淀生成，也无气态氨放出。加入浓氢氧化钠溶液并加热时，才有沉淀生成，并可检测出有氨气逸出。加入可溶性钡盐溶液，可析出白色硫酸钡沉淀。以上实验现象说明溶液中存在游离的硫酸根离子，而绝大部分铜离子和氨并不以游离态存在。现已查明，溶液中的蓝色物质是铜离子和四个氨分子结合形成的复杂离子——$[Cu(NH_3)_4]^{2+}$。因此，硫酸铜和氨水的反应可写为

$$CuSO_4 + 4NH_3 \rightleftharpoons [Cu(NH_3)_4]SO_4$$

蒸发浓缩该溶液，将析出深蓝色的晶体，组成为$[Cu(NH_3)_4]SO_4 \cdot H_2O$，晶体中仍存在这种深蓝色的$[Cu(NH_3)_4]^{2+}$。相对于铜离子而言，$[Cu(NH_3)_4]^{2+}$是一个组成较为复杂的离子，称为配离子。每个 NH_3 分子的氮原子上各提供一对孤电子对与 Cu^{2+}共用。这种双方共用的电子对由一方单独提供的共价键，称为配位共价键(coordinate-covalent bond)，简称配位键。在$[Cu(NH_3)_4]^{2+}$中有 4 个配位键(图 5-1)。

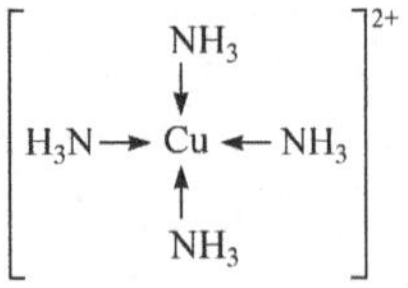

$$\left[\begin{array}{ccc} & NH_3 & \\ & \downarrow & \\ H_3N \rightarrow & Cu & \leftarrow NH_3 \\ & \uparrow & \\ & NH_3 & \end{array}\right]^{2+}$$

图 5-1　$[Cu(NH_3)_4]^{2+}$的配位键

一般地，一个正离子(或原子)和几个中性分子或简单负离子以配位键结合，形成具有一定稳定性的、在溶液中仅部分解离或基本不解离的化学质点，这种化学质点称为配位单元，通常放在方括号内。凡是含有配位单元的化合物称为配位化合物。

5.1.2　配位化合物的组成

以$[Cu(NH_3)_4]SO_4$为例详细说明配位化合物的组成情况，如图 5-2 所示。

1. 内界和外界

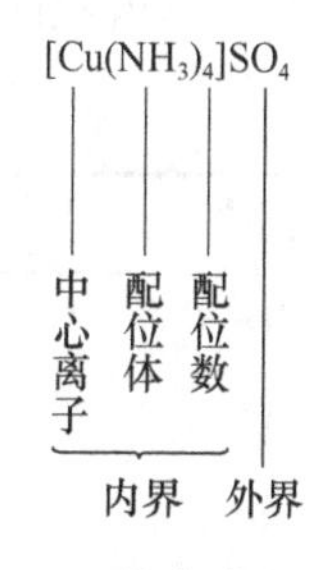

图 5-2　配位化合物的组成

配位单元在配位化合物中也称为内界(inner)。配位单元如果是离子，称为配离子。带负电荷的配离子称为配阴离子，带正电荷的配离子称为配阳离子。内界和带有与配位单元相反电荷的离子[称为外界(outer)]一起组成配合物，如$[Cu(NH_3)_4]SO_4$、$K_3[Fe(CN)_6]$等。内界和外界之间在键型、化合比等关系上与离子化合物类似，溶于水以后，内界和外界完全解离。如果配位单元本身是不带电荷的中性分子，称为配位分子，如$[Ni(CO)_4]$，整个分子是内界，没有外界。

2. 配位中心

配位中心(coordination center)是配位化合物的形成中心，其显著特征是具有空的价电子原子轨道、能接受孤电子对形成配位键。配位中心一般为金属，特别是过渡金属正离子，称为中心离子。此外还有少数金属原子及一些具有高氧化数的非金属原子也可作为配位化合物的形成中心，如中性 Ni 原子可形成$[Ni(CO)_4]$，Si(Ⅳ)可形成$[SiF_6]^{2-}$。

3. 配位体和配位原子

与配位中心以配位键结合的中性分子或阴离子称为配位体(ligand)，如 NH_3、H_2O、CO 等。配位体中直接与配位中心键合的原子称为配位原子(ligating atom)。例如，$[Co(NH_3)_3(H_2O)Cl_2]^+$中 NH_3、H_2O、Cl^-是配位体，而 NH_3 中的 N 原子、H_2O 中的 O 原子是配位原子，Cl^-既是配位体又是配位原子。

有的配位体只含有一个配位原子，只能提供一对孤电子对与配位中心形成配位键，称为单齿配体(monodentate ligand)，如 H_2O、Cl^-。能提供两个及以上配位原子与中心原子形成配位键的配位体称为多齿配体(polydentate ligand)。

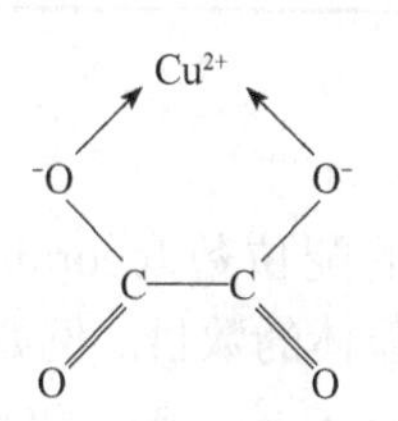

图 5-3　螯合物的螯合示意图

多齿配体与同一配位中心配位后必然形成一个具有环状结构的配合物。例如，$C_2O_4^{2-}$(草酸根)是一个双齿配体，当它与 Cu^{2+}配合时，能同时用两个原子与 Cu^{2+}配位。草酸根中的两个氧原子就像螃蟹的两个螯，将 Cu^{2+}紧紧钳住，如图 5-3 所示。将这类配位化合物形象地称为螯合物(chelate)，将能够形成螯合物的多齿配体称为螯合剂，螯合剂与配位中心的反应称为螯合反应。

环上有几个原子就称几元环。例如，草酸根与 Cu^{2+}形成的环状结构中，有 5 个原子，称为五元环。须注意，螯合剂中的配位原子之间必须间隔两个或两个以上的其他原子，只有这样才能形成稳定的螯合物。螯合物环状结构中通常是五元环、六元环。成环结构的配位原子通常为 N、O、S 等。

按照配位原子的种类不同，可将配位体分为以下几类：

(1) 含氮配位体，如 NH_3、NO、C_5H_5N 等。

(2) 含氧配位体，如 OH^-、H_2O、$RCOO^-$等。

(3)含碳配位体，如 CN^-、CO 等。

(4)卤素配位体，如 F^-、Cl^-、Br^-、I^-等。

常见的单齿配体和多齿配体见表 5-1 和表 5-2。

表 5-1　常见的单齿配体

配位原子	中性分子	阴离子
卤素		F^-、Cl^-、Br^-、I^-
O	H_2O、R_2O(醚)、ROH(醇)	OH^-(羟)、$RCOO^-$、ONO^-(亚硝酸根)
S	H_2S	S^{2-}、SCN^-(硫氰酸根)
N	NH_3、—NO(亚硝基)、—NO_2(硝基) CH_3NH_2(甲胺)、C_6H_5N(吡啶)	NCS^-(异硫氰酸根)
C	CO	CN^-(氰)

表 5-2　常见的多齿配体

多齿配体名称	结构式	配位原子数
草酸根	$^-OOC—COO^-$	2
乙二胺(en)	$H_2N—CH_2—CH_2—NH_2$	2
联吡啶		2
8-羟基喹啉	HO　N	2
邻菲咯啉(phen)	N　N	2
氨基乙酸根	$H_2N—CH_2—COO^-$	2
乙二胺四乙酸根	$(^-OOCCH_2)_2N—CH_2—CH_2N(CH_2COO^-)_2$	6

4. 配位数

与配位中心以配位键结合的配位原子数目，称为该配位中心的配位数(coordination number)。如果配位体全部都是单齿配体，配位中心的配位数就等于配位体的数目。例如，在配位离子$[Fe(SCN)_6]^{3-}$、$[Cu(NH_3)_4]^{2+}$、$[Ag(SCN)_2]^-$中，中心离子 Fe^{3+}、Cu^{2+}、Ag^+的配位数分别是 6、4、2。如果配位体中包含多齿配体，配位体的数目与配位中心的配位数就不相等了。例如，$[Cu(en)_2]^{2+}$中配位体 en(乙二胺)的个数为 2，但每个配位体都有两个配位原子与 Cu^{2+}配位，所以 Cu^{2+}的配位数为 2×2=4。

配位中心的配位数一般为 2、4、6、8，且以 4 和 6 最为常见。不过配位数不是一成不变的，配位数目的多少主要取决于中心离子的电荷数、中心离子(或原子)及配位体半径的大小。中心离子的电荷越多，半径越大，配位体的半径越小，其周围可容纳的配位体就越多，配位数也就越大。一些常见离子(或原子)的配位数见表 5-3。

表 5-3　一些常见离子(或原子)的配位数

配位数	中心离子(或原子)
2	Ag^{+}、Cu^{+}、Au^{+}
4	Cu^{2+}、Zn^{2+}、Hg^{2+}、Cd^{2+}、Al^{3+}、Ni^{2+}、Ni(0)
6	Fe^{3+}、Fe^{2+}、Co^{2+}、Ni^{2+}、Pt^{4+}、Al^{3+}

5.1.3　配位化合物的命名

有部分配位化合物目前仍沿用习惯名称，即俗名。例如

$[Cu(NH_3)_4]SO_4$	硫酸铜氨
$K_3[Fe(CN)_6]$	铁氰化钾或赤血盐
$K_4[Fe(CN)_6]$	亚铁氰化钾或黄血盐
$H_2[PtCl_6]$	氯铂酸

由于配位化合物的种类繁多，通常的俗名已不能满足要求，因此必须规范这类化合物的命名规则。一般命名原则有如下几条：

1. 内界的命名

配位体名称放在前，配位中心名称放在后，在配位体和配位中心之间用汉字“合”连接起来。配位体名称前面用一(可省略)、二、三、……表示配位体数目，配位中心后面加括号，括号里面用罗马数字Ⅰ、Ⅱ、Ⅲ、…表示配位中心的氧化数，即“配位体个数—配位体名称—合—配位中心名称(配位中心氧化数)”。如果配位体名称较长或者较复杂，配位体数目应加上括号以避免歧义。例如

$[Cu(NH_3)_4]^{2+}$	四氨合铜(Ⅱ)
$[Fe(CN)_6]^{3-}$	六氰合铁(Ⅲ)
$[Ag(S_2O_3)_2]^{3-}$	二(硫代硫酸根)合银(Ⅰ)
$[Cr(en)_2]^{3+}$	二(乙二胺)合铬(Ⅲ)

2. 配位体的次序

如果配位化合物有多种配位体，按照阴离子配位体在前、中性分子配位体在后，无机配位体在前、有机配位体在后的次序排列。同种类型的配位体，按照配位原子的英文字母先后顺序排列。若同类配位体的配位原子也相同，则按照配位体的原子总数由少到多的次序排列。不同配位体的名称之间还要用圆点“·”隔开。命名次序与书写次序一致，读的时候“·”不读出，稍作停顿即可。例如

$[PtCl_3NH_3]^{-}$	三氯·一氨合铂(Ⅱ)
$[Co(NH_3)_2(en)_2]^{3+}$	二氨·二(乙二胺)合钴(Ⅲ)
$[Co(NH_3)_5(H_2O)]^{3+}$	五氨·一水合钴(Ⅲ)
$[Pt(NO_2)(NH_3)(NH_2OH)(py)]^{+}$	一硝基·一氨·一羟胺·一吡啶合铂(Ⅱ)

3. 配位化合物整体命名

配位化合物的内界若为阳离子，命名时将其视为一个简单阳离子（如 Na^+）；若为阴离子，命名时将其视为一个复杂阴离子（如SO_4^{2-}），然后按照一般无机化合物的命名原则命名，如表 5-4 所示。

表 5-4　配位化合物的整体命名

内界	外界	命名	示例
阳离子	简单阴离子，如 Cl^-	某化某	$[Co(NH_3)_6]Cl_3$　三氯化六氨合钴(Ⅲ)
	复杂阴离子，如 SO_4^{2-}	某酸某	$[Cu(NH_3)_4]SO_4$　硫酸四氨合铜(Ⅱ)
	OH^-	氢氧化某	$[Ag(NH_3)_2]OH$　氢氧化二氨合银(Ⅰ)
阴离子	H^+	某酸	$H_2[PtCl_6]$　六氯合铂(Ⅳ)酸
	其他阳离子，如 K^+	某酸某	$K_4[Fe(CN)_6]$　六氰合铁(Ⅱ)酸钾

若配位化合物外界也是配位单元，命名时也采用“某化某”的方式。例如，$[Pt(py)_4][PtCl_4]$命名为“四氯合铂(Ⅱ)酸四吡啶合铂(Ⅱ)”，化学式中的 py 为吡啶的缩写。

5.2　配位化合物在水溶液中的配位平衡

5.2.1　配离子的解离平衡和稳定常数

配位化合物的内界与外界之间一般是以离子键结合的，在水溶液中几乎完全解离。解离出的配离子则类似弱电解质，在水溶液中能或多或少地解离成它的组成部分——中心离子和配位体。配离子的解离过程是可逆的，在一定的温度下达到平衡，这种平衡就称为配位平衡。对于铜氨配离子的配位平衡可用方程式表示如下：

$$[Cu(NH_3)_4]^{2+} \rightleftharpoons Cu^{2+} + 4NH_3$$

对应于这个平衡反应的平衡常数是

$$K^{\ominus}_{不稳} = \frac{\dfrac{c(Cu^{2+})}{c^{\ominus}} \cdot \left[\dfrac{c(NH_4)}{c^{\ominus}}\right]^4}{\dfrac{c[(Cu(NH_3)_4^{2+}]}{c^{\ominus}}}$$

该平衡常数数值越大，则表示配离子$[Cu(NH_3)_4]^{2+}$越容易解离，即配离子越不稳定，所以称为配离子的不稳定常数，用 $K^{\ominus}_{不稳}$ 表示。

$[Cu(NH_3)_4]^{2+}$在溶液中的解离与多元弱酸的解离类似，也是分级进行的。

第一级解离：

$$[Cu(NH_3)_4]^{2+} \rightleftharpoons [Cu(NH_3)_3]^{2+} + NH_3$$

$$K_1^{\ominus}=\frac{\dfrac{c[Cu(NH_3)_3^{2+}]}{c^{\ominus}}\cdot\dfrac{c(NH_3)}{c^{\ominus}}}{\dfrac{c[Cu(NH_3)_4^{2+}]}{c^{\ominus}}}$$

第二级解离：

$$[Cu(NH_3)_3]^{2+} \rightleftharpoons [Cu(NH_3)_2]^{2+} + NH_3$$

$$K_2^{\ominus}=\frac{\dfrac{c[Cu(NH_3)_2^{2+}]}{c^{\ominus}}\cdot\dfrac{c(NH_3)}{c^{\ominus}}}{\dfrac{c[Cu(NH_3)_3^{2+}]}{c^{\ominus}}}$$

第三级解离：

$$[Cu(NH_3)_2]^{2+} \rightleftharpoons [Cu(NH_3)]^{2+} + NH_3$$

$$K_3^{\ominus}=\frac{\dfrac{c[Cu(NH_3)^{2+}]}{c^{\ominus}}\cdot\dfrac{c(NH_3)}{c^{\ominus}}}{\dfrac{c[Cu(NH_3)_2^{2+}]}{c^{\ominus}}}$$

第四级解离：

$$[Cu(NH_3)]^{2+} \rightleftharpoons Cu^{2+} + NH_3$$

$$K_4^{\ominus}=\frac{\dfrac{c(Cu^{2+})}{c^{\ominus}}\cdot\dfrac{c(NH_3)}{c^{\ominus}}}{\dfrac{c[Cu(NH_3)^{2+}]}{c^{\ominus}}}$$

$$K_1^{\ominus}\cdot K_2^{\ominus}\cdot K_3^{\ominus}\cdot K_4^{\ominus}=K_{\text{不稳}}^{\ominus}$$

为了直接表示配离子的稳定性，通常用配离子的生成平衡常数：

$$Cu^{2+} + 4NH_3 \rightleftharpoons [Cu(NH_3)_4]^{2+}$$

$$K_{\text{稳}}^{\ominus}=\frac{\dfrac{c[Cu(NH_3)_4^{2+}]}{c^{\ominus}}}{\dfrac{c(Cu^{2+})}{c^{\ominus}}\cdot\left[\dfrac{c(NH_3)}{c^{\ominus}}\right]^4}$$

该平衡常数数值越大，说明生成配离子的倾向越大，配离子越稳定，所以也称配离子的稳定常数，用 $K_{\text{稳}}^{\ominus}$ 表示。显然任何一种配离子的稳定常数与不稳定常数之间互为倒数：

$$K_{\text{不稳}}^{\ominus}=\frac{1}{K_{\text{稳}}^{\ominus}}$$

对于相同类型(配位数相同)的配离子，可以用 $K_{\text{稳}}$ 来比较它们在水溶液中的稳定性。例如，$K_{\text{稳}}^{\ominus}[Ag(NH_3)_2^+]=1.1\times10^7$，$K_{\text{稳}}^{\ominus}[Ag(CN)_2^-]=1.3\times10^{21}$，说明在水溶液中配离子$[Ag(CN)_2]^-$比$[Ag(NH_3)_2]^+$稳定得多。

对于不同类型配离子的稳定性，只能通过计算比较。常见的一些配离子的$K^{\ominus}_{稳}$值见附录6。

5.2.2 配离子稳定常数的应用

1. 配合物系统中各组分浓度的计算

配离子在水溶液中都会发生解离，按照化学平衡的原理，应用配离子的稳定常数可对溶液中各种组分的浓度进行计算。

【例5-1】 利用稳定常数计算 0.1mol · dm^{-3}的一价铜的氨合物$[Cu(NH_3)_2]^+$和同浓度二价铜的氨合物$[Cu(NH_3)_4]^{2+}$分别在 0.1mol · dm^{-3} NH_3存在下的金属离子浓度。(已知$K^{\ominus}_{稳}[Cu(NH_3)_2^+] = 7.2\times10^{10}$，$K^{\ominus}_{稳}[Cu(NH_3)_4^{2+}] = 2.1\times10^{13}$)

解 设达到解离平衡时有 x mol · dm^{-3} $[Cu(NH_3)_2]^+$发生解离，则溶液中Cu^+的浓度为 x mol · dm^{-3}，根据配离子的解离平衡：

$$[Cu(NH_3)_2]^+ \rightleftharpoons Cu^+ + 2NH_3$$

	$[Cu(NH_3)_2]^+$	Cu^+	NH_3
起始浓度/(mol · dm^{-3})	0.1	0	0
平衡浓度/(mol · dm^{-3})	$(0.1-x)\approx0.1$	x	$0.1+2x\approx0.1$

$$K^{\ominus}_{不稳}=\frac{1}{K^{\ominus}_{稳}}=\frac{\dfrac{c(Cu^+)}{c^{\ominus}}\cdot\left[\dfrac{c(NH_3)}{c^{\ominus}}\right]^2}{\dfrac{c[Cu(NH_3)_2^+]}{c^{\ominus}}}=\frac{x\cdot0.1^2}{0.1}$$

解得$x=1.4\times10^{-10}$，即溶液中Cu^+的浓度为1.4×10^{-10}mol · dm^{-3}。

同理可计算出溶液中Cu^{2+}的浓度为4.8×10^{-11}mol · dm^{-3}。

---

2. 沉淀的生成和溶解

在形成配离子的溶液中，游离金属离子的浓度将大大降低，向该溶液中加入金属离子的沉淀剂时，生成沉淀的可能性减小，甚至不能生成沉淀。与此相反，难溶盐的饱和溶液中，如果金属离子可以与某种配位剂生成配离子，而且这种配离子具有足够高的稳定性时，则配位剂将夺取难溶盐中的金属离子，破坏正常的沉淀平衡，使沉淀逐渐被溶解。

例如，AgCl 难溶于水，却易溶于氨水。

$$AgCl(s) + 2NH_3 \rightleftharpoons [Ag(NH_3)_2]^+ + Cl^-$$

【例5-2】 欲使 0.1mol AgBr 溶于 1dm^3 $Na_2S_2O_3$溶液，所需$Na_2S_2O_3$的最低浓度是多少？

解 溶解总反应为　　$AgBr(s) + 2S_2O_3^{2-} \rightleftharpoons [Ag(S_2O_3)_2]^{3-} + Br^-$

该反应可由以下两个反应叠加而成：

① $AgBr(s) \rightleftharpoons Ag^+ + Br^-$　　$K^{\ominus}_s(AgBr)$

② $Ag^+ + 2S_2O_3^{2-} \rightleftharpoons [Ag(S_2O_3)_2]^{3-}$　　$K^{\ominus}_{稳}[Ag(S_2O_3)_2^{3-}]$

根据多重平衡规则，总反应平衡常数$K^{\ominus}$与$K^{\ominus}_s(AgBr)$和$K^{\ominus}_{稳}[Ag(S_2O_3)_2^{3-}]$的关系为

$$K^{\ominus} = K^{\ominus}_s(AgBr)\cdot K^{\ominus}_{稳}[Ag(S_2O_3)_2^{3-}] = 15.52$$

AgBr 完全溶解，则溶液中游离的Br^-浓度

$$c(Br^-) = \frac{0.1mol}{1dm^3} = 0.1mol\cdot dm^{-3}$$

生成的$[Ag(S_2O_3)_2]^{3-}$浓度为

$$c[Ag(S_2O_3)_2^{3-}] = 0.1mol \cdot dm^{-3}$$

欲使溶液中不再产生 AgBr 沉淀，上述反应不可向左移动，因此有

$$Q_c = \frac{\dfrac{c(Br^-)}{c^\ominus} \cdot \dfrac{c[Ag(S_2O_3)_2^{3-}]}{c^\ominus}}{\left[\dfrac{c(S_2O_3^{2-})}{c^\ominus}\right]^2} < K^\ominus$$

解得　$$c(S_2O_3^{2-}) > 0.025mol \cdot dm^{-3}$$

形成$[Ag(S_2O_3)_2]^{3-}$所需的$S_2O_3^{2-}$浓度为 $0.2mol \cdot dm^{-3}$。

所以欲使 AgBr 溶解，$S_2O_3^{2-}$浓度必须满足：

$$c(S_2O_3^{2-}) > 0.2mol \cdot dm^{-3} + 0.025mol \cdot dm^{-3} = 0.225mol \cdot dm^{-3}$$

3. 配离子之间的相互转化

多数过渡金属离子的配合物都有颜色，可用这些特征颜色来鉴定离子的存在。但一种配合试剂有时能同时与两种金属离子生成不同颜色的配离子，会相互干扰。例如，钴盐溶液中若含有少量杂质+3 价铁离子，当加入 NH_4SCN 试剂鉴定 Co^{2+}时，就会同时发生两个配位平衡反应。

$$Co^{2+} + 4SCN^- \rightleftharpoons [Co(SCN)_4]^{2-}\text{（蓝紫色）}$$

$$Fe^{3+} + SCN^- \rightleftharpoons [Fe(SCN)]^{2+}\text{（血红色）}$$

为了消除后者对前者的干扰，可加入 NH_4F 使 Fe^{3+}与 F^-生成更稳定的无色 FeF_3 配合物而将 Fe^{3+}掩蔽起来。这种配合物之间的转化，主要取决于两个配合物稳定常数的差别。

$$[Fe(SCN)]^{2+} + 3F^- \rightleftharpoons [FeF_3] + SCN^-$$

该反应的平衡常数　$$K^\ominus = \frac{K^\ominus_{稳}([FeF_3])}{K^\ominus_{稳}[Fe(SCN)^{2+}]} = \frac{1.1\times10^{12}}{2.2\times10^{3}} = 5.0\times10^{8}$$

可见该反应的平衡常数很大，溶液中的$[Fe(SCN)]^{2+}$几乎可以全部转化为$[FeF_3]$。

4. 形成配离子后的氧化还原能力的变化

配位平衡与氧化还原平衡是可以相互影响和制约的，因为配合物的形成使金属离子浓度发生变化导致电极电势发生变化。

【例 5-3】 已知 298.15K 时，$\varphi^\ominus(CO^{3+}/CO^{2+}) = 1.84V$，计算电极$[Co(NH_3)_6]^{3+}/[Co(NH_3)_6]^{2+}$的标准电极电势$\varphi^\ominus\{[Co(NH_3)_6]^{3+}/[Co(NH_3)_6]^{2+}\}$。

解　首先必须明确标准电极$[Co(NH_3)_6]^{3+}/[Co(NH_3)_6]^{2+}$的状态，当该电极处于标准态时，有

$$c[Co(NH_3)_6^{3+}] = c[Co(NH_3)_6^{2+}] = c(NH_3) = c^\ominus = 1mol \cdot dm^{-3}$$

此时电极的电极电势等于溶液中 Co^{3+}/Co^{2+} 产生的电极电势，而 Co^{3+}/Co^{2+} 电极反应为

$$Co^{3+} + e^- \rightleftharpoons Co^{2+} \qquad n=1$$

所以有

$$\varphi^{\ominus}\{[Co(NH_3)_6]^{3+}/[Co(NH_3)_6]^{2+}\}=\varphi(Co^{3+}/Co^{2+})$$

$$=\varphi^{\ominus}(Co^{3+}/Co^{2+})+0.0592V\times\lg\frac{c(Co^{3+})/c^{\ominus}}{c(Co^{2+})/c^{\ominus}}$$

在溶液中的 Co^{3+}和 Co^{2+}由以下配位平衡解离产生

$$[Co(NH_3)_6]^{3+} \rightleftharpoons Co^{3+} + 6NH_3$$

$$K^{\ominus}_{不稳}[Co(NH_3)_6^{3+}]=\frac{1}{K^{\ominus}_{稳}[Co(NH_3)_6^{3+}]}=7.1\times10^{-36}$$

$$[Co(NH_3)_6]^{2+} \rightleftharpoons Co^{2+} + 6NH_3$$

$$K^{\ominus}_{不稳}[Co(NH_3)_6^{2+}]=\frac{1}{K^{\ominus}_{稳}[Co(NH_3)_6^{2+}]}=7.7\times10^{-6}$$

因此，解得溶液中 $c(Co^{3+})=7.1\times10^{-36}mol\cdot dm^{-3}$，$c(Co^{2+})=7.7\times10^{-6}mol\cdot dm^{-3}$，代入上式，得

$$\varphi^{\ominus}\{[Co(NH_3)_6]^{3+}/[Co(NH_3)_6]^{2+}\}=\varphi(Co^{3+}/Co^{2+})+0.0592\lg\frac{c(Co^{3+})/c^{\ominus}}{c(Co^{2+})/c^{\ominus}}$$

$$=1.84V+0.0592V\times\lg\frac{7.1\times10^{-36}}{7.7\times10^{-6}}=0.062V$$

比较以上金属离子与其配离子的电对，可以看出，配离子的形成使其电极电势值减小，形成的配离子越稳定，$\varphi^{\ominus}$ 的代数值越小。对于同一金属的不同氧化态配离子，电对的 $\varphi^{\ominus}$ 值大小与两种配离子的稳定常数有关，当高价配离子比低价配离子更稳定时，则 $\varphi^{\ominus}$ 代数值减小；当低价配离子比高价配离子更稳定时，则 $\varphi^{\ominus}$ 代数值增大。

5.3 配位化合物的价键理论

5.3.1 价键理论

1. 价键理论的基本要点

配位化合物价键理论是由美国化学家鲍林首先将杂化轨道理论应用于配位化合物中而逐渐形成和发展起来的，其主要内容是：

(1) 配合物的中心离子与配位体之间以配位键结合。要形成配位键，配位体中配位原子必须含孤电子对，中心离子必须具有空的价电子轨道。

(2) 中心离子的空轨道必须杂化，以杂化轨道成键。在形成配合物时，中心离子的杂化轨道与配位体的孤电子对所在轨道发生重叠，从而形成配位键。

(3) 中心离子的不同轨道参与杂化可分别形成内轨型配合物和外轨型配合物。

2. 配离子的形成和结构

以$[FeF_6]^{3-}$和$[Cu(NH_3)_4]^{2+}$为例，讨论价键理论的应用。

(1) $[FeF_6]^{3-}$的形成。Fe^{3+}的价电子层结构如下：

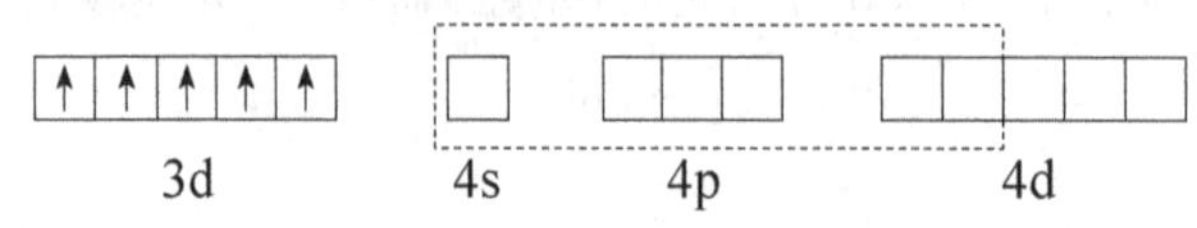

当 Fe^{3+}与六个 F^-形成$[FeF_6]^{3-}$时，Fe^{3+}的一个 4s、三个 4p 和两个 4d 空轨道进行杂化，组成六个

sp^3d^2 杂化轨道，分别接受六个 F^- 提供的孤电子对，形成六个 σ 配位键，其空间构型为正八面体。

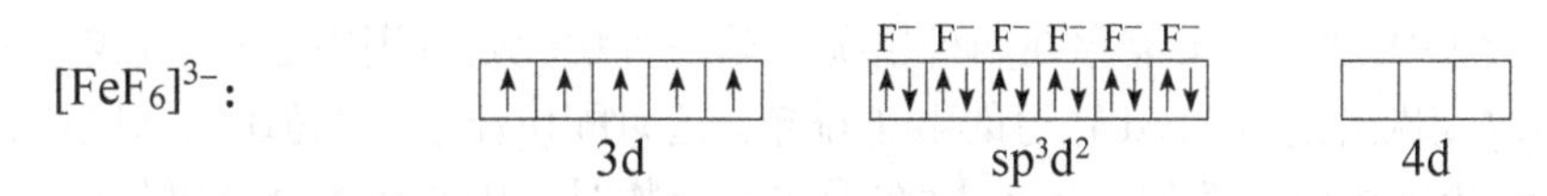

(2) $[Cu(NH_3)_4]^{2+}$的形成。Cu^{2+}价电子构型为

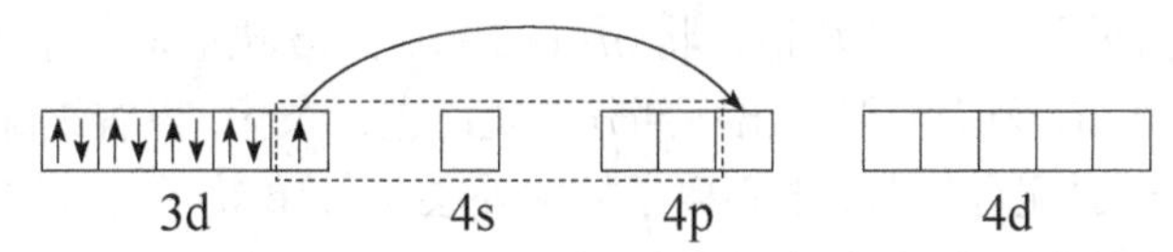

当 Cu^{2+}与四个 NH_3 分子结合形成$[Cu(NH_3)_4]^{2+}$时，Cu^{2+}在配位体的影响下，3d 轨道上的一个单电子跃到 4p 轨道，空出一个 3d 轨道与一个 4s 空轨道和两个 4p 空轨道进行杂化，组成四个空的 dsp^2 杂化轨道，分别接受四个 NH_3 分子中 N 原子所提供的四对孤电子对，从而形成四个 σ 配位键，所以配离子$[Cu(NH_3)_4]^{2+}$的空间构型为平面正方形，Cu(Ⅱ)在正方形的中心，四个配位体在四个顶角上。

$[Cu(NH_3)_4]^{2+}$:　NH₃ NH₃ NH₃ NH₃
3d　dsp^2　4p　4d

对于其他类型配合物杂化及空间构型不再详述，见表 5-5。

表 5-5　某些配合物的杂化轨道及空间结构

杂化类型	配位数	空间构型	实例
sp	2	直线形	$[Cu(NH_3)_2]^+$, $[Ag(NH_3)_2]^+$, $[CuCl_2]^-$, $[Ag(CN)_2]^-$
sp^2	3	等边三角形	$[CuCl_3]^{2-}$, $[HgI_3]^-$
sp^3	4	正四面体	$[Ni(NH_3)_4]^{2+}$, $[Zn(NH_3)_4]^{2+}$, $[Ni(CO)_4]^{2+}$, $[HgI_4]^{2-}$
dsp^2	4	正方形	$[Ni(CN)_4]^{2-}$, $[Cu(NH_3)_4]^{2+}$, $[PtCl_4]^{2-}$, $[Cu(H_2O)_4]^{2+}$
dsp^3	5	三角双锥	$[Fe(CO)_5]$, $[Ni(CN)_5]^{3+}$
sp^3d^2 d^2sp^3	6	正八面体	$[FeF_6]^{3-}$, $[Fe(H_2O)_6]^{3+}$, $[Co(NH_3)_6]^{2+}$, $[PtCl_6]^{2-}$ $[Fe(CN)_6]^{3-}$, $[Fe(CN)_6]^{4-}$, $[Co(NH_3)_6]^{3+}$

3. 内轨型和外轨型配位化合物

当 d 轨道参与杂化并成键时，可能存在两种情况。第一种情况是只用中心离子(或原子)的外层 nd 轨道，而不改变次外层 $(n-1)$d 轨道的电子排布。这时配位原子上的孤电子对填入中心离子(或原子)的外层杂化轨道。例如，$[FeF_6]^{3-}$在形成配合物时，中心离子全部以外层空轨道(ns、np、nd)参与杂化成键，所形成的配合物称为外轨型配合物。

第二种情况是用次外层 $(n-1)$d 轨道，将 $(n-1)$d、ns、np 轨道进行杂化，这时就可能影响 $(n-1)$d 轨道中的电子排布，因为需要空出一部分 d 轨道进行杂化，以容纳配位原子的孤电子对。例如，$[Cu(NH_3)_4]^{2+}$在形成配合物时，中心离子的次外层 $(n-1)$d 轨道与外层空轨道(ns、np)一起参与杂化成键，所形成的配合物称为内轨型配合物。

5.3.2　配位化合物的性质

1. 稳定性

配位化合物的稳定性包括热稳定性和在溶液中的解离。由于 $(n-1)$d 轨道的能量比 nd 轨道的能量低，用 $(n-1)$d 轨道所形成的键比用 nd 轨道形成的键牢固，因此氧化数相同的同一中心原子的内轨型配合物较外轨型配合物稳定。例如，$[Fe(CN)_6]^{3-}$比$[FeF_6]^{3-}$稳定，$[Ni(CN)_4]^{2-}$比$[Ni(NH_3)_4]^{2+}$稳定。

2. 磁性

物质的磁性大小可用磁矩 μ 来衡量，它与所含未成对电子数 n 之间的关系可表示为：$\mu = \sqrt{n(n+2)}\mu_B$。其中 μ_B 称为玻尔磁子，是磁矩的单位。

形成配合物后，中心离子内层 $(n-1)$d 轨道中未成对的电子数可能发生变化，因此磁性也随之发生变化。当形成外轨型配合物时，中心原子的价层结构受配位体的影响较小，其未成对电子数多，磁矩较大；而形成内轨型配合物时，中心原子受配位体影响，价层结构发生变化，未成对电子数减少甚至为 0，因而磁矩较小或为 0。如果物质内部的电子都是自旋配对的，则电子自旋产生的磁矩互相抵消，因而表现出抗磁性(又称逆磁性)；如果物质内部含有未成对电子，则自由电子自旋产生的磁矩不能完全抵消，就表现出顺磁性。

5.4　配位化合物的应用

配位化合物普遍存在于自然界，它在科学研究和生产实践中得到了广泛的应用。随着科学技术的发展和配位化学研究的深入，配位化合物越来越显示出在科学研究和生产实践中的重要性。配位化合物已在分析化学、生物化学、药物学、电化学、染料化学、有机化学、催化化学等领域得到了广泛的应用。本节只简单介绍在无机化学、分析化学及有机化学方面的应用。

5.4.1　在无机化学方面的应用

湿法冶金是在水溶液中把金属直接从矿石中浸取出来，然后加入适当的还原剂，将其还原为单质金属。例如，矿石中的金用氰化钠溶液浸取，生成配离子$[Au(CN)_2]^-$：

$$4Au + 8CN^- + 2H_2O + O_2 = 4[Au(CN)_2]^- + 4OH^-$$

然后用锌还原即得单质金：

$$Zn + 2[Au(CN)_2]^- = [Zn(CN)_4]^{2-} + 2Au$$

20 世纪 70 年代以来，我国应用溶剂萃取法回收铜是湿法冶金较为突出的成就。例如，采用配位剂或者螯合剂使铜富集起来。

5.4.2　在分析化学方面的应用

1. 离子的鉴定

在水溶液中，Cu^{2+}与氨形成深蓝色的配离子$[Cu(NH_3)_4]^{2+}$，它是一个很灵敏的 Cu^{2+}检出反应。又如，水溶液中 Fe^{2+}能与邻二氮菲生成稳定的橙红色螯合物，用它可鉴定溶液中 Fe^{2+}的存在。丁二酮肟是一种常见的螯合剂，它用两个氮原子上的孤电子对和金属离子形成螯合物。丁二酮肟和 Ni^{2+}形成红色难溶性螯合物，是检测 Ni^{2+}的一个灵敏特征反应。

2. 掩蔽剂

在多种金属离子共存的体系中，测定其中某一种金属离子时，为避免其他离子发生类似的反应而干扰测定，常加入一种试剂与干扰离子生成稳定的配位化合物，把这种离子掩蔽起来，这种试剂称为掩蔽剂。例如，用 NH_4SCN 鉴定 Co^{2+}时，是利用在丙酮存在下形成蓝色$[Co(NCS)_6]^{4-}$的反应。但因为 Fe^{3+}也能与 SCN^-作用，形成红色的$[Fe(SCN)_6]^{3-}$干扰 Co^{2+}的检出，所以在溶液中应先加入掩蔽剂 NaF，使 Fe^{3+}与 F^-形成无色、比$[Fe(SCN)_6]^{3-}$更稳定的配离子：

$$Fe^{3+} + 6F^- \rightleftharpoons [FeF_6]^{3-}$$

使得溶液中 Fe^{3+}的浓度降得很低，就不会觉察到$[Fe(SCN)_6]^{3-}$出现。

常用的掩蔽剂列于表 5-6。

表 5-6　几种常用的掩蔽剂

掩蔽剂	掩蔽的离子
CN^-	Ag^+, Cd^{2+}, Co^{2+}, Cu^{2+}, Fe^{3+}, Ni^{2+}
F^-	Al^{3+}, Fe^{3+}
NH_3	Ag^+, Cu^{2+}, Cd^{2+}, Co^{2+}, Ni^{2+}
$S_2O_3^{2-}$	Ag^+, Bi^{3+}, Cd^{2+}, Fe^{3+}
I^-	Bi^{3+}, Hg^{2+}, Sb^{3+}, Sn^{2+}
$P_2O_7^{4-}$	Fe^{3+}, Mn^{2+}, Mg^{2+}

3. 显色剂

许多配位化合物，尤其是螯合物往往具有某种特定颜色。在分析工作中常利用某种离子与配位剂作用，根据生成特征颜色的溶液或沉淀，来判断某种离子的存在，或确定其含量。

例如，土壤中硒的测定往往较困难，这不仅因为硒的含量低，而且因为土壤成分复杂，干扰元素多。若采用 3,5-二溴邻苯二胺（简称 DDB）为配位剂与硒在酸性条件下进行配位显色反应，生成 4,6-二溴苯并硒二唑(Se-DDB)，用比色法则可精确、快速、简单地测定出土壤中的微量硒。

4. 萃取分离

萃取是工业生产中分离稀有金属的一个重要手段，在分析化学中也得到广泛应用。当金属离子与有机螯合剂形成内络盐时，由于内络盐不带电荷及外围极性很小，使内络盐难溶于水而易溶于有机溶剂中。利用这一性质可将某些金属离子从水溶液(水相)中萃取到有机溶剂(有机相)中。例如，在含有 Fe^{3+}、Ca^{2+}的水溶液中，用 $0.1 mol \cdot dm^{-3}$ 乙酰丙酮/苯萃取时，因两种金属离子形成的螯合物的 $K_{稳}$ 差别较大，且前者大于后者，因此 Fe^{3+}优先进入有机相中。经多次萃取，即可将 Fe^{3+}、Ca^{2+}完全分离。

5.4.3　在生物化学方面的应用

目前在已知的 1000 多种生物酶中，约有 1/3 是复杂的金属离子配合物。例如，植物生长中起光合作用的叶绿素是含 Mg^{2+}的复杂配合物，结构如图 5-4(a)所示。

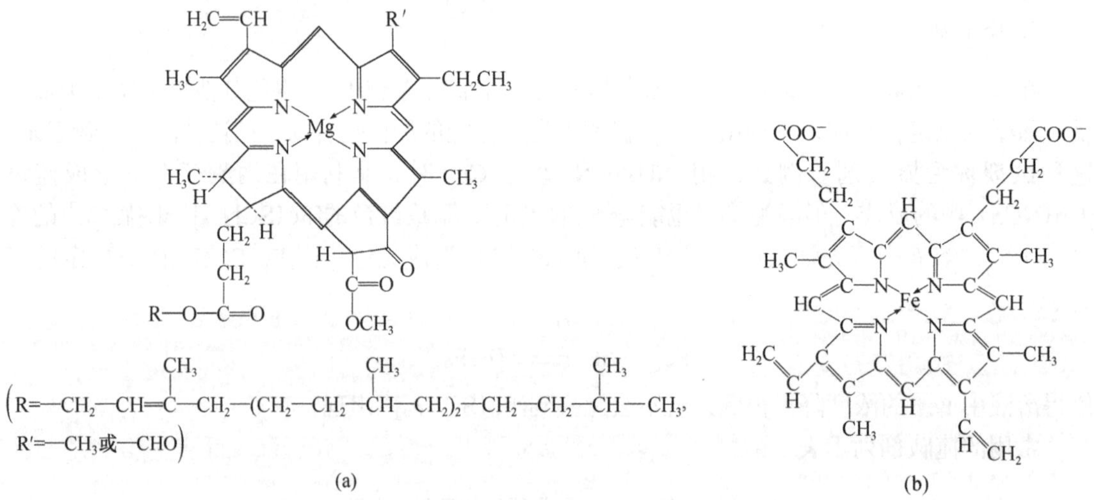

($R=—CH_2—CH=C(CH_3)—CH_2—(CH_2—CH_2—CH(CH_3)—CH_2)_2—CH_2—CH_2—CH(CH_3)—CH_3$，
$R'=—CH_3$或—CHO)

图 5-4　叶绿素分子结构(a)和血红素分子结构(b)

又如，在动物血液中起运送氧作用的血红蛋白中的血红素分子是 Fe^{2+}的配合物，结构如图 5-4(b)所示。某些微生物的固氮酶中含有过渡金属与氮分子形成的分子氮配合物，这种配合物能使 N_2 分子活化，易被还原。因此，合成过渡金属分子氮配合物，研究它们的结构和性质，是化学模拟生物固氮研究的重要课题之一。

5.4.4　在有机化学方面的应用

近年来许多基本有机反应，如氧化、氢化、聚合、羰基化等，均可应用过渡金属配合物作为催化剂来实现。这些反应称为配位催化反应。例如，以 $PdCl_2$ 作为催化剂，在常温常压下，乙烯氧化生成乙醛，反应式为

$$CH_2{=}CH_2 + H_2O + PdCl_2 \rightleftharpoons CH_3CHO + Pd + 2HCl$$

该反应首先是乙烯与 $PdCl_2$ 生成中间体配合物$[Pd(C_2H_4)(OH)Cl_2]^-$而进行的。目前国内外利用配位催化剂生产的化工产品已经不少，预计将来还会有更大的发展。

本章要点

1. 配位化合物的定义、组成和命名：配合物、配离子、中心离子、配位体、配位原子、内界、外界、单齿配体、多齿配体、配位数、配位化合物的命名。
2. 配位化合物在水溶液中的配位平衡：配合物的解离平衡，不稳定常数，稳定常数，配离子稳定常数的应用。
3. 配位化合物的价键理论：价键理论的基本理论，配合物的稳定性和磁性。
4. 配位化合物的应用。

习　题

1. 配位化合物有哪些组成部分？它们之间有什么关系？
2. 什么是配位体？解释什么是单齿配体，什么是多齿配体，并列举常见的配位体。
3. 配位化合物中心离子的配位体数目和它的配位数有什么联系和区别？
4. 简述配位化合物命名的原则。
5. 哪些元素的原子或离子可作为配位化合物的中心离子？哪些分子和离子常作为配位体？它们分别需要具备哪些条件？
6. 在照相技术中，用硫代硫酸钠(俗称海波)溶液作为定影剂洗去胶片(溴胶版)上多余的溴化银，这一溶解过程也是配位反应：

$$AgBr + 2S_2O_3^{2-} \longrightarrow [Ag(S_2O_3)_2]^{3-} + Br^-$$

指出上述反应式中哪个是配离子，哪个是中心离子和配位体，配位数是多少？

7. 下列化合物中哪些是配位化合物？哪些是螯合物？哪些是复盐？哪些是简单盐？

(1) H_2PtCl_6　(2) $KCl \cdot MgCl_2 \cdot 6H_2O$
(3) $Cu(NH_3)_4SO_4$　(4) $Cu(OOCCH_3)_2$
(5) $[Co(en)_3]_2(SO_4)_3$　(6) $KAl(SO_4)_2 \cdot 12H_2O$

8. 命名下列配位化合物，并指出配离子和中心离子的氧化态。

(1) $[Co(NH_3)_6]Cl_2$　(2) $K_2[Co(SCN)_4]$
(3) $[CoCl(NH_3)_5]Cl_2$　(4) $Na_2[SiF_6]$
(5) $[PtCl_2(NH_3)_2]$　(6) $K_2[Zn(OH)_4]$
(7) $[Ag(NH_3)_2](OH)$　(8) $H_4[Fe(CN)_6]$

9. 写出下列物质的化学式。

(1) 一氯化二氯 · 三氨 · 一水合钴(Ⅲ)
(2) 硫酸六氨合镍(Ⅱ)
(3) 四硫氰二氨合钴(Ⅲ)酸铵
(4) 六氯合铂(Ⅳ)酸钾

10. 试根据配位化合物的稳定常数判断下列反应可能进行的方向。

(1) $[Zn(NH_3)_4]^{2+} + Cu^{2+} \rightleftharpoons [Cu(NH_3)_4]^{2+} + Zn^{2+}$
(2) $[Hg(CN)_4]^{2-} + 4I^- \rightleftharpoons [HgI_4]^{2-} + 4CN^-$
(3) $[Cu(en)_2]^{2+} + 4NH_3 \rightleftharpoons [Cu(NH_3)_4]^{2+} + 2en$

11. 根据配位化合物的价键理论，指出下列配离子的成键情况和空间构型。

(1) $[Cd(NH_3)_4]^{2+}$　(2) $[Ag(CN)_2]^-$
(3) $[Ni(CN)_4]^{2-}$　(4) $[Fe(H_2O)_6]^{3+}$

12. 在 $1dm^3$ $1\times10^{-3}mol \cdot dm^{-3}$ $[Cu(NH_3)_4]^{2+}$和 $1mol \cdot dm^{-3}$ NH_3 处于平衡状态的溶液中，用计算说明：

(1) 加入 0.001mol NaOH(忽略体积变化)，有无 $Cu(OH)_2$ 沉淀生成？

(2)加入 0.001mol Na_2S(忽略体积变化)，有无 CuS 沉淀生成？

13. 已知反应 $Au^+ + e^- \rightleftharpoons Au$ 的 $\varphi^{\ominus}=1.68V$，试计算下列电对的标准电极电势。

(1) $[Au(CN)_2]^- + e^- \rightleftharpoons Au + 2CN^-$

(2) $[Au(SCN)_2]^- + e^- \rightleftharpoons Au + 2SCN^-$

已知：$K^{\ominus}_{稳}[Au(CN)_2^-] = 2.0\times10^{38}$；$K^{\ominus}_{稳}[Au(SCN)_2^-] = 1.0\times10^{13}$。

14. 某物质的实验式为 $PtCl_4 \cdot 2NH_3$，其水溶液不导电，加入 $AgNO_3$ 也不产生沉淀，以强碱处理且无氨气放出，试根据以上事实写出该物质的配位化学式。

15. 在含有 $1.3mol \cdot dm^{-3}$ $AgNO_3$ 和 $0.054mol \cdot dm^{-3}$ NaBr 的溶液中，如果不使 AgBr 沉淀生成，溶液中游离的 CN^-的最低浓度应是多少？

16. 欲在 $1dm^3$ 水中溶解 0.1mol $Zn(OH)_2$，需加入多少克固体 NaOH？已知 $K_s^{\ominus}[Zn(OH)_2] = 1.2\times10^{-17}$，$K^{\ominus}_{稳}[Zn(OH)_4^{2-}] = 4.6\times10^{17}$。

17. 在 pH=10 的溶液中需要加入多少 NaF 才能使得 $0.1mol \cdot dm^{-3}$ 的 Al^{3+}溶液不产生 $Al(OH)_3$ 沉淀？已知 $K^{\ominus}_{sp}[Al(OH)_2] = 1.3\times10^{-20}$，$K^{\ominus}_{稳}[AlF_6^{3-}] = 6.9\times10^{19}$。

下　篇
化学与人类发展

第 6 章　化学与材料

材料是人类赖以生存和发展的物质基础。每一次新材料的广泛应用，都会引起生产技术的革命，给社会和人类生活带来巨大变化。19 世纪以后，化学进入了快速发展的时期，也带动了整个材料科学的发展和革命。人类从利用天然材料到创造和合成材料，创造了化学发展史的一个里程碑。20 世纪 70 年代人们把信息、材料和能源誉为当代文明的三大支柱。20 世纪 80 年代以高技术群为代表的新技术革命，又把新材料、信息技术和生物技术并列为新技术革命的重要标志。近两个世纪以来，人们通过不断对材料的化学结构和性质功能的研究，已经能够根据要求，设计合成许多具有各种功能的分子，成为制备新材料的基本原料。可见，化学与材料科学有着天然的联系，化学与化工技术的发展对材料科学的深化研究和新材料的发展起着基础和支撑作用。

从物理化学属性来分，材料可分为金属材料、无机非金属材料、高分子材料、复合材料等。从用途来分，材料可分为催化材料、超导材料、智能材料、电子材料、航空航天材料、核材料、建筑材料、能源材料、生物材料、环境材料等。从尺度来分，材料可分为纳米材料、块体材料等。

6.1　金属材料及其合金

6.1.1　金属材料

金属材料(metallic materials)是人类发现和应用的最古老、最传统的材料之一。早在公元前 5000 年，人类就开始使用青铜器，公元前 1200 年前开始使用铁器，18 世纪工业革命期间，钢铁材料成为产业革命的主要物质基础。至今，钢铁材料仍在材料工业中占据主导地位，并产生了许多新兴的金属材料，如高比强和高比模的铝锂合金、形状记忆合金、钕铁硼永磁合金、储氢合金等，它们在航空、航天、能源、机电等各个领域的广泛应用，产生了巨大的社会和经济效益。

金属材料是以金属元素为基础的材料。金属单质一般有良好的塑性，但其力学性能往往很难满足工程技术等多方面的需要。因此，金属材料更多以合金的形式使用。由于价电子的离域性，决定了它们具有良好的导电、导热性能和易氧化腐蚀的性质；可塑性变形，可加工成各种复杂形状；高延展性，决定了它们具有高冲击和断裂韧性。下面就部分金属的性质和应用做一简单介绍。

1. 延展性最强的金属——金(Au)

金(gold)是财富的象征，也能做成各种各样的装饰品和艺术品。我国古代就已利用金箔来装饰佛像及艺术品，封建帝王用金丝编织皇冠。西汉中山靖王墓中，还发掘出用金丝和玉片串成的金缕玉衣。这都是利用了金的一个重要特性——延展性。金是所有金属中延展性最强的，1g 金可以拉成长达 4000m 的细丝。300g 金拉成的细丝可以沿铁路线从南京到北京。金也可以锤成厚度仅为 2×10^{-8}m 的金箔，看上去几乎透明，颜色不再是黄色，而是绿色或蓝色。纳米级金材料的延展性显著不同，极脆、易碎，300 个原子厚的金箔需用红松鼠毛利用静电作用将其吸起，否则极易遭到破坏。

2. 导电性最强的金属——银(Ag)

我国古代常把银(silver)与金和铜并列称为“唯金三品”，也是财富的象征。早在公元前 23 世纪，即距今 4000 多年前，我国就已发现了银。银的化学性质非常稳定，在空气中不易生锈，即使加热也不与氧作用。

纯银是一种美丽的银白色的金属，它具有很好的延展性，其导电性($63.01\times10^6 S\cdot m^{-1}$)和导热性在所有的金属中都是最高的。银常用来制作灵敏度极高的物理仪器元件，各种自动化装置、火箭、潜水艇、计算机、核装置及通信系统，这些设备中大量的接触点都是用银制作的。在使用期间，每个接触点要工作上百万次，必须耐磨且性能可靠，能承受严格的工作要求，银完全能满足各种要求。如果在银中加入稀土元素，性能更加优良。用这种添加稀土元素的银制作的接触点，寿命可以延长好几倍。

3. 地壳中含量最多的金属元素——铝(Al)

各种元素在地壳中的含量相差很大，按照含量从大到小的顺序依次为氧、硅、铝、铁、钙、钠、钾、镁、氢等。铝(aluminum)是地壳中含量最多的金属元素，约占地壳总质量的 8.2%，约占全部金属元素的 1/3。地球上铝矿的远景储量，按目前的开采水平至少可用 15 万年。铝具有良好的延展性和导热、导电性，容易加工。铝虽然是活泼金属，但在空气中其表面很快会覆盖一层致密的氧化膜，使铝不能进一步与氧和水作用而具有很高的稳定性，这就使铝成为一种非常可贵的金属材料。铝的导电性在所有金属中仅次于金和铜，位居第三，但是由于价格便宜且密度小，因此广泛应用于输电工业。铝导线与铜导线相比，当导电能力相同时，质量只有铜的一半，价格也低得多。铝箔具有白银般的光泽，并且有很好的光反射性。因此，铝在包装行业中应用很广泛。

纯铝的机械性能差，硬度低，主要用于电气工业中。在铝中加入少量其他合金元素，可以大大提高其机械性能。铝合金密度小、强度高，是重要的轻型结构材料。航空、建筑、汽车三大重要工业的发展，要求材料特性具有铝及其合金的独特性质，这就大大有利于这种新金属铝的生产和应用。

4. 熔点最低的金属——汞(Hg)

在已发现的金属中，常温下绝大部分都是固态，如铁、铜、铝、铅等。唯一例外的是汞(hydrargyrum)，其熔点为−39.3℃，在常温下呈液态。主要的汞矿是辰砂(又名朱砂，HgS)。汞在地壳中的含量比较少，为 $5.0\times10^{-5}\%$。在中世纪炼金术中，汞与硫磺、盐共称炼金术神圣三元素。我国在公元前 7 世纪或更早时已经能获得大量汞。汞广泛用于气压表、压力计、温度计、日光灯管中等。由于汞在常温下是液体，在自动化仪表行业也广为应用。

汞能溶解许多金属，除铁系元素外，几乎所有金属都能与汞形成汞齐。汞齐的种类很多，在化学上有许多重要用途。当汞和铝的纯金属接触时，它们易于形成铝汞齐，因为铝汞齐可以破坏防止继续氧化金属铝的氧化层(毛刷实验)，所以即使很少量的汞也能严重腐蚀金属铝。因此，在绝大多数情况下，汞不能被带上飞机，因为它很容易与飞机上暴露的铝质部件形成合金而造成危险。

5. 熔点最高的金属——钨(W)

白炽灯、碘钨灯(常用作路灯照明)、真空管、电子发射管中的灯丝，都是用钨丝做成的。这是因为钨(tungsten)是熔点最高的金属，熔点高达(3410±20)℃。白炽灯点亮的时候，灯丝的温度有 3000℃，在这样高的温度下，其他金属早已熔化，甚至变成蒸气，但是钨却依然如故。

作为一种难熔金属，钨最重要的优点是有良好的高温强度，对熔融碱金属和蒸气有良好的耐蚀性能，钨只有在 1000℃以上才出现氧化物挥发和液相氧化物。钨是一种战略金属，具有极为重要的用途。它是当代高科技新材料的重要组成部分，一系列电子光学材料、特殊合金、新型功能材料及有机金属化合物等均需使用独特性能的钨。

6. 熔沸点相差最大的金属——镓(Ga)

镓(gallium)的性质很特殊，熔点只有 30℃，人的体温即可使之熔化成液体，但是必须加热到 2070℃才能沸腾，熔点和沸点相差 2040℃。根据这个特性，可以制造高温温度计，来度量从 30℃到 2070℃范围内的温度。这种高温温度计称为镓温度计。

不仅镓易熔，含镓的合金都是易熔的。例如，镓锌合金和镓锡合金，可以用作消防器的保险装置。当起火温度升高时，它就熔化，灭火龙头随即自动打开，喷出水来把火浇灭，从而不致酿成火灾。镓还可以制造半导体氮化镓、砷化镓、磷化镓、锗半导体掺杂元；纯镓及低熔合金可作核反应的热交换介质；有机反应中可作二酯化的催化剂。

7. 制造新型高速飞机最重要的金属——钛(Ti)

钛(titanium)具有金属光泽，有延展性。钛的主要特点是密度小、机械强度大、容易加工。钛的塑性主要依赖于纯度。钛越纯，塑性越大。钛的表面容易形成一层致密的氧化物保护膜，使钛具有优异的抗腐蚀性。钛具有可塑性，高纯钛的延伸率可达 50%～60%，断面收缩率可达 70%～80%，但收缩强度低(收缩时产生的力度)。我国钛资源总量达 9.65 亿吨，居世界之首，占世界探明储量的 38.85%。

钛能与铁、铝、钒或钼等其他元素熔成合金，造出高强度的轻合金，广泛应用于航天(喷气发动机、导弹及航天器)、军事、工业程序(化工与石油制品、海水淡化及造纸)、汽车、农产食品、医学(义肢、骨科移植及牙科器械与填充物)、厨房用具、运动用品、珠宝及手机等。钛和钛的合金大量用于航空工业，有“空间金属”之称。

海绵钛是钛工业的基础环节，是钛材、钛粉及其他钛构件的原料。把钛铁矿变成四氯化钛，再放到密封的不锈钢罐中，充以氩气，使它们与金属镁反应，就得到“海绵钛”。镁还原的主要反应为 $TiCl_4 + 2Mg \xlongequal{\quad} Ti + 2MgCl_2$。

6.1.2　合金材料

合金是由两种或两种以上的金属与金属或非金属经一定方法所合成的具有金属特性的物质。一般通过熔合成均匀液体再经凝固而得。根据组成元素的数目，可分为二元合金、三元合金和多元合金。从结构角度，合金类型可分为：①混合物合金(共熔混合物)，当液态合金凝固时，构成合金的各组分分别结晶而成的合金，如焊锡、铋镉合金等；②固溶体合金，当液态合金凝固时形成固溶体的合金，如金银合金等；③金属互化物合金，各组分相互形成化合物的合金，如铜、锌组成的黄铜(β-黄铜、γ-黄铜和ε-黄铜)等。

各类型合金都有以下通性：①多数合金熔点低于其组分中任一种组成金属的熔点；②硬度一般比其组分中任一金属的硬度大(特例：钠钾合金是液态的，用于原子反应堆中的导热剂)；③合金的导电性和导热性低于任一组分金属，利用合金的这一特性，可以制造高电阻和高热阻材料，还可制造有特殊性能的材料；④有的抗腐蚀能力强。例如，在铁中掺入15%铬和9%镍得到一种耐腐蚀的不锈钢，适用于化学工业。

1. 合金钢

铁是目前应用最广、用量最大的金属。但是纯铁由于质地软、强度低而应用有限，因此通常掺入一些其他元素构成合金，而得到性能优越的材料。常说的钢，就是含有碳(0.03%～2%)、锰(1%以下)、硅(0.4%以下)、磷(少量)、硫(0.5%以下)等元素的铁，称为碳素钢。根据含碳量的不同可以分为低碳钢(含碳 0.25%以下)、中碳钢(含碳 0.25%～0.6%)和高碳钢(含碳0.6%～2%)。低碳钢和中碳钢常用于制造机械零件和机械设备等，高碳钢常用于制造切削工具、量具和模具等。

如果在碳素钢中掺入各种不同的合金元素，使钢的内部组织和结构发生变化，改善了钢的工艺性能和使用性能，便得到各种合金钢。目前加入钢中的合金元素主要有 B、C、N、Al、Si、Ti、V、Cr、Mn、Co、Ni、Zr、Nb、Mo、W、Ta和稀土元素等。根据合金元素含量的不同可分为低合金钢(合金元素 4 %以下)、中合金钢(合金元素 4%～10%)和高合金钢(合金元素10%以上)。

在钢中加入少量的钛，就能使钢的内部组织结构致密，可以提高钢的强度和硬度，还可提高钢的抗腐蚀性，广泛应用于制造航海设备、耐腐蚀及协和喷气飞机的某些部件。

加入少量钒的钢，结构致密，内部没有气泡，可提高钢的高温强度和硬度。含钒量在 0.1%～0.2%的钒钢坚韧、富有弹性，具有优良的抗磨损、抗冲击性能，广泛作为结构钢、弹簧钢、工具钢，常用于汽车和飞机的发动机、轴、弹簧等零件设备的制造。含铌、钽的合金钢具有很好的高温机械性能，大量用于宇航方面。

含铬量在 12%以上的钢俗称不锈钢。通常使用的不锈钢含 18%的铬和 8%的镍，具有优良的耐腐蚀性，可以抵抗强酸(如浓盐酸、浓硫酸、浓硝酸)及强碱的腐蚀。其中铬是使钢获得耐腐蚀性的基本元素，镍可以提高钢的弹性、塑性、韧性和机械加工性能。由于我国铬和镍的资源较少，而用我国丰产的钼、钨、锰、钛等代替，已研制出无铬、镍或少铬、镍的不锈钢新品种。含钨的钢，可以提高钢的强度，尤其是可以提高钢在高温状态下的强度和硬度，广泛应用于高速切削、火箭、导弹等领域。当钢中含锰量大于 1%时，可作弹簧钢使用，含锰量大于 10%的高锰钢是很好的耐磨材料，可用于制造拖拉机和坦克的履带以及破碎机的破碎锤等。

在钢中只要加入极少量的稀土元素，便能够显著提高钢的性能。我国稀土元素资源丰富，居世界第一。目前已应用稀土元素生产出很多新钢种。

2. 轻质合金

轻质合金是以轻金属为主要成分的合金材料。常用的轻金属是镁、铝、钛、锂和铍等。

1)铝合金

金属铝的强度和弹性模量较低，硬度和耐磨性较差，为了提高铝的硬度，常加入如镁、铜、锌、锰、硅等元素制成铝合金。这些元素与铝形成合金后，不但提高了强度，而且还具有良好的塑性和压力加工性能，如铝镁合金、铝锰合金。常见的 Al-Cu-Mg 合金称为硬铝，Al-Zn-Mg-Cu 合金称为超硬铝。由于铝合金的密度小，强度高，容易成型，是重要的轻型结构材料，它广泛应用于航空、汽车和建筑业。

锂是自然界中密度最小的金属元素，只有铝的 1/5。在铝合金中加入少量锂可以使合金的密度显著降低。例如，每增加合金质量 1%的锂，可使合金密度降低 3%，弹性模量增加 6%。但是合金的延展率反而减小，脆性增大。为了提高铝锂合金的韧性，一般可以加入少量的锆或者微量的稀土元素。

铝锂合金具有高比强度、高比刚度和相对密度小的特点，因而是航空航天工业的理想结构材料。例如，苏-27 和苏-29 战斗机为了提高作战性能，其部分承载部件采用了锂铝合金材料。此外，锂铝合金还具有良好的抗辐射性和低温特性，因而可用作核聚变装置中的真空容器和低温容器的材料。

2) 钛合金

钛合金中钛与铝、钒、铬、钼、铁可形成置换固溶体或金属化合物。钛合金的性能比金属钛更优异，具有强度高、密度小、抗磁性、耐高温、抗腐蚀、高低温力学性能好等优点。

钛合金优异的性能使其成为制造现代超音速飞机、火箭、导弹和航天飞机等不可缺少的材料，因此有人将其称为“空间金属”或“航空金属”。例如，在超音速飞机制造方面，由于这类飞机在高速飞行时表面温度高达 500℃以上，此时铝合金或不锈钢已失去原有性能，而钛合金在 550℃以上仍能保持良好的机械性能，因此可用于制造超过 3 马赫(1 马赫等于音速的 1 倍)的高速飞机。这种飞机上钛的含量要占其结构总量的 95%，故有“钛飞机”之称。钛合金作为耐热和耐腐蚀材料，在许多情况下可以代替铝合金和镁合金，广泛用于化工、石油、发电等领域。此外，某些钛合金还具有记忆、超导、储氢等特殊功能，因此钛合金既是重要的结构材料，又是新兴的功能材料。

3. 硬质合金

硬质合金是由ⅣB 族、ⅤB 族和ⅥB 族的金属与原子半径比较小的非金属如 B、C、N 等形成的间隙固溶体。

硬质合金有很高的熔点和硬度，难以用常规的铸造或轧制技术制造成型。各种硬质合金工具或刀具常用粉末冶金法制造。即用一种或多种高硬度难熔金属碳化物粉与钴粉(作胶黏剂)一起，经独特的制粉、成型和烧结工艺，制成所需形状的工具，制成的工具只需稍加工即为成品。

硬质合金主要用来制作采矿、钻井和开凿隧道机器的钻头，机械加工中切削金属的工具，冲压和展薄金属的模具等。另外，在航天、航空、舰船和兵器等重要部门也有广泛的应用。硬质合金的多样化是近年来硬质合金发展的一个突出特点。

4. 形状记忆合金

一般金属及合金材料承受作用力超过屈服强度时，会发生永久性的塑性变形。某些特殊合金在较低温度下发生塑性变形后，经过加热，又恢复到受力前的状态，即塑性变形因受热消失。在该变形和温度变化过程中，合金似乎对初始形状有记忆性，故称这种特性为形状记忆效应(shape memory effect, SME)。具有形状记忆效应的合金，就称为形状记忆合金(shape memory alloy，SMA)。迄今发现的记忆合金体系有 Au-Cd、Ag-Cd、Cu-Zn、Cu-Zn-Al、Cu-Zn-Sn、Cu-

Zn-Si、Cu-Sn、Cu-Zn-Ga、In-Ti、Au-Cu-Zn、Ni-Al、Fe-Pt、Ti-Ni、Ti-Ni-Pd、Ti-Nb、U-Nb 和 Fe-Mn-Si 等。

形状记忆合金为什么具有形状记忆效应？目前的解释是因为这类合金具有马氏体相变。凡是具有马氏体相变的合金，将它加热到相变温度时，就能从马氏体结构转变为奥氏体结构，完全恢复原来的形状(图 6-1)。

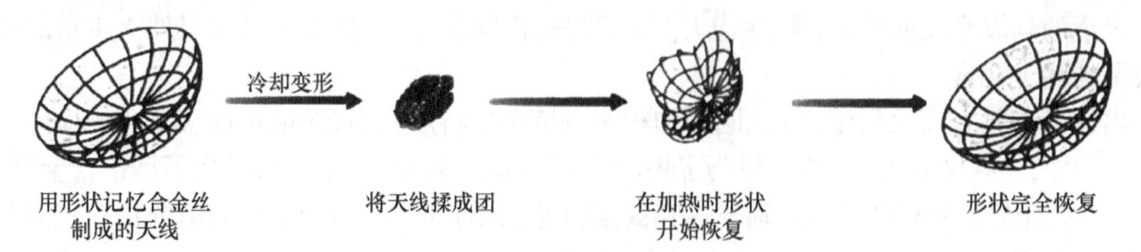

图 6-1　形状记忆合金的变形恢复功能示意图

形状记忆合金由于具有特殊的形状记忆效应，被广泛地用于卫星、航空、生物工程、医药、能源和自动化等方面。表 6-1 列出了形状记忆合金的应用实例。

表 6-1　形状记忆合金的应用实例

工业上形状恢复的一次利用	工业上形状恢复的反复利用	医疗上形状恢复的利用
紧固件	温度传感器	消除凝固血栓过滤器
管接头	调节室内温度用恒温器	管锥矫正棍
宇宙飞行器用天线	温室窗开闭器	脑瘤手术用夹子
火灾报警器	汽车散热器风扇的离合器	人造心脏
印刷电路板的结合	热能转变装置	骨折部位固定夹板
集成电路的焊接	热电继电器的控制元件	矫正牙齿用拱形金属线
电器的连接器夹板	记录器用笔驱动装置	人造牙根
密封环	机器人，机械手	

形状记忆合金问世以来，引起了人们极大的兴趣和关注，近年来发现在高分子材料、铁磁材料和超导材料中也存在形状记忆效应。对这类形状记忆材料的研究和开发，将促进机械、电子、自动控制、仪器仪表和机器人等相关学科的发展。

5. 非晶态合金

将某些金属或者合金熔融后，以极快的速度急剧冷却(大于 $10^6 K \cdot s^{-1}$)，则可以得到一种崭新的金属或合金材料。由于冷却速度极快，高温下各原子无序的运动状态被迅速“冻结”，原子来不及有序排列，不能形成晶态金属或晶态合金，得到与玻璃的结构极为相似的非晶态合金(amorphous alloy)，又称为金属玻璃(metallic glass)。

金属玻璃具有的性能特点：强度韧性兼具，耐蚀性优异，低损耗、高磁导，具有一定的催化性能和储氢能力。

在一般材料中，强度和塑性是互相矛盾的。强度高硬度大的材料一般延展性较差，脆性高，而延展性好的材料强度和硬度一般都较低。金属玻璃则两者兼而有之。它的强度一般都大于高强度钢，硬度则超过超高硬度的工具钢，并且其塑性变形可高达 50%。

众所周知，不锈钢的耐腐蚀性很好，可以经得起强酸和强碱的侵蚀，但是它在食盐水中却会被强烈地腐蚀。如果把铁铬合金制成金属玻璃，在同样浓度的食盐水中基本上不受腐蚀。研究表明，这是由于在金属玻璃的表面上形成了一层致密耐腐蚀的钝化膜，同时表面的电化学均匀性提高，不存在金属晶体中各种晶界和缺陷，不易产生电化学腐蚀。

金属玻璃磁性材料具有高磁导率、高磁感和低铁损等特性，如非晶态合金的电阻率一般要比晶态合金高 2～3 倍，可以应用于变压器、磁芯材料、磁头、磁分离、磁屏蔽等。

目前，典型的金属玻璃有两大类：一类是过渡金属与某些非金属(如 Pd-Si、Fe-C)形成的合金；另一类是过渡金属之间(如 Cu-Zr)组成的合金。生产金属玻璃，大部分是直接由液态急冷而成，操作温度低(一般小于 1200℃)，杂质影响小，工艺简单，成本低，因此金属玻璃是一种具有广阔应用前景的新型材料。

6. 储氢合金

氢能高效、环保，但氢气的储存和运输却是个难题。储氢技术是氢能利用走向实用化、规模化的关键。

储氢合金(hydrogen storage alloy)是利用金属或合金与氢形成氢化物而把氢储存起来，金属与氢的反应，是一个可逆过程：$M + xH_2 \rightleftharpoons MH_x + xH$。正向反应，吸氢、放热；逆向反应，放氢、吸热。改变温度与压强条件可使反应按正向、逆向反复进行，实现材料的吸、放氢功能。

某些过渡金属、合金和金属间化合物具有特殊的晶体结构，使氢原子容易进入其晶格的间隙中并形成金属氢化物，参与这些金属的结合力很弱，但储氢量很大，可以储存比其本身体积大 1000～1300 倍的氢，加热时氢又能从金属中释放出来。

1968 年，美国布鲁克海文国家实验室首先发现镁镍合金具有吸氢特性，1969 年荷兰飞利浦实验室发现钐钴合金($SmCo_5$)能大量吸氢，随后又发现镧镍合金($LaNi_5$)在常温下具有良好的可逆吸、放氢性能，从此储氢材料作为一种新型储能材料引起了人们极大的关注。

理想的储氢合金具有吸氢能力大、金属氢化物的生成热适当、平衡氢气压不太高、吸氢与放氢过程容易进行且速度快、传热性好、质量轻、性能稳定、安全、价廉等特点。目前正在研究开发的储氢合金有三大系列：镁系合金，如 MgH_2、Mg_2Ni 等；稀土系合金，如 $LaNi_5$ 等；钛系合金，如 TiH_2、$TiMn_{1.5}$ 等。

储氢合金用于氢动力汽车已试制成功。储氢合金还可将工业氢气提纯至 99.9999%，这种超纯氢是电子工业的重要原料。储氢合金也应用于氢同位素的吸收和分离。根据储氢合金吸氢放热、放氢吸热的性质，现已研制成功利用储氢合金的空调器并已商品化。利用储氢合金还可以制成超低温制冷设备。用储氢合金制造镍氢电池是储氢合金的又一个重要应用领域。

6.2 无机非金属材料

无机非金属材料(inorganic non-metallic materials)又称陶瓷材料(ceramic materials)，是人类最早经化学反应而制成的材料，是我国劳动人民的重要发明之一。陶瓷材料可分为传统陶瓷和现代陶瓷(又称精细陶瓷)。传统陶瓷主要成分是各种氧化物，产品如陶瓷器、玻璃、水泥、耐火材料、建筑材料和搪瓷等，主要是烧结体。现代陶瓷的成分除了氧化物外，还有氮化物、碳化物、硅化物和硼化物等，产品可以是烧结体，还可以做成单晶、纤维、薄膜和粉末，可分为结构陶瓷和功能陶瓷两类，前者具有高硬度、高强度、耐磨耐蚀、耐高温和润滑性好等特点，用作机械结构零部件；后者具有声、光、电、磁、热特性及化学、生物功能等特点。

6.2.1 传统陶瓷

陶瓷在我国具有悠久的历史，是中华民族古老文明的象征。从西安地区出土的秦始皇陵中大批陶兵马俑，气势宏伟，形象逼真，被认为是世界文化奇迹，人类的文明宝库。唐代的唐三彩、明清景德镇的瓷器均久负盛名。英文中“瓷器”一词已成为“中国”的代名词。

传统陶瓷的主要成分是硅酸盐或者硅铝酸盐。自然界存在大量天然的硅酸盐，如岩石、砂子、黏土、土壤等，还有许多矿物如云母、滑石、石棉、高岭土、锆英石、绿柱石、石英等，它们都属于天然的硅酸盐。此外，人们为了满足生产和生活的需要，生产了大量人造硅酸盐，主要有玻璃、水泥、各种陶瓷、砖瓦、耐火砖、水玻璃及某些分子筛等。硅酸盐制品性质稳定、熔点较高，难溶于水，有很广泛的用途。

传统陶瓷一般都是用烧结的方法生产。把黏土加水成型，晾干后再加热失水，就形成了陶瓷。温度低时，形成结构疏松的陶，温度高时，形成结构致密的瓷。把碳酸钠、碳酸钙和石英砂按比例混合共熔，形成透明熔体，把熔体冷却成型就制成了玻璃。把黏土和石灰石共热到1723K 左右，使之成为烧结块，再经磨碎就得到了水泥。

6.2.2 精细陶瓷

精细陶瓷是适应社会经济和科学技术发展而发展起来的，信息科学、能源技术、宇航技术、生物工程、超导技术、海洋技术等现代科学技术需要大量特殊性能的新材料，促使人们研制精细陶瓷，并在高温结构陶瓷、超硬陶瓷、电子陶瓷、磁性陶瓷、光学陶瓷、超导陶瓷和生物陶瓷等各方面取得了很好的进展，下面选择一些实例做简要介绍。

1. 高温结构陶瓷

随着宇航、航空、原子能和先进能源等近代科学技术的发展，对高温、高强度材料提出了越来越苛刻的要求，金属基高温合金最高可耐 1100℃高温，难以完全满足要求。高温结构陶瓷的熔点和硬度比金属材料高得多，且化学稳定性及其他性能优良，适合各种场合使用的高温结构陶瓷越来越多。

常用的高温结构陶瓷有：高熔点氧化物(如 Al_2O_3、ZrO_2、MgO、BeO 等，熔点常达 2000℃以上)、碳化物(如 SiC、WC、TiC、HfC、NbC、TaC、B_4C、ZrC 等)、硼化物(如 HfB_2、ZrB_2 等具有很强的抗氧化能力)、氮化物(如 Si_3N_4、BN、AlN、ZrN、HfN 等以及 Si_3N_4 和 Al_2O_3 复合而成的陶瓷，常具有很高的硬度)和硅化物(如 $MoSi_2$、ZrSi 等高温下使用时，易生成保护膜，抗氧化能力强)。

氧化锆陶瓷的耐磨性、耐腐蚀性、高相对密度，极适合于用作油田深井泵中的阀座，可使使用寿命大幅度提高；碳化硅、氮化硅、二氧化锆等陶瓷因具有耐高温和高导热性能，是高温热交换器的理想材料。我国神舟系列飞船的烧蚀层就含有氮化硅，能够在穿越大气层过程中有效降低飞船的外层温度。此外，采用碳化硼制作的防弹衣，比同型钢质防弹衣要轻 50%以上。

同时，碳化硼还是陆上装甲车辆、武装直升机及民航客机的重要防弹装甲材料。

2. 电子陶瓷

传统陶瓷一般都具有很好的绝缘性能，而新型的电子陶瓷却可以表现出良好的电学性能。电子陶瓷可分为导电陶瓷、光电陶瓷、电介质陶瓷、热电陶瓷等。

导电陶瓷有 C 和 SiC 系陶瓷、$BaTiO_3$ 系半导体陶瓷等。可用作电阻器、高温用电热电阻器、热敏电阻器、湿敏电阻器、具有开关和存储功能的非线性电阻器等。

3. 生物陶瓷

生物陶瓷主要分为医用生物陶瓷和生物工程用生物陶瓷。医用生物陶瓷包括：氧化铝陶瓷、羟基磷灰石、生物活性玻璃、磷酸钙陶瓷等。

医用生物陶瓷与人体相容性好，对机体没有排异反应，无溶血、凝血反应，对人体无毒，不会致癌。例如，不锈钢做成的人工关节植入人体几年后，会出现腐蚀斑，并且还会有微量的重金属离子析出；用高分子材料做成的关节或人工骨使用时间长会老化和释放出微量的单体，影响人的健康，而用医用生物陶瓷则不会出现这些情况。

医用生物陶瓷是用于人体器官替换、修补和外科矫形的陶瓷材料，它已用于人体近四十年，近年来发展相当迅速。氧化铝陶瓷做成的假牙与天然齿十分接近，它还可以做人工关节用于很多部位，如膝关节、肘关节、肩关节、指关节、髋关节等。ZrO_2 陶瓷的强度、断裂韧性和耐磨性比氧化铝陶瓷好，也可用以制造牙根、骨和股关节等。羟基磷灰石[$Ca_5(PO_4)_3(OH)$]是骨组织的主要成分，人工合成的与骨的生物相容性非常好，可用于颌骨、耳听骨修复和人工牙种植等。

6.2.3 纳米陶瓷

陶瓷材料的发展经历了三次飞跃。由陶器进入瓷器是第一次飞跃。由传统陶瓷发展到精细陶瓷是第二次飞跃。由于纳米结晶复合材料的迅速发展，出现了纳米陶瓷(nano-ceramics)。纳米陶瓷的出现实现了第三次飞跃。纳米陶瓷是指显微结构中的物相具有纳米级尺度的陶瓷材料。纳米陶瓷粉制成的陶瓷有一定的塑性、高硬度且耐高温，能使发动机在更高的温度下工作，让汽车跑得更快，飞机飞得更高。例如，TiO_2 纳米陶瓷的断裂韧性比普通多晶陶瓷增高了 1 倍，其塑性变形高达 100%，韧性极好。虽然纳米陶瓷还有许多关键技术需要解决，但其优良的室温和高温力学性能、抗弯强度、断裂韧性，使其在切削刀具、轴承、汽车发动机部件等诸多方面都有广泛的应用，并在许多超高温、强腐蚀等苛刻的环境下起着其他材料不可替代的作用。

6.2.4 玻璃

玻璃是另一类传统的、历史悠久的无机非金属材料。广义上说，凡熔融体通过一定方式冷却，因黏度逐渐增加并硬化而具有固体性质和结构特征的非晶态物质，都称为玻璃。玻璃具有一般材料难以具备的透明性，且机械强度高，热导率低，耐久性好，原料来源丰富，价格低廉，备受人们青睐。

1. 钢化玻璃

钢化玻璃又称淬火玻璃，它是将预先裁切好的玻璃均匀地加热到一定的温度然后取出，用风快速均匀吹冷，这时玻璃表面形成一层均匀致密的压缩层，产生强大的应力，提高了玻璃的强度。钢化玻璃的抗弯强度比普通玻璃大 5～7 倍，甚至被压成弧形也不会断裂。它的抗冲击强度也很大。一个重 800g 的钢球从 1m 高的地方砸在 6mm 的钢化玻璃上，玻璃也不会被砸碎。若钢化玻璃破碎，一般会形成黄豆大小的碎粒，而且没有尖锐的棱角，不伤人。所以，钢化玻璃被广泛用作汽车、拖拉机、采矿机等振动较大的机器设备上的挡风玻璃。

2. 微晶玻璃

一般玻璃为非晶体，而微晶玻璃是由微细的晶体组成的，又称玻璃陶瓷。制造微晶玻璃时，在玻璃组分中事先将微量的金属(如 Au、Ag、Cu、Pt 等)或化合物作为晶种，玻璃熔炼成型后用紫外线照射，在一定条件下这些晶种便能萌发长出许多微晶体，称为光敏性微晶玻璃。用热处理的方法使其微晶化，则可得到热敏性微晶玻璃。

光敏性微晶玻璃质地轻，耐火，耐酸碱的腐蚀，机械强度大，硬度大(近似玛瑙)，可以用于制作耐磨、耐腐蚀的机械零件(如汽轮机叶片、高速切削刀具等)及航天器材的结构材料等。

3. 生物玻璃

自 20 世纪 70 年代发明生物玻璃以来，人们发现许多玻璃和微晶玻璃能与生物骨形成键合，其中一些已应用于临床，如用作牙周种植、人造中耳骨等。目前正利用玻璃、微晶玻璃制备高韧性生物活性金属和生物活性聚合物等。微晶玻璃尤其是多孔微晶玻璃可用作生物工程中的载体，用在固定床反应器、固定床循环反应器和流化床反应器上。

4. 石英玻璃

石英玻璃是由各种纯净的天然石英(如水晶、石英砂等)熔化制成。其线膨胀系数极小，是普通玻璃的 1/20～1/10，有很好的抗热震性。它的耐热性很高，经常使用温度为 1100～1200℃，短期使用温度可达 1400℃。石英玻璃主要用于实验室设备和特殊高纯产品的提炼设备。由于它具有高的光谱透射性能，不会因辐射线损伤，因此也是用于宇宙飞船、风洞窗和分光光度计光学系统的理想玻璃。

此外，还有激光玻璃、光纤玻璃、导电玻璃、隔音玻璃、真空玻璃、自洁玻璃、抗菌玻璃等功能各异的新型玻璃，广泛应用于通信、航空、造船、汽车、化工、建筑等领域。

6.2.5　半导体材料

半导体材料(semiconductor materials)是 20 世纪最重要、最有影响的功能材料之一，它不仅在微电子领域内具有独特的地位，同时又是光电子领域的主要材料，空间技术、能源开发、电子计算机、红外勘测技术等都离不开半导体材料的应用。凡具有电阻率为 10^{-3}～$10^{9}\Omega\cdot cm$，电阻率随温度的升高而增大的特征的材料都可归入半导体材料。半导体材料的种类很多，从单质到化合物，从无机物到有机物，从晶态到非晶态等，归纳起来大致可分为：元素半导体、化合物半导体、固溶体半导体、非晶半导体和有机半导体等。当今微电子和光电子工业中最重要的半导体材料是半导体单晶材料、人工设计半导体超晶格材料及大面积非晶半导体材料等。

1. 半导体单晶材料

硅、锗、砷化镓等半导体材料是当今发展微电子、光电子工业的核心材料。它包括电子级硅、锗单晶微电子材料，砷化镓化合物单晶光电子材料。此外，还有用于不同光波长响应的锑化铟、硫化铝、硒化镉、磷化镓和硫化镉等光电材料，用作半导体温差电材料的碲化铋、碲化铝、锑化锌等。

2. 半导体超晶格材料

随着半导体超薄层制备技术的提高，半导体超晶格材料已由原来的 GaAs/AlGaAs 扩展到 InAlAs/InGaAs、InAs/GaSb、CdTe/HgTe、FeSb/SnSb 等。半导体超晶格结构不仅给材料物理带来了新面貌，而且促进了新一代半导体器件的产生。除可制备高电子迁移率晶体管、高频激光器、红外探测器外，还可制备调制掺杂的场效应管、先进的雪崩型光电探测器和实空间的电子转移器件，并正在设计微分负阻效应器件、隧道热电子效应器件等，它们将被广泛应用于雷达、电子对抗、空间技术等领域。

3. 非晶半导体材料

半导体器件技术的发展，一方面是不断提高芯片上元件的集成度，另一方面是向薄膜器件的新领域开拓，从近十几年国际电子材料及器件发展趋势中已看到非晶硅薄膜及其大面积器件具有很强的生命力。非晶硅太阳电池已开始在许多民用产品中取代单晶硅光电池，与此同时，用于静电复印的光感受鼓、具有极高信息密度的光存储盘等相继问世。非晶半导体易于大面积生产，使常规的微电子器件有可能向大面积发展，产生大面积微电子器的新领域。

6.2.6　超导材料

随着温度的降低，金属的导电性逐渐增加。当温度降到接近热力学温度 0K 的极低温度时，某些金属及合金的电阻急剧下降变为零，这种现象称为超导电现象。具有超导电性的物质称为超导电材料，简称超导材料(superconducting materials)。

1933 年，德国物理学家迈斯纳(W. Meissner)和奥森菲尔德(R. Ochsenfeld)对锡单晶球超导体做磁场分布测量时发现，在小磁场中金属冷却进入超导态时，体内的磁力线迅速被排出，磁力线不能穿过它的体内，体内的磁场恒等于零，如图 6-2 所示。

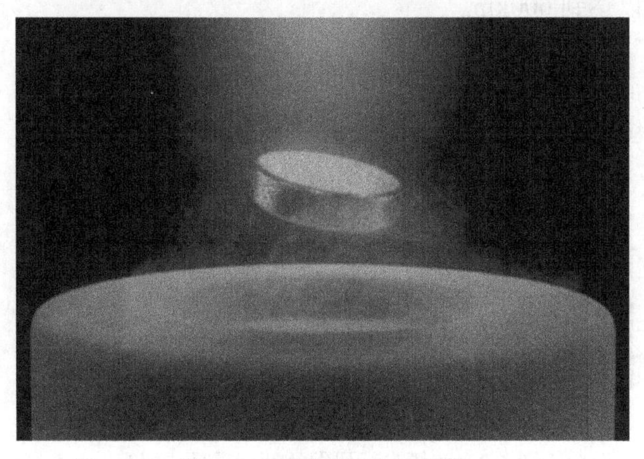

图 6-2　迈斯纳效应示意图

1911 年，当荷兰物理学家昂纳斯(Onnes)在观察低温下水银电阻变化的时候，突然发现在 4.2K 附近水银的电阻消失了。对这种具有特殊电性质的物质状态，他将其定名为超导态，而把电阻发生突然变化的温度 T_c 称为超导临界温度。凡是具有超导电性的金属、合金和化合物都称为超导体。超导体具有三个基本特性：完全电导性、完全抗磁性、通量量子化。

经研究发现，在元素周期表中共有 26 种金属具有超导电性，但它们的 T_c 都比较低，最高的 T_c 也仅在 10K 左右，没有实用价值。进一步的研究发现，合金的 T_c 比单个金属高，如铌三锡(Nb_3Sn)的 T_c 为 18.3K，钒三镓(V_3Ga)的 T_c 为 16.5K，铌三锗(Nb_3Ge)的 T_c 为 23.3K。表 6-2 列出了常见超导材料的临界温度 T_c 和临界磁场强度 H_c。

表 6-2　常见超导材料的临界温度 T_c 与临界磁场强度 H_c

超导材料		T_c/K	H_c/(kA · m^{-1})
纯金属	Al	1.19	7.9
	Cd	0.52	23.9
	In	3.41	22.6
	Pb	7.18	64.1(0K 时)
	Os	0.65	5.2～6.5
	Re	1.7	16.0
	Ta	4.48	66.1
	Sn	3.72	24.4
	Zn	0.6	～159.6
合金	Mo-Re(25%)	10.0	1276
	Nb-Zr(78%)	10.0	7660(4.2K 时)
化合物	Nb_3Al	17.5	
	Nb_3Ge	23.2	
	Nb_3Sn	18.3	16700(4.21K 时)
	V_3Si	17.0	
	V_3Ga	16.5	

利用超导体所具有的完全导电性、抗磁性以及超导体与正常态之间性质的差异等，已在许多领域中得到实际应用。列车和轨道安装适当的磁体，利用同性磁场相斥，使列车悬浮起来，成为超导磁体的磁悬浮列车。我国在磁悬浮列车领域获得了突飞猛进的成就。我国第一辆磁悬浮列车于 2003 年 1 月开始在上海磁浮线运行。2015 年 10 月，中国首条国产磁悬浮线路长沙磁浮线成功试跑。2016 年 5 月，中国首条具有完全自主知识产权的中低速磁悬浮商业运营示范线——长沙磁浮快线开通试运营。该线路也是世界上最长的中低速磁浮运营线。2018 年 6 月，我国首列商用磁浮 2.0 版列车在中车株洲电力机车有限公司下线。2019 年 5 月，中国中车股份有限公司(CRRC)在山东青岛展示了我国自行研发的新型磁悬浮列车的原型，如图 6-3 所示，其最高时速可以达到 600km。

图 6-3　我国自行研发的新型磁悬浮列车

中国科学院等离子体物理研究所承担建造的 EAST 装置，由 “Experimental”（实验）、“Advanced”（先进）、“Superconducting”（超导）、“Tokamak”（托卡马克）四个单词首字母组合而成，它的中文意思是 “先进实验超导托卡马克”，同时具有 “东方” 的含意。利用低温使线圈进入超导状态，从而产生地球上最强的磁场，然后利用这个磁场将反应材料悬浮在空中进行核聚变反应，从而控制 5000 万摄氏度的高温，其装置如图 6-4 所示。截止到 2021 年 12 月，1MA 的等离子体电流、电子温度 1 亿摄氏度的等离子体、1000s 的连续运行时间已经在 EAST 装置上实现。

图 6-4 全超导托卡马克核聚变实验装置

6.3 高分子材料

广泛应用于国民经济各个领域的高分子材料(polymer materials)是以天然的和人工合成的高分子化合物为基础的一类非金属材料，直接关系到人类的衣、食、住、行，特别是高科技蓬勃发展的今天，人造卫星、航天飞机、巨型喷气客机、电子计算机、大规模集成电路、光纤通信、激光光盘等都离不开高分子材料。因此，没有高分子材料，现代的物质文明是无法想象的。

6.3.1 高分子化合物概述

高分子化合物简称高分子(polymer)，是由成百上千个原子通过共价键结合形成的大分子结构。高分子与小分子并无严格的界限，一般来说，分子量大于 10000 的化合物称为高分子。一个大分子往往是小分子通过聚合反应以共价键重复连接而成，所以高分子化合物通常也称为高聚物或聚合物。例如，聚氯乙烯大分子是由氯乙烯结构单元重复连接而成：$\cdots CH_2CHClCH_2CHClCH_2CHClCH_2CHCl\cdots$。为方便起见，可缩写成$\text{+}CH_2-CHCl\text{+}_n$，表示聚氯乙烯大分子的结构。

在高分子中，像氯乙烯这种能聚合成高分子化合物的小分子化合物称为单体，CH_2CHCl 这样特定的重复结构单元称为链节，“n” 表示链节重复的次数，称为聚合度，是衡量分子大小的重要指标。

由于高分子化合物种类繁多，结构复杂，因此从不同的角度加以分类，见表 6-3。

表 6-3　高分子化合物常见的分类方法

分类的原则	类别	举例与特征
按聚合物的来源	天然聚合物	如天然橡胶、纤维素、蛋白质等
	人造聚合物	经人工改性的天然聚合物，如硝酸纤维、醋酸纤维(人造丝)
	合成聚合物	完全由小分子物质合成的，如聚乙烯、聚酰胺等
按生成聚合物的化学反应	加聚物	由加成聚合反应得到的，如聚烯烃
	缩聚物	由缩合聚合反应得到的，如酚醛树脂
按聚合物的性质	塑料	有固定形状、热稳定性与机械强度，如工程塑料
	橡胶	具有高弹性，可作弹性材料与密封材料
	纤维	单丝强度高，可作纺织材料
按聚合物的热行为	热塑性聚合物	线型结构加热后仍不变
	热固性聚合物	线型结构加热后变体型
按聚合物分子的结构	碳(均)链聚合物	一般为加聚物
	杂键聚合物	一般为缩聚物
	元素有机聚合物	一般为缩聚物

高分子化合物的命名通常以单体或者假想单体名称为基础，并在单体前冠以“聚”字，作为该聚合物的名称，如聚氯乙烯(单体为氯乙烯)、聚丙烯氰(单体为丙烯氰)、聚乙烯醇(假想单体为乙烯醇，事实上乙烯醇不能稳定存在)。

重要的杂链聚合物，常以该材料中的所有品种共有的特征化学单元为基础作为化学分类名称，如聚酯(均含有酯基)、环氧树脂(均含有环氧基)，对于具体产品则有更详细的名称。

树脂类和橡胶类聚合物命名是取其原料的简称，后附“树脂”或“橡胶”二字作为名称。如酚醛树脂(苯酚和甲醛)、脲醛树脂(尿素和甲醛)、丁苯橡胶(丁二烯和苯乙烯)、乙丙橡胶(乙烯和丙烯)等。

商品名称或专利名称是由材料制造商命名的，突出的是商品或品种，其商品很少是纯的聚合物，但是其名称简单、容易上口，因而习惯用商品名来命名其中的基本聚合物。例如，聚酰胺类的聚合物习惯称为尼龙，聚酯类的聚合物习惯称为涤纶等。

表 6-4 列举了一些常见聚合物的名称、缩写、单体、化学式、商品名。

表 6-4　一些常见的聚合物

名称	缩写	单体	化学式	商品名
聚乙烯	PE	$CH_2=CH_2$	$\text{+}CH_2-CH_2\text{+}_n$	乙纶
聚丙烯	PP	$CH_3CH=CH_2$	$\text{+}\underset{\displaystyle CH_3}{\underset{\vert}{CH}}-CH_2\text{+}_n$	丙纶

续表

名称	缩写	单体	化学式	商品名
聚氯乙烯	PVC	$CHCl=CH_2$	$\text{-}[CH(Cl)-CH_2]_n\text{-}$	氯纶
聚苯乙烯	PS	$CH(C_6H_5)=CH_2$	$\text{-}[CH(C_6H_5)-CH_2]_n\text{-}$	
聚四氟乙烯	PTFE	$CF_2=CF_2$	$\text{-}[CF_2-CF_2]_n\text{-}$	氟纶
聚异戊二烯	PIP	$CH_2=C(CH_3)-CH=CH_2$	$\text{-}[CH_2-C(CH_3)=CH-CH_2]_n\text{-}$	
聚酯	PET	$HOOC-C_6H_4-COOH$ $HOCH_2CH_2OH$	$\text{-}[O-CH_2CH_2-OOC-C_6H_4-CO]_n\text{-}$	涤纶
聚酰胺	PA	$NH_2(CH_2)_6NH_2$ $HOOC(CH_2)_4COOH$	$\text{-}[C(=O)(CH_2)_4C(=O)NH(CH_2)_6NH]_n\text{-}$	尼龙，锦纶
聚甲基丙烯酸甲酯	PMMA	$CH_2=C(CH_3)-COOCH_3$	$\text{-}[CH_2-C(CH_3)(COOCH_3)]_n\text{-}$	有机玻璃
聚环氧乙烷	PEO	CH_2-CH_2（环，桥 O）	$\text{-}[O-CH_2-CH_2]_n\text{-}$	
聚丙烯腈	PAN	$CH_2=CH(CN)$	$\text{-}[CH_2-CH(CN)]_n\text{-}$	腈纶

高分子材料主要包括塑料、橡胶、合成纤维、涂料、胶黏剂、功能高分子材料等。其中前三项年产量已达 1 亿多吨，在整个材料工业中占据极其重要的地位，被称为“三大合成材料”。

6.3.2 塑料

塑料是以聚合物为主要成分，在一定温度和压强条件下可塑成一定形状并且在常温下能保持基本形状的材料。根据塑料的物理性能可分为热塑性塑料(thermoplastic plastic)和热固性塑料(thermoset plastic)两类。热塑性塑料通常是线型高分子聚合物，受热后软化，冷却后又变硬，并且可重复循环，反复成型，这对塑料制品的再生很有意义。热塑性塑料占塑料总产品的70%以上，大吨位的产品有聚乙烯(PE)、聚氯乙烯(PVC)、聚苯乙烯(PS)、聚丙烯(PP)等。热固性塑料则是由单体直接形成网状或者通过交联线型预聚体形成的立体状结构，一旦成型，受热后不能变软并回到可塑状态，这对保持塑料制品的尺寸稳定性、耐高温性及耐溶剂性有重要意义。热固性塑料产品主要有酚醛塑料、氨基塑料、环氧塑料、不饱和聚酯塑料等。热塑性塑料和热固性塑料的性质与其大分子结构密切相关。

若将塑料按性能和用途分类，可分为通用塑料、工程塑料、特种塑料和增强塑料。塑料普遍具有密度小、电绝缘、传热系数低、耐化学腐蚀、容易成型加工等特点，因此广泛应用于各种薄膜、电绝缘材料、模型、绝热材料、管材、容器、机械、装饰等行业。

工程塑料通常是指具有优异力学性能、电性能、化学性能及耐热、耐磨性、尺寸稳定性等一系列特点的新型塑料。其主要品种有聚酰胺、聚碳酸酯、聚甲醛、改性聚苯醚、聚酯、聚砜、聚苯硫醚等。工程塑料的发展只有四十多年的历史，但是其增长速度远远超过通用塑料，使用价值也远远超过通用塑料。工程塑料通常具有优良的力学性能，如聚甲醛性能接近于金属材料，在许多领域中可以代替钢、铜、铝及铸铁等，还可代替玻璃、木材和合金等。工程塑料广泛应用于机械、汽车、化工、电气、齿轮、轴承、垫圈、法兰、仪表外壳、容器等制造领域。

特种塑料是指在高温、高腐蚀或高辐射等特殊条件下使用的塑料，它们具有优良的耐高温、耐磨、耐疲劳特性、耐酸耐碱、耐溶剂性等，主要用在尖端技术设备上。例如，聚四氟乙烯塑料可耐王水及沸腾的氢氟酸，能耐高温和低温，可在−200～250℃长期使用，有“塑料王”之称。

表 6-5 列出一些常见塑料的性能及应用。

表 6-5　一些常见塑料的性能及应用

类型	品种	性能	应用
热塑性塑料	聚乙烯	良好的柔性和弹性；常温耐酸、碱的腐蚀，耐氨和胺等；耐候性差，紫外光下易光降解	电线绝缘、管材、薄膜、容器、板材等
	聚丙烯	力学性能优于聚乙烯，耐磨、耐弯曲疲劳；耐腐蚀性优于聚乙烯；耐候性差，易降解和老化	薄膜、食品包装袋、电绝缘体、容器、机械零件(如法兰、接头)、管道等
	聚氯乙烯	优良的力学性能；耐酸碱、耐溶剂；耐候性较好	软制品：薄膜、人造革、电线电缆绝缘层；硬制品：硬管、瓦楞板、门窗、地板、家具、装饰物等
	聚苯乙烯	价廉、透明、刚性大；电绝缘性好、印刷性能好	装饰材料、照明指示、电绝缘材料、透明模型、玩具、日用品等；制造泡沫塑料
	聚甲基丙烯酸甲酯	透明性最好；加工性能好，可车、钻、铣、磨、刨等	汽车玻璃窗和飞机的罩盖；光学仪器透光部件；建筑、电气、装饰等
热固性塑料	酚醛塑料	价格便宜、尺寸稳定性好、耐热性优良	电绝缘材料(有“电木”之称)；宇航中用作烧蚀材料
	氨基塑料	耐电弧性好；易着色	绝缘材料、电气设备；色彩鲜艳的日用品和装饰品
	环氧塑料	坚韧、耐水、耐化学腐蚀，优良的介电性能	制造泡沫塑料用于绝热、防震、吸音方面；制造玻璃纤维增强塑料(俗称“环氧玻璃钢”)
	不饱和聚酯塑料	坚硬，半透明，易燃，易氧化，不耐腐蚀	制造玻璃纤维增强塑料(俗称“玻璃钢”)，用于建筑、造船、航空、汽车、化工等行业

然而，塑料也存在诸多缺点，主要包括：①回收利用废弃塑料时，分类十分困难，而且经济上不划算。②塑料容易燃烧，燃烧时产生有毒气体。例如，聚苯乙烯燃烧时产生甲苯，这种物质少量会导致失明，吸入有呕吐等症状，PVC 燃烧也会产生氯化氢有毒气体，除了燃烧，高温环境也会导致塑料分解出有毒成分，如苯等。③塑料是由石油炼制的产品制成的，石油资源是有限的。④塑料很难降解。⑤塑料的耐热性能等较差，易于老化。⑥由于塑料的无法自然降解，导致许多动物死亡。例如，动物园的猴子、鹈鹕、海豚等因误吞塑料制品，最后由于不消化而死亡；在多只死亡海鸟样本的体内发现了各种各样的无法被消化的塑料。

6.3.3　橡胶

橡胶(rubber)是指具有可逆形变的高弹性聚合物材料，在室温下富有弹性，在很小的外力作用下能产生较大的形变，除去外力后能恢复原状。橡胶属于完全无定形聚合物，它的玻璃化转变温度(T_g)低，分子量往往很大。

橡胶分为天然橡胶和合成橡胶两类。天然橡胶是从橡胶树、橡胶草等植物中提取胶质后加工制成；合成橡胶则由各种单体经聚合反应而得。橡胶制品广泛应用于工业和生活的各个方面。橡胶主要应用于轮胎的制造，占橡胶总量的 50%～60%，此外还用于制造胶带、胶管、胶鞋、胶辊、胶布、胶板、氧气袋、橡皮船、密封垫圈等。

天然橡胶的成分主要是聚异戊二烯：

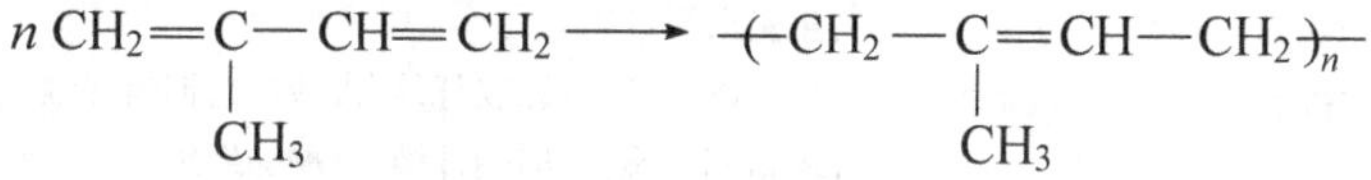

$$n\,CH_2{=}\underset{\displaystyle CH_3}{\underset{|}{C}}{-}CH{=}CH_2 \longrightarrow \left(CH_2{-}\underset{\displaystyle CH_3}{\underset{|}{C}}{=}CH{-}CH_2\right)_n$$

用异戊二烯单体合成的异戊橡胶的结构和性能基本上与天然橡胶相同。但是由于异戊二烯的来源有限，因此开发出一系列基于来源丰富的丁二烯类的合成橡胶，如顺-丁橡胶、丁苯橡胶、丁腈橡胶、氯丁橡胶等二烯类橡胶。

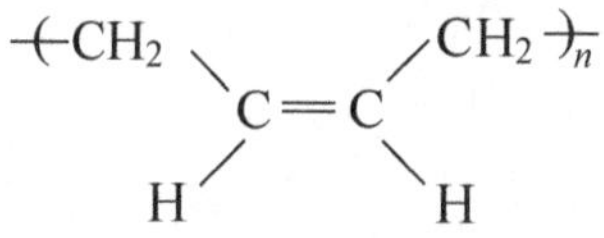

$$\left(\begin{matrix} CH_2 & & & & CH_2 \\ & \diagdown & & \diagup & \\ & & C{=}C & & \\ & \diagup & & \diagdown & \\ H & & & & H \end{matrix}\right)_n \qquad \left(CH_2{-}\underset{\displaystyle Cl}{\underset{|}{C}}{=}CH{-}CH_2\right)_n$$

顺-丁橡胶 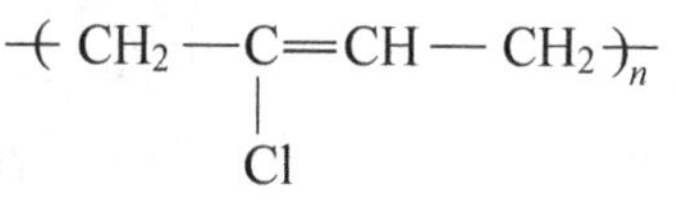　　　　氯丁橡胶

除二烯类橡胶外，还有以乙烯为基础的橡胶，如乙丙橡胶、氯磺化聚乙烯橡胶等。

另外还有一些特殊的合成橡胶，它们的物理机械性能一般较差，但是却具有某些方面的独特性能，可满足某些特殊的需要，如氟橡胶(用于航空、航天、导弹方面)、聚硫橡胶(用于耐油制品)、氯醚橡胶(用于耐油密封件)等。

天然橡胶和许多合成橡胶都是线型高分子化合物，具有可塑性，但是强度低，回弹性差，容易产生永久性变形，不耐磨。如果在橡胶中掺入硫磺，在一定条件下使硫原子把高分子链交联起来形成体型网状结构，可以提高橡胶的强度，并且具有高弹性，不会产生永久性变形，具有实用价值。这个过程称为橡胶的硫化(rubber vulcanization)，所形成的硫化产品结构，如图 6-5 所示。

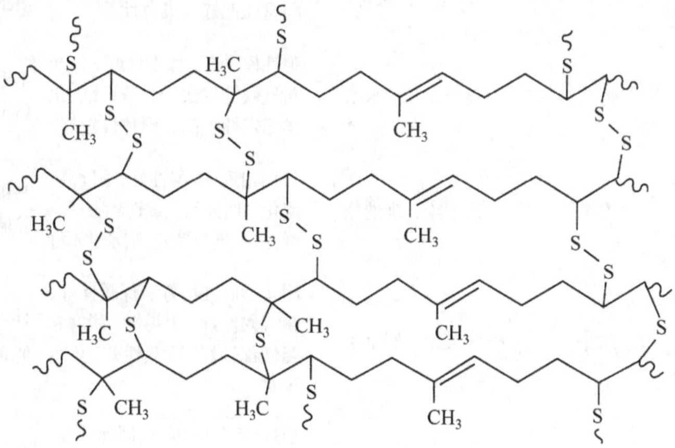

图 6-5　橡胶的硫化结构示意图

6.3.4　纤维

纤维是指长度与直径之比大于 1000，并且具有一定柔韧性和强度的纤细物质。纤维可分为两大类：一类是天然纤维(natural fiber)，可以从自然界直接获得；另一类是化学纤维，即利用天然或合成高分子化合物经化学处理或物理加工制得的纤维。纤维主要类型如图 6-6 所示。

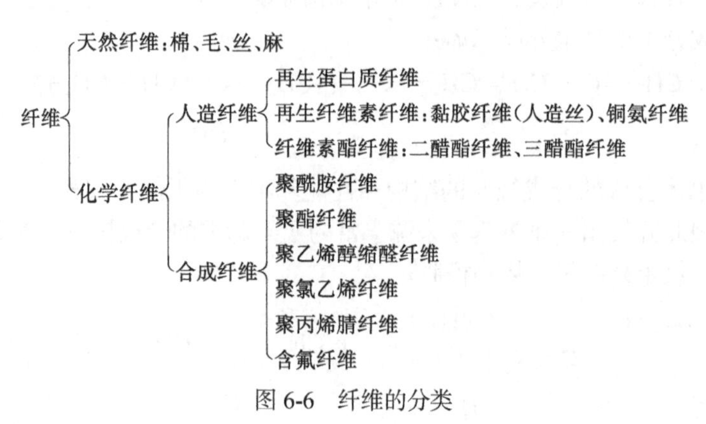

图 6-6　纤维的分类

合成纤维通常采用线型高分子聚合物在溶液或者熔融状态下利用纺丝技术制得。一般具有优良的物理机械性能和化学性能，如质地轻、强度高、弹性好、保暖性好、吸水率低、耐磨、耐酸碱腐蚀、耐溶剂性能好等优点。某些特种纤维还具有高强度、高模量、耐高温、耐辐射等特殊性能，如表 6-6 所示。

表 6-6　常见合成纤维的性能及应用

纤维名称	我国商品名	国外商品名	性能	应用
聚酰胺纤维	锦纶	尼龙、耐纶、卡普隆	耐磨性最好、强度高、耐冲击性好、弹性高、耐疲劳性好、耐腐蚀、染色性好	衣料及针织品、弹力丝袜、渔网、运输带、绳索、降落伞、轮胎帘子线
聚酯纤维	涤纶、的确良	达柯纶、底特纶、特丽纶、拉芙桑	弹性好、抗皱性好、强度大、吸水率低、耐热性好、耐磨性、耐腐蚀性好、染色性差	服装及针织品、运输带、绳索、渔网、人造血管、轮胎帘子线
聚丙烯腈纤维	腈纶	奥纶、开司米纶	弹性模量高、保型性好、耐光耐气候性仅次于含氟纤维、化学稳定性很高、耐热性较好	羊毛代替品、毛织物、帆布、窗帘、帐篷等
聚乙烯醇缩醛纤维	维纶	维尼纶、维纳纶	与棉相近、吸湿性好、强度高、耐化学腐蚀耐气候性均很好、弹性差、染色性差、耐水性不好	与棉混纺、针织品、人力车轮胎帘子线
聚氯乙烯纤维	氯纶	天美纶、罗维尔	耐化学腐蚀性好、保暖性好、耐气候性好、不易燃、耐磨和弹性都较好、耐热性差、染色困难	针织品、衣料、毛毯、地毯、滤布、工作服等
聚丙烯纤维	丙纶	帕纶、梅克丽纶	质地最轻、强度高、回弹性好、耐磨性仅次于聚酰胺、耐光性和染色性差、耐腐蚀性较好	与棉、毛、黏纤混纺、渔网、绳索、滤布、工作服等

续表

纤维名称	我国商品名	国外商品名	性能	应用
含氟纤维	氟纶		突出的耐化学腐蚀性、高度耐磨性、电绝缘性好、耐高温耐低温性好	过滤材料、电绝缘材料、耐高温耐低温材料
聚酰亚胺纤维		PRD-14	高强度、高弹性、高韧性、高度绝缘性、高度耐原子辐射	宇航服、核动力防护织物、涂层织物等
聚氨酯弹性纤维	氨纶		高弹性、高回弹力	紧身衣、运动衣、游泳衣、各种弹性织物
芳香族聚酰胺纤维	芳纶		高强度、高模量、耐高温、耐辐射	宇航服、飞机轮胎帘子线等

6.3.5　胶黏剂

胶黏剂(adhesive)又称黏合剂或黏结剂，是一种靠界面作用力(如机械结合力、物理吸附力或化学键合力)把两种或多种不同材料紧密结合在一起，并且具有一定黏结强度的物质。具体分类如图 6-7 所示。

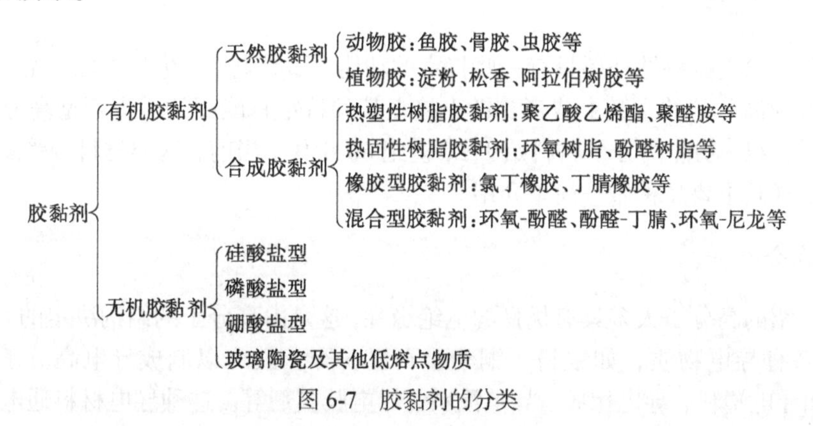

图 6-7　胶黏剂的分类

人类使用胶黏剂已有悠久的历史，如黏土、骨胶、淀粉、树脂等天然胶黏剂人类已使用了上千年。随着高分子材料的发展，出现了以合成高分子为基材的合成胶黏剂。合成胶黏剂主要成分一般是高分子化合物，另外配以溶剂、增塑剂、固化剂、稳定剂等辅料。合成胶黏剂的应用范围很广，可用于金属、玻璃、陶瓷、木材、塑料、皮革、橡胶等几乎所有材料的黏合。例如，环氧树脂胶就有“万能胶”之称。

近年来，随着高分子化学、航空工业的发展，胶黏剂的使用和发展发生了飞跃性的变化。其应用范围从建筑、交通、机械、电子行业到飞机、卫星等尖端部门，几乎遍及国民经济所有领域。电子或仪器仪表用胶黏剂胶黏定位；机械生产中用胶黏剂代替铆、焊、螺栓；制造洲际导弹、人造卫星应用的大量高强度、低密度的复合材料都采用胶黏剂胶黏；宇宙飞船仪器舱的密封、油箱堵漏也用胶黏剂；近年来发展的一类以丙烯酸双酯为主体的胶黏剂在机械制造中广泛用于固定衬套、轴承、紧固螺栓、填充隙缝，可见胶黏技术和胶黏剂已渗透到生产和生活的各方各面。

6.3.6 涂料

涂料(paint)是指涂装于物体表面，并能与表面基材很好地黏合，形成完整薄膜的材料。涂料不仅可以使物体表面美观，更主要的是可以保护物体，延长使用寿命。有些涂料有防火、防水等特殊功能。钢铁、木材、水泥墙面通常使用涂料来达到装饰、防锈、防腐、防水等目的。

涂料由多种物质经混合而成，多为多组分体系，其主要成分是成膜物质，再配以颜料、溶剂、催干剂、增塑剂、固化剂等辅料。涂料有天然涂料(如清漆、大漆等)和合成涂料之分。合成涂料成膜物质为合成树脂。由于合成树脂的耐碱性、耐水性、耐候性都比较好，且成膜硬度较高，光泽较好，因此现在的涂料多使用合成树脂作为成膜物质。

涂料的品种繁多，有多种分类方法。根据涂料的形态可分为溶剂型涂料、水性涂料、无溶剂型涂料(固体涂料)和粉末涂料等。

值得一提的是，大部分溶剂型的涂料中含有挥发性的溶剂，有机溶剂涂装成膜后挥发到大气中，既浪费了资源和能源，又对环境、人体有害。随着人们环境意识的提高，人们对溶剂型涂料的使用有所抵制，特别是家居环境用涂料方面。所以，水性涂料、固体涂料及粉末涂料等新型涂料发展迅速，环保标志成为涂料市场上最有力的“通行证”。

6.3.7 功能高分子材料

某些高分子除机械特性外还具有一些特定的功能，如导电性、生物活性、光敏性、催化性等。这些在普通高分子的主链上或者支链上接上某种特定官能团的一类新型高分子材料就称为功能高分子材料。功能高分子材料始于20世纪60年代。当前，这类材料备受瞩目，发展极为迅速。下面择其主要品种做一简单介绍。

1. 导电高分子

前面所介绍的高分子大多具有优良的电绝缘性，这是由高分子的结构决定的。但如果在高分子中加入各种导电物质，如银粉、铜粉、石墨粉等，就可以制成导电高分子(conductive polymer)，如导电塑料、导电橡胶、导电涂料、导电胶黏剂等。这种导电材料通电时因产生热量而使体积膨胀，因此有可能使加入的导电微粒相互分离而断电。根据这一特性，可制成恒温、保温材料，用于石油管道、机场跑道的保温，农业温室土壤的加热、恒温地毯、恒温床垫等。

另一类导电高分子由于分子中存在π键共轭体系，电子可以在整个共轭体系中自由流动，因此可以导电。20世纪70年代合成的聚乙炔就具有导电性，聚吡咯、聚噻吩、聚噻唑、聚苯硫醚等也具有一定的导电性。聚乙炔导电性并不高，但如果把I_2或AsF_5掺入其中，顺式聚乙炔的导电率可以提高11个数量级。无缺陷的聚乙烯的导电率已达到或超过金属铜。

虽然绝大部分导电高分子的导电性能仍不如金属，由于具有容易成型、可以制成薄膜、涂料使用等优点，目前已用于电解反应中的耐腐蚀性电极、制造塑料电池、大功率蓄电池、太阳电池中的光电转化材料、电磁波屏蔽材料等领域。随着科技的发展，导电高分子的应用范围将会越来越广。

2. 感光高分子

感光高分子也称为光敏性高分子(photo-sensitive polymer)。某些高分子在引入感光基团后，吸收了光能，分子内会产生如降解、交联、重排等反应，从而产生结构的变化。根据这一性质，人们将其应用于照相、印刷、光固化、光降解等领域。此外，在光电导摄影材料、光信息记录材料、光-能转换材料等领域也有应用。

当前，感官高分子主要作为光致抗蚀材料应用于制造大规模集成电路板上，工业上称为光刻胶。首先将感官高分子材料涂在电路板上，然后通过曝光，使光刻胶发生交联或降解反应，洗去可溶部分后，不溶的部分可以经得起腐蚀。最后再除去不溶部分，即可得到集成电路板。

3. 医用高分子

医用材料，如人造心脏瓣膜、人造肺、人造肾、人造血管、人造骨骼、人造血液等，要求具有良好的化学稳定性、无毒、无副作用、耐老化、耐疲劳，特别是要具有生物相容性。而某些高分子材料与人体器官组织的天然高分子有极其相似的化学结构和物理性质，而且与人体也有很好的相容性，不会排斥反应和产生其他副作用，因此可以用来制造人工替代品。这些高分子材料便称为医用高分子(biomedical polymer)。目前，除了脑、胃和部分内分泌器官外，人体的几乎所有器官都可以用高分子材料制造。

可用于制造人造器官的合成高分子材料主要有：尼龙、环氧树脂、聚乙烯、聚乙烯醇、聚甲醛、聚甲基丙烯酸甲酯、聚四氟乙烯、聚乙酸乙烯酯、硅橡胶、聚氨酯、聚碳酸酯等。

4. 高吸水(保水)高分子

通常的吸水材料如棉、海绵、纸张等，其吸水能力只有自身质量的 20 倍左右，并且在受到挤压时，大部分水将被挤出。而利用高分子材料制得的高吸水材料不仅可以吸收自身质量数百倍甚至上千倍的水，而且还能经受一定的挤压作用。

高吸水性高分子(super absorbent polymer)材料应用十分广泛，如卫生材料(“尿不湿”、卫生巾等)、建筑材料、防静电材料、保鲜材料、人造皮肤等。高保水材料施加到农田中，可以保持水分，特别适用于干旱地区。

这类奇特的高分子材料可用淀粉、纤维素等天然高分子与丙烯酸、苯乙烯磺酸共聚得到，或者用聚乙烯醇与聚丙烯酸盐交联得到。

5. 离子交换树脂

离子交换树脂(ion exchange resin)是指在高分子骨架上通过化学方法接上特殊的官能团，能够与溶液中相应的离子进行交换反应的一类改性高分子材料。根据离子交换功能基的特性可以分为阳离子交换树脂、阴离子交换树脂及高度选择性离子交换树脂等。离子交换树脂的一大特点是可以再生。再生时可用稀盐酸、稀硫酸处理阳离子交换树脂，用稀的氢氧化钠溶液处理阴离子交换树脂。

离子交换树脂的应用已遍及各个工业领域，是发展比较完善的一类功能高分子材料。其主要用途有水处理(包括软化、海水淡化、废水中贵金属的回收等)、铀的提取及其他贵金属的分离回收、高分子催化剂、医药领域、化学分析、环境保护等领域。

6.4　复合材料

由两种或两种以上物理和化学性质不同的物质组合而成的一种多相固体材料，称为复合材料(composite material)。复合材料是人们运用先进的材料制备技术将不同性质的材料组分优化组合而成的新材料，它的性能取决于所选用的组成材料的性能、相互的比例、分布的方式和界面结构性能。复合材料的组成分为两大部分：基体材料(matrix material，构成复合材料连续相)，如聚合物基体、金属基体、无机非金属基体；增强材料(reinforcing material，不构成连续相)，如纤维、颗粒、晶须等。不同的基体材料和增强材料可组合成品种繁多的复合材料。

复合材料按基体材料的不同可分为聚合物基复合材料、金属基复合材料、无机非金属基复合材料三大类；按性能高低分为常用复合材料和先进复合材料；按用途可分为结构复合材料和功能复合材料。先进复合材料是以碳、芳纶、陶瓷等纤维和晶须等高性能增强体与耐高温的高聚物、金属、陶瓷和碳(石墨)等构成的复合材料。这类材料往往用于各种高技术领域中用量少而性能要求高的场合。目前结构复合材料占绝大多数，而功能材料有广阔的发展前途。预计未来会出现结构复合材料与功能复合材料并重的局面，而且功能复合材料更具有与其他功能材料竞争的优势。

6.4.1　增强材料

增强材料按形态可分为纤维增强材料和粒子增强材料两大类。前者是复合材料的支柱，它决定复合材料的各种力学性能。常用的有玻璃纤维、碳纤维、陶瓷纤维、晶须纤维等。粒子增强材料除一般作为填料以降低成本外，同时也改变材料的某些性能，起到功能增强的作用。

1. 碳纤维(或石墨纤维)

碳纤维(carbon fiber)是一种新型的高强度材料，是先进复合材料最常用的也是最重要的增强材料。碳纤维是由不完全石墨结晶沿纤维轴向排列的材料，化学组成中碳元素的含量达95%以上。图6-8是具有中空结构的碳纤维结构示意图。

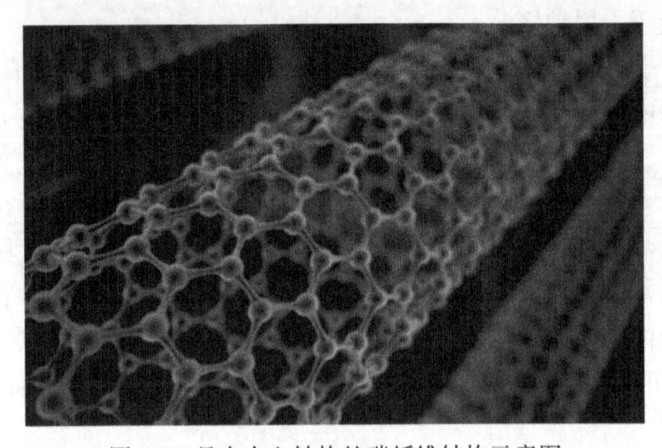

图6-8　具有中空结构的碳纤维结构示意图

碳纤维的发明可以追溯到爱迪生时代，他在发明电灯的过程中用各种材料做灯丝都失败了，后来他将竹子烘烤后制成碳丝，终于使电灯亮了。碳丝可以说是当今碳纤维的前身。碳纤维制造工艺有有机先驱体纤维法和气相生长法两种。有机先驱体纤维法就是使有机纤维经高温固相反应转变而成，常用的有机纤维主要有聚丙烯腈(PAN)纤维、黏胶纤维(人造丝)和沥青纤维等。若将聚丙烯腈合成纤维在200～300℃的空气中加热使其氧化，然后在1000～1500℃的惰性气体中碳化，即可得到强度很高的碳纤维，碳化温度超过 2000℃时则得到石墨纤维

(graphitic fiber)。气相生长碳纤维由碳氢化合物的蒸气和氢气与催化剂(金属铁、钴、镍或硫及其氧化物或盐类等微颗粒)在 1100℃的石墨基板上分解产生碳，生成的碳吸附在催化剂颗粒上引起原始纤维的生长，然后通过碳的沉积不断增长增粗得到碳纤维。

总的来说，碳纤维和石墨纤维具有低密度、高强度、高模量、耐高温、抗化学腐蚀、低电阻、高热导、低膨胀、耐辐射等特性，此外还具有纤维的柔曲性和可编织性，因此广泛应用于复合材料。

2. 硼纤维

1959 年美国在进行陶瓷纤维的开发研究中发现了硼纤维(boron fiber)，这便是最早出现的用于尖端复合材料的增强纤维。硼纤维的特点在于，它不仅可作为纤维使用，还可作为塑料和金属的增强材料来开发研究。硼纤维是用化学气相沉积法使硼沉积在钨丝或者其他纤维芯材上制得的连续单丝。硼纤维突出的优点是密度低、力学性能好。

3. 碳化硅纤维

碳化硅纤维(silicon carbide fiber)主要用作耐高温材料和增强材料，耐高温材料包括热屏蔽材料、耐高温输送带、过滤高温气体或熔融金属的滤布等。用作增强材料时，常与碳纤维或玻璃纤维合用，以增强金属(如铝)和陶瓷为主，如制作喷气式飞机的刹车片、发动机叶片、着陆齿轮箱和机身结构材料等，还可用作体育用品材料，其短切纤维则可用作高温炉材等。

除了以上 3 种外，纤维增强材料还有玻璃纤维、氧化铝纤维、芳香族聚酰胺纤维(芳纶纤维)、石棉纤维、聚酯纤维等。

6.4.2　基体材料

基体材料一般有合成高分子、金属、陶瓷等，主要作用是把增强材料黏结成整体，传递载荷并使载荷均匀。

常用的高分子有酚醛树脂、环氧树脂、不饱和聚酯及多种热塑型聚合物。这类树脂工艺性好，在室温下黏度低并可固化。固化后综合性能好，价格低廉。其主要缺点是树脂固化时体积收缩比较大、有毒(由于加入引发剂)、耐热强度较低、易变形。如果与纤维增强材料复合可得到性能较好的复合材料。目前主要用于与玻璃纤维复合。

基体金属大多是纯金属及其合金。常用的纯金属有铝、铜、银、铅等；常用的合金有铝合金、镁合金、钛合金、镍合金等。

用作复合材料基体的陶瓷主要有 Al_2O_3、Si_3N_4、SiC 以及 Li_2O、Al_2O_3 和 SiO_2 组成的复合氧化物($Li_2O \cdot Al_2O_3 \cdot nSiO_2$)。陶瓷具有高熔点、高硬度、高耐磨性、耐氧化等特点。但陶瓷的脆性大，受冲击性能差。为了提高陶瓷的抗冲击性能，一般使其与上述纤维复合成纤维增强材料。

6.4.3　重要复合材料及其应用

1. 纤维增强树脂基复合材料

纤维增强树脂基复合材料是以合成高分子为基体，以各种纤维为增强材料的复合材料，常用的有玻璃纤维增强塑料、碳纤维增强塑料等。这类复合材料是出现最早、应用最广的现代复合材料之一。

1）玻璃纤维增强塑料

玻璃纤维增强塑料是以树脂为基体，玻璃纤维为增强材料制成的一类复合材料。用玻璃纤维增强热固性树脂得到的复合材料一般称为玻璃钢。常用的热固性树脂早期有酚醛树脂，随后有不饱和聚酯树脂和环氧树脂，近来又发展出性能更好的双马树脂和聚酰亚胺树脂。玻璃钢的主要特点是质轻、耐热、耐老化、耐腐蚀、电绝缘性优良、成型工艺简单。但其刚度尚不及金属，长时间受力时有蠕变现象。热塑性树脂品种很多，包括各种通用塑料(如聚丙烯、聚氯乙烯等)、工程塑料(如尼龙、聚碳酸酯等)以及特种耐高温的聚合物(如聚醚、聚酮、聚醚砜和杂环类聚合物)。

20 世纪 60 年代初，玻璃纤维增强塑料就已经成为火箭发动机机壳、高压容器、雷达天线罩以及飞机和火箭上的承力构件。玻璃钢作为结构材料得到广泛应用，范围几乎涉及所有的工业部门。用热塑性树脂为基体的玻璃纤维增强塑料由于其质轻、强度高、优良的电绝缘性，常用于航空、车辆、农业机械等的结构零件以及电机电器的绝缘材料。

2)碳纤维增强塑料

以树脂为基体，碳纤维为增强剂制成的复合材料称为碳纤维增强塑料。基体材料以环氧树脂、酚醛树脂和聚四氟乙烯最多。可以根据使用温度的不同选择不同的树脂基体，如环氧树脂使用温度为 150～200℃，聚双马来酰亚胺为 200～250℃，而聚酰亚胺在 300℃以上。碳纤维增强塑料具有质轻、耐热、导热系数大、抗冲击性好、强度高等特点。它的强度高于钛和高强度钢，因此在工程上应用广泛。由碳纤维增强的复合材料已广泛用于制作火箭喷管、导弹头部鼻锥、飞机和卫星结构件、文体用品(各种球拍和球杆、自行车、赛艇等)，也可用作医用材料、密封材料、制动材料、电磁屏蔽材料和防热材料。

3)尼龙纤维增强复合材料

轮胎是一种增强复合制品，用尼龙或涤纶纤维作帘子线增强的橡胶轮胎，其强度比天然纤维要大得多。尼龙纤维增强塑料常用的聚芳酰胺(芳纶 144)是一种强度高、密度小的特种纤维，具有高达 $280kg \cdot mm^{-2}$ 的抗张强度和 $13000kg \cdot mm^{-2}$ 的高模量。芳纶增强塑料可用作火箭发动机壳体、耐高压容器、航天器、飞机机翼和机身等。

2. 纤维增强金属基复合材料

金属基复合材料是 20 世纪 60 年代末才发展起来的。金属基复合材料的出现弥补了合成高分子为基体复合材料的不足，如耐温性能较差(一般不能超过 300℃)，在高真空条件下(如太空)容易释放小分子而污染周围的器件，不能满足材料导电和导热需要等。金属基复合材料是金属用陶瓷、碳纤维、晶须或颗粒增强的材料，从而大幅度提高比强度和比刚度。金属基复合材料一般都在高温下成型，因此要求作为增强材料的耐热性要高。在纤维增强金属中不能选用耐热性低的玻璃纤维和有机纤维，主要使用硼纤维、碳纤维、碳化硅纤维和氧化铝纤维。基体金属用得较多的是铝、镁、钛及某些合金。

碳纤维是金属基复合材料中应用最广泛的增强材料。碳纤维增强铝具有耐高温、耐热疲劳、耐紫外线和耐潮湿等性能，适合用于航空、航天领域中飞机的结构材料。在航空、航天技术领域中，以硼纤维增强的铝合金基体和硼铝合金基体复合材料有明显的减重效果，是制造高推重比涡轮喷气式发动机冷端叶片和卫星、飞机构件的理想材料。美国已在航天飞机上正式使用硼铝管材制造机身框架，取得了 20%～60%的减重效果。碳化硅纤维增强铝比铝轻 10%，强度高 10%，刚性高一倍，具有更好的化学稳定性、耐热性和高温抗氧化性。它们主要用于汽车工业和飞机制造业。用碳化硅纤维增强钛做成的板材和管材已用来制造飞机尾翼、导弹壳体和空间部件。

鉴于复合材料的上述优点，中国商用飞机有限责任公司(COMAC)在 C919 的设计中也选用了复合材料。其应用范围涵盖方向舵等次承力结构和飞机平尾等主承力结构，主要包括雷达罩、机翼前后缘、活动翼面、翼梢小翼、翼身整流罩、后机身、尾翼等部件，用量达到机体结构质量的 11.5%。其中，尾翼主盒段和后机身前段使用了先进的第三代中模高强碳纤维复合材料，主承力结构、高温区、增压区使用复合材料在国内民用飞机研制中也属首次。

C919 大型客机采用的是第三代铝锂合金，该材料解决了第二代铝锂合金的各向异性问题，材料的屈服强度提高了 40%。C919 飞机的机身蒙皮、长桁、地板梁、座椅滑轨、边界梁、客舱地板支撑立柱等部件都使用了第三代铝锂合金，其机体结构质量占比达到 7.4%，获得综合减重 7%的收益。

鉴于复合材料的上述优点，中国商用飞机有限责任公司(COMAC)在 C919 飞机也选用了复合材料。

3. 纤维增强陶瓷基复合材料

随着对高温高强材料的要求越来越高，人们开发了陶瓷基复合材料。纤维增强陶瓷可以增加陶瓷的韧性，是解决陶瓷脆性的途径之一。常用的增强纤维有碳纤维、碳化硅纤维和碳化硅晶须。由纤维增强陶瓷做成的陶瓷瓦片，用胶黏剂贴在航天飞机身上，使航天飞机能安全地穿越大气层回到地球上。纤维增强陶瓷还被用于各种汽轮机和内燃机的部分零部件。

4. 金属包层复合材料

金属包层复合材料是以物理、化学方法(如电镀)将不同金属组合在一起的一种材料。被包覆的金属称母材，包覆金属称被覆材料。母材一般有铜、铝、钢、不锈钢等；包覆金属一般有铝、铜、银、金、锌、锡、镍等。

以铜、银等包覆钢丝，普遍用作导线，以节约铜、银等贵金属；包钛钢是钛和钢的复合材料。由于钛抗蚀性好，常用于化工设备，以钛为设备的衬里起抗腐蚀作用。

金属包层复合材料的制法有：电镀、浸镀、喷涂、电铸、冷压、热压等。

5. 功能复合材料

功能复合材料目前正处于发展的起步阶段，从复合材料的特点来看，它具备非常优越的发展基础。功能复合材料，是指除力学性能以外还提供其他物理性能的复合材料，一般由功能体(提供物理性能的基本组成单元)和基体组成。基体除了起定型的作用外，某些情况下还能起到协同和辅助的作用。功能复合材料品种繁多，包括具有电、磁、光、热、声、机械(指阻尼、摩擦)等功能作用的各种材料，目前已有不少功能复合材料付之应用。

6.5　纳 米 材 料

6.5.1　概述

纳米级结构材料简称为纳米材料(nanomaterial)，是指其结构单元的尺度范围为 1～

100nm。由于它的尺寸已经接近电子的相干长度，它的性质因为强相干所带来的自组织使得性质发生很大变化。并且，其尺度已接近光的波长，加上其具有大表面的特殊效应，因此其所表现的特性，如熔点、磁性、光学、导热、导电特性等，往往不同于该物质在整体状态时所表现的性质。

1990 年 7 月在美国召开了第一届国际纳米科学技术会议，正式宣布纳米材料科学为材料科学的一个新分支。纳米技术正成为各国科技界所关注的焦点，正如钱学森院士所预言的："纳米左右和纳米以下的结构将是下一阶段科技发展的特点，会是一次技术革命，从而将是 21 世纪的又一次产业革命。"

纳米材料的基本单元按维数可以分为四类。

(1) 零维(0D)：空间三维尺度均在纳米尺度，如纳米颗粒(nanoparticle)、原子团簇(nanocluster)。

(2) 一维(1D)：在空间有两维处于纳米尺度，如纳米线(nanowire)、纳米棒(nanorod)、纳米管(nanotube)等，如图 6-9 所示。

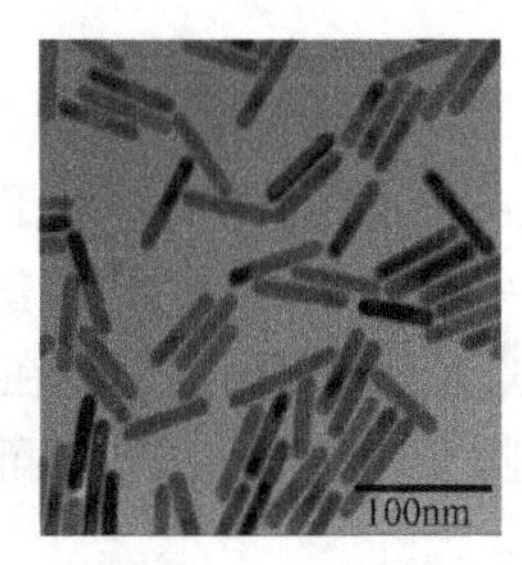

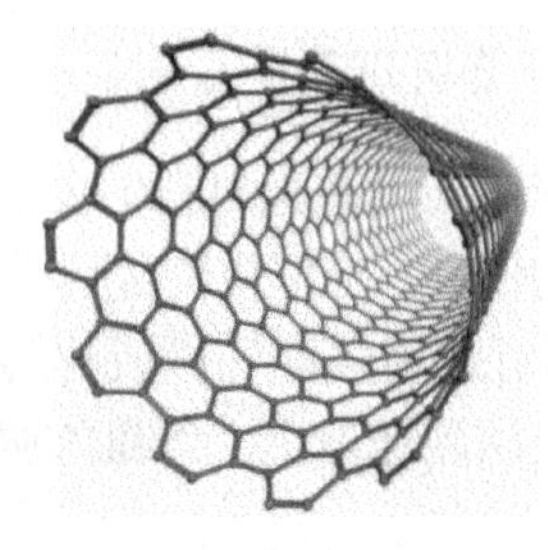

图 6-9 纳米线、纳米棒、纳米管结构示意图

(3) 二维(2D)：在三维空间中有一维处于纳米尺度，如超薄膜、多层膜、超晶格材料等。近年来，以石墨烯为代表的二维纳米材料，由于其优异的结构与性能，引起了全世界范围内的研究热潮。

(4) 三维(3D)：在三维空间中含有上述纳米材料的块体，如纳米陶瓷等。

6.5.2 纳米效应

纳米效应是指纳米材料具有传统材料所不具备的奇异或反常的物理、化学特性，如原本导电的铜到某一纳米级界限就不导电，原来绝缘的二氧化硅、晶体等，在某一纳米级界限时开始导电。这是由于纳米材料具有颗粒尺寸小、比表面积大、表面能高、表面原子所占比例大等特点。

1. 量子尺寸效应

当材料颗粒尺寸下降到某一值时，金属的费米能级附近的电子能级由准连续变为离散能级，纳米半导体微粒存在不连续的最高占据分子轨道和最低未占分子轨道能级，以及能隙变宽的现象，这些现象均称为量子尺寸效应(quantum size effect)，如图 6-10 所示。

日本科学家久保(Kubo)曾对金属超细微粒的量子尺寸进行了理论分析，提出了著名的 Kubo 理论(久保理论)，该理论是量子尺寸效应的典型例子。久保认为相邻电子能级间距 δ 与自由电子总数 N 成反比：

$$\delta = \frac{4}{3}\frac{E_F}{N} \propto V^{-1} \tag{6-1}$$

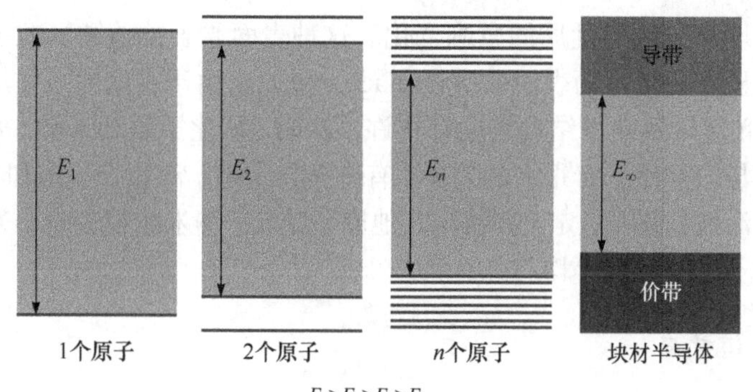

图 6-10　半导体能隙随粒径变化的趋势（自左向右的能隙逐渐变窄）

式中，N 为自由电子总数；V 为纳米颗粒的体积；E_F 为费米能级。宏观物体包含无限个原子（$N\to\infty$），由式(6-1)可得能级间距$\delta\to 0$，即对大粒子或宏观物体能级间距几乎为零；而对纳米微粒，所包含原子数有限，N 值很小，这就导致δ有一定的值，即能级间距发生分裂。当能级间距能量大于热能、磁能、静电能、光子能量或超导态的凝聚能时，就会出现量子尺寸效应，导致纳米微粒磁、光、声、电、热及超导电性等性质与宏观特性有显著的差异，影响到纳米微粒的比热容、磁化率、光谱线的频移、物质的催化性质。随着颗粒粒径的减小，导体的电导性质也被改变为绝缘体。例如，温度为 1K 时，直径小于 14nm 的银纳米颗粒变成绝缘体。

2. 小尺寸效应

当纳米微粒的尺寸与光波波长、德布罗意波长及超导态的相干长度或透射深度等物理特性尺寸相当或更小时，晶体周期性的边界条件将被破坏；无论是否为非晶态的纳米颗粒，其颗粒表面层附近的原子密度减小，导致声、光、电、磁、热、力学等特性呈现与普通非纳米材料不同的新的效应，称为小尺寸效应(small size effect)。例如，光吸收显著增加，并产生吸收峰等离子共振频移；磁有序态向磁无序态转变、超导相向正常相转变，金属熔点降低，增强微波吸收等。例如，2nm 的金熔点为 600K，块状金为 1337K；纳米银的熔点低于 373K，而常规银的熔点则高于 1173K。

3. 表面效应

纳米颗粒尺寸小，位于表面的原子或分子所占的比例非常大，并随颗粒尺寸的减小而急剧增大，在单位体积中的比表面积变大，较大的比表面积使得表面能提高。表 6-7 列出了纳米颗粒的尺寸与表面原子数的关系。

表 6-7　纳米颗粒尺寸与表面原子数的关系

纳米颗粒尺寸/nm	粒子中的原子数	表面原子比例/%
20	2.5×10^5	10
10	3.5×10^4	20
5	4.0×10^3	40
2	2.5×10^2	80
1	3.0×10	90

表面原子数的增加导致了性质的急剧变化。这种表面原子数随纳米粒子尺寸减小而急剧增大后引起的性质显著变化称为表面效应(surface effect)。由于表面原子数增多，原子配位不足和高的表面能，必然导致纳米结构表面存在许多缺陷。从化学角度来看，表面原子所处的键合状态或键合环境与内部原子有很大的差异，有许多悬空键，常处于不饱和状态，导致纳米材料具有极高的表面活性，极不稳定，容易与其他原子结合。纳米颗粒表现出来的高催化活性和高反应性、纳米粒子易于团聚等均与此有关。

4. 宏观量子隧道效应

在半导体物理中，微观粒子具有贯穿势垒的能力称为隧道效应。人们发现一些宏观物理量，如微粒的磁化强度、量子相干器件中的磁通量等也具有隧道效应，称为宏观量子隧道效应(macroscopic quantum tunneling effect)。宏观量子隧道效应对基础研究及应用都有重要意义。它限制了磁带、磁盘进行信息储存的时间极限。量子尺寸效应、隧道效应将是未来微电子器件的基础，或者说它确定了现存微电子器件进一步微型化的极限。

6.5.3　纳米新材料的发展与应用

纳米材料的表面效应、小尺寸效应、量子尺寸效应、宏观量子隧道效应和介电限域效应等使得它们在磁、光、电、敏感等方面呈现出常规材料不具备的特性。因此，纳米材料在电子材料、光学材料、催化、磁性材料、生物医学材料、涂料等方面有着广阔的应用前景。

1. 二维纳米材料

二维纳米材料(2D nanomaterial)是指电子仅可在两个维度的纳米尺度(1～100nm)上自由运动(平面运动)的材料，如纳米薄膜、超晶格、量子阱。二维材料是伴随着2004年曼彻斯特大学 Andre Geim 和 Konstantin Novoselov 成功分离出单原子层的石墨材料——石墨烯(graphene)而提出的，其结构如图6-11所示，他们也因此获得了2010年的诺贝尔物理学奖。石墨烯突出的特点是单原子层厚、高载流子迁移率、线性能谱、强度高。

图6-11　石墨烯的结构示意图

近几年，石墨烯产业化快速发展，氧化石墨烯、石墨烯纳米薄片和CVD石墨烯薄膜的产量持续增长。中国石墨烯产量快速增长，已超过美国和欧洲位列世界第一。

石墨烯的提出与发展也大大推动其他类型的二维纳米材料的进步。2010 年，中国科学家李玉良院士首次合成了石墨炔(graphdiyne)，其结构如图 6-12 所示，开辟了二维碳材料的新领域。石墨炔是第一个以 sp、sp^2 两种杂化态形成的新的碳同素异形体。

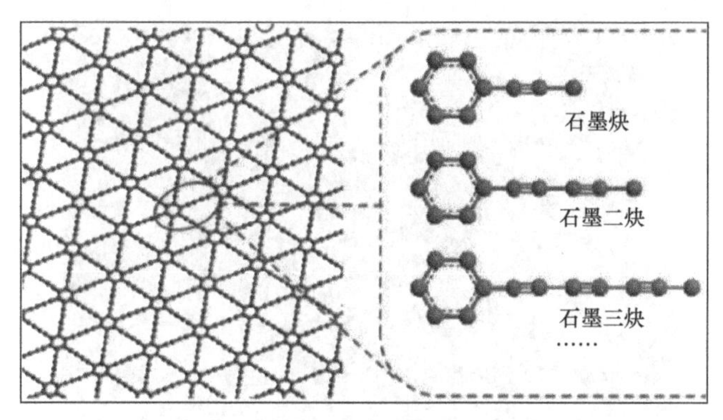

图 6-12　石墨炔的结构示意图

MXene 是由几个原子层厚度的过渡金属碳化物、氮化物或碳氮化物构成的。它最初于 2011 年报道，由于 MXene 材料表面有羟基或末端氧，它们有着过渡金属碳化物的金属导电性。可以通过侵蚀 MAX 相来制备 MXene，刻蚀液中通常含有氟离子。例如，在 HF 水溶液中于室温下腐蚀 Ti_3AlC_2，可以选择性地清除 A 原子(Al)，而碳化物层的表面产生了末端 O、OH 和(或)F 原子，如图 6-13 所示。

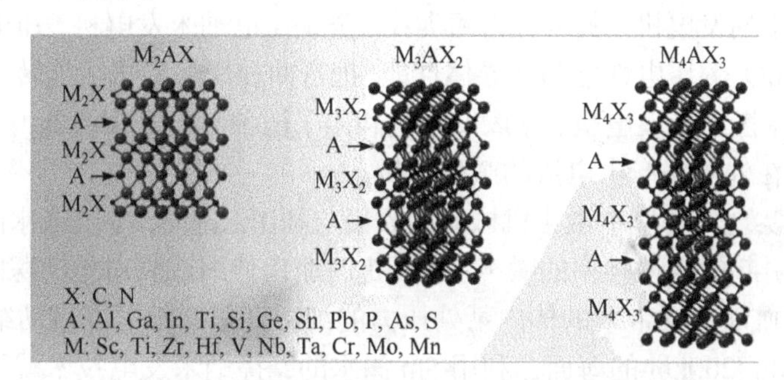

图 6-13　不同类型的 MXene 结构示意图

此外，磷烯(phosphorene)是一种从黑磷剥离出来的有序磷原子构成的、单原子层的、有直接带隙的二维半导体材料，也引起了较大的关注。

2. 纳米催化材料

纳米微粒由于尺寸小，表面所占的体积分数大，表面的键态和电子态与颗粒内部不同，表面原子配位不全等导致表面的活性位置增加，这就使它具备了作为催化剂的基本条件。最近，有关纳米微粒表面形态的研究指出，随着粒径的减小，表面光滑程度变差，形成了凸凹不平的原子台阶，从而增加了化学反应的接触面。

近年来，单原子催化不断展现出优良的发展潜力。若要获得良好的单原子催化剂，需要满足以下条件：①根据载体的特点，选择合适的单核金属配合物作为前驱体；②通过有效的方法(如空间限域、缺陷捕获、配位点锚定、低温抑制分子热运动等)实现金属前驱体的原子级分散和隔离，限制其在载体上的迁移和团聚；③通过增强的金属与载体相互作用或者单原子和周围配位原子直接的电荷转移效应，稳定金属单原子。单原子催化示意图如图 6-14 所示。目前，单原子催化剂在氧化还原反应（ORR）、析氢反应（HER）和二氧化碳还原反应（CO_2RR）中具有优异的应用效果。

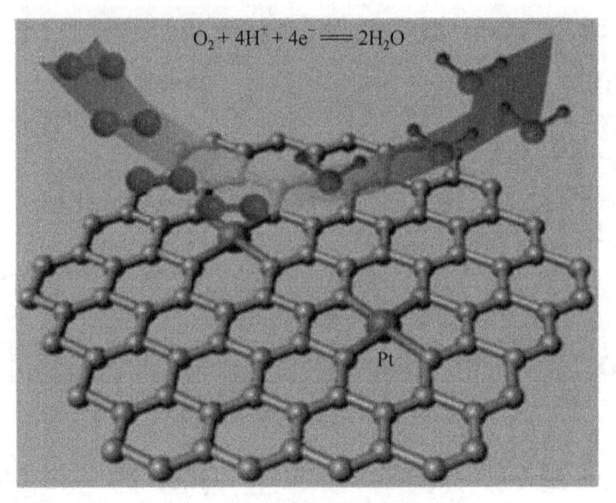

图 6-14　单原子催化示意图

3. 纳米发电材料

纳米发电机是基于规则的氧化锌纳米线的纳米发电机，是在纳米范围内将机械能转化成电能，是世界上最小的发电机。其可分为两类：一类是压电纳米发电机，压电纳米发电机是利用特殊纳米材料（ZnO）的压电性能与半导体性能，把弯曲和压缩的机械能转变为电能的微型发电机；还有一类是摩擦纳米发电机，摩擦发电机利用了两种对电子束缚能力不同的材料，相互接触时得失电子而在外电路产生电流的微型电机。

纳米发电机能实现对环境中微小机械能的收集与利用。例如，空气或水的流动、引擎的转动、机器的运转等引起的各种频率的噪声、人行走时肌肉伸缩或脚对地的踩踏，甚至在人体内由于呼吸、心跳或血液流动带来的体内某处压力的细微变化，都可以带动纳米发电机产生电能。例如，在 200km×200km 的海面，利用 5m 深水的摩擦纳米发电技术就可以产生相当于三峡大坝产生的总电量。在海面上运行的纳米发电装置，如图 6-15 所示。

4. 金属有机骨架材料

金属有机骨架（metal-organic frameworks，MOFs）化合物是由无机金属中心（金属离子或金属簇）与桥连的有机配位体通过自组装相互连接，形成的一类具有周期性网络结构的晶态多孔材料，其结构如图 6-16 所示，兼有无机材料的刚性和有机材料的柔性特征，在现代材料研究方面呈现出巨大的发展潜力和诱人的发展前景。

由于能控制孔的结构并且比表面积大，金属有机骨架材料比其他的多孔材料有更广泛的应用前景，如吸附分离气体、催化剂、磁性材料和光学材料等。另外，金属有机骨架材料作为一种超低密度多孔材料，在存储大量的甲烷和氢等燃料气方面有很大的潜力，将为下一代交通工具提供方便的能源。MOF177 在 77K 下的储氢能力已达到 7.5%，是理想的储氢材料。

图 6-15　在海面上运行的纳米发电装置示意图

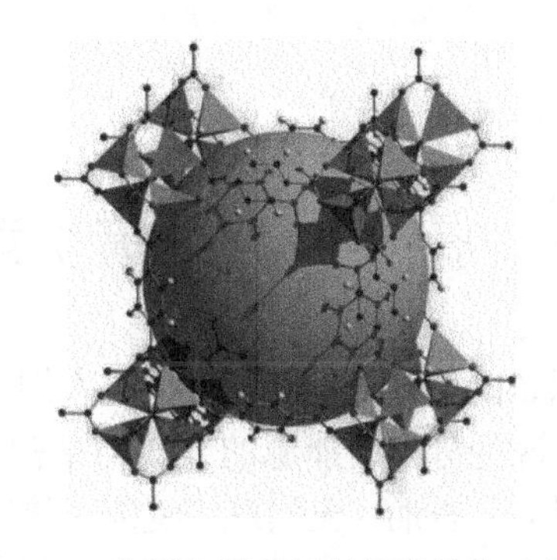

图 6-16　金属有机骨架材料的结构示意图

习　题

1. 为什么钛被人们称为“空间金属”？钛及钛合金具有哪些重要性质？
2. 合金主要有哪些种类？各有什么性能？
3. 形状记忆合金记忆功能指的是什么？它的形状记忆是如何产生的？
4. 金属玻璃是玻璃的一种吗？它有什么性能？
5. 传统陶瓷与结构陶瓷在含义上有什么区别？它们在性质、应用领域上有什么差别？
6. 举例说明随着科技的发展陶瓷领域中涌现的一些精细陶瓷类型及其特点和用途。
7. 什么是超导现象？实现超导需要突破哪几个临界条件？
8. 什么是半导体？可以怎样进行分类？
9. 请写出聚苯乙烯和尼龙-66 两种聚合物的单体和结构单元。
10. 什么是高分子材料的热塑性和热固性？各举出几种常见的热塑性和热固性高分子材料。
11. 什么是硫化剂？橡胶为什么要进行硫化处理？
12. 写出以下几种商品纤维的主要成分。
    (1)锦纶　(2)涤纶(的确良)　(3)腈纶　(4)维纶　(5)丙纶　(6)氨纶
13. 你接触过一些功能性高分子材料吗？举例说明。
14. 高分子材料具有导电性要满足什么条件？请举出导电高分子的几种用途。
15. 什么是复合材料？其基本结构如何？
16. 聚合物基复合材料目前有哪些问题存在？
17. 纳米材料有哪些独特的物理化学效应？纳米材料有哪些应用前景？

第 7 章　化学与能源

能源是国民经济的命脉，它与人们的生活和人类的生存环境息息相关。本章从能源的发展历史、能源的分类、能源的组成与结构及能源在人类社会中的地位与作用等几方面做了介绍，其中就煤炭、石油、天然气、氢能、核能、太阳能、生物质能等做了重点介绍。学习本章的基本要求是：了解能源的分类；了解世界能源及我国能源的储备与消费状况；了解煤、石油、天然气的形成过程及化学组成；了解常规能源与新能源的特点及当前的开发状况；知道开发核能的利与弊，树立节约能源、爱护环境的意识。

7.1　能 源 概 述

能源是指可以为人类提供能量的资源。它是人类生存和发展的重要物质基础，是从事各种经济活动的原动力，也是社会发展水平的重要标志。每一次能源技术的创新和变革都会为人类社会进步带来重大而深远的影响。目前，能源、材料、信息被称为现代社会发展的三大支柱，国际上往往以能源的人均占有量、能源构成、能源使用效率和对环境的影响等因素来衡量一个国家现代化的程度。

7.1.1　能源发展史

根据不同历史阶段所使用的主要能源，可以分为柴草时期、煤炭时期和石油时期。从火的发现到 18 世纪的工业革命，柴草一直是人类利用的主要能源。18 世纪下半叶，随着蒸汽机的发明与使用，煤炭随之成为世界能源的主力军。到了第二次世界大战以后，随着柴油机的发明和广泛使用，石油的消费很快超过了煤炭，在世界能源消费结构中跃居首位，标志着人类社会进入了石油时期。

7.1.2　能源的分类

能源的种类很多，如我们熟悉的柴草、煤炭、石油、天然气、太阳能、电能、水能、核能以及风能、地热能、潮汐能等。根据其来源，可以将它们分为三大类：第一类来自地球以外的天体，主要是太阳辐射能以及由它转化而来的能源，如化石燃料、风能、水能等；第二类是地球本身蕴藏的能量，如地热能和原子核能；第三类是由于地球和其他天体相互作用而产生的能量，如潮汐能。按其形成条件，我们把从自然界直接取得而不改变其基本形态的能源称为一次能源(primary energy)，如煤炭、天然气、石油等；而需依靠其他能源经加工、转换而得到的能源称为二次能源(secondary energy)，如焦炭、电力、汽油、煤气等。根据被利用的程度来分，可以分为常规能源和新能源。常规能源是指已广泛应用的能源，现阶段是指煤、石油、天然气和水能等，新能源是目前尚未大规模利用而有待进一步研究、开发和利用的能源，包括核能(核裂变和核聚变)、太阳能、地热能、风能、海洋能、氢能等。根据能否再生来分，可分为可再生能源和不可再生能源。在一次能源中，像风、水力、潮汐、地热、日光、生物质能等，不会随使用而减少，称为可再生能源，而矿物燃料和核燃料(如铀、钍、钚、氘等)会随使用而减少，称为不可再生能源。此外，根据能源消费后是否造成环境污染，又可分为污染型能源和清洁型能源，如煤和石油类能源是污染型能源，水力、电能、太阳能、沼气、氢能和燃料电池等是清洁型能源。

7.1.3　能源储量和消费

截至 2020 年，世界煤炭总探明储量 10741.08 亿吨，原油总探明储量 244.40 亿吨，天然气总探明储量 188.10 万亿立方米。在世界一次能源总消费结构中，石油占 31%，天然气占 25%，煤炭占 27%，水电、核电和可再生能源占 17%。从能源消费发展趋势来看，国际上仍以石油为主，再过 10～20 年，天然气将逐渐成为能源的主力。

截至 2020 年，我国能源资源探明的储量：煤 1622.88 亿吨、石油 36.19 亿吨、天然气 6.27 万亿立方米。2020 年的产量：煤 39.00 亿吨、石油 1.95 亿吨、天然气 1925.00 亿立方米。按此速度计算，我国可供开采的资源中煤约 300 年、石油约 20 年、天然气约 30 年。因此，必须一方面寻找新能源，另一方面要合理使用现有资源。此外，我国的能源消费总量中，煤占 57%左右，所以我国能源以煤炭为主的状况可能还要延续相当长的时间。

7.2　化 石 能 源

7.2.1　煤

煤炭是储量最丰富的化石燃料。到 2018 年，全球探明储量超过 1 万亿吨，预计可使用 150 年以上。在地球上化石燃料的总储量中，煤炭约占 80%，中国约占世界煤炭总储量的 12%，仅次于俄罗斯和美国，处于第三位。煤炭既是重要的能源，也是重要的化工原料。

1. 煤的形成与主要成分

煤是由远古时代的植物随着地壳变动被埋入地下，经过复杂的生物化学、物理化学和地球化学作用转变而成的固体可燃物，由可燃质、灰分及水分组成。其可燃质中的主要化学元素为碳、氢、氧、氮、硫，将其平均组成折算成原子比，一般可用 $C_{135}H_{96}O_9NS$ 代表，灰的成分为各种矿物质，如 SiO_2、Al_2O_3、Fe_2O_3、CaO、MgO、K_2O、Na_2O 等。

现代的成煤理论认为煤化过程是：植物→泥炭(腐蚀泥)→褐煤→烟煤→无烟煤。烟煤和无烟煤是老年煤，形成的时间最长，含碳量高，发热量高，约占总储量的 70%；而褐煤和泥煤则比较年轻，含碳量较低，发热量也较低，约占总储量的 30%。世界各地虽然都有煤炭资源，但分布并不均匀，绝大部分都埋藏在北纬 30°以北地区。

2. 洁净煤技术

煤在我国的能源消费结构中位居榜首，煤的年消费量在 30 亿吨标准煤以上，其中 30%用于发电和炼焦，50%用于各种工业锅炉、窑炉，20%用于人们的日常生活。煤直接燃烧时，热效率利用并不高，如煤球的热效率只有 20%～30%，蜂窝煤可达 50%，而碎煤则不到 20%。由于煤炭中除碳氢外，还含有其他元素及灰质粉尘等，煤直接燃烧对环境污染相当严重。煤中的 S、N 分别变成了 SO_2 和 NO_x 而排放到大气中，造成酸雨；大量 CO_2 的产生会造成温室效应；未完全燃烧的固体颗粒造成严重的环境污染，形成雾霾等。因此，如何实现煤的高效、清洁燃烧及煤的化学转化是一个非常重要而实际的课题。现在已有实用价值的办法是煤通过焦化、液化和气化等化学转化，使煤转化为洁净的燃料和化学原料。煤的气化是指在氧气不足的情况下进行部分氧化，使煤中的有机物转化为 H_2、CO 等可燃性气体的过程。煤的液化是将煤转化为液体燃料或化工原料的技术，该技术又包括直接液化法和间接液化法。由煤得到的液化油，其性状和燃烧特征与石油产品基本相同，故称为人造石油。煤的焦化也称煤的干馏，就是把煤置于隔绝空气的密闭炼焦炉里加热而使煤分解的过程，通过煤的干馏，可以得到煤气、煤焦油、焦炭等产品。

煤化工产业链是指基于化工产品上下游的产品链条，包括原料(主要是煤炭)和多种化工产品，如图 7-1 所示。通过煤炭初加工、中间加工、煤炭精化工、加工制造等四个环节，实现煤炭产品、中间加工产品、基本化工原料、有机和精细化工产品、纤维、塑料、橡胶制品等生产。

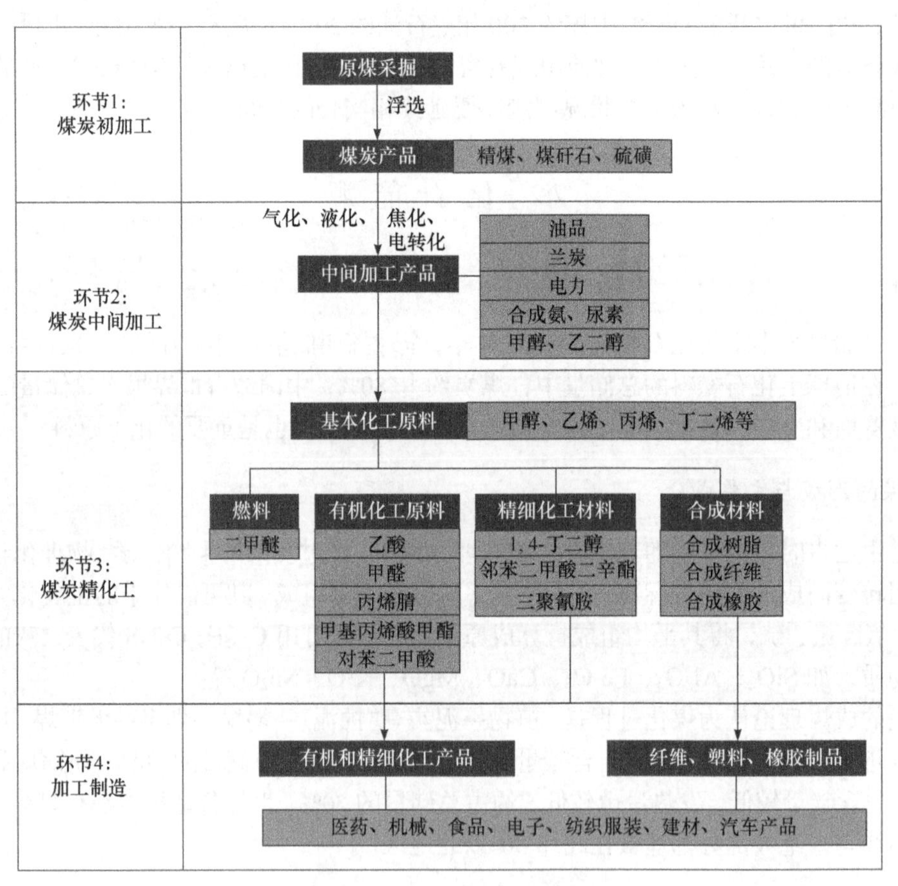

图 7-1　煤化工产业链示意图

7.2.2　石油

石油有“工业的血液”、“黑色的黄金”等美誉。现在认为石油是由远古海洋或湖泊中的动植物遗体在地下经过漫长的复杂变化而形成的棕黑色黏稠液体混合物。未经处理的石油称为原油。它分布很广，世界各地都有石油的开采和炼制。就目前已查明的储量来看，重要的含油带集中在北纬 20°～48°。世界上两个最大的产油带，一个为长科迪勒地带，北起阿拉斯加和加拿大经美国西海岸到南美委内瑞拉、阿根廷；另一个为特提斯地带，从地中海经中东到印度尼西亚。这两个地带在地质变化过程中都曾是海槽，因此曾有“海相成油”学说。

石油的组成元素主要是 C 和 H，此外还有 O、N 和 S 等。和煤相比，石油的含氢量较高而含氧量较低，在石油中的碳氢化合物以直链烃为主，而在煤中则以芳烃为主。石油的成分十分复杂，在炼油厂，原油经过蒸馏和分馏，得到不同沸点范围的油品，包括石油气、轻油(溶剂油、汽油、煤油和柴油等)及重油(润滑油、凡士林、石蜡、沥青和渣油等)。将重油经过催化裂化、热裂化或加氢裂化等方法，可生产出轻质油。燃料油在氢气和催化剂(铂系和钯系贵金属)存在下，环烷烃甚至链烃组分进一步转化为辛烷值较高的芳香烃(称之为重整)。轻质油品经加氢精制使含有的杂环化合物脱除硫和氮，可提高油品质量。原油经过一系列炼制和精制，获得了各种半成品和组分，然后再按照用途和质量要求调配得到品种繁多的石油产品。这些产品按用途可分为两类：燃料(如液化石油气、汽油、喷气燃料、煤油和柴油等)和化工原料等。相应的石油化工示意图如图 7-2 所示。

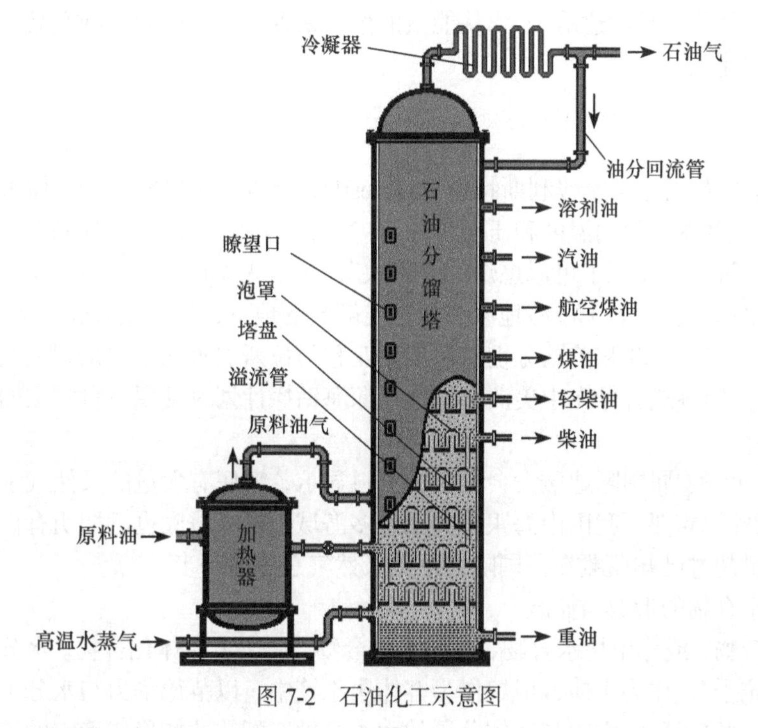

图 7-2　石油化工示意图

7.2.3　天然气、可燃冰及页岩气

天然气、可燃冰及页岩气都是蕴藏在地下以甲烷为主要成分的可燃气体或气体水合物。

1. 天然气

天然气是指天然蕴藏于地层中的烃类和非烃类气体的混合物。在石油地质学中，通常指油田气或气田气，其主要成分是甲烷，也有少量的乙烷和丙烷。天然气是一种优质能源，是化石能源中最“清洁”的燃料，燃烧产物 CO_2 和 H_2O 都是无毒物质，其热值也很高($5.6\times10^5 kJ\cdot kg^{-1}$)，管道输送很方便。为了避免燃煤所产生的严重污染，天然气将成为未来发电的首选燃料，天然气的需求量将会不断增加。有专家预测，到 2040 年，天然气将超过石油和煤炭成为世界第一能源。

21 世纪初，我国在内蒙古鄂尔多斯市发现了一个储量达 5000 亿立方米以上的天然气田——苏里格气田，天然气储量相当于一个 5 亿吨的特大油田。2007 年，我国在四川达州发现了可采储量达 6000 亿立方米以上的特大天然气田，2020 年又在四川大英县发现一条富含天然气超万亿立方米的新区带。我国的“西气东输”工程就是将西部储存丰富的天然气通过管道运送到东部地区，工程现已完成，并为东部许多大城市提供源源不断的优质能源。

天然气除了直接作为燃料外，还可以通过化学转化而成为重要的化工原料和其他形式的能源。如何对甲烷进行有效的化学转化，并且与石油化工产品相竞争，一直是化学家急于攻克的难题。

关于天然气化工(C_1 化学)，从化工利用方面来看，石油化工产品的经济成本低于天然气化工产品，因此目前天然气化工只在合成氨工业和甲醇工业中占主导地位；从化学原理上来看，石油是多碳烷烃，石油化工是将多碳烷烃裂解成低碳烷烃和烯烃，天然气是以甲烷为主，天然气化工是将一个碳的甲烷转化成两个碳及以上的烷烃和烯烃。也就是说，石油化工相当于“拆房子”，天然气化工是“建房子”，从能量的角度来说，对生产同一种产品，石油化工的成本要低于天然气化工。

2. 可燃冰

早在 1778 年英国化学家普利斯特里(J. Priestley)就曾着手研究哪些气体可以生成气体水合物，以及生成气体水合物的温度和压强条件。1934 年，美国人哈默 · 施密特(Hammer Schmidt)在被堵塞的输气管道中发现了可以燃烧的“冰块”，这是人类首次发现甲烷水合物。1946 年，苏联学者斯特里诺夫预言处于极冷地区或压强足够高的地下，就可能形成天然气水合物矿藏。1968 年和 1972 年，苏联和美国分别在西伯利亚和阿拉斯加永冻层中采到天然气水合物的样品。1979 年，美国挑战者号在中美洲海槽执行深海钻探计划时发现了科学家期待已久的海底可燃冰。

据第 1989 年 28 届国际地质大会提供的资料显示，海底有大量的天然气水合物，可满足人类 1000 年的能源需要。我国南海跟世界上许多海域一样，海底也已探明有极其丰富的可燃冰资源，其总量超过已知蕴藏在我国陆地下的天然气总量的一半。

1) 天然气水合物的形成与储藏

天然气水合物，或称甲烷水合物，是笼形水合物，属于主客体化合物。水分子间以氢键相互吸引构成“笼子”，作为主体，甲烷作为客体居于笼中，以范德华力与水分子相互吸引而形成笼形水合物。“笼子”的空间与气体分子的大小必须匹配，才能形成稳定的笼形水合物。除甲烷外，Ar、Kr、O_2、N_2、乙烷、丙烷、氯氟烃和硫化物等都可作为客体形成笼形水合物。

应用 X 射线衍射等技术已确定不同大小笼形水合物的结构，有的呈五角十二面体，有的呈五角六角十六面体等，如图 7-3 所示。

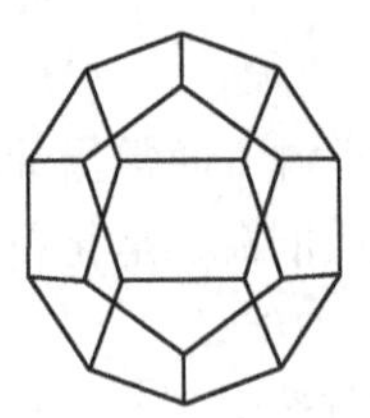

五角十二面体

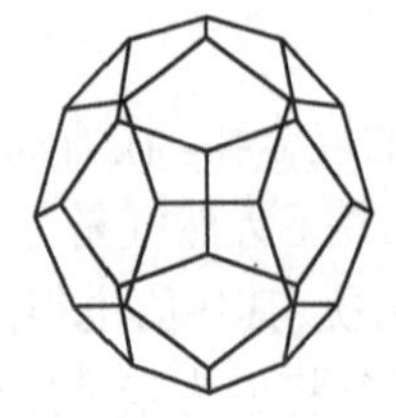

五角六角十六面体

图 7-3　笼形水合物结构

甲烷水合物形成的条件如下：

(1) 温度不能太高。海底的温度是 2～4℃，适合甲烷水合物的形成，高于 20℃会分解。

(2) 压强要足够大。在 0℃时，只需要 3MPa 就能形成甲烷水合物。海深每增加 10m，压强增大 0.1MPa，因此海深 300m 就可达到 3MPa，越深压强越大，甲烷水合物就越稳定。估计海深 300～2000m 应有甲烷水合物存在。

(3)要有甲烷气源。一般认为，海底古生物尸体的沉积物被细菌分解会产生甲烷；还有人认为，石油和天然气是在地球深处(地幔)产生并不断进入地壳的；海底岩层是多孔状介质。

在上述三个条件具备的情况下，可在介质的孔隙中生成甲烷水合物。甲烷分子被若干水分子形成的笼形结构接纳，生成甲烷笼形水合物，分散在海底岩层的孔隙中。在常温常压下，甲烷水合物即分解为甲烷和水。1m^3的“可燃冰”可释放164m^3的甲烷，所以“可燃冰”可看作高度压缩的天然气。

最有可能形成甲烷水合物的区域是：①高纬度的冻土层，如美国的阿拉斯加、俄罗斯的西伯利亚都已有发现，而且俄罗斯已开采近20年；②海底大陆架斜坡，如美国和日本的近海海域，加勒比海沿岸及我国南海和东海海底均有储藏，估计我国黄海海域和青藏高原的冻土带也有储藏。

2) 如何开采甲烷水合物

由于甲烷水合物是分散分布在岩石的孔隙中，难以开采。如果开采不当，甲烷气体逸入大气，将会使地球温室效应大大增强，造成灾难。甲烷在大气中占0.5%，但它造成的温室效应却是CO_2温室效应的20倍。

目前提出开采的设想有：①热解法；②降压法；③置换法。因CO_2比甲烷易形成水合物，若将液态CO_2送入海底，就可置换出笼形水合物中的甲烷。无论用哪种方法开采，都必须保证甲烷水合物中的甲烷不逸散到大气中，否则将引起灾难性后果。目前，“可燃冰”开发利用仍有一系列问题需要解决，商业化开采尚需时日，世界各国科学家和我国科学家都在加紧研究这一技术课题。

2017年，我国在南海地区进行第一轮“可燃冰”试开采工作。在试开采期间，我国自主建造的全世界最大、钻井深度最深的海上钻井平台“蓝鲸1号”(图7-4)，克服台风等恶劣天气条件，实现了世界上首次连续安全的可控开采，在从5月10日到7月9日长达60天的时间内，累计产气总量超过30万立方米，取得了世界范围内持续产气时间最长、产气总量最大、气流稳定、环境安全等多项重大突破性成果，创造了产气时长和总量的世界纪录。通过这次开采，不仅检验了自主建造的钻井平台的可靠性，也使得我国在天然气水合物勘查开发理论、技术、工程、装备方面的自主创新，实现了历史性突破。

图7-4　“蓝鲸1号”在南海地区开采可燃冰

2020年，我国再次进行第二轮可燃冰开采工作，持续产气42天，累计产气总量149.86万立方米，日均产气量3.57万立方米，虽然持续时间少于首轮试采，但是产气量是第一轮60天产气总量的4.8倍，创造了产气总量、日均产气量两项世界纪录。这是继2017年我国首次海域可燃冰试采成功后，取得的又一项重大成果，使我国在可燃冰开采邻域处于世界领先地位，此次试采产气规模、开采效率的提升，有望推动我国可燃冰勘查开采产业化驶入快车道。

3. 页岩气

页岩气是从页岩层中开采出来的天然气，由于有机质吸附作用或岩石中存在着裂缝和基质孔隙，使之储集和保存了具有一定商业价值的生物成因、热解成因及两者混合成因的天然气。页岩气的储量极其丰富，其资源潜力极有可能超过传统天然气。

由于自然情况下，页岩气分散在岩层裂缝和孔隙中，难以形成汇集，因此在很长一段时间内，页岩气的开采都是个难题，人们难以从岩层中获得具有可靠收益的页岩气。直到1997年～1998年，乔治 · 米切尔(George Mitchell)采用水力压裂法从页岩气的钻井中收集到了可靠的页岩气来源，实现了商业上成功的页岩气开采，至此页岩气的开采进入了快车道。

页岩气的开采特点：①单井的气压和产量通常较低，难以形成自喷井，而且衰减速度通常较快，生产成本高于传统天然气开采；②页岩气的收集率一般较低，仅占储量的5%～20%；③技术水平和投资成本高，生产难度高于传统天然气。为了实现页岩气的可靠开采，通常采用的都是密集打井的规模化生产方式，俗称地毯式钻井，这也造成了成本回收难度的增加，提高页岩气开采的难度。

目前，页岩气开采的核心技术主要为：水平井和水力压裂技术。由于页岩气通常存在于页岩层中，因此水平井的优势十分明显，而且水平钻井技术也相对成熟，成本和风险可控。页岩气的开发技术主要集中水力压裂技术，利用高压液体注入岩层中，将岩层压碎，这样藏于其中的页岩气通过压碎的岩石和碎裂的孔隙源源不断地从井中冒出，实现页岩气的开采。

目前页岩气的开发技术最成熟的国家是美国，我国也实现了页岩气的商业化开采，但是开采量和技术水平离世界先进水平依然有差距。2017年，我国页岩气产量已经达到了全国天然气总量的6%左右，我国最大的页岩气田位于四川盆地的重庆涪陵地区。随着开采技术和生产成本的降低，页岩气有望成为我国未来的重要能源之一。

7.3 新能源

7.3.1 氢能

氢能是一种理想的、极有前途的清洁二次能源，具有以下优点：

(1)热值高，其热值可达143MJ · kg^{-1}，约为汽油的3倍、煤炭的6倍。

(2)易燃烧，燃烧反应速率快，可获得高功率。

(3)原料是水，且是一种可循环使用的媒介物。

(4)燃烧产物是水，是非常干净的燃料。

(5)应用范围广，适应性强。氢气发动机既可用于飞机和宇宙飞船，也可用于汽车，还可制成氢氧燃料电池来发电。

无论是从地球资源和生产技术来看，还是从环境保护的角度来看，氢能作为21世纪的很有前途的理想能源是毫无疑问的。开发和利用氢能需要解决三个问题：廉价易行的制氢工艺，方便、安全的储运，有效的利用。其中前两个问题是当前研究的热点问题。

氢气的制取方法很多，其中从水煤气中制氢和电解法制氢均不够理想，经济上也不划算；比较有前景的是利用高温下循环使用无机盐的热化学法分解水制氢(效率比较高，但安全性、经济性仍需探索)、太阳能光解制氢(寻找和研制合适的催化剂，提高光解制氢的效率)、生物化学法制氢(如微生物发酵、蓝绿色的海藻等，但自然界中存在的生物制氢机制，至今还未被人们全部揭开)、等离子化学法制氢(是在离子化较弱和不平衡的等离子系统中实现的，能量转换效率最高可达 80%，将是引人注目的工业制氢的重要途径之一)。目前，工业副产品氢气是氢气使用的重要来源之一，工业副产品氢气主要有煤化工副产氢、石油炼化副产氢、氯碱副产氢、焦化副产氢等，其中石油炼化副产氢是重要来源。

由于密度小，氢气的存储和运输一直制约着氢气能源的利用，如在 15MPa、40dm^3 的钢瓶只能装 0.5kg 氢气。2017 年年底，我国发布了适用于 35MPa 和 70MPa 的高压储氢瓶的相应标准《车用压缩氢气铝内胆碳纤维全缠绕气瓶》(GB/T 35544—2017)，于 2018 年 7 月 1 日开始实施，为我国氢气的存储和运输提供了重要的依据，对我国氢能源的发展具有积极的推动作用。另外一种存储方式是将氢气液化，但是需耗费很大能量，且容器需绝热，还存在渗漏和爆炸的危险，如供美国宇航规划用的大量液氢则是定期地储存在真空绝热低温罐中(可以装 3400m^3 液氢)；目前研究和开发十分活跃的是固态合金化学储氢方法，如 $LaNi_5$、FeTi、MgNi 及 Mg 等。不同储氢介质的储氢能力见表 7-1。以镧镍合金($LaNi_5$)为例，其能吸收氢气形成金属型氢化物，加热该金属型氢化物时，即放出氢气，$LaNi_5$ 合金可长期地反复进行吸氢和放氢，且储氢量大(1kg $LaNi_5$ 合金在室温和 250kPa 下，可储 15g 以上氢气)。此外，还有其他许多混合稀土金属等新型储氢合金。我国具有丰富的稀土资源，发展稀土合金储氢材料，有十分诱人的前景。

表 7-1　不同储氢介质的储氢能力

储氢介质	储氢密度/($\times10^{22}$cm^{-3})	储氢相对密度	含氢量(质量分数)/%
标准状态下氢气	0.0054	1	100
氢气钢瓶(15MPa)	0.81	150	100
−253℃液氢	4.2	778	100
$LaNi_5H_6$	6.2	1148	1.37
$FeTiH_{1.95}$	5.7	1056	1.85
$MgNiH_4$	5.6	1037	3.6
MgH_2	6.6	1222	7.65

氢气的用途很广，可作燃料和化工原料，也可用作金属冶炼的还原剂和燃料电池的燃料等。作为能源，氢气的直接燃烧是重要的利用方式之一，由于氢能的热值高，而且氢气燃烧理论上只排放水，是理想的清洁能源，但是氢气在空气中直接燃烧，除了产生水外，在高温等因素的影响下空气中的氮气参与反应，得到氮氧化物(NO_x)，产生氮氧化物污染，为了弥补这个缺陷，目前常见的氢气燃烧方式主要有：

1. 富氧和贫氧燃烧

通过在燃烧过程中，减小或增加燃料浓度，避开形成氮氧化物的混合比，降低形成氮氧化物的可能性，如早期以氢气作为燃料直接通过内燃机燃烧驱动汽车等，它们几乎不产生污染物排放。

2. 纯氧燃烧

利用纯氧和氢气的燃烧，由于没有氮气，可以完全避免形成氮氧化物污染，是较为理想的燃烧方式，是目前氢能燃烧利用领域的主要方式之一，但是成本较高，需要同时实现氢气和氧气的存储，应用领域受限，主要用于航空航天(如美国阿波罗号宇宙飞船和我国的长征系列运载火箭等都是用液氢作燃料、液氧作氧化剂)及部分军工领域，在日常使用中并不多见。

3. 化学链燃烧技术

通过将氢能与空气不直接接触的无火焰化学反应的方式，实现氢能源的燃烧，可达到在空气中避免产生氮氧化物污染的目的。主要化学反应分为两步：①氢气与金属氧化物反应(或者称为氢还原金属氧化物)；②金属与空气中的氧气反应重新生成金属氧化物，实现金属氧化物再生。

$$xH_2 + MO_x(\text{金属氧化物}) \longrightarrow M + xH_2O$$

$$M + x/2\ O_2(N_2) \longrightarrow MO_x(\text{金属氧化物})$$

4. 氢燃料电池

氢燃料电池是一种氢气和氧气通过电化学反应直接得到电能的发电装置；与传统的燃烧发电相比，氢燃料电池不受卡诺循环的限制，转化效率高，目前最高已超过 60%；无活动部件，可靠性和操作性良好，噪声低，可能成为未来主要的清洁能源发电方式之一。

一个典型的氢燃料电池如图 7-5 所示，主要包括 4 个部分：阳极、阴极、电解液及外电路。依据电解液的不同，通常将燃料电池分为碱性型(A 型)、磷酸型(PA 型)、固体氧化物型(SO 型)、熔融碳酸盐型(MC 型)和质子交换膜型(PEM 型)等，不同类型氢燃料电池工作条件及特点见表 7-2。

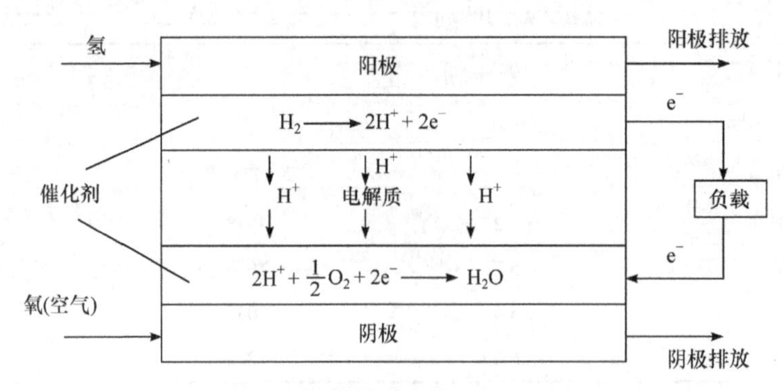

图 7-5　氢燃料电池的基本原理图

表 7-2　不同类型氢燃料电池工作条件及特点

电池种类	典型电解质	工作温度/℃	燃料	氧化剂	理论发电效率/%	优点	缺点
AFC	KOH-H_2O	60～200	纯 H_2	纯 O_2	83	① 启动快； ② 室温常压也可工作	① 成本高； ② 燃料单一
PAFC	H_3PO_4	60～220	甲烷	O_2	80	对 CO_2 不敏感，燃料广泛	① 对 CO 敏感； ② 工作温度高； ③ 成本高； ④ 低于峰值功率

续表

电池种类	典型电解质	工作温度/℃	燃料	氧化剂	理论发电效率/%	优点	缺点
SOFC	ZrO_2-Y_2O_3	900～1000	天然气	空气	73	燃料广泛	工作温度过高
MCFC	Na_2CO_3	650	H_2	O_2	78	燃料广泛	工作温度过高
PEMFC	含氟质子	80～100	甲烷	空气	83	① 寿命长；② 比功率大；③ 室温工作；④ 启动快；⑤ 输出功率可调	① 对 CO 敏感；② 反应物要加温

氢燃料电池反应原理：

(1)氢气在阳极催化剂的作用下，发生下列阳极反应：

$$H_2 \longrightarrow 2H^+ + 2e^-$$

即氢气解离为氢离子并释放出两个电子。

(2)氢离子穿过电解质到达阴极，电子则通过外电路及负载也到达阴极。在阴极催化剂的作用下，与氧气发生阴极反应生成水，反应式为

$$2H^+ + 2e^- + \frac{1}{2}O_2 \longrightarrow H_2O$$

(3)综合起来，氢氧燃料电池中总的电池反应为

$$H_2 + \frac{1}{2}O_2 = H_2O$$

总体来说，氢燃料电池的电极反应相当于氢气和氧气燃料产生水，与直接燃料的初态和终态相同。但与直接燃烧不同的是，氢气和氧气分别在阳极和阴极经过催化剂催化发生电化学反应，反应过程中并不产生高温，直接产生电能，能量转化效率极高。

目前用于燃料电池的催化剂主要有铂、碳化钨、硼化镍、碳和各类金属氧化物。其中，铂的催化性能最好，但价格昂贵。所以，降低铂催化剂的用量，使用替代催化剂，从而降低燃料电池成本，这是广大燃料电池工作者的研究目标。

5. 其他燃烧方式

氢能源还用于选择性氧化及催化氧化等方式实现燃烧等类似的效果，产生能源。

7.3.2　核能

核能是 20 世纪出现的新能源。人们习惯上又称之为原子能，顾名思义，原子核能是原子核发生反应产生的能量，而不是原子发生反应产生的能量。

人类自学会用火以来，几乎都是从改变物质的结构状态中获得能量。实际上无论是燃烧动物的粪便(如牛粪等)、木柴，还是烧煤、石油、天然气等获取的能量都只是原子外层电子发生位置变化与运动的结果，它们的原子核并没有发生变化。而核能则是原子核核子结合能的转化形式，虽然都是原子形成的能量，但内外有别，能量也大不相同。原子核能所发出的能量比电子的化合能大几百倍。原子能的释放有两种方式：一种是由比较重的核(核子数在 100 以上)分裂成两个轻一些的原子核——核裂变反应；另一种是由两个比较轻的核(核子数在 40 以下)

聚合成一个比较重的核——核聚变反应。

核能作为一种新型的能源，具有得天独厚的优越性。它的和平利用，对于缓解能源紧张、减轻环境污染具有重要的意义。核能是通过原子核发生反应而释放出的巨大能量。它在 50 多年前还是一种幻想中的技术，是实验室里的研究课题，公众只能在科幻小说中知道核能。今天，核能已经走入我们的生活，人类已经在利用核能。

1. *核反应*

1) 核裂变

重原子核分裂成两个(少数情况下，可分裂成 3 个或更多)质量相近的碎片的现象称为核裂变。用一定数量的可分裂(可裂变)的材料(如铀等)激发中子流，当中子撞击铀原子核时，一个铀核吸收了一个中子可以分裂成两个较轻的原子核，在这个过程中质量发生亏损，因而放出很大的能量，并产生两个或三个新的中子。在一定的条件下，新产生的中子会继续引起更多的铀原子核裂变，这样一代代传下去，像链条一样环环相扣，从而形成了被称为链式裂变反应的连锁反应，其过程如图 7-6 所示。产生裂变的条件包括：①铀要达到一定的质量，称为临界质量；②中子的能量要适当，一般是能量为 0.025eV 的“热中子”。

$$
{}^{235}_{92}\mathrm{U} + {}^{1}_{0}\mathrm{n} \longrightarrow \begin{cases} {}^{72}_{30}\mathrm{Zn} + {}^{160}_{62}\mathrm{Sm} + 4{}^{1}_{0}\mathrm{n} \\ {}^{87}_{35}\mathrm{Br} + {}^{146}_{57}\mathrm{La} + 3{}^{1}_{0}\mathrm{n} \\ {}^{142}_{56}\mathrm{Ba} + {}^{91}_{36}\mathrm{Kr} + 3{}^{1}_{0}\mathrm{n} \\ {}^{90}_{37}\mathrm{Rb} + {}^{144}_{55}\mathrm{Cs} + 2{}^{1}_{0}\mathrm{n} \end{cases}
$$

$$
{}^{239}_{94}\mathrm{Pu} + {}^{1}_{0}\mathrm{n} \longrightarrow {}^{90}_{38}\mathrm{Sr} + {}^{147}_{56}\mathrm{Ba} + 3{}^{1}_{0}\mathrm{n}
$$

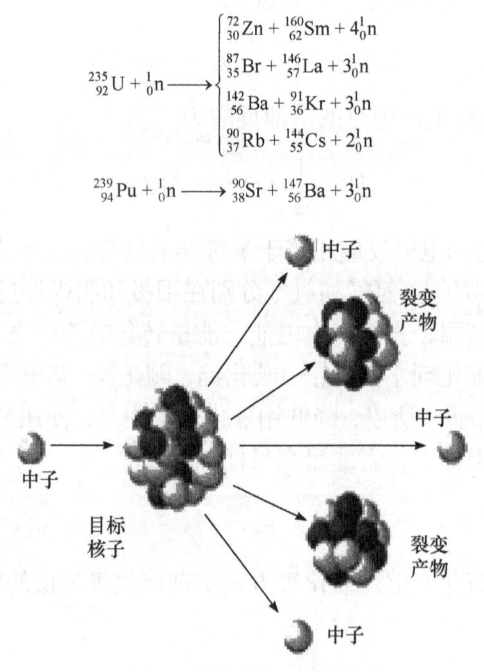

图 7-6　核裂变示意图

链式裂变反应分为自持型、发散型和收敛型三种。如果每次裂变产生的次级中子，平均有一个能够引起下一级的裂变反应，则链式反应即可进行下去。这种情况称为自持链式反应。与此对应的裂变系统的状态就称为临界状态。如果每次裂变产生的次级中子，平均有一个能引起下一级的核裂变反应，则裂变反应规模将越来越大，就称为发散型链式反应，与其相对应的裂变系统的状态称为超临界状态。如果每次裂变反应产生的次级中子平均不到一个能引起下一级的核裂变反应，则裂变反应的规模就越来越小，直到反应终止。这种链式反应称为收敛型链式反应，与其相对应的裂变系统的状态称为次临界状态。在这里，人们既不希望发散型链式反应，也不希望收敛型链式反应，为此，必须人为加以控制，在铀的周围放置一些强烈吸收中子的“中子毒物”(主要是硼和镉)，使一部分中子在还没有被铀核吸收引起裂变之前，就先被“中子毒物”吸收，这样就可以使核能缓慢地释放出来，带动发电机组发电。人们把实现这种过程的设备称为核反应堆。

2) 反应堆

核电站是实现核能转变为电能的装置。反应堆是核电站的心脏，是核能发电的关键装置，反应堆的类型很多，根据用途的不同可以分为以下几种。

(1) 生产性反应堆。这种反应堆专门用于裂变物质的生产。

(2) 试验性反应堆。这种反应堆主要用于试验研究，如核物理、反射化学、生物、医学研究和放射性同位素的生产等，也可用于反应堆燃料元件或结构材料考验，以及新型反应堆自身的静、动特性的研究等。

(3) 动力反应堆。这种反应堆主要用于发电，如核电厂、核动力舰船和宇宙飞行器等。其中又包括以下几种。

(i) 轻水反应堆。这是目前应用最广泛的堆型之一。它具有结构紧凑、体积小、功率密度高、单堆功率大、平均燃耗较深、建造周期短和安全可靠的特点。

(ii) 重水反应堆。这种反应堆的突出优点是重水对中子的慢化性能好，吸收中子概率小，可使用天然铀作燃料，转换比高。若使用同等天然铀作燃料的话，重水堆比轻水堆多生产 20%的能量。同时，它在运行中可以生产钚和氚，为快中子反应堆积累燃料。缺点是设备比较复杂，投资较大，基建和运行维护费用较高。代表堆型是加拿大的坎杜(CANDU)堆。

(iii) 气冷堆。这种堆型经历三个发展阶段。早期的天然铀石墨气冷堆，燃料装载量大、燃耗浅、比功率低；同时采用了大型的鼓风机，耗电量大、效率低、造价昂贵，已经被淘汰。中期的改进型气冷堆，采用了 2.5%～3.3%的低浓缩氧化铀作燃料，包壳改为不锈钢，提高了功率密度和堆芯出口温度。近期的高温气冷堆，是一种先进的反应堆，它具有燃耗深、转换比高、热效率高的特点，但对燃料的要求也较高，燃料的浓缩度要求 90%以上。

(iv) 快中子增殖反应堆。快中子增殖反应堆也是一种先进的反应堆，简称“快堆”。这种反应堆不用慢化剂，使用铀和钚作燃料，可实现燃料的增殖。众所周知，在现有的核电站中，大多数使用的是轻水反应堆。轻水反应堆是以铀-235 为燃料，以水作慢化剂(作用是使高速中子减速和作为冷却剂)。发电能力为 100 万千瓦的轻水反应堆，每天使用约 3kg 铀-235。虽然用量不多，但是由于天然铀储量有限，即使将低品位的铀矿及其副产品铀化物一起计算在内，总量也不会超过 500 万吨。其中铀-235 只占约 0.7%，而 99.3%是铀-238，而铀-238 却不具备铀-235 独特的裂变方式(铀-235 和铀-238 都是铀的同位素，它们的原子核都会裂变，但是铀-235 是自然界中存在的易于发生核裂变的唯一核素，当中子撞击铀-235 原子核时，原子核会分裂成质量几乎相等的两部分，因此当今核电站的核燃料中，铀-235 如同“优质煤”，而铀-238 却像“煤矸石”，只能作为核废料堆积起来，成为污染环境的“公害”)，所以不能用作轻水反应堆的燃料。按当前铀-235 的消耗量，仅够人类使用几十年。因此，世界各国都在积极研究、开发快中子反应堆。快中子反应堆的堆心核燃料不用铀-235，而用钚-239，不过要在堆心燃料钚-239 的外围再生区里放置铀-238。钚-239 产生裂变反应时放出来的快中子，被装在外围再生区的铀-238 吸收，铀-238 就会很快变成钚-239。这样，钚-239 裂变，在产生能量的同时，又不断地将铀-238 变成可用燃料钚-239，而且再生速度高于消耗速度，核燃料越烧越多，快速增殖，所以这种反应堆又称“快速增殖堆”。据计算，若快中子反应堆推广应用，将使铀资源的利用率提高50～60倍，大量铀-238堆积浪费、污染环境的问题将得以解决。虽然在技术上，快堆比轻水堆难度要大得多，但是它具有独特的优点。

3)核裂变能的利与弊

核裂变能作为核能的一种，尽管其能量是全世界煤炭和石油蕴藏量含有能量总和的15倍以上，且技术已经成熟，无论在经济上，还是环保上，较之煤、石油、天然气等，具有非常大的优势，但它的弊端也不容人类忽视。

首先，在链式裂变反应中，裂变材料和反应的产物都具有放射性。这意味着它们自身会释放辐射，当出现故障时，也可能向大气中排放放射性物质，危及人类和动植物生命安全。1986年的切尔诺贝利核事故就是典型的例子。

其次，核裂变的产物在几百年甚至几千年后仍会有放射性。有些放射性废物可以回收；而大部分必须安全存放，否则会因意外排放到大气中造成对人类和社会的危害(如污染地下水等)。

虽然利用核裂变能进行发电不尽理想，但是至少在近几十年内，人类还必须发展核能。这是因为其他新能源真正大规模应用还需相当长的时间，而核裂变能资源相对于其他传统能源，要丰富得多。

2. 核聚变

1)核聚变的概念

核聚变是全宇宙最为广泛的能量来源已是不争的事实。正是核聚变使宇宙恒星持续燃烧，包括我们称之为最理想的能源之一的太阳能也是高温核聚变反应所释放的辐射能。与核裂变相反，聚变“黏合”轻原子，特别是最轻的氢原子，而不是分裂重原子(如铀和钚等)。但与分裂重原子同理，聚合轻原子也会转换部分质量，释放巨大的能量。不同的是它不需要大量放射性材料，也不会产生大量放射性的废物。当两个较轻的原子核聚合成一个较重的原子核时，由于发生质量亏损而放出的能量称为核聚变能，这种反应称为核聚变反应，也称为“热核聚变反应”(由于原子核之间有很强的静电斥力，因此在一般条件下，发生聚变反应的概率很小。要使轻核有足够的动能克服静电斥力而发生持续的聚变，必须在极高的压强和温度下进行)。核聚变较之核裂变而言，其释放的能量要大得多。1g铀-235核裂变能为-8.1×10^{7}kJ，相当于3t煤燃烧所放出的热量。1g氘(或氚)聚变比1g铀裂变产生的能量大得多。

$$ {}_{1}^{2}\mathrm{H} + {}_{1}^{3}\mathrm{H} \longrightarrow {}_{2}^{4}\mathrm{He} + {}_{0}^{1}\mathrm{n} \qquad \Delta E = -1.698\times10^{9}\,\mathrm{kJ\cdot mol^{-1}} $$

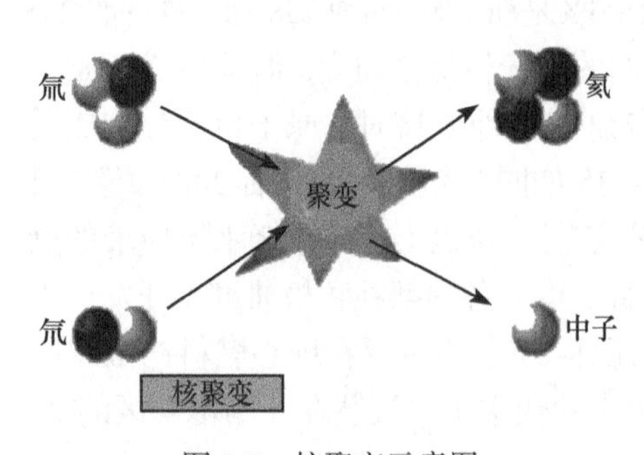

图7-7　核聚变示意图

目前，核聚变采用的轻原子核是氢的同位素氘、氚(若将来科学技术有新发展，还有可能实现其他元素如氦、锂、铍、硼等的核聚变)，在一定的条件下，它们的原子核可以相互碰撞聚变成为一种新的核，即氦核，同时将蕴藏于其中的巨大能量释放出来，能量高达400万电子伏特，如图7-7所示。氘在海水中分布甚广，大约每升海水中含有0.03g的氘，就是这微不足道的氘，在核聚变时所产生的能量足可与300L汽油相比。海洋总体积大约为13.7亿立方千米，粗略计算海水中氘的总储量竟达几亿亿千克，数量之大，几乎是取之不尽、用之不竭的。这些氘通过核聚变释放的聚变能可为人类提供上亿年的能源消费。而且，氘没有放射性，提取方法简便，成本也较低，核聚变堆的运行也十分安全。相比较而言，核聚变能是更为清洁的能源。

当然，同重元素的裂变一样，核聚变也是一项十分复杂的技术。

2)受控(热)核聚变

与核裂变相同，核聚变也必须通过人工控制来实现能量的释放，这种技术称为受控(热)核聚变。氢弹爆炸所释放能量的过程是不可控制的。为了利用聚变能，人们正在进行“受控(热)核聚变”的试验研究。但实现受控(热)核聚变反应比控制核裂变反应要困难得多(人工的氘核聚变早在1930年就在实验室中被发现了，而铀的链式反应在1939年才被发现，但是1942年就建成了世界上第一座验证物理原理的裂变反应堆，1945年产生了裂变能造的原子弹，1948年才有利用不可控制的聚变能造的氢弹；20世纪50年代以裂变为能源的核电站开始推广，而受控(热)核聚变在1950年前后才开始研究)。因为原子核都是带正电荷，在裂变反应中，反应是由外部打入铀核的中子引起的，中子不带电，因此很容易进到核内。而聚变则要通过两个氘核互相接近，达到核力范围才能发生反应，当两个带正电的氘核互相接近时，就有静电斥力把它们推开(同性相斥)，为了使它们接近，需使两个氘核以很快的速度对碰，用它们的动能克服静电势。由实验资料估计，为了使两个氘核相遇，它们之间的相对速度至少要在700km · s^{-1}以上，这时作为燃料的氘早已成为温度在5000万摄氏度的等离子体(我们知道气体越热，分子的运动速度就越大。当气体在几万摄氏度以上时氘核与外层的电子就会分离，氘成了带正电的氘离子和带同样多负电的电子混在一团的物质第四态——等离子体)，所以聚变反应又称为热核反应。在地球的自然环境中没有这么高温的等离子体存在。因此，要实现核聚变就必须解决如何约束高温等离子体和怎样把它提高到5000万摄氏度以上，并使此时的聚变反应放出的能量超过高温等离子体损失的能量。目前，要解决这两个问题只有下面两种方法：磁约束法(如托卡马克装置)和惯性约束法(通过各种猛烈的加热方法，使氘在非常短的时间内从常温突然升到5000万摄氏度，趁氘核还来不及飞散就产生聚变反应从而取得热核能，氢弹就是利用这个原理制造的，如图7-8所示)。

3)核聚变的历史、现在与未来

人们利用核能的最终目标是要实现受控聚变发电。

早在1934年，英国物理学家卢瑟福、澳大利亚物理学家奥利芬特和奥地利化学家哈尔特克就在静电加速器上用氘-氘反应制取了氚(超重氢)，首次实现了聚变反应。特别是1938年美国物理学家贝特提出核聚变是太阳巨大能量的来源后，科学家一直在努力研究，希望实现人类利用核聚变能的目标。

图7-8　靠惯性约束的氘氚靶丸聚变试验图像

进入20世纪90年代以后，人们在受控(热)核聚变研究中取得了突破性的进展。1991年11月9日，欧洲14个国家联合出资建造的欧洲联合环(joint European torus，JET)装置首次成功地实现了氘-氚受控核聚变反应的试验。反应时，发出1800kW电力的聚变能量，持续时间为2s，温度高达3亿摄氏度，是太阳内部温度的20倍。1993年，美国托卡马克聚变实验堆(Tokamak fusion test reactor，TFTR)装置也进行了氘氚受控热核聚变试验。

我国第一个核聚变试验装置“中国环流器一号”(HL-1)托卡马克于1984年建成，自此开启了我国的核聚变研究历程，为我国的核聚变研究奠定了基础。2006年世界上第一个全超导托卡马克东方超环(EAST)在安徽合肥实现首次放电。美国、欧洲和日本等国家和地区的聚变试验装置虽然实现了超过 1 亿摄氏度，但是大部分持续时间短暂，2017 年中国科学院合肥物质科学研究院首次实现了在 5000 万摄氏度的条件下，稳定运行时间超过 100s，创造了新的世界纪录。2018 年，我们再次将这个温度提高了一倍，将中国的核聚变研究推到了世界前沿，处于世界先进水平。至此，受控(热)核聚变的科学可行性得到了证实，具备了开展工程试验研究的科学技术基础。“国际热核聚变实验堆(ITER)计划”是目前全球规模最大、影响最深远的国际科研合作项目之一，2006 年 5 月，经过国务院批准，我国签署了参加 ITER 计划的协议，并承担了其中重要的 PF5 导体的研制和生产任务。据此，核科学家认为，若由国际原子能机构组织的国际合作科研工程(如国际受控热核试验反应堆大型装置)的资金问题得到解决，可以乐观地估计，到 21 世纪 50 年代，第一座用于发电的商用热核聚变反应堆将开始运转。

4)核聚变的反应方式

核聚变是利用氢的同位素氘、氚在超高温等条件下发生聚变反应而获得巨大能量的技术，它被认为是未来世界能源的希望所在。核聚变的反应方式有多种。日本经过多年努力，目前已研究开发出 5 种核聚变反应方式。

第一种方式是托卡马克型核聚变装置，被认为最有希望用来率先建成核聚变反应堆。该装置主要依靠等离子体电流和环形线圈产生的强磁场，将等离子体约束在特殊的真空容器中，以实现聚变反应。

第二种方式是螺旋形核聚变方式。它通过螺旋形线圈产生的螺旋状磁力线形成磁场来约束等离子体。

第三种方式是反转磁约束型核聚变方式。它使用与托卡马克装置相同的办法约束等离子体，然后在等离子体的中心部位及其周边改变磁场的方向，以强大的等离子体电流提高约束性能，被认为是一种结构简单且效率高的核聚变方法。

第四种方式为镜像磁场型核聚变装置。它通过两端封闭的圆桶状磁力线把等离子体约束在磁场内。该装置呈直线形，结构简单，比环形装置能更好地约束等离子体，可以实现稳定运转和直接发电。

第五种方式是使用激光引发核聚变反应的“激光核聚变”。

3. 核能的利用

核能发电是目前世界上和平利用核能最重要的途径。无论从经济还是从环保角度来说，核能发电都具有明显的优势。据设在布鲁塞尔的欧盟委员会公布的资料显示，在欧盟 15 国，平均每生产 1kW 电力所排放的温室气体为 444g，在德国则高达 670g，而在以核电为主的法国只有 60g，仅为欧盟平均值的 13.5%，尚不及德国排放量的 10%。法国 1980～1986 年间核电总发电量的比例由 24%提高到 70%。在此期间法国总发电量增加 40%，而排放的硫氧化物减少 56%，氮氧化物减少 9%，尘埃减少 36%，大气质量明显改善。核能发电在环境保护方面的优势不言而喻。从经济角度上讲，核能发电也是划算的，与常规燃料，特别是燃煤发电相比，核能发电具有相当大的优势。1kg 的铀裂变时所释放出的热量，足可相当于 2500t 优质煤燃烧释放出的全部热能。而 1kg 氘燃料，至少可以抵得上 4kg 铀燃料或者 10000t 优质煤燃料。目前，世界第一大电力企业——法国电力公司每生产 1kW · h 电力的成本，核电不到 0.20 法郎，而燃气发电为 0.22 法郎左右，比核电高出 10%。另有统计显示，燃煤发电的成本每千瓦时为 0.25 法郎，比核电高 25%。核电工业每年为法国提供的能源相当于 8800 万吨原油。自 1974 年以来，法国因此而节省的石油进口费用达 6000 亿法郎，以当年汇率计算约合 1050 亿美元。

此外，核能不仅仅可以发电，还可以用于供热，作为火箭、宇宙飞船、人造卫星等动力能源。由于核动力不需要空气助燃，还可以作为地下、水中和太空缺乏空气环境下的特殊动力，将是人类开发海底和太空资源的理想动力。

2020 年 6 月 25 日，国际原子能机构（International Atomic Energy Agency，IAEA）公布 2019 年全球核电发展数据。截至 2019 年年底，30 个国家有 443 台在运核电机组，总装机容量 392.1GWe。2019 年，核电发电量为 2586.2TW · h，约占全球总发电量 10%，占低碳发电量近 1/3。美国核发电量最高，为 809.4TW · h，占全球核发电量的 31%。法国和中国的核发电量紧随其后，分别为 379.5TW · h 和 348.4TW · h。这三个国家的核发电量占全球核发电量的 59%。

7.3.3　太阳能

1. 概述

在漫长的历史进程中，人类经过不断寻找和使用各种能源后，提出了作为理想能源应符合的条件：一是蕴藏丰富不会枯竭；二是安全、洁净，不会威胁人类和破坏环境。目前找到的理想能源主要有两种：一是太阳能；二是燃料电池。其中，太阳能既是一次能源，又是可再生能源。它是各种可再生能源中最重要的基本能源，也是人类可利用的最丰富的能源。

太阳能是指太阳内部高温核聚变反应所释放的辐射能。太阳向宇宙空间发射的辐射功率大约为 3.8×10^{23}kW 的辐射值，其中只有二十亿分之一到达地球大气层。而到达地球大气层的太阳能，又有 30%被大气层反射，23%被大气层吸收，剩余的 47%到达地球表面，其功率约为 8×10^{18}kW。到达地球表面的太阳能有 70%照射在海洋上，仅剩下约 1.5×10^{17}kW，相当于 1.3×10^{5} 亿吨标准煤。大约每 40min 照射在地球上的太阳能，足以供全球人类一年能量的消费。每三天向地球辐射的能量，就相当于地球所有矿物燃料能量的总和。按目前太阳的质量消耗速率计，可维持 6×10^{10} 年，所以照射在地球上的太阳能是巨大的，完全可以用“取之不尽，用之不竭”来形容。

图 7-9 是地球上的能流图。从图上可以看出，地球上的风能、水能、海洋温差能、波浪能和生物质能以及部分潮汐能都来源于太阳；即使是地球上的矿物燃料（如煤、石油、天然气等）从根本上说也是通过生物化石的形式保存下来的亿万年以前的太阳能，所以广义的太阳能所包括的范围非常大，狭义的太阳能则仅限于太阳辐射能的光热、光电和光化学的直接转换。

太阳能具有许多优点，如绝对干净，不产生公害；不受资源分布和地域的限制；可在用电处就近发电；能源质量高；使用者从感情上容易接受；获取能源花费的时间短。其不足之处是：照射的能量分布密度小，即要占用巨大面积；获得的能源与四季、昼夜及阴晴等气象条件有关。但总的说来，如何合理利用太阳能、降低其开发和转化的成本，是太阳能开发面临的重要问题，一直受到世界各国的重视。

2. 太阳能的利用

据记载，人类利用太阳能已有 3000 多年的历史。我国早在 2000 多年前的战国时期就利用钢制四面镜聚焦太阳光来点火和利用太阳能来干燥农副产品。而将太阳能作为一种能源和动力加以利用，却只有 300 多年的历史。

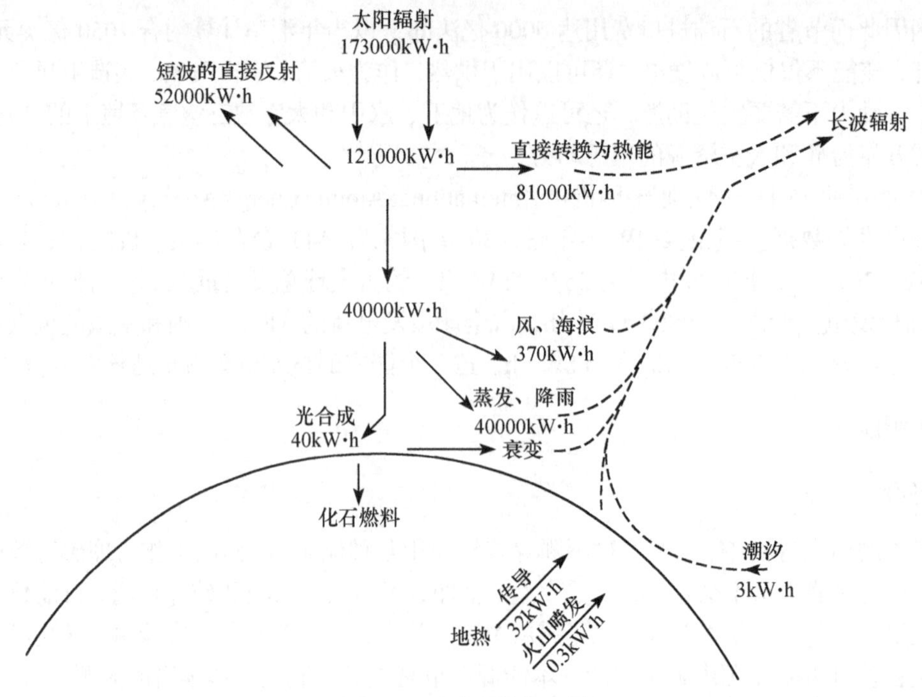

图 7-9 地球上的能流图

1615 年，法国工程师所罗门 · 德 · 考克斯发明出世界上第一台太阳能驱动的发动机(利用太阳能加热空气使其膨胀做功而抽水的机器)。而第一款太阳电池的发现，则是在 1953 年。20 世纪 70 年代以来，太阳能科技突飞猛进，其利用日新月异。主要集中在以下几个方面：

(1) 太阳能热发电。主要是把太阳的能量聚集在一起，加热来驱动汽轮机发电。

(2) 太阳能光伏发电。将太阳电池组合在一起，大小规模随意，可独立发电，也可并网发电。太阳能光伏发电虽受昼夜、晴雨、季节的影响，但可以分散地进行，因此适于各家各户分散进行发电，也可连接到供电网络，使得家庭中电力充裕时将其卖给电力公司，不足时又可从电力公司买入。

(3) 太阳能水泵。正在取代太阳能热动力水泵。

(4) 太阳能热水器。

(5) 太阳能建筑。太阳能建筑有三种形式。①被动式，结构简单，造价低，以自然热交换方式来获得能量；②主动式，结构较复杂，造价较高，需要电作辅助能源；③零能建筑，结构复杂，造价高，全部建筑所需要的能量都由“太阳屋顶”来提供。

(6) 太阳能干燥。尤其在农村，许多农副产品的干燥离不开太阳能。

(7) 太阳灶。太阳灶可分为热箱式和聚光式两类(我国是世界上推广应用太阳灶最多的国家)。

(8) 太阳能制冷与空调。其是节能型的绿色空调，无噪声，无污染。

(9) 其他。可淡化海水，利用太阳光催化治理环境，培养能源植物，在通信、运输、农业、防灾、阴极保护、消费、电子产品等诸多方面，都有广泛的应用。

3. 太阳能的转化途径

人类利用太阳能，有三个主要途径：光热转换、光化转换和光电转换。

1) 光热转换

光热转换就是用集热器把太阳辐射能转换为热能直接加以利用。集热器有平板式、真空管式、聚焦式等，它可以是直接吸收太阳辐射，也可以是将太阳辐射会聚后集中照射，使传热介质(空气、水或防冻液)升温，用于家庭采暖、供应热水、制冷、烹饪、工业用热、农用温室等。

现今全世界已有数百万个太阳能热水装置。其中美国已兴建 100 多万个主动式太阳能采暖系统和超过 25 万个依靠冷热空气自然流动的被动式太阳能住宅。

2) 光化转换

太阳能光化转换主要是利用光化学反应研制光化学电池。这种电池由半导体材料和电解液组成，当太阳光照射到半导体和电解液界面时，产生化学反应，在电解液内形成电流，并使水电离产生氢，再利用氢来发电(这实际上也是一种光-化-电的转换)。光解水制造氢是太阳能光化学转化与储存的最佳途径。

3) 光电转换

光电转换是将太阳能转换成电能。目前，有两种基本途径：一是太阳热发电(光热电间接转换)，即采取一种能把太阳能集中并将其变为高温水蒸气的聚热器，再通过汽轮机将热能转变为电能，或采用抛物面型的聚光镜将太阳热集中，使用计算机让聚光镜追随太阳转动。后者的热效率很高，将引擎放置在焦点的技术发展的可能性最大。二是太阳光发电，就是利用太阳电池的光电效应，将太阳能直接转变为电能(太阳辐射的光子带有能量，当光子照射半导体材料时，光能便转换为电能，这个现象称为“光生伏打效应”)。目前，最先进的太阳能飞机(图 7-10)，飞行高度可达 2 万多米，航程超过 4000 千米。

图 7-10　太阳能飞机

4. 太阳电池

1) 太阳能光伏发电概况

太阳电池是直接将光电进行转换的一种光电器件。它与普通的化学电池(干电池、蓄电池)完全不同，太阳电池没有物质的消耗，仅是能量的转换。只要有光的照射，它就能输出电，既没有化学腐蚀，也没有机械转动等噪声，更不会排放烟尘污染，可清洁而安静的发电。1941 年出现了有关硅太阳电池报道。1953 年，美国贝尔实验室研制出世界上第一个硅太阳电池，转换效率为 6%，1958 年被用作“先锋 1 号”卫星的电源，这一重大的突破为太阳能利用进入现代发展时期奠定了技术基础。此后，很快开发出多种太阳电池，包括多晶硅电池、非晶硅电池、硫化镉电池、砷化镓电池、光化学电池等，现在的硅太阳电池光电转换效率已达 20%以上。在 20 世纪 70 年代以前，由于太阳电池的能量转换效率比较低，一般为 10%～20%，售价昂贵，主要应用在空间。70 年代以后，对太阳电池材料、结构和工艺进行了广泛研究，在提高效率和降低成本方面取得较大进展，地面应用规模逐渐扩大，但从大规模利用太阳能而言，与常规发电相比，成本仍然太高。可见，要使太阳能发电真正达到实用水平，一是要提高太阳能光电转换效率并降低其成本；二是要实现太阳能发电同现在的电网联网。

根据国际可再生能源机构(IRENA)数据显示，国际光伏工业在过去 10 年增长迅速，总装机容量已从 2010 年的 40GW 增长到 2020 年 710GW，平均年增长率超过 30%。世界各国通过扩大规模、提高自动化程度、改进技术水平、开发市场等措施降低成本，并取得了巨大发展。2020 年光伏发电成本比 2010 年下降了 82%，为 0.068 美元/kW · h。通过不断扩大的规模经济、更具竞争力的供应链和进一步的技术改进将继续降低太阳能发电成本。据推测，到 2025 年全球平均光伏发电成本有望降低到 0.06 美元/kW · h 以内。

2）太阳电池在我国的发展

我国幅员辽阔，拥有丰富的太阳能资源（表 7-3）。据统计，每年中国陆地接收的太阳辐射总量相当于 24000 亿吨标准煤。全国总面积三分之二地区年日照时间都超过 2000h，特别是西北一些地区甚至超过 3000h。因此，我国是太阳能资源相当丰富的国家，与同纬度的其他国家相比，具有发展利用太阳能的良好的先天条件。我国许多边远省份和经济不发达地区，光伏发电可以作为常规能源的补充，解决特殊应用领域和边远无电地区民用生活用电需求，从环境保护及能源战略上都具有重大的意义。

表 7-3　我国的太阳能资源

类区	一类	二类	三类	四类	五类
年辐射总量	6680～8400MJ · m^{-2}	5850～6680MJ · m^{-2}	5000～5850MJ · m^{-2}	4200～5000MJ · m^{-2}	3350～4200MJ · m^{-2}
包含地区	宁夏北部、甘肃北部、新疆东南部、青海西部、西藏西部	河北西北部、山西北部、内蒙古南部、宁夏南部、新疆南部、甘肃中部、青海东部和西藏东南部	山东、河南、河北、甘肃东南部、陕西、福建南部、新疆、山西南部、吉林、辽宁、云南、台湾西南部	湖南、湖北、广西、江西、浙江、安徽、黑龙江、福建北部、广东北部和台湾东北部	四川、贵州、重庆

我国的光伏工业在 20 世纪 80 年代以前尚处于雏形，太阳电池的年产量一直徘徊在 10kW 以下，价格也很昂贵。但进入新世纪以来，我国的太阳能光电技术得到突飞猛进的发展。21 世纪初，装机容量突破兆瓦级别，2010 年达到 1GW，2020 年为 253.8GW，占全球总装机容量的 35%，发电成本也降至 0.054 美元/kW · h。

3）太阳电池的分类

随着材料工业的发展，太阳电池的品种将越来越多，其分类方法也越来越多。按照太阳电池的发展历程，通常将太阳电池分为第一代、第二代、第三代太阳电池，目前效率较高的为第一代太阳电池（单晶硅光电池的转换效率理论值已达 23.5%），可供制造太阳电池的半导体材料很多，下面选取几种太阳电池作简单介绍。

（1）第一代太阳电池。

第一代太阳电池为最早实现真正商业化生产的电池，主要为单晶硅太阳电池。

单晶硅太阳电池是固体太阳电池中的一种，是当前开发得最快的一种太阳电池。目前单晶硅太阳电池的光电转换效率为 15%左右，实验室成果能达到 20%以上。硅太阳电池的主要成分是 Si，其结构如图 7-11 所示。它的带隙为 1.2eV，可见光即可将它激发，当太阳光照射太阳电池表面时，其中一部分光子被表面反射，剩余部分的光子被硅材料吸收。被吸收的光一部分变成热，另一部分将光子的能量传递给硅原子，使电子发生跃迁，成为自由电子在 pn 结两侧集聚形成电势差，在 pn 结电场作用下产生光电流，当外部接通电路时，在该电压的作用下，有电流流过外部电路产生一定的输出功率。这个过程的实质就是光子能量转换成电能的过程。

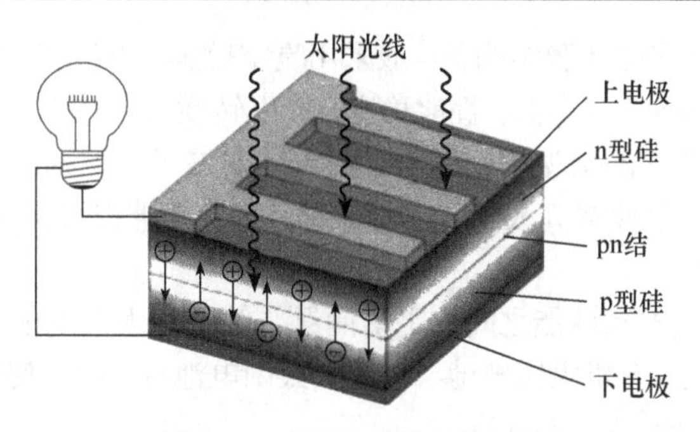

图 7-11　太阳电池的结构原理

单晶硅太阳电池以高纯的单晶硅棒为原料，制造这些材料工艺复杂，电耗很大，在太阳电池生产总成本中已超过 1/2，加上拉制的单晶硅棒呈圆柱状，切片制作太阳电池也是圆片，组成太阳能组件平面利用率低。从而使得该类电池价格昂贵，在美国为 5～6 美元 · W^{-1}，我国为 50 元 · W^{-1}，单晶硅太阳电池光电转化效率虽然较高，但是单晶硅生产成本极高，只适合于少量高附加值领域，不适合广泛使用，因此开发新的低成本的太阳电池成为急需解决的问题。

(2)第二代太阳电池。

为了解决第一代太阳电池成本极高的问题，开发了一系列相对单晶硅太阳电池成本较低的新一代太阳电池，主要包括多晶硅太阳电池、非晶硅太阳电池、多元化合物太阳电池。

① 多晶硅太阳电池。太阳电池使用的多晶硅材料，多半是含有大量单晶颗粒的集合体，或用废次单晶硅料和冶金级硅材料熔化浇铸而成。多晶硅太阳电池的制作工艺与单晶硅太阳电池相差不大，其光电转换效率为 12%左右，稍低于单晶硅太阳电池，但是材料制造简便，节约电耗，总的生产成本较低，因此得到大力发展。

② 非晶硅太阳电池。非晶硅太阳电池是 1976 年出现的新型薄膜式太阳电池，它与单晶硅和多晶硅太阳电池的制作方法完全不同，硅材料消耗很少，电耗更低，非常吸引人。

目前非晶硅太阳电池存在的问题是光电转换效率偏低，国际先进水平为 10%左右，且不够稳定，常有转换效率衰降的现象，所以尚未大量用作大型太阳能电源，而多半用于弱光电源，如袖珍式电子计算器、电子钟表及复印机等方面。

③ 多元化合物太阳电池。多元化合物太阳电池指不是用单一元素的半导体材料制成的太阳电池。以下简要介绍几种：

(i)硫化镉太阳电池。早在 1954 年雷诺兹就发现了硫化镉具有光生伏打效应。1960 年采用真空蒸镀法制得硫化镉太阳电池，光电转换效率为 3.5%。到 1964 年美国制成的硫化镉太阳电池，光电转换效率提高到 4%～6%。后来欧洲掀起了硫化镉太阳电池的研制高潮，把光电效率提高到 9%，但是仍无法与多晶硅太阳电池竞争。不过人们始终没有放弃它，尽管非晶硅薄膜电池在国际上有较大影响，但是至今有些国家仍指望发展硫化镉太阳电池，因为它在制造工艺上比较简单，设备问题容易解决。

(ii)砷化镓太阳电池。砷化镓是一种很理想的太阳电池材料，它与太阳光谱的匹配较适合，且能耐高温，在 250℃的条件下，光电转换性能仍很好，其最高光电转换效率约 30%，特别适合作高温聚光太阳电池。已研究的砷化镓系列太阳电池有单晶砷化镓、多晶砷化镓、镓铝砷-砷化镓异质结、金属-半导体砷化镓、金属-绝缘体-半导体砷化镓太阳电池等。但由于镓比较稀缺，砷有毒，制造成本高，此种太阳电池的发展受到影响。

(iii)铜铟硒太阳电池。铜铟硒太阳电池是以铜、铟、硒三元化合物半导体为基本材料制成的太阳电池。它具有一种多晶薄膜结构，一般采用真空镀膜、电沉积、电泳法或化学气相沉积法等工艺制备，材料消耗少，成本低，性能稳定，光电转换效率在10%以上，因此是一种可与非晶硅薄膜太阳电池相竞争的新型太阳电池。近来还发展了用铜铟硒薄膜加在非晶硅薄膜之上，组成叠层太阳电池，借此提高太阳电池的效率，并克服非晶硅光电效率的衰降。

(3)第三代太阳电池。

为了解决太阳电池成本和性能之间的平衡问题，第三代太阳电池，包括染料敏化太阳电池、量子点敏化太阳电池、有机太阳电池、钙钛矿太阳电池等，由于使用材料与传统太阳电池有明显区别，有时也称为新型太阳电池。

① 染料/量子点敏化太阳电池。

染料/量子点敏化太阳电池属于光电化学电池的一种，是由一个半导体光电极和以一个催化电极(反电极)或者两个导电类型相反的半导体电极和电解质溶液构成的。在半导体和电解质溶液的界面，电解质中的某一离子在该界面上发生电化学氧化还原反应，而在反电极上却发生完全逆向的相反过程，构成一个循环，这样光能直接转化成电能，所以它属于永久性的光电转化器件。近几年发展较快的染料敏化纳米薄膜太阳电池就是这类电池中的一种。1991年瑞士洛桑高等工业学校的Grätzel等在国际权威学术刊物*Nature*上宣称他们用纳米二氧化钛制成多孔薄膜，并覆盖一薄层有机染料作为太阳电池的光阳极，大大提高了光转换效率和使用寿命，因为对电极的纯度要求比单晶硅电池低，其成本大大降低。Grätzel型电池利用染料吸收可见光，利用禁带宽度大的n型TiO_2收集激发态染料的电子，因而Grätzel型电池是太阳电池发展的一个革命性的创新，引起了极大的关注。之后，德国和瑞典科学家于1993年分别发表文章，研制出的该类型电池可实现0.5～0.8美元·W^{-1}的价格，这是太阳电池研究工作的一个突破。如果这类电池能进入工业生产，将使清洁能源走入千家万户。

染料敏化纳米薄膜太阳电池是一种光电化学太阳电池，但与常规的光电化学太阳电池相比，在半导体电极与染料上有很大的改进。常规的光电化学电池中，普遍采用致密的半导体膜，只能从膜表面上吸附单层染料，而单层的染料只能吸收小于1%的太阳光，多层染料又阻碍了电子的传输，染料敏化纳米薄膜太阳电池的纳米多孔二氧化钛膜像海绵似的，有很大的比表面积，能够吸收更多的染料单分子层，这样既克服了原来电池中只能吸附单分子层而吸收少量太阳光的缺点，又可使太阳光在膜内多次反射，使太阳光被染料反复吸收，产生更大的光电流，从而大大提高了光电转换效率。

染料敏化纳米薄膜太阳电池主要由以下几个部分组成：透明导电玻璃、纳米二氧化钛多孔半导体薄膜、染料光敏化剂/量子点、电解质和反电极(图7-12)。

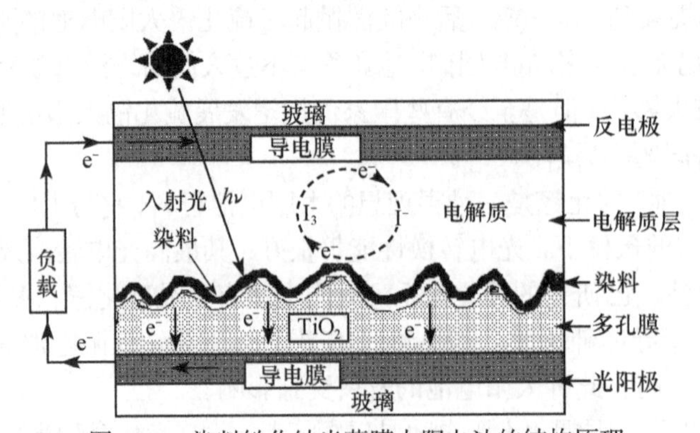

图7-12　染料敏化纳米薄膜太阳电池的结构原理

(i) 透明导电玻璃。透明导电玻璃一般要求方块电阻为 5～20Ω，透光率在 85%以上。正、负电极电子的传输和收集主要通过导电玻璃膜进行。

(ii) 光电极。染料敏化纳米薄膜太阳电池的光阳极主要由纳米二氧化钛多孔半导体薄膜组成。由于二氧化钛具有半导体特性，又是一种价格便宜、应用广泛、无毒、稳定和抗腐蚀性能好的物质，它的粒子具有很强的光散射效应。采用纳米多孔薄膜，提高了单分子层染料/量子点的吸附量，从而大大地提高了染料分子/量子点对光的吸收效率。

(iii) 染料光敏化剂/量子点。染料光敏化剂/量子点是影响电池效率至关重要的一部分，染料/量子点性能的优劣将直接影响电池的光电转化效率，直接影响对可见光的吸收、电子产生和电子的注入。虽然许多有机染料/量子点都能作为光敏化剂，但其对可见光的吸收特性和稳定性都不尽如人意。应用于染料/量子点敏化纳米薄膜太阳电池的染料必须具备两个基本的条件：具有很宽的可见光谱吸收；具有长期的稳定性，即能经得起无数次激发-氧化-还原，至少 20 年。

大部分有机染料分子都可以吸收可见光，但吸收域较窄，经多次循环后性能大大降低。已经证明，过渡金属（如钌等）的配合物可作为染料光敏化剂，它在可见光区内的吸收系数大，对可见光的吸收率高。

(iv) 电解质。电解质中的溶质主要是由具有较强的氧化还原能力的化合物组成，其主要作用是进行氧化还原反应，进行电子传输。到目前为止，发现由 I^-/I_3^- 溶质组成的电解质系统在这种电池中具有较好的性能。从电池的观点来看，I_3^- 的稳定性对电池的性能非常重要。

(v) 反电极。反电极主要由透明导电膜构成，用于收集电子，此外还有催化作用，用以加速 I^-/I_3^- 及阴极电子之间的氧化还原。另外，铂层还起着光反射作用。

染料敏化纳米薄膜太阳电池中的二氧化钛的带隙为 3.2eV，比单晶硅的带隙要大得多，可见光不能将它激发，只有在二氧化钛表面吸附一层具有很好吸收可见光特性的染料光敏化剂，染料分子才能在可见光作用下，通过吸收光能而跃迁到激发态（图 7-13）。染料敏化纳米薄膜太阳电池把光吸收和载流子的作用完全分离开来，光吸收是由吸附在半导体表面的染料光敏化剂来完成的，电子从染料激发态注入半导体完成载流子的分离，并传输出去。

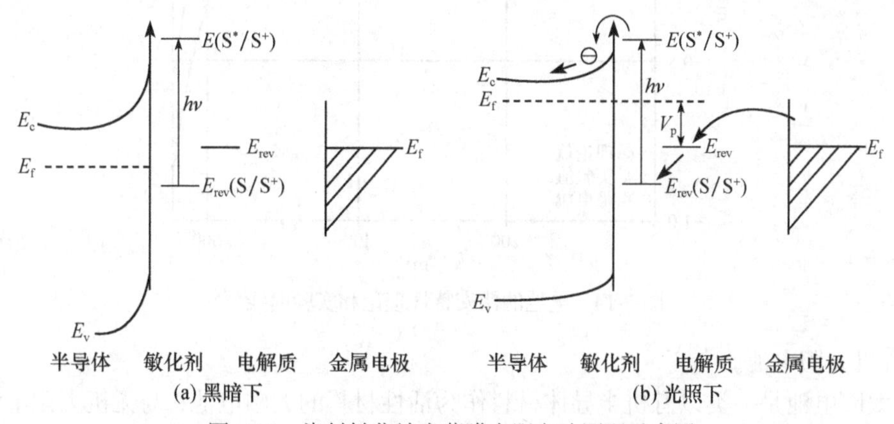

图 7-13　染料敏化纳米薄膜太阳电池原理示意图

由于激发态的不稳定性，跃迁到激发态的染料分子，通过与二氧化钛表面的相互作用，电子很快跃迁到较低能级的二氧化钛导带，进入二氧化钛导带的电子最终将被二氧化锡导电膜收集，然后通过外电路，回到反电极，产生光电流；氧化了的染料分子被 I^- 还原后回到基态，同时电解质中产生的I_3^-扩散回阴极，又被电子还原成I^-。实验表明，跃迁到二氧化钛导带上的电子，将很快通过二氧化钛层进入导电玻璃。具体过程可以表示为

$$S \xrightarrow{h\nu} S^* \xrightarrow{-e^-} S^+ \quad \text{(染料激发，产生光电流)}$$

$$2S^+ + 3I^- \longrightarrow 2S + I_3^- \quad \text{(染料还原)}$$

$$I_3^- + 2e^- \longrightarrow 3I^- \quad \text{(电解质还原)}$$

由于二氧化钛导带中的电子可能与S^+、I_3^-复合，另外，处于激发态的染料分子也可能通过热辐射回到基态等，这些过程的产生都不利于电流的输出，称为暗电流，暗电流的产生主要有以下几个部分：

$$I_3^- + 2e^- \longrightarrow 3I^- \quad (TiO_2\text{导带})$$

$$I_3^- + 2e^- \longrightarrow 3I^- \quad (\text{光阳极})$$

$$S^+ + e^- \longrightarrow S \quad (TiO_2\text{导带})$$

$$S^* \longrightarrow S + \text{热}$$

从电池的伏安特性曲线(图 7-14)中，可以发现在暗光下，当电压高于 0.5V 以上时，电池的暗电流迅速增加。事实上，引起暗电流的一切过程，在光照下也同样存在。若暗电流得到抑制，电池的伏安特性曲线可以大大得到改善。

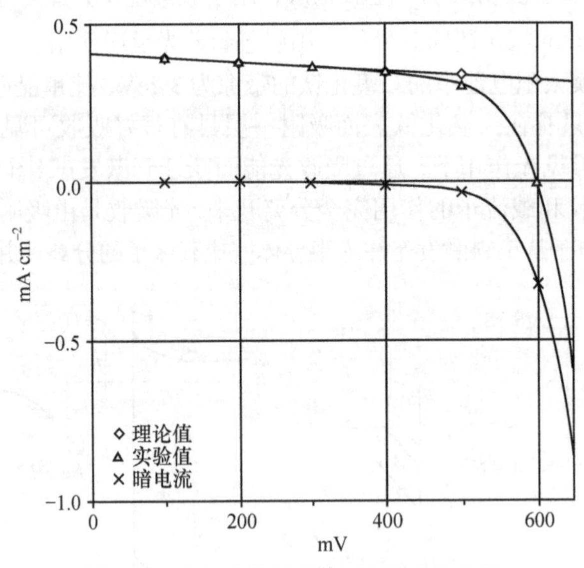

图 7-14　电池的伏安特性理论和实验曲线

② 有机太阳电池。

有机太阳电池是一类以有机半导体材料作为活性材料的太阳电池，与无机太阳电池相比，有机物具有合成简单、价格便宜、成本低、具有柔性可弯曲结构等优点。

目前，有机太阳电池的单节效率最高已经能够达到 14%左右，在国家重点研发计划“纳米科技”重点专项“石墨烯宏观体材料的宏量可控制备及其在光电等方面的应用研究”、“高效稳定大面积有机太阳电池关键材料和制备技术”等的支持下，从理论上预测了有机太阳电池实际

可以达到的最高效率和理想活性层材料的参数要求。通过采用适合的活性层材料，用成本低廉与工业化生产兼容的溶液加工方法制备得到了两端叠层有机太阳电池，实现了 17.3%的光电转化效率，刷新了目前文献报道的有机/高分子太阳电池光电转化效率的世界最高纪录，且稳定性优异，在经过 166 天连续测试后，性能损失仅为 4%，使我国在有机太阳电池方面的研究跻身国际先进水平。

③ 钙钛矿太阳电池。

钙钛矿是一类具有钙钛矿晶型结构的碘铅铵为活性物质的有机-无机杂化太阳电池，具有高消光系数、带隙合适、电荷扩散范围长、优良的双极性载流子输运性质、较宽的光谱吸收范围、制备工艺简单、制备条件温和、制成电池光电转换效率高和成本较低等优点。自 2009 年 Miyasaka 等首次将钙钛矿有机卤代铅铵用于太阳电池获得了 3.8%的光电转化效率开始，经过差不多 10 年的发展，钙钛矿太阳电池已经取得了最高超过 25%的效率，但是制备成本和条件明显优于硅电池，已经显示出与传统硅基太阳电池竞争的趋势，对于新型太阳电池的发展具有重要的意义。

钙钛矿是一类具有 ABX_3 通式的八面体形状晶型结构的材料，典型的用于太阳电池的如 $CH_3NH_3PbX_3$(X=Cl，Br，I)具有良好的吸光性能和能带结构，典型的钙钛矿太阳电池具有透明导电玻璃-致密层-骨架层-钙钛矿层-空穴传输层-金属对电极的结构(图 7-15)，光照后产生的电子-空穴对分离后经外电路形成电流，从而将太阳能转化为电能。钙钛矿太阳电池具有成本低、效率可媲美硅电池的优点，是未来可能替代硅电池实现大范围应用的太阳电池种类之一。

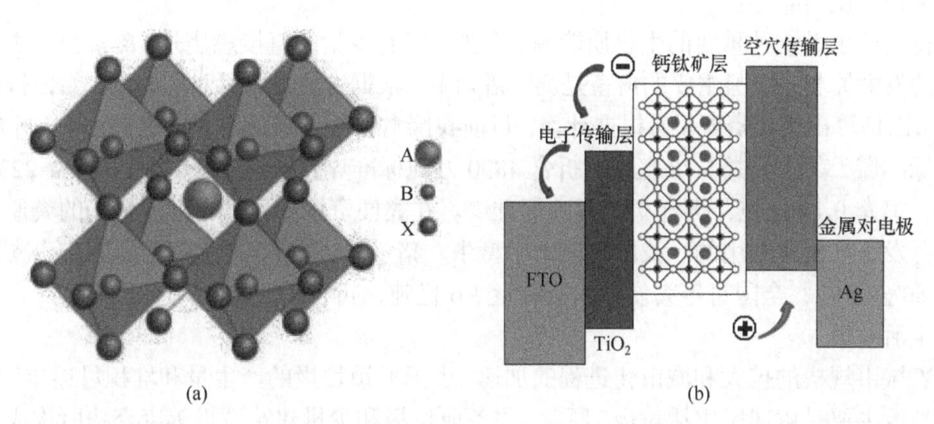

图 7-15 ABX_3 钙钛矿晶体结构(a)及钙钛矿电池结构(b)示意图

7.3.4 生物质能

生物质能是绿色植物经过光合作用，将太阳能转化为化学能储藏在生物体内的能量。植物的叶绿体在阳光的作用下，把水、二氧化碳、无机盐等转变为简单的小分子物质，再合成糖类、蛋白质、脂肪等较复杂的大分子，以 ATP(腺苷三磷酸)的形式，将能量储存起来。单位物质的量 TP 储存的能量约为 50kJ。因此，利用生物质能，就是间接利用太阳能。生物质能仍一直是人类赖以生存的重要能源，它是仅次于煤炭、石油和天然气而居于世界能源消费总量第四位的能源，在整个能源系统中占有重要地位。有关专家估计，生物质能极有可能成为未来可持续能源系统的组成部分，到 21 世纪中叶，采用新技术生产的各种生物质替代燃料将占全球总能耗的 40%以上。

1. 生物质能资源状况

1) 森林能源

森林能源是森林生长和林业生产过程提供的生物质能源，主要是薪材，也包括森林工业的一些残留物等。森林能源在我国农村能源中占有重要地位，1980 年前后，全国农村消费森林能源约 1 亿吨标准煤，占农村能源总消费量的 30%以上，而在丘陵、山区、林区，农村生活能源的 50%以上靠森林能源。薪材来源于树木生长过程中修剪的枝杈、木材加工的边角余料及专门提供薪材的薪炭林。

2) 农作物秸秆

农作物秸秆是农业生产的副产品，也是我国农村的传统燃料。秸秆资源与农业主要是种植业生产关系十分密切。我国农作物秸秆除了作为饲料、工业原料之外，其余大部分作为农户炊事、取暖燃料，但大多处于低效利用方式即直接在柴灶上燃烧，其转换效率仅为 10%～20%。随着农村经济的发展，农民收入的增加，地区差异正在逐步扩大，农村生活用能中商品能源的比例正以较快的速度增加。事实上，农民收入的增加与商品能源获得的难易程度都能成为他们转向使用商品能源的契机与动力。在较为接近商品能源产区的农村地区或富裕的农村地区，商品能源(如煤、液化石油气等)已成为其主要的炊事用能。以传统方式利用的秸秆首先成为被替代的对象，致使被弃于地头田间直接燃烧的秸秆量逐年增大，许多地区废弃秸秆量已占总秸秆量的 60%以上，既危害环境，又浪费资源。因此，加快秸秆的优质化转换利用势在必行。

3) 禽畜粪便

禽畜粪便也是一种重要的生物质能源。除在牧区有少量的直接燃烧外，禽畜粪便主要是作为沼气的发酵原料。中国主要的禽畜是鸡、猪和牛，根据这些禽畜品种、体重、粪便排泄量等因素，可以估算出粪便资源量。根据计算，目前我国禽畜粪便资源总量约 8.5 亿吨，折合 7840 多万吨标准煤，其中牛粪 5.78 亿吨，折合 4890 万吨标准煤，猪粪 2.59 亿吨，折合 2230 万吨标准煤，鸡粪 0.14 亿吨，折合 717 万吨标准煤。在粪便资源中，大中型养殖场的粪便是更便于集中开发、规模化利用的。我国目前大中型牛、猪、鸡场约 6000 多家，每天排出粪尿及冲洗污水 80 多万吨，全国每年粪便污水资源量 1.6 亿吨，折合 1157.5 万吨标准煤。

4) 生活垃圾

随着城市规模的扩大和城市化进程的加速，中国城镇垃圾的产生量和堆积量逐年增加。城镇生活垃圾主要是由居民生活垃圾，商业、服务业垃圾和少量建筑垃圾等废弃物所构成的混合物，成分比较复杂，其构成主要受居民生活水平、能源结构、城市建设、绿化面积及季节变化的影响。中国大城市的垃圾构成已呈现向现代化城市过渡的趋势，有以下特点：一是垃圾中有机物含量接近 1/3 甚至更高；二是食品类废弃物是有机物的主要组成部分；三是易降解有机物含量高。

2. 生物质能的特点

1) 可再生性

生物质属可再生资源，生物质能由于通过植物的光合作用可以再生，与风能、太阳能等同属可再生能源，资源丰富，可保证能源的永续利用。

2) 低污染性

生物质的硫含量、氮含量低，燃烧过程中生成的 SO_x、NO_x 较少；生物质作为燃料时，由于它在生长时需要的二氧化碳相当于它排放的二氧化碳的量，因而对大气的二氧化碳净排放量近似于零，可有效地减轻温室效应。

3）广泛分布性

缺乏煤炭的地域，可充分利用生物质能。

4）生物质燃料总量十分丰富

生物质能是世界第四大能源，仅次于煤炭、石油和天然气。根据生物学家估算，地球陆地每年生产 1000 亿～1250 亿吨生物质；海洋每年生产 500 亿吨生物质。生物质能源的年生产量远远超过全世界总能源需求量，相当于目前世界总能耗的 10 倍。我国可开发为能源的生物质资源到 2010 年可达 3 亿吨。随着农林业的发展，特别是炭薪林的推广，生物质资源还将越来越多。

3. 生物质能的利用

从生物质取能的传统方式是直接燃烧法，该方法对生物质能的利用率低，且污染环境。因此，必须改变传统的用能方式，利用生物质的转化技术使能量利用率大为提高。目前世界各国正逐步采用以下方法利用生物质能：

(1)热化学转换法，按其热加工的方法不同，分为高温干馏、热解、生物质液化等方法。从而获得木炭、焦油和可燃气体等品位高的能源产品。

(2)生物化学转换法，主要指生物质在微生物的发酵作用下，生成沼气、乙醇等能源产品。

(3)利用油料植物所产生的生物油。

(4)把生物质压制成成型状燃料(如块型、棒型燃料)，以便集中利用和提高热效率。

我国是一个人口大国，又是一个经济迅速发展的国家，21 世纪面临着经济增长和环境保护的双重压力。因此，改变能源生产和消费方式，开发利用生物质能等可再生的清洁能源资源对建立可持续的能源系统，促进国民经济发展和环境保护具有重大意义。

习　题

1. 简述能源的分类和能源的现状，说明解决能源问题的紧迫性。
2. 什么是洁净煤技术？
3. 石油裂解分馏后的产品有哪些？
4. 什么是可燃冰？其结构是什么？又是怎样形成的？可燃冰在地球上的分布情况是怎样的？目前可燃冰利用的瓶颈在哪里？充分发挥自己的想象，有什么办法可以将可燃冰从海底开采出来？
5. 什么是新能源？有哪些种类？各自的优缺点如何？
6. 太阳能是取之不尽的理想能源，有哪些利用方式？还需从哪些方面继续开发利用？
7. 简述核电的利与弊。
8. 什么是生物质能？简述生物质能的特点，如何提高生物质能的利用效率？
9. 当前世界利用生物质能的技术有哪些？
10. 美国、日本等国家把节约能源列为继煤、石油、天然气、水能之后的“第五常规能源”，这对我们有什么启示？

第 8 章　化学与生命

人们对生命现象的探究从来没有停止过，随着生命科学的发展，人们对生命本质的认识逐渐深入，以蛋白质技术和基因技术为代表的一大批新成果标志着生命科学进入了一个崭新的时代。人们不仅可以从分子水平上了解生命现象的本质，而且能从更高的视角揭示生命的奥秘。

生命科学家及化学家首先从最简单的生命物质糖、脂肪、血红素、叶绿素、维生素等小分子入手，逐渐深入蛋白质和核酸等生物大分子，取得了一系列重大的成果，并且促进了此后围绕基因的一系列研究，攻克了遗传信息分子结构和功能的关系，使生命科学的研究进入了以基因组成、结构、功能为核心的新阶段。

作为生命科学研究的基础——化学，不仅提供了技术和研究方法，还提供了理论基础。正是由于化学的发展，人们才有了认识生命现象和规律的强大武器，生命健康才能得到更好地保障。所以，从化学的角度来了解生命的基本物质及生命现象是十分必要的。

8.1　生命体中重要的化学物质

8.1.1　关于生命起源

生命起源于地球本身还是宇宙空间的其他地方？至今仍是一个未解之谜。一些学者认为生命是地球自身的产物。早在 1953 年，美国的米勒等人模拟原始大气，研究在自然条件下能否产生与生命有关的物质，最后发现产物中有氨基酸生成，为生命起源于地球本身提供了有力证据。而另一些学者认为地球上的生命来自地球之外，是由彗星、陨石等把宇宙生命的胚种带到了地球，地球上才有了生命的存在。地外起源学说包括“彗星说”“新宇宙生命论”“星际生命种子假说”等。科学家在 1969 年澳大利亚发现的一颗名为默奇森(Murchison)的陨石中发现超过 100 种氨基酸以及其他一些烃类、羧酸类、嘌呤类和嘧啶类等有机物质，并且通过研究，发现这些有机物并不是来自地球，而应是原来就存在于陨石中的。我们知道氨基酸在地球生命起源方面起决定性作用，因此该陨石成为地球生命外来学说的强有力证据。

8.1.2　氨基酸和生命中的左与右

氨基酸是构成蛋白质的最小单位，构成生命体中蛋白质的氨基酸只有 20 种，而且均是 α-氨基酸，即氨基均连在与羧基相邻的碳原子上，见表 8-1。除了脯氨酸以外，其他 19 种氨基酸的结构通式如图 8-1 所示。

表 8-1　20 种氨基酸结构

名称	英文缩写	R 基团结构
甘氨酸	Gly	—H
丙氨酸	Ala	$—CH_3$

续表

名称	英文缩写	R 基团结构
丝氨酸	Ser	$—CH_2OH$
半胱氨酸	Cys	$—CH_2SH$
苏氨酸	Thr	$—CH(OH)CH_3$
缬氨酸	Val	$—CH(CH_3)_2$
亮氨酸	Leu	$—CH_2CH(CH_3)_2$
异亮氨酸	Ile	$—CH(CH_3)CH_2CH_3$
蛋氨酸	Met	$—CH_2CH_2SCH_3$
苯丙氨酸	Phe	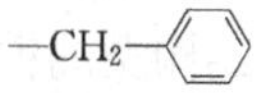 $—CH_2—C_6H_5$
酪氨酸	Tyr	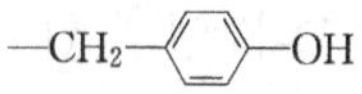 $—CH_2—C_6H_4—OH$
色氨酸	Trp	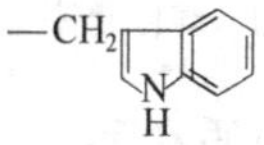 $—CH_2$—(吲哚基，NH)
天冬氨酸	Asp	$—CH_2COOH$
天冬酰胺	Asn	$—CH_2CONH_2$
谷氨酸	Glu	$—CH_2CH_2COOH$
谷氨酰胺	Gln	$—CH_2CH_2CONH_2$
赖氨酸	Lys	$—CH_2CH_2CH_2CH_2NH_2$
精氨酸	Arg	$—CH_2CH_2CH_2NHC(=NH)NH_2$
组氨酸	His	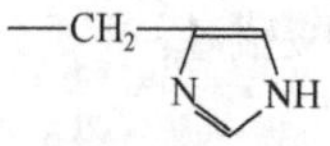 $—CH_2$—(咪唑基，N、NH)
脯氨酸	Pro	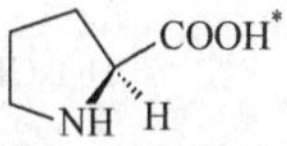 (吡咯烷环，NH，H)COOH*

注：*表示脯氨酸分子，非 R 基团结构。

氨基酸的结构并不是平面的，而是立体的，所以氨基酸具有手性异构。手性异构是指α-碳原子(连接羧基和氨基的碳原子)连接四个不同的基团，具有不同的空间立体构型：L-构型和D-构型，它们互为镜像关系，如图 8-2 所示，就像我们的左手和右手一样。迄今，除了极少数的低级病毒外，发现的天然氨基酸几乎全部都是 L-构型的氨基酸(D-构型氨基酸不能够被生物体所利用)。

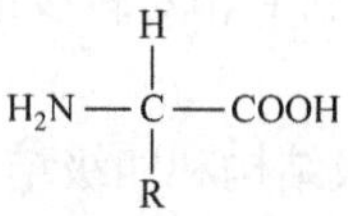

$$H_2N—\underset{R}{\overset{H}{C}}—COOH$$

图 8-1　氨基酸的结构通式

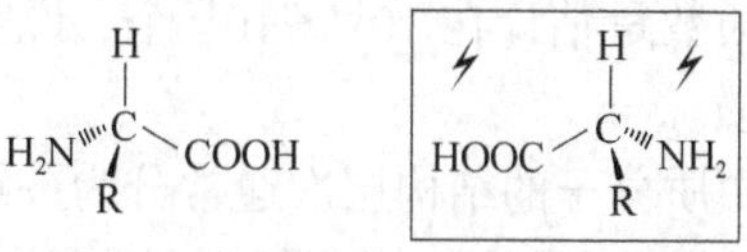

图 8-2　L-构型和 D-构型氨基酸的镜像关系

手性分子具有一种特殊的性质，就是其溶液可以使偏振光发生偏转，称为旋光现象，因此手性异构又称为旋光异构。大多数 L-构型的氨基酸溶液可以使偏振光向左偏转(旋光方向取决于 R 基团结构和溶液的 pH)，因此称为左旋氨基酸。而人工合成的氨基酸(包括米勒实验)得到的 L-构型和 D-构型各占 50%，不具有旋光性(或称外消旋)。

为什么构成生命体的氨基酸都是左旋呢？支持地外起源学说的学者认为，在生命的起源初期，氨基酸受到星际空间的中子辐射，使绝大多数氨基酸变成左旋氨基酸，当它们落到地球上之后，形成生命体，并逐渐在蛋白质中占了绝对优势。而另外一些学者则认为，左旋氨基酸占绝对优势的原因与地球上生命进化的历程密切相关，即在某种特定的情况下，生命体选择了左旋的氨基酸，并且在进化的过程中保持并放大了对左旋氨基酸的选择性，进而使左旋氨基酸占据了绝对的优势。

奇怪的是生命中的左和右的问题远不止氨基酸一个，人们对糖类的旋光性及蛋白质和 DNA 的螺旋结构的研究也发现同样有左和右的问题。生命体中的单糖，如葡萄糖和果糖，就是 D-构型(L-构型的糖对人体没有任何营养)，核糖核酸(RNA)及脱氧核糖核酸(DNA)中的核糖也都是 D-构型，蛋白质二级结构的螺旋及 DNA 分子的螺旋方向都是向右的。类似的生物分子手性均一性是生命科学中的一个长期未解之谜。

8.1.3　蛋白质和酶

1. 蛋白质

蛋白质是构成生命体最基本的物质之一，是生命基本特征和生命活动的主要承担者，一切生命活动无不与蛋白质密切相关。从分子结构上来看，蛋白质分子是 20 种基本氨基酸的聚合物，氨基酸之间以肽键相连。例如，两个氨基酸分子可以脱去一分子的水，并形成一个肽键，得到的化合物称为二肽(图 8-3)；同样，三个氨基酸形成三肽，依此类推。由多个氨基酸形成的多肽具有链状的结构，所以称为多肽链。在多肽链中，氨基酸已不具有其初始的原形，通常称为氨基酸残基。

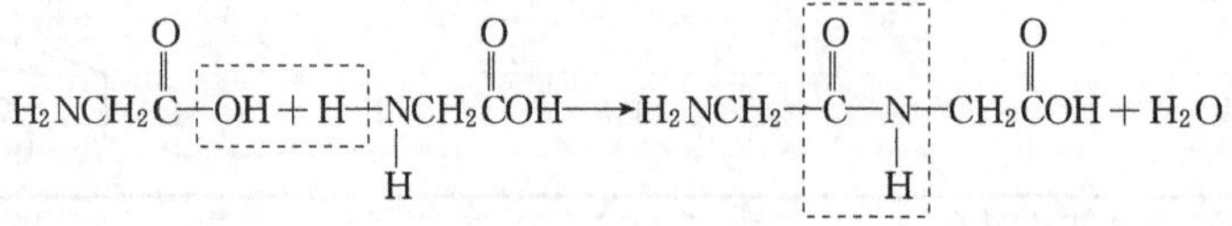

$$H_2NCH_2\overset{O}{\overset{\|}{C}}-OH + H-\underset{H}{\underset{|}{N}}CH_2\overset{O}{\overset{\|}{C}}OH \longrightarrow H_2NCH_2-\overset{O}{\overset{\|}{C}}-\underset{H}{\underset{|}{N}}-CH_2\overset{O}{\overset{\|}{C}}OH + H_2O$$

图 8-3　肽键与二肽的形成

大多数蛋白质分子量在 1.2 万～100 万。蛋白质种类繁多，功能迥异，这是由氨基酸不同的种类和组合序列造成的。假设一个简单的蛋白质分子仅由 100 个氨基酸组成，而氨基酸的种类和顺序是随机的，那么将会产生 20^{100} 种不同的蛋白质，这是一个巨大的数字。平均每个氨基酸残基长度约 0.15nm，100 个氨基酸组成的蛋白质长度约为 15nm，即使每一种蛋白质只有一个分子，其总长度也将达 10^{98} 亿光年，总质量达 10^{100}t。而实际上，存在于生命体中的蛋白质数量估计在 10^{10}～10^{12} 个，说明生命体只是选择性地制造相对较少的具有特殊性能的蛋白质。

蛋白质分子的结构层次通常分为一级结构、二级结构、三级结构和四级结构。组成蛋白质分子的肽链(可以是一条或多条)中氨基酸的种类、数目及连接顺序称为蛋白质的一级结构，决定了蛋白质的种类和功能。如果肽链中的某个氨基酸种类或位置发生改变，则蛋白质可能会失去原有的活性或功能。蛋白质的一级结构由 F. Sanger 最先测定出来。1948 年，Sanger 选择结构简单、分子量小且容易获得的牛胰岛素为实验对象，找到一种试剂(2, 4-二硝基氟苯)，将其长肽链分解为 2～3 个氨基酸的短肽链。然后，通过电泳等方法确定每个短肽链的头和尾的次序。最后将完成测序的短肽链重新拼凑回原来的长链，以确定整个牛胰岛素的氨基酸序列。终于在 1955 年测定出牛胰岛素两条肽链分别含 21 个和 30 个氨基酸，同时确定了这些氨基酸的排列顺序和位置，并且发现两条肽链通过二硫键桥连在一起。Sanger 测定出的牛胰岛素一级化学结构，极大地促进了蛋白质结构研究和合成的发展，并因此获得 1958 年的诺贝尔化学奖。根据 Sanger 的测定结果，1965 年，中国科学院上海生物化学研究所与北京大学和中国科学院上海有机化学研究所的科学家通力合作，依靠个人的聪慧、集体的努力和国家的支持，在经历了多次失败后，第一次用人工方法合成出具有生物活性的蛋白质——结晶牛胰岛素。牛胰岛素的人工合成，标志着人类在认识生命、探索生命奥秘的征途上迈出了重要的一步。

蛋白质的二级结构是指蛋白质多肽链自身的折叠方式。常见的二级结构有α-螺旋和β-折叠(图 8-4)。在α-螺旋中肽链螺旋前进，螺旋每转一圈上升 3.6 个氨基酸残基，相当于 5.44Å，每个氨基酸残基沿轴向上升 1.5Å；每个氨基酸残基的 N—H 键与前面隔三个氨基酸残基的 C═O 键形成氢键。这些氢键是使α-螺旋稳定的主要因素。绝大多数蛋白质以右手螺旋。β-折叠结构依靠两条肽链或一条肽链内的各肽段之间的 C—O 键与 N—H 键形成氢键而构成。两条肽链可以顺向平行，也可以逆向平行。

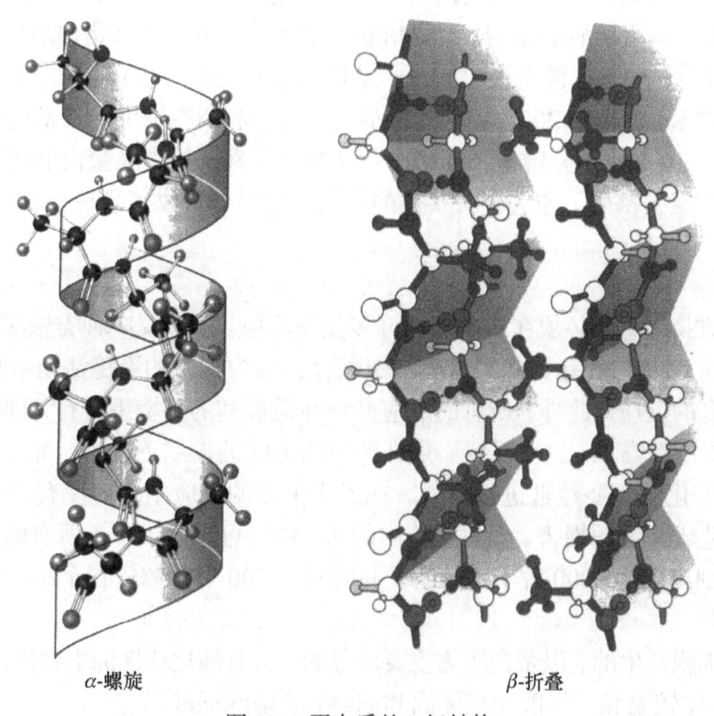

图 8-4　蛋白质的二级结构

在蛋白质二级结构的基础上，通过肽链进一步地缠绕或折叠所形成的更为复杂的空间结构称为蛋白质的三级结构(图 8-5)。

此外，蛋白质还具有四级结构，由两条或两条以上的具有三级结构的多肽链(称为蛋白质的亚基)组合在一起，形成的分子空间构型称为蛋白质的四级结构。事实上，只有具有三级或三级以上结构的蛋白质才具有生物活性，如图 8-6 所示。

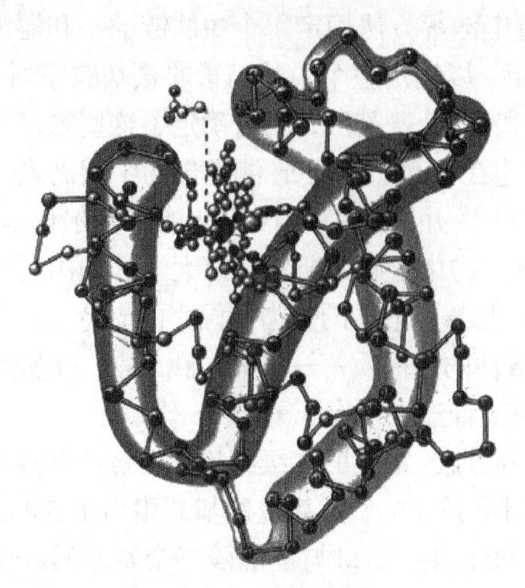

图 8-5　肌红蛋白的三级结构

图 8-6　血红蛋白的四级结构

除一级结构外，蛋白质的二级、三级及四级结构都属于蛋白质的空间结构。研究蛋白质的空间结构具有非常重要的意义。因为蛋白质是生物细胞内的分子机器，要想弄清楚蛋白质是怎样工作的，就必须知道蛋白质的结构。但要精确测定成千上万的未知蛋白质分子的结构，显然是极具挑战性的工作。目前，测定蛋白质分子结构主要有三种方法：X 射线衍射法、核磁共振技术、冷冻电镜技术。例如，2020 年中国科学技术大学利用冷冻电镜技术解析了人类胆汁盐外排蛋白 ABCB11 的近原子分辨率三维结构。这为深入理解该类膜蛋白的转运机制及其突变引发的致病机理奠定了基础，也为相关疾病的药物开发设计提供了理论指导。

2. 酶

为了全面地维持生命，必须在体内进行许多化学反应。这些反应种类繁多，而且必须高速进行，每一个反应都要与所有其他的反应紧密配合，因为生命的平稳活动不是依赖某一种反应，而是依赖所有的反应。此外，所有的反应必须在最温和的环境下进行，即没有高温、没有强的化学药品，也没有高压。这些反应必须在严格而灵活的控制下进行，而且必须根据环境的变化特点和身体变化的需要经常进行调整。在成千上万的反应中，即使有一个反应太慢或太快，都会给身体造成一定的损害。而生物体内的酶，恰好可以满足以上所有的要求。到目前为止，人们已经识别出大约 2000 种不同的酶，并对其中 200 多种酶进行了结晶，它们全部都是蛋白质，无一例外。

酶是一类由细胞产生的、以蛋白质为主要成分的、具有催化活性的生物催化剂。其特点是：

(1) 催化条件比较温和。一般是在体温和 pH=7 的条件下进行。

(2) 催化效率极高。例如，过氧化氢酶可以催化过氧化氢分解成水和氧。虽然现在溶液中的过氧化氢也可以用铁屑或二氧化锰来催化，但是，在相同质量的情况下，过氧化氢酶加快分解的速率比任何无机催化剂都快得多。例如，在 10℃时，每一分子的过氧化氢酶每秒能够使 44000 分子的过氧化氢分解。

(3) 具有高度的专一性。每一种酶只能催化一种反应或一类反应。例如，脲酶只能催化尿素水解生成 NH_3 和 CO_2，而对尿素的衍生物和其他物质都没有催化作用，也不能使尿素发生其他反应。酶的这种专一性早期曾用“一把钥匙开一把锁”的锁钥模型来解释，即底物只有和特定的酶才能够相互契合，如图 8-7 所示。近年来的研究表明，把酶和底物看作是刚性分子的契合并不确切，实际上它们的柔性可使二者相互识别、相互适应，因此提出诱导契合模型，如图 8-8 所示。当底物接近酶时，酶的活性部位发生一定的构型变化，使二者得以契合。

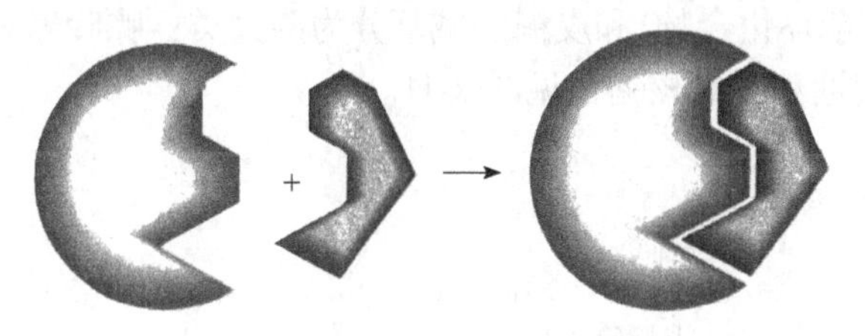

图 8-7　底物与酶作用的锁钥模型

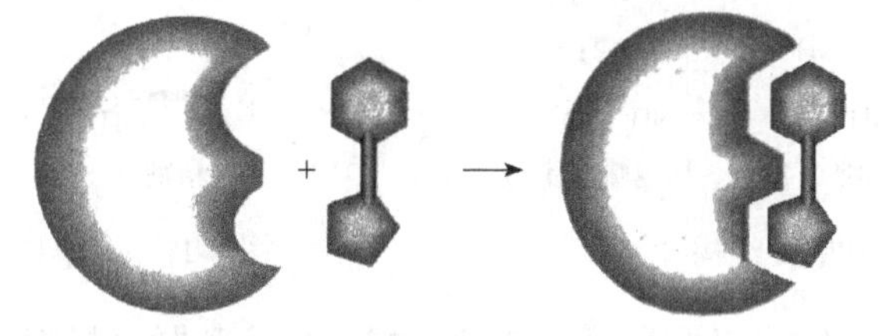

图 8-8　底物与酶作用的诱导契合模型

酶催化反应的过程可以用图 8-9 来解释。

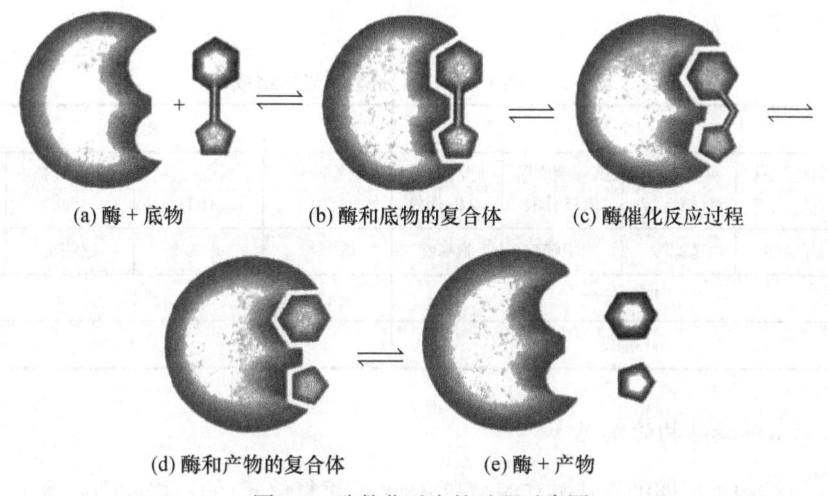

图 8-9　酶催化反应的过程示意图

由于酶具有以上特点，利用酶进行生物合成与生物转化来制造有用的化学物质成为当今化学学科的一个重要研究课题。目前，化学家不仅能够利用纯化的酶来合成化合物，而且还可以直接利用含酶的微生物来实现生物合成和生物转化，如利用发酵法大规模生产抗生素药物、天然有机酸、氨基酸等。此外，化学家还创造性地对天然酶进行适当的化学修饰，从而赋予酶以新的催化功能。

8.1.4　核酸与人类基因组计划

1. 核酸的发现和化学组成

1868 年瑞士生物学家米歇尔在德国图宾根大学的细胞实验室中，从白细胞中分离出一种特别的物质，当时取名为核素。20 年后，人们发现这种物质呈酸性，改称为核酸。德国生物化学家科塞尔第一个系统地研究了核酸的分子结构。

核酸是由核苷酸构成的生物大分子，核苷酸又可以进一步分解为核苷和磷酸，核苷再进一步分解为碱基(含 N 的杂环化合物)和戊糖。碱基分为两大类：嘌呤碱和嘧啶碱，见图 8-10；戊糖也分为两大类：核糖和脱氧核糖，见图 8-11。

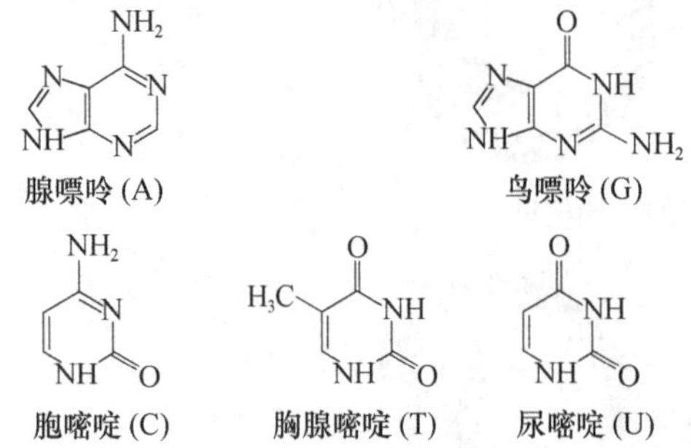

腺嘌呤 (A)　鸟嘌呤 (G)

胞嘧啶 (C)　胸腺嘧啶 (T)　尿嘧啶 (U)

图 8-10　嘌呤和嘧啶结构式

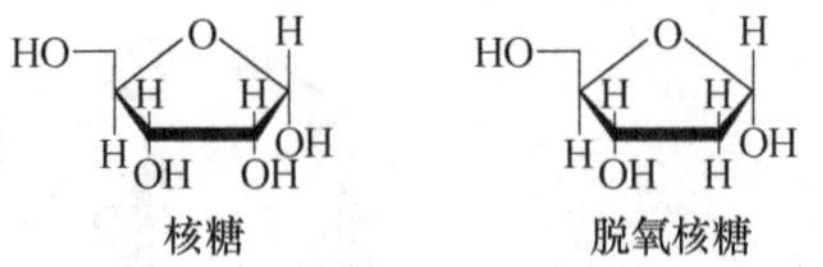

核糖　脱氧核糖

图 8-11　核糖和脱氧核糖结构式

根据核酸中戊糖的不同可将核酸分为核糖核酸(RNA)和脱氧核糖核酸(DNA)两类，其中 DNA 多为双链结构，RNA 多为单链结构。RNA 中的碱基主要有：腺嘌呤、鸟嘌呤、胞嘧啶、尿嘧啶；DNA 中的碱基主要有：腺嘌呤、鸟嘌呤、胞嘧啶、胸腺嘧啶。DNA 和 RNA 的基本化学组成见表 8-2。

表 8-2　DNA 和 RNA 的基本化学组成

核酸	DNA				RNA			
核苷酸	腺嘌呤脱氧核苷酸	鸟嘌呤脱氧核苷酸	胸腺嘧啶脱氧核苷酸	胞嘧啶脱氧核苷酸	腺嘌呤核苷酸	鸟嘌呤核苷酸	尿嘧啶核苷酸	胞嘧啶核苷酸
碱基	腺嘌呤	鸟嘌呤	胸腺嘧啶	胞嘧啶	腺嘌呤	鸟嘌呤	尿嘧啶	胞嘧啶
戊糖	脱氧核糖				核糖			
酸	磷酸				磷酸			

2. DNA 的双螺旋结构的发现

核酸的一级结构是指四种核苷酸(DNA 和 RNA 的重复单元)的连接和排列顺序。DNA 的一级结构是由成千上万个脱氧核糖核苷酸缩合而成的直线形或环形的大分子，如图 8-12 所示。但 DNA 的一级结构只能提供部分生命信息，要想更好地理解生命的化学过程，还需要揭示其空间结构。1953 年，美国生物化学家沃森和英国生物物理学家克里克提出了著名的 DNA 分子的双螺旋结构学说，并发表在 *Nature* 杂志上，题目为《核酸的分子结构，脱氧核糖核酸的结构之一》。

DNA 双螺旋结构模型的建立，是 20 世纪最重要的自然科学发现之一。这一发现成为生物学发展的一座里程碑，揭开了现代分子生物学的序幕。但这一重大发现的过程是曲折复杂的。正如沃森所说的，“科学很少像外行想象的那样，完全按合乎逻辑的方式进行”。

双螺旋结构学说的提出，不仅意味着探明了 DNA 分子的结构，更重要的是它还提示了 DNA 的复制机制：两条核苷酸链之间是靠嘌呤碱基与嘧啶碱基严格的配对结合的。即一条链上的碱基 A 与另外一条链上的碱基 T 通过两个氢键配对，同时一条链上的碱基 G 与另外一条链上的碱基 C 通过三个氢键配对，见图 8-13。这种配对关系是十分严格的，不会出现 A-G 配对或 T-C 配对，称为碱基互补配对原则。碱基互补配对原则保证了 DNA 分子复制的准确性，使复制的 DNA 分子与母板完全相同，从而保证了遗传信息的准确传递，见图 8-14。此外，DNA 的两条链靠大量的氢键牢牢结合在一起，只有在某种酶的作用下或特定的物理、化学手段，才能将氢键断开，使两条链成为单链，如将 DNA 的溶液加热到接近沸腾后，再使之急速冷却。沃森和克里克提出的 DNA 双螺旋结构使人们清楚地了解遗传信息的构成和传递的途径，成功地解释了一些生命现象，也指导了一些生物技术的实践。1962 年，沃森和克里克因提出 DNA 双螺旋结构学说而被授予诺贝尔生理学或医学奖。

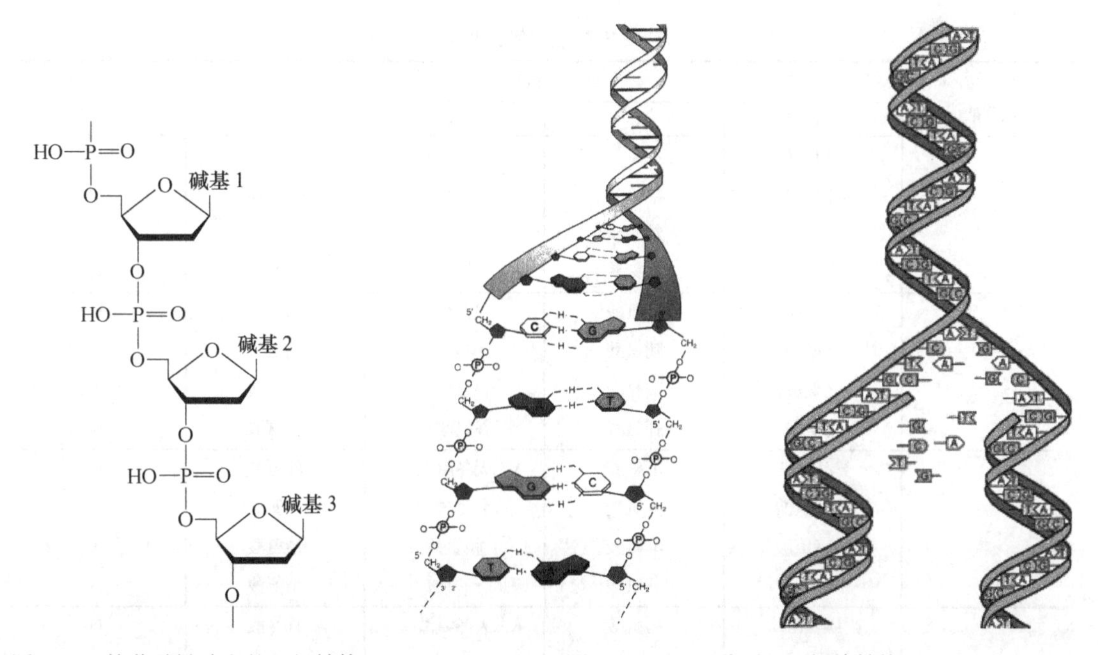

图 8-12　核苷酸链片段的一级结构　　　图 8-13　DNA 分子的双螺旋结构

3. 核酸的生物功能与“中心法则”

前面讲过，核酸是遗传信息的载体，这里必须首先明确一个概念——基因。所谓基因，是 DNA 片段中特定的核苷酸序列，载有某种特定蛋白质的遗传信息，也就是说，基因是表达遗传信息的最小功能单位和结构单位，决定了一条完整的蛋白质或者肽链的合成。每个基因中可以含有成百上千个脱氧核苷酸。

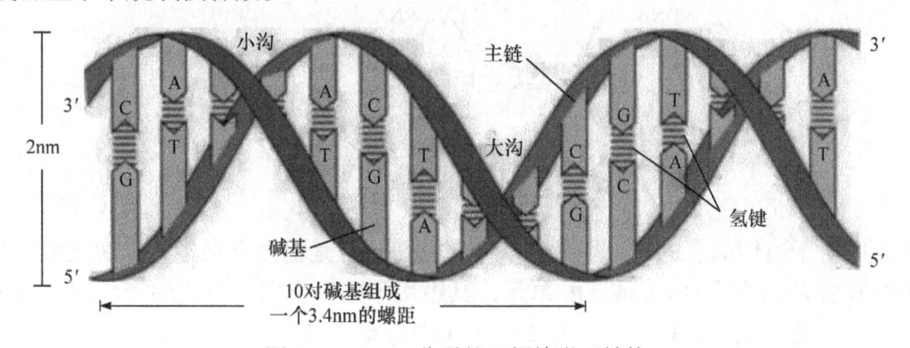

图 8-14　DNA 分子的双螺旋微观结构

DNA 的准确复制可以使子代继承父代的所有遗传信息，但是子代如何体现遗传信息呢？这就是所谓的基因表达。基因表达的第一步是以 DNA 分子为模板，合成出与 DNA 分子碱基互补的 RNA 分子(这个过程称为转录)，然后由 RNA 指导合成蛋白质或肽链(这个过程称为翻译)。作为生命活动承担者的蛋白质又是如何接受遗传信息的呢？它的结构与核酸没有任何相似之处。原来，RNA 上的核苷酸序列与蛋白质中的氨基酸序列具有一种对应关系，即一定顺序的三个核苷酸决定了一种氨基酸，这就是遗传密码。1964 年前后，人们完全破译了 20 种氨基酸的 64 种遗传密码，见表 8-3。该表在生物学上的意义如同化学上的元素周期表一样，具有普遍性。因此，遗传密码的破译被认为是 20 世纪生物学中的重要发现之一。

表 8-3 遗传密码表

第一位核苷酸	第二位核苷酸				第三位核苷酸
	U	C	A	G	
U	苯丙氨酸	丝氨酸	酪氨酸	半胱氨酸	U
	苯丙氨酸	丝氨酸	酪氨酸	半胱氨酸	C
	亮氨酸	丝氨酸	终止	终止	A
	亮氨酸	丝氨酸	终止	色氨酸	G
C	亮氨酸	脯氨酸	组氨酸	精氨酸	U
	亮氨酸	脯氨酸	组氨酸	精氨酸	C
	亮氨酸	脯氨酸	谷氨酰胺	精氨酸	A
	亮氨酸	脯氨酸	谷氨酰胺	精氨酸	G
A	异亮氨酸	苏氨酸	天冬酰胺	丝氨酸	U
	异亮氨酸	苏氨酸	天冬酰胺	丝氨酸	C
	异亮氨酸	苏氨酸	赖氨酸	精氨酸	A
	甲硫氨酸	苏氨酸	赖氨酸	精氨酸	G
G	缬氨酸	丙氨酸	天冬氨酸	甘氨酸	U
	缬氨酸	丙氨酸	天冬氨酸	甘氨酸	C
	缬氨酸	丙氨酸	谷氨酸	甘氨酸	A
	缬氨酸	丙氨酸	谷氨酸	甘氨酸	G

人们在遗传信息的传递和表达过程中还发现，某些 RNA 分子可以自我复制以及转录成 DNA(称为反转录)，这样完整的遗传信息传递和表达过程可表示为如图 8-15 所示的“中心法则”。

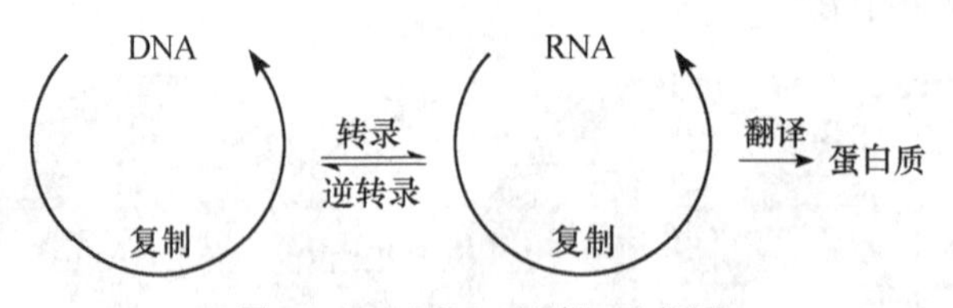

图 8-15 “中心法则”示意图

虽然人们对于遗传信息的研究取得了长足的进展，但是仍然有众多的未解之谜。例如，人体基因组中有数以亿计的 DNA 核苷酸单元，其中用于指导蛋白质合成的密码仅占 10%左右，其余大部分核苷酸单元究竟有什么功能和作用还没有完全了解。此外，基因表达的过程如何调控等一系列问题也亟须解决。因此，在 21 世纪，人们还有很长的路要走。

4. 人类基因组计划

人类 DNA 共有 30 亿个碱基对，人类基因组就是人类细胞内全部 DNA 的总和。如果能测定出人类基因组 30 亿个碱基对的全序列，就能掌握人类遗传信息，建立起完整的遗传信息库，由此危害人类健康的 5000 多种遗传病以及与遗传密切相关的癌症、心血管病和精神疾患等，就可以得到预测、预防、早期诊断与治疗。1990 年，在美国科学家杜尔贝科的倡导与策划下，美国能源部(DOE)与美国国立卫生研究院(NIH)共同启动，开始了闻名于世的人类基因组计划(Human Genome Project，HGP)的研究。

人类基因组计划的最初目标是通过国际合作，用 15 年时间(1990～2005 年)构建人类 DNA 的全部核苷酸序列，定位约 10 万个基因(30 亿个碱基对)，并对其他生物进行类似研究。其终极目标是阐明人类基因组全部 DNA 序列，识别基因；建立储存这些信息的数据库；开发数据分析工具；研究实施 HGP 所带来的伦理、法律和社会问题。

自从制定了人类基因组计划后，世界各国纷纷响应。我国于 1999 年加入该计划，是继美、英、法、德、日之后的第六个参与国，承担了其中 1%的任务，即人类 3 号染色体短臂上约 3000 万个碱基对的测序任务。

通过各国科学家的共同努力，人类基因组计划取得了很大的进展。2001 年，人类基因组工作草图发表。2003 年，完成人类全部基因的测序。然而，这些工作仅仅是万里长征的第一步，要真正读懂这部“天书”还需要做更多的工作。

5. 聚合酶链式反应技术和基因工程技术的发明

认识了基因，接下来是如何利用基因的问题。其中一种方法是从基因组上截取特定的基因，也就是聚合酶链式反应(polymerase chain reaction，PCR)。PCR 是一种生物体外靠酶的作用使特定的 DNA 片段扩增的方法，1983 年由美国加利福尼亚州的一家生物技术企业鲸鱼座(Cetus)公司的工作人员穆利斯首创，随后 PCR 技术在生物科研和临床应用中得以广泛应用，成为分子生物学研究的最重要技术。穆利斯也因此荣获 1993 年诺贝尔化学奖。

PCR 是在试管中进行的 DNA 复制反应，其基本原理为：通过耐热 DNA 聚合酶，使 4 种构成 DNA 分子的核苷酸(作为原料)在待扩增基因序列的两端互补的引物引导下，按照要复制的基因序列(作为模板)，聚合成 DNA 链，完成基因的复制。PCR 通过一个自动循环，每个循环由高温变性、低温退火及引物延伸三个步骤组成。每个循环步骤如下：开始时在 95℃左右的高温将模板 DNA 的两条链的氢键断开，解离为单链。然后降至适当的温度，使两个引物按互补关系分别接到两条链上基因的各端。再升高到适当温度，在耐热 DNA 聚合酶的作用下，分别由引物开始，按互补的关系合成 DNA 链进行延伸。PCR 每循环一次，目的基因的数量就增加为原来的 2 倍；循环 n 次，目的基因就会扩增至 2^n 倍。整个 PCR 一般需进行 20～30 轮的循环(只需要 20～40min 即可完成)，就可以使目的基因扩增到 100 万倍以上，具有特异性强、灵敏度高、操作简便、省时等特点。它不仅可用于基因分离、克隆和核酸序列分析等基础研究，还可应用于疾病的诊断及法医学判定和考古学研究等诸多领域。例如，PCR 技术使得法医学检验中的微量痕迹检测的灵敏度大幅提高，从微量血痕、一个细胞组织中都可以扩增出足量的 DNA 进行分析鉴定。

PCR 技术问世以来正以惊人的速度发展，不仅其自身得到不断优化改进，而且已有分子生物学技术的结合形成了多种 PCR 衍生技术，如反转录 PCR 技术、原位 PCR 技术、实时 PCR 技术等，大大提高了 PCR 的特异性和应用的广泛性。例如，新型冠状病毒性肺炎患者确诊的重要依据便是进行核酸检测，但由于新型冠状病毒是单链 RNA 病毒，所以常规的 PCR 不能扩增。于是，反转录 PCR 技术成为首选。反转录 PCR 则是先将单链 RNA 反转录为双链互补 DNA，然后再以互补 DNA 为模板进行 PCR 扩增过程。这是目前新型冠状病毒核酸检测最常用的方法。

基因工程是 20 世纪 70 年代酝酿出的一项新技术。它也被很多人称为生物工程。通过基因工程我们几乎能跨越物种，实现任一生物基因的改良或转移工作。自诞生以来，短短的几十年间，基因工程已广泛应用于医药、农业、工业、环境等领域，展示出了强大的生命力和广阔的应用前景。基因工程的“开山鼻祖”科恩是一位从事细菌耐药性的专家，他的研究小组发现细菌的耐药性基因不是由染色体 DNA 编码，而是来自于染色体之外一种称为“质粒”的小环状 DNA 分子携带的。1971 年年底，美国斯坦福大学医学院的一位学生发现经过适量氯化钙处理的大肠杆菌可以吸收质粒 DNA 分子，而且大肠杆菌细胞分裂繁殖产生的细胞中也含有质粒。这实际上就产生了一种有别于 PCR 技术的复制基因的技术，即 DNA 克隆。用质粒 DNA 转化大肠杆菌方法的建立，使科恩信心倍增。1972 年，在一次国际会议上加利福尼亚大学博耶研究小组介绍了限制性内切酶的研究进展，特别是 EcoRI 限制性内切酶很容易实现 DNA 连接酶的连接。科恩随即与博耶联手开展了合作研究。1973 年，科恩研究小组成功制备出第一个重组 DNA 分子。这也预示着任何来源的 DNA 都可以相互重组。由于科恩的开拓性工作，他获得了 1980 年诺贝尔化学奖。随后，美国一批科学家率先开始了生物体内基因的拼接工作，并提出了基因工程的概念。

之后，基因工程在遗传学研究、药用蛋白的开发、疾病的基因诊断、基因治疗和转基因食品等方面发展迅速。例如，我国现有乙肝病毒携带者约八千多万，乙型肝炎及其并发症是严重危害我国人民健康的传染病之一。而预防乙肝最有效的方法是注射乙肝疫苗。但由于乙肝病毒在体外不能复制，所以传统意义上的像脊髓灰质炎疫苗一样的减毒或灭活疫苗无法制备。但基因工程为我们提供了生产仅含有乙肝病毒表面抗原或表面抗原亚单位的疫苗。自 20 世纪 80 年代开始，这种人工重组的疫苗在我国大量使用，乙肝的发病率及乙肝病毒的携带者均有了明显的下降。

8.2 营养与化学

生物体要保持活力，需要与外界不断进行物质和能量的交换，称为代谢。人体从外界获取食物来满足自身生理需要的过程称为营养，包括摄取、消化、吸收和利用等。营养素则是保证人体生长、发育、繁衍和维持健康的基本物质。目前已知的人体必需营养素有 40 多种，其中主要有糖类(或称碳水化合物)、蛋白质、脂类、水、矿物质和维生素(统称六大营养素)，见表 8-4。

表 8-4 正常人体的基本化学构成(体重 70kg)

质量和占比	化学物质					
	蛋白质	脂类	碳水化合物	水	矿物质	维生素
质量/kg	12	7	3	45	3	少量
占比/%	17.1	10	4.3	64.3	4.3	0

8.2.1　人体中的元素

元素与健康是当代生命科学和环境科学共同关注的重要问题。组成人体的元素中，C、H、O、N、S、P、Cl、Ca、Mg、Na、K 等 11 种元素均占人体总重的 0.01%以上，称为常量元素，其总量约占体重的 95.95%；占人体总重 0.01%以下的 Li、B、F、Si、V、Cr、Mn、Fe、Co、Ni、Cu、Zn、Se、Mo、Sn、I 等元素称为微量元素。

许多研究表明，生命的无机组分和有机组分同样重要，都是生命系统中不可缺少的部分。例如，生物必需常量元素钠和钾，它们是最活泼的阳离子，除参与新陈代谢外，还参与经大脑传导的神经冲动等。钙和镁是比较活泼的金属离子，在人体中分布很广。镁离子主要在细胞内起作用，能维持核酸结构的稳定性。镁离子几乎参与生命活动的所有环节，包括神经冲动的产生和传递、肌肉收缩及新陈代谢等。钙离子对含氧配位体有较高的亲和力，但不如镁离子活泼，主要生成钙盐晶体，在骨骼和牙齿中的钙则以羟基磷灰石[$Ca_5(PO_4)_3OH$]的形式沉淀下来。对于人体必需的微量元素，它们的主要功能是作为催化剂，即引起或增强酶的活性。众所周知，血液中血红蛋白就是最重要的 Fe(Ⅱ)配合物，它是由球蛋白与附在它周围的四个亚铁血红素构成，而铜(Ⅰ)存在于像血红蛋白一样携带氧的酶中，钼则参与电子转移过程(如黄嘌呤和嘌呤的氧化过程)中，锌是酶的辅助因子，而钴是构成红细胞的必要成分。

法国科学家伯特兰德在对 Mn 与植物生态关系的研究中发现，植物缺少某种必需元素时就不能成活，元素适量时则能茁壮生长，而当元素过量时就显示出它对植物的毒性，直至最终导致死亡。这一现象称为伯特兰德定律，即生物最适营养浓度定律。这一定律不仅适用于植物，也适用于动物和人类。图 8-16(a)描述了生物必需元素由缺乏到过剩的剂量-效应关系，曲线表明了生物体最佳生长、繁殖时生命必需元素的含量，也表明了生物必需元素供应不足和供应过剩时均对生物生长不利。如果平台较宽，则表示生物体内必需元素的需要量与有害剂量之间的差别较小。值得注意的是，所有生物必需元素供应过量时，对生物体都是有毒的。

对于有毒元素，伯特兰德定律就不适用了。施罗德提出了无生物功能的有毒元素的效应理论。图 8-16(b)显示出有毒元素生理效应曲线。表明生物对有毒元素的可耐性因元素性质不同而有很大差别。曲线Ⅰ表示极毒元素，生物对它们耐量极小。曲线Ⅱ表示中等毒性元素，生物对这类元素有一定的耐量。曲线Ⅲ表示微毒元素，生物对它们有较大的耐量。

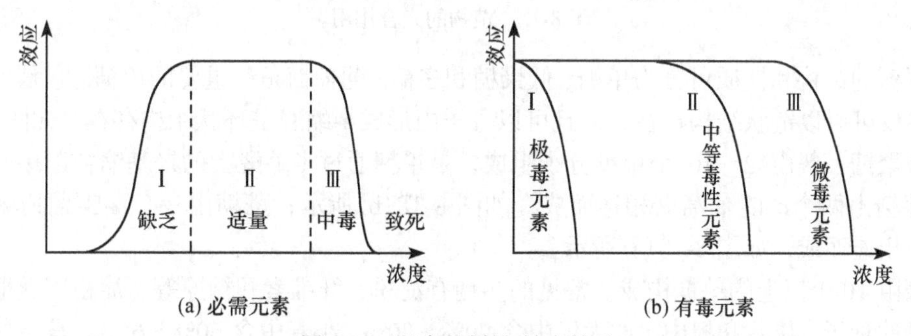

图 8-16　元素的剂量-效应关系

表 8-5 列出由于过量摄取重金属所引起的中毒症状和半致死量(LD_{50})。不过，由环境污染引起的重金属中毒，主要是慢性中毒，如汞引起的水俣病和镉引起的痛痛病等事件。重金属对胎儿发育也有损害，特别是汞，被认为是环境污染中对胎儿毒性最强的物质。基本上看不出甲基汞中毒症状的母亲却生出了有中枢神经障碍的孩子就是一个例证。此外，也不能忽视重金属

的致癌性。

表 8-5　重金属的毒性

元素	中毒症状	LD_{50}[①]/(mg · kg^{-1} 体重)
Pb	(无机铅)贫血、疝气、肾损害 (四乙基铅)中枢神经症状、震颤、血压降低	396　$[Pb(C_2H_3O_2)_4]$
Cu	肺损害	310　$(CuCl_2)$
Cd	肾损害、肺气肿(吸入氧化镉)	69　$(CdSO_4)$
Hg	(无机汞)肾损害、震颤 (甲基汞)知觉异常、运动失调、震颤	50　$(HgCl_2)$ 195　(CH_3HgCl)
Mn	精神异常、中枢神经症状、肌肉僵硬	800　$(MnSO_4)$
Cr	皮肤溃疡、鼻中隔穿孔、支气管炎	865　$(CrCl_3)$ 137　(Na_2CrO_4)
V	呼吸系统损害、绿舌斑点	370[②]　(Na_3VO_3)
Ni	心肌和肺器官损害、肺癌	140　$(NiSO_4)$
Zn	金属热(为急性中毒、发热、恶寒、发汗等)	180　$(ZnSO_4)$
Tl	脱毛、多发性神经炎	100　(TlCl)
Sn	(无机锡)肺炎、骨形成异常 (三烷基锡)中枢神经损害	215　$(SnCl_2)$

①经鼠，注入腹腔时的值；②LD_{100}。

8.2.2　糖类

糖类是人体热能最主要的来源。自然界中的糖类主要是依靠植物的光合作用生成，如图 8-17 所示。

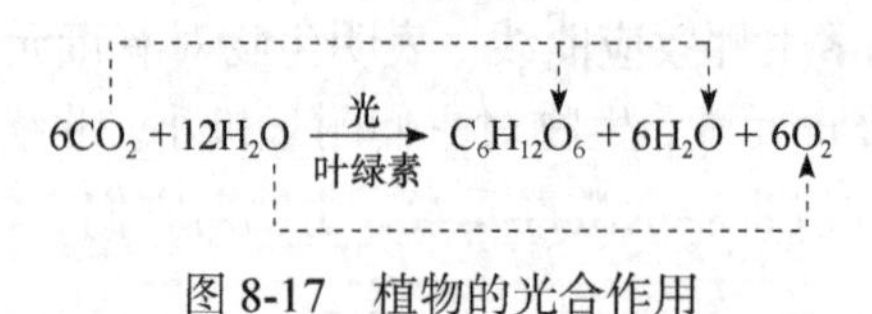

图 8-17　植物的光合作用

根据糖的结构和性质可分为单糖、低聚糖和多糖。葡萄糖是最重要的单糖，它是一种多羟基醛，不仅可以以链状结构存在，而且可以分子内形成半缩醛呈环状结构存在，如图 8-18(a)所示。低聚糖一般由 2～10 个单糖分子组成，是单糖通过半缩醛上的羟基缩合连接而成。例如，麦芽糖由两个α-D-葡萄糖相连而成，如图 8-18(b)所示；蔗糖由一个α-D-葡萄糖和一个β-D-果糖相连而成，如图 8-18(c)所示。

多糖由 10 个以上的单糖构成。常见的多糖有淀粉、纤维素和糖原等。淀粉广泛地存在于许多植物的种子、块茎和根中，如大米中含 70%～80%，小麦中含 60%～65%，马铃薯中约含 20%，是人体糖类物质的主要来源。淀粉在人体内消化后，主要以葡萄糖的形式被吸收利用。葡萄糖能够迅速被氧化并提供(释放)能量，每克碳水化合物在人体内氧化燃烧可放出 16kJ 的能量。糖原是动物体内储存的一种多糖，也称为动物淀粉，主要存在于肝脏和肌肉中，因此有肝糖原和肌糖原之分。正常情况下，在肝脏中糖原的含量可达 6%～8%(总量 90～100g)，肌肉中的含量 1%～2%(总量 200～400g)。糖原在体内的储存有重要意义，它是机体活动所需能

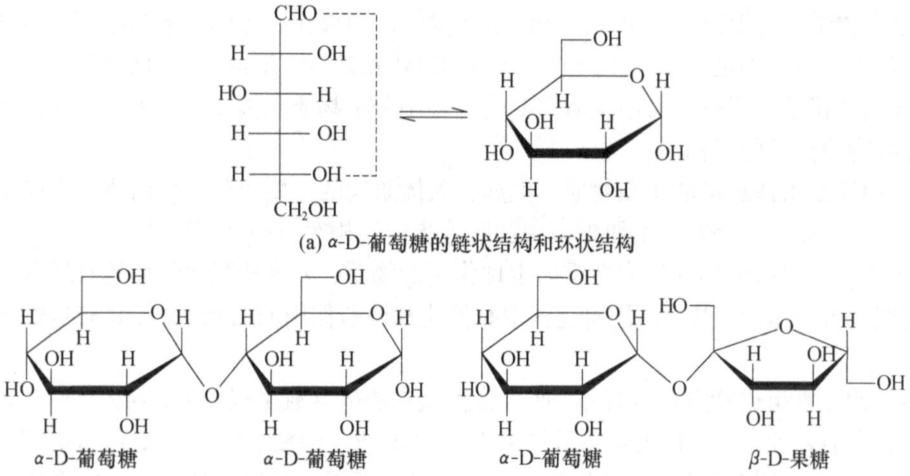

(a) α-D-葡萄糖的链状结构和环状结构

α-D-葡萄糖　α-D-葡萄糖　α-D-葡萄糖　β-D-果糖

(b) 麦芽糖的结构　(c) 蔗糖的结构

图 8-18　葡萄糖和部分二糖的结构

量的重要来源。当血液中葡萄糖含量增高时，多余的葡萄糖就转变成糖原储存于肝脏中，当血液中葡萄糖含量降低时，肝糖原就分解为葡萄糖进入血液中，以保持血液中葡萄糖的一定含量。纤维素是植物细胞壁的主要成分，是构成植物支撑组织的基础。棉花几乎全部由纤维素组成(占 98%)，亚麻中约含 80%，木材中纤维平均含量约为 50%。此外，发现某些动物体内也有动物纤维素。

糖类也是构成机体的主要成分，并且在多种生命过程中起重要作用。例如，糖类与脂类形成的糖脂是组成细胞膜与神经组织的成分，黏多糖与蛋白质合成的黏蛋白是构成结缔组织的基础，糖类与蛋白质结合成糖蛋白可构成抗体、某些酶和激素等具有重要生物活性的物质，D-戊糖是构成核酸的必需糖类。人体的大脑和红细胞必须依靠血糖供给能量，因此维持神经系统和红细胞的正常功能也需要糖。糖类与脂肪及蛋白质代谢也有密切的关系。糖类具有节省蛋白质的作用。当蛋白质进入机体后，使组织中游离氨基酸浓度增加，该氨基酸合成为机体蛋白质是耗能过程，如同时摄入糖类补充能量，可节省一部分氨基酸，有利于蛋白质合成。膳食纤维素是一种不能被人体消化酶分解的糖类，虽不能被吸收，但能吸收水分，使粪便变软，体积增大，从而促进肠蠕动，有助于排便。此外，近年来一些研究认为膳食纤维与肿瘤呈负相关，可能是因为纤维素能缩短食物残渣在肠道停留的时间，从而缩短致癌物在肠道的停留时间，也减少了致癌物质与肠壁接触的机会。

8.2.3　蛋白质

蛋白质是由氨基酸组成的生物大分子，是组成有机体一切细胞和组织的基本物质，总量占人体总重的 18%左右，仅次于水在人体中的含量。蛋白质在人体中发挥了重要的生理作用。

(1)它除了像糖类和脂类一样能供给能量外，在维持组织的生长发育、更新和修补等方面也起重要作用，并且这些作用是蛋白质所特有，而不能由糖类和脂类代替。如果长期缺乏蛋白质，细胞会受到很大损害，导致机体无法维持正常生长。

(2)蛋白质作为人体防御体系的重要组成部分，参与免疫系统和对一些有毒物质的解毒作用。以防御致病微生物或病毒侵害而产生抗体的一类高度专一性的蛋白质，可使机体对外来微生物和其他有害因素具有一定的抵抗力。它能识别病毒、细菌以及其他机体细胞，并能相结合来保护机体。蛋白质还以干扰素形式存在于细胞内，以消灭在抗体作用下“漏网”的入侵病毒。所以人体摄入蛋白质不足，将会使白细胞数目和抗体量减少，造成人体对疾病的抵抗力下降。

(3)蛋白质担负着运输生命活动所需要的许多小分子物质和离子的任务。人体内蛋白质不足也会影响物质离子的运输。

(4)蛋白质是人体运动的主要物质。例如，人体肌肉的主要成分是蛋白质，人体运动表现为肌肉收缩与扩张，收缩就是由肌球蛋白和肌动蛋白的相对滑动来实现的。

(5)蛋白质也是构成体内许多有重要生理作用的物质，如维持肌肉收缩的肌纤凝蛋白和构成机体支架的胶原蛋白，以及在代谢过程中有催化和调节作用的酶和激素、具有运输氧功能的血红蛋白等。

蛋白质的元素组成特点是含有氮，而且各种蛋白质的含氮量很接近，约为16%。人体蛋白质代谢产物含有氮元素，通过测定每日排出氮量(如尿液、粪便、汗液等)，可以得到每日人体蛋白质的消耗量。为了维持正常的生长发育，每日必须摄入足量的蛋白质，以维持氮的总平衡。一般认为，成人每日食用30～45g蛋白质即能满足这一需要。但处于不同生理状态时，如生长期儿童、恢复期的患者、重体力劳动者及孕妇等，还需要增加蛋白质的进食量。

从营养角度看，除了考虑蛋白质的量以外，还要注意蛋白质的质。食物蛋白质所含氨基酸的种类和数量与人体蛋白质不同，各种食物蛋白质的氨基酸组成也各不相同，因此它们的营养价值各异。氨基酸的种类和数量是决定蛋白质营养价值的因素。组成蛋白质的20种氨基酸在营养上可以分为必需氨基酸和非必需氨基酸两类。必需氨基酸是体内不能合成，必须由食物供给的氨基酸，共有8种，即赖氨酸、苯丙氨酸、色氨酸、蛋氨酸、苏氨酸、亮氨酸、异亮氨酸、缬氨酸。而非必需氨基酸指的是体内能够合成不必由食物供给的氨基酸。一般说来，动物性食品含必需氨基酸的种类和数量较接近人体蛋白质，因此营养价值较高，见表8-6。而营养价值低的食物可以通过混合食用，借以提高其营养价值，这种作用称为蛋白质的互补作用。

表8-6 一些食物蛋白质的营养价值

食物	营养价值/%	食物	营养价值/%
鸡蛋	94	大米	77
牛奶	85	小米	57
牛肉	76	小麦	67
猪肉	74	玉米	60
羊肉	69	花生	59
鱼	83	马铃薯	67
大豆	64	白菜	76

8.2.4 脂类

脂类是食物中的重要营养成分之一，广泛存在于动植物体内，含有不同的官能团，结构较为复杂，它包括脂肪和类脂。

1. 脂肪

脂肪即油脂，又称甘油三酯或三酰甘油，日常食用的动植物油，如猪油、牛油、豆油、花生油等均属于此类。一般每个脂肪分子中含有一分子甘油和三分子脂肪酸，如图8-19所示。

脂肪中所含的脂肪酸可以是饱和脂肪酸，也可以是不饱和脂肪酸。一般动物脂肪多含饱和脂肪酸，呈固态，称为脂肪，而植物脂肪多含不饱和脂肪酸，呈液态，称为油脂。脂肪中常见的脂肪酸见表 8-7。多数脂肪酸在人体内均能合成，只有亚油酸、亚麻酸和花生四烯酸等多双键的高级脂肪酸不能合成，必须由食物提供，称为营养必需脂肪酸。

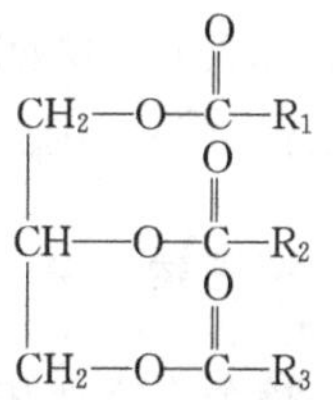

$$\begin{array}{l} CH_2-O-\overset{\overset{\displaystyle O}{\|}}{C}-R_1 \\ | \\ CH-O-\overset{\overset{\displaystyle O}{\|}}{C}-R_2 \\ | \\ CH_2-O-\overset{\overset{\displaystyle O}{\|}}{C}-R_3 \end{array}$$

图 8-19　脂肪的结构通式

表 8-7　常见的脂肪酸

类别	名称	结构式
饱和脂肪酸	月桂酸（十二碳酸）	$CH_3(CH_2)_{10}COOH$
	豆蔻酸（十四碳酸）	$CH_3(CH_2)_{12}COOH$
	软脂酸（十六碳酸）	$CH_3(CH_2)_{14}COOH$
	硬脂酸（十八碳酸）	$CH_3(CH_2)_{16}COOH$
	掬焦油酸（二十四碳酸）	$CH_3(CH_2)_{22}COOH$
不饱和脂肪酸	鳖酸（9-十六碳烯酸）	$CH_3(CH_2)_5CH{=}CH(CH_2)_7COOH$
	油酸（9-十八碳烯酸）	$CH_3(CH_2)_7CH{=}CH(CH_2)_7COOH$
	亚油酸（9,12-十八碳二烯酸）	$CH_3(CH_2)_4CH{=}CHCH_2CH{=}CH(CH_2)_7COOH$
	亚麻酸（9,12,15-十八碳三烯酸）	$CH_3CH_2CH{=}CHCH_2CH{=}CHCH_2CH{=}CH(CH_2)_7COOH$
	γ-亚麻酸（6,9,12-十八碳三烯酸）	$CH_3(CH_2)_4CH{=}CHCH_2CH{=}CHCH_2CH{=}CH(CH_2)_4COOH$
	桐油酸（9,11,13-十八碳三烯酸）	$CH_3(CH_2)_3CH{=}CHCH{=}CHCH{=}CH(CH_2)_7COOH$
	花生四烯酸（5,8,11,14-二十碳四烯酸）	$CH_3(CH_2)_4CH{=}CHCH_2CH{=}CHCH_2CH{=}CHCH_2CH{=}CH(CH_2)_3COOH$
	神经酸（15-二十四碳烯酸）	$CH_3(CH_2)_7CH{=}CH(CH_2)_{13}COOH$

脂肪在人体内的氧化，为人类活动提供大量热能，1g 脂肪可提供的能量达 38.9kJ，比 1g 糖类和 1g 蛋白质所提供的能量之和还高，因此脂肪可作为能源的储备物。脂肪是热的不良导体，它能起维持适宜体温的作用。脂肪还具有一定的弹性，具有保护内脏器官不受损伤的作用。脂肪又是脂溶性维生素 A、D、E、K 等生物活性物质的良好溶剂，协助人体对脂溶性维生素的吸收。

然而，过量摄入脂类不利于健康。特别是含饱和脂肪酸较多的动物性脂肪，会加快肝脏合成胆固醇的速度，增加血液中胆固醇的含量，易引起动脉硬化或胆结石。脂肪在肝细胞中大量堆积会形成脂肪肝，影响肝脏正常功能，引发多种疾病，严重者肝脏还会纤维增生，形成肝硬化，进而导致肝癌。过多摄入脂肪还易增加脂肪细胞数量或增大脂肪细胞体积而引起肥胖，而肥胖是高血压、糖尿病及癌症等“现代文明疾病”的重要危险因素。

2. 类脂

类脂是具有酯的结构或性质类似脂肪，难溶于水而易溶于苯、乙醚、氯仿等有机溶剂，能被生物体所利用的一类重要化合物，包括磷脂、糖脂、固醇等。类脂是构成人体和动物组织器官的重要成分。例如，肝、脑、神经组织等都含有丰富的磷脂和甾醇类化合物，对维持细胞正常功能有重要作用。固醇还是体内制造固醇类激素的必需物质。

8.2.5　维生素

在整个人类历史上，缺乏维生素一直是死亡的重要原因。在 18 世纪，人们发现少量的柑橘果实可以防止长途航海中的坏血病，这是因为柑橘果实提供了维生素 C。1912 年，科学家把这种人体必需的“食物附加因子”命名为维生素(vitamin)。从此以后，许多维生素相继被分离鉴定出来。

虽然维生素在人体中含量很少，不提供热量，也不是机体的组成部分，但它们却参与维持机体正常的生理功能。维生素本身不是酶，但它对多种酶的作用是必需的。因此，它们又称为“辅酶”或“辅助因子”。

维生素可分为脂溶性和水溶性两大类。已知的部分维生素种类和名称见表 8-8。

表 8-8　部分维生素种类和名称

种类	字母名称	别名
脂溶性维生素	A_1	视黄醇、抗干眼醇
	A_2	脱氧视黄醇
	D_2	麦角钙化醇
	D_3	胆钙化醇
	E	生育酚、抗不育维生素
	K_1	叶绿醌、植物甲基萘醌
	K_2	合欢醌、多异戊烯甲基萘醌
	K_3	Z-甲基萘醌
水溶性维生素	B_1	硫胺素、抗神经炎素
	B_2	核黄素
	PP	烟酰胺、烟酸抗糙皮病因子
	B_6	吡哆醇、吡哆醛、吡哆胺
	B_{12}	钴胺素、氰钴胺素
	$B_{12}B$	羟钴胺素
	$B_{12}C$	亚硝酸钴胺素
	B_5	泛酸、遍多酸
	M	叶酸、乳酸菌酪因子
	H	生物酸
	C	抗坏血酸、抗坏血维生素
	P	柠檬素，包括橙皮素及有关糖苷类物质
	F	必需的不饱和脂肪酸，包括亚麻酸、花生四烯酸等

下面就几种常见的维生素结构和功能作一简单介绍。

(1)维生素 A 又称为视黄醇，其前驱体是β-胡萝卜素，在动物体内可以转化为维生素 A。维生素 A 和β-胡萝卜素的结构式如图 8-20 所示。维生素 A 是一切健康上皮组织所必需的，其中包括表皮和呼吸，消化、泌尿系统及腺体等组织。它影响许多细胞内的代谢过程，在视觉形成过程中有特殊的生理作用。此外，它在生长繁殖和维持生命方面也是必不可少的。缺乏维生素 A 的临床症状主要表现在眼和皮肤上。眼睛轻者夜盲，严重者发生眼干燥症，形成角膜软化乃至失明。皮肤主要变化为毛囊角化与皮肤干燥，两者可以单独发生或同时存在。维生素 A 只存在于动物中，人类每日所摄取的维生素 A 大部分来自动物性食物，鱼肝油是最普遍的来源，肝、蛋黄、乳制品、人造黄油中的含量也很丰富。

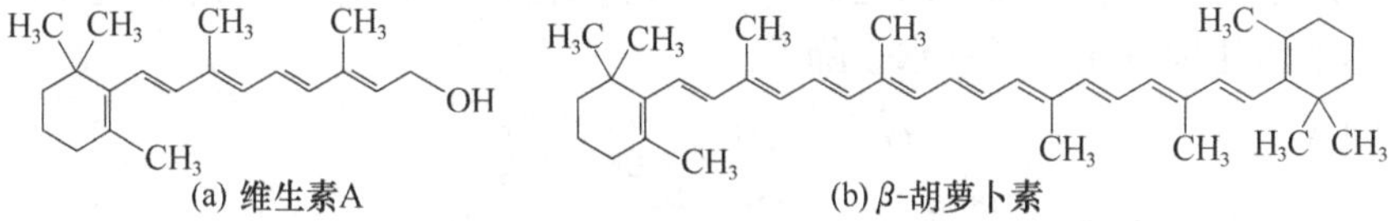

(a) 维生素A　(b) β-胡萝卜素

图 8-20　维生素 A 和β-胡萝卜素的结构式

(2)维生素 D 是类固醇的衍生物，主要有维生素 D_2 和 D_3，其结构式如图 8-21 所示。维生素 D 主要在机体骨骼组织矿质化过程中起着十分重要的作用。它不仅促进钙与磷在肠道内的吸收，而且作用于骨质组织，促进钙磷的沉积，最终形成骨质的基本结构。缺乏维生素 D 的症状主要表现为佝偻病和软骨病。维生素 D 在自然界的分布并不广，仅在动物性食物中存在，主要来源于海鱼肝脏，极少数来源于乳类、蛋黄等。另外，紫外线照射皮肤而合成也是维生素 D 的主要来源。因此，适当地晒太阳有益身体健康。对于 2 岁以内的婴幼儿，由于生长发育较快，容易出现相对维生素 D 的缺乏，特别是母乳喂养儿、高危儿、体弱儿，建议预防性服用维生素 D 或高品质鱼肝油。但维生素 D 并不是“万金油”，据 2014 年《英国医学期刊》报道，研究发现除了一些骨疾病患者外，服用维生素 D 的收益很有限，应当慎重考虑准许维生素 D_3 补充剂广泛使用。

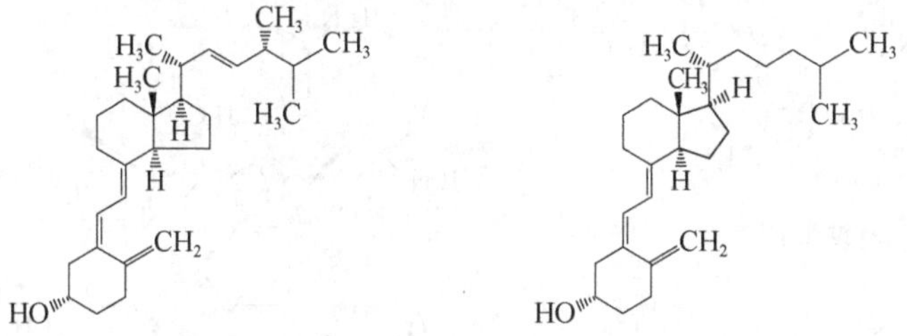

(a) 维生素 D_2　(b) 维生素 D_3

图 8-21　维生素 D 的结构式

(3)维生素 E 又称生育酚，因为过去在临床上主要用于治疗习惯性流产或先兆性流产及不育症，常作为保胎药物。活性最高的α-生育酚结构式如图 8-22 所示。维生素 E 是动物体内的强抗氧化剂，特别是脂肪的抗氧化剂，能抑制多数不饱和脂肪酸及其他一些不稳定化合物的过度氧化。此外，维生素 E 还能干扰导致衰老的称为“游离基”的物质的形成，同时还可保持酶的活性、提高免疫能力，故能延缓人体的衰老。缺乏维生素 E 的临床表现是水肿、贫血、血小板增多、皮肤红疹及脱皮、口炎性腹泻、胰脏纤维化病、肌肉萎缩症、生育能力受损等。维生素 E 在动物体内含量很少，但是却广泛存在于植物油中。

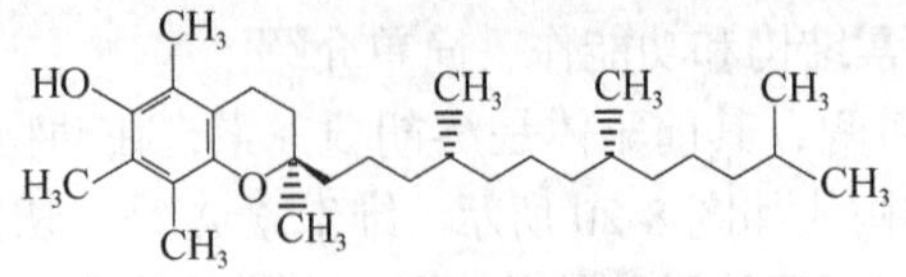

图 8-22　α-生育酚的结构式

(4)维生素 K 是一种醌类结构的化合物，维生素 K_1 的结构式如图 8-23 所示。维生素 K 的最重要生理功能是有助于某些血浆凝血因子的产生。维生素 K 在自然界的分布非常广泛，它存在于绿色蔬菜如苜蓿、胡萝卜叶、菠菜等和鱼肝中。另外，在人体的肠道内有不少细菌可以在肠道内合成维生素 K，机体可以通过肠壁吸收。在一般情况下，成人可从膳食和肠细胞的合成得到适当的维生素 K，很少发生缺乏病。新生儿有维生素 K 缺乏的倾向，表现为血浆中凝血酶原复合体中的几种凝血因子的水平降低。

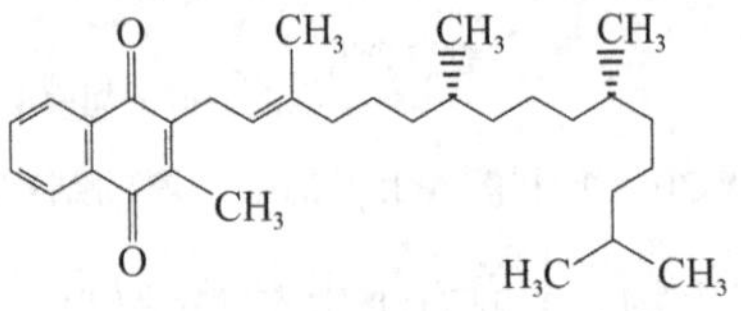

图 8-23　维生素 K_1 的结构式

(5)维生素 B 是一个大家族，从 B_1 到 B_{12} 对人体都有重要的作用。其中 B_1、B_2、B_{12} 的结构式如图 8-24 所示，并且维生素 B_{12} 是目前人们所发现的所有维生素中结构最为复杂的化合物。维生素 B_1 在动植物的组织中分布很广，如谷类、豆类、坚果、动物内脏、肉类、蛋类、酵母等均有较高的含量，而在蔬菜类食物中含量较低。维生素 B_2、B_{12} 在动物性食物中，尤以内脏、肉类、蛋类、乳类和乳制品含量较多，而植物性食物除豆类外，一般含量较低。维生素 B_1 在人体的糖代谢中具有非常重要的作用。缺乏时表现出神经系统和心血管系统的症状。前者称干性脚气病，症状是肌肉酸痛和压痛，严重时会肌萎缩；后者属湿性脚气病，易产生活动后心悸、气促等症状，严重时出现心脏杂音，并可导致心力衰竭，俗称“脚气冲心”。维生素

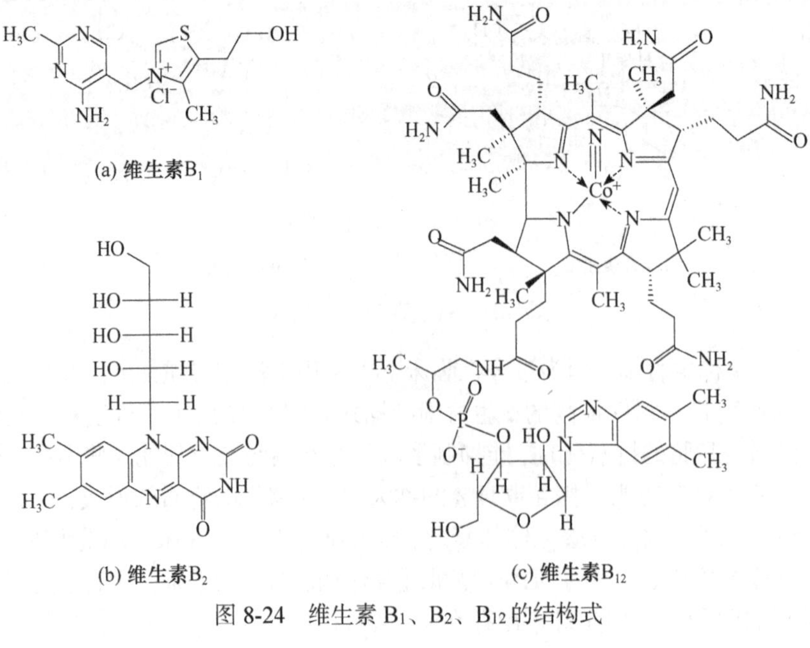

(a) 维生素B_1

(b) 维生素B_2

(c) 维生素B_{12}

图 8-24　维生素 B_1、B_2、B_{12} 的结构式

B_2 具有氧化还原的特性，在生物体内的氧化还原过程中起着传递电子和氢的作用。缺乏时最突出的症状有阴囊炎、舌炎、唇炎和口角炎，另外还有皮肤及眼的症状。维生素 B_{12} 有促进核酸合成的作用，对正常血细胞的生成和维持中枢神经系统的完整性尤为重要。缺乏时将产生巨红细胞贫血症和神经系统的损害症状。

(6)维生素 C 又名抗坏血酸，其结构式如图 8-25 所示。维生素 C 在人体中主要参与羟化反应和还原反应。缺乏维生素 C 可导致一种多处出血为特征的疾病，称为坏血病。主要表现为毛囊过度角化，并且有毛囊周围出血、齿龈肿胀出血、牙齿松动、皮下瘀点微细出血，以致肌肉疼痛，严重时，可能有结膜、视网膜或大脑出血。此外，鼻子、消化道、生殖器、泌尿器的管道出血也是常见的。维生素 C 普遍存在于植物性食物中，水果、绿色蔬菜是很好的来源。而且它仅存在于组织中，而不存在于种子中，但豆类种子在发芽后也含有较多的维生素 C。

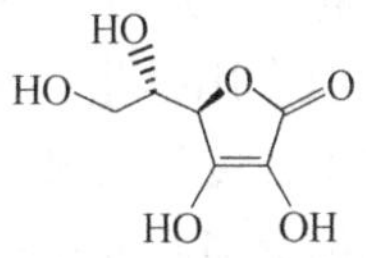

图 8-25　维生素 C 的结构式

维生素对于维持人体健康起到了非常重要的作用，缺乏维生素会导致一系列的病症，但是如果维生素过量的话，也可能危及健康，而成为“危生素”。

8.2.6　树立平衡营养的观念

人体主要通过食物来获取生长发育及维持健康的各种营养素。人类经过漫长的进化过程，通过不断地寻找和选择食物，形成相对稳定的膳食结构，从而保证人体对各种营养物质的需求，建立了营养和膳食的平衡关系。平衡一旦被打破，人体健康就会受到影响，严重的可能导致某些营养性疾病。例如，缺碘可导致“大脖子病”，而碘过量又可导致甲亢；缺少脂肪使人体消瘦，各项功能异常，而摄取过多的脂肪又可导致肥胖，并由此带来心血管类疾病。

所谓平衡营养，就是指通过合理的膳食结构来摄取人体所需的各种营养素，并且要求比例适当，利于营养素的吸收和利用，满足人体正常的生理需要。日常生活中，没有任何一种食物可以提供人体所需的所有营养素，因此必须合理安排膳食，如主副搭配、荤素结合等。如果某种营养素摄入量过多或过少，都会造成营养失调，并且使营养素之间相互补充相互制约的作用被打破，诱发各种疾病。但是，片面地强调高营养、全营养，认为食物营养越高、越全就越好也是错误的。正常情况下，人体不可能同时缺乏很多种营养素。而且，根据机体状态的不同，其营养状况也各异，高营养、全营养的食物对婴幼儿及体弱者适用，那么对正常人来说，必然引起营养过剩。

对于体内缺乏某些营养素的患者，还是主张通过食物进补来满足对营养的需求，必要时可以在医生的指导下用药。总之，维持机体正常的生理功能，必须要树立起平衡营养的观念。

8.3　健康与化学

8.3.1　化学物质的联合作用

在实际生活环境中，往往有多种化学物质同时存在，它们对机体同时产生的生物学作用与任何一种单独化学物质分别作用于机体所产生的生物学作用完全不同。因此，把两种或两种以上的化学物质共同作用于机体所产生的综合生物学效应，称为联合作用，根据生物学效应的差异，多种化学物质的联合作用通常分为协同作用、相加作用、独立作用、拮抗作用四种类型。

协同作用是指两种或两种以上化学物质同时或数分钟内先后与机体接触，其对机体产生的生物学作用强度远远超过它们分别单独与机体接触时所产生的生物学作用的总和。也就是说，其中某一化学物质能促使机体对其他化学物质的吸收加强，降解受阻，排泄延缓，蓄积增多或产生高毒的代谢产物等。例如，四氯化碳与乙醇对肝脏均有毒性，但同时输入机体后所引起肝脏的损害远远比它们分别单独输入机体时严重。

相加作用是指多种化学物质混合所产生的生物学作用强度等于其中各化学物质分别产生的作用强度的总和，在这种类型中，各化学物质之间均可按比例取代另一种化学物质。因此，当化学物质的化学结构相近，性质相似，靶器官相同或毒性作用机理相同时，其生物学效应往往呈相加作用。例如，一定剂量的化学物质 A 与 B 同时作用于机体，若 A 引起 10%动物死亡，B 引起 40%动物死亡，根据相加作用，在 100 只动物中将死亡 50 只，存活 50 只。

独立作用是指多种化学物质各自对机体产生毒性作用机理各不相同，互不影响。由于各种化学物质对机体的侵入途径、方式、作用的部位各不相同，因此所产生的生物学效应也彼此无关，各化学物质自然不能按比例互相取代，故独立作用产生的总效应低于相加作用，但不低于其中活性最强者。例如，按上述相加作用的例子，化学物质 A 和 B 分别引起动物死亡为 10%和 40%，那么 100 只活的动物，经 A 作用后，尚存活 90 只，经 B 作用后，死亡动物应为 90×40%，即 36 只，故此时存活的动物数应为 54 只。因此可见，与上述相加作用是不同的。

拮抗作用是指两种或两种以上化学物质同时或数分钟内先后输入机体，其中一种化学物质可干扰另一化学物质原有的生物学作用使其减弱，或两种化学物质相互干扰，使混合物的生物学作用或毒性作用的强度，低于两种化学物质任何一种单独输入机体的强度。也就是说，其中某一化学物质能促使机体对其他化学物质的降解加速、排泄加快、吸收减少或产生低毒代谢产物等，从而使毒性降低。例如，亚硝酸盐和氰化物的联合作用就属于拮抗作用。

8.3.2　化学致突变作用、化学致畸作用及化学致癌作用

1. 化学致突变作用

化学致突变作用是指化学物质引起生物遗传物质的可遗传改变。诱发突变的化学物质称为化学致突变物。化学致突变分为两大类：①细胞学意义上的基因突变，或称点突变；②染色体畸变，包括染色体数目和结构的变化。

基因突变是指在化学致突变物的作用下，DNA 中碱基对的化学组成和排列顺序发生变化。化学致突变物的引入可引起 DNA 多核苷酸链上一个或多个碱基的构型和种类发生变化，使其不能按正常规律与其相应碱基配对，因而引起 DNA 链上碱基配对异常。例如，亚硝酸可使碱基脱氨基而代之以羟基，再向酮式转变而引起配对变化，它可使腺嘌呤(A)变成次黄嘌呤(I)，从而使胞嘧啶(C)变成尿嘧啶(Y)而引起突变。在 DNA 碱基顺序中，插入或丢失了一个或几个碱基，也会使该部位的基因发生改变。现已表明，多环芳烃、黄曲霉素和吖啶类化合物均具有导致碱基插入或丢失的性质。

人体每个细胞有 23 对染色体，其中包括 22 对常染色体和一对性染色体(XX 或 XY)。染色体上排列着很多基因，染色体数目的改变或结构的改变都能引起遗传信息的改变。例如，精曲小管发育不全(克氏综合征)就是男性的性染色体多了一条 X，该病患者由于不能产生正常的精子，因此没有生育能力。某些化学致突变物可以引起染色体改变。

2. 化学致畸作用

致畸作用是指由于外来因素引起生育缺陷。人类的生育中 2%～3%有生育缺陷，其中约25%由遗传引起，60%～65%的起因尚不清楚。可导致畸胎的外部因素主要有病毒、放射性、药物和化学品，占 5%～10%。而化学致畸作用(直接由环境中化学品引起生育缺陷)大概占总生育缺陷的 4%～6%。目前已知对人类有致畸作用的化学品有数十种，其中最有名的例子是 20 世纪 60 年代前后用于妊娠早期的安眠镇静药物“反应停”（thalidomide），其很快被发现有严重致畸作用。在西欧、日本和其他地区曾因服用该药发生有 1 万多名婴儿肢体不完善的畸形儿事件。

3. 化学致癌作用

化学致癌作用是指在化学物质的作用下在动物或人体中引起癌细胞的出现和生长。致突变和致癌作用是紧密相连的，实际上所有致癌物都是致突变的。目前确定为对人和动物致癌的化学品达数千种，并且每年都有数以百计的新致癌物被发现。

化学致癌物的分类方法相当多，根据化学致癌物对人体和动物致癌作用的研究证据不同进行分类，有利于对致癌危险性进行综合评价，分类如下：

(1)确认致癌物，此类化学物质在人群流行病学调查及动物实验中，已确定具有致癌作用。

(2)可疑致癌物，已确定对实验动物有致癌作用，对人类致癌性证据尚不够充分的化学物质。

(3)潜在致癌物，对实验动物有致癌作用，但无任何资料表明对人类有致癌作用的化学物质。

世界卫生组织国际癌症研究机构(International Agency for Research Cancer，IARO)从 1971 年开始，组织了几个专门工作组收集世界各国化学物质致癌危险性资料，然后根据对人类和实验动物致癌的有关资料，分组分级进行评估，表 8-9 列出部分确认致癌、可疑致癌和潜在致癌的化学致癌物。

表 8-9　化学致癌物

确认致癌物	可疑致癌物	潜在致癌物
4-氨基联苯	黄曲霉毒素类	氯霉素
砷和某些砷化合物	镉和某些镉化合物*	氯丹及七氯
石棉	苯丁酸氮芥	氯丁二烯
金胺制造过程*	环磷酰胺	二氯二苯三氯乙烷(滴滴涕)
苯	镍和某些镍化合物*	狄氏剂(氧桥氯甲桥萘)
联苯胺	三乙烯硫代磷酰胺(噻替哌)	环氧氯丙烷(表氯醇)
N，*N*-双(2-氯乙基)-2-萘胺(氯萘吖嗪)	丙烯腈	赤铁矿
双氯甲醚和工业品级氯甲醚	阿米脱(氨基三唑)	六六六(六氯环己烷)(工业品级六六六 / 林丹)
铬和某些铬化合物*	金胺	异烟肼
已烯雌酚	铍和某些铍化合物*	异丙油类
地下赤铁矿开采过程*	四氯化碳	铅和某些铅化合物*

续表

确认致癌物	可疑致癌物	潜在致癌物
用强酸制造异丙醇过程*	二甲基氨基甲酰氯	苯巴比妥
左旋苯丙氨酸氨芥(米尔法兰)	硫酸二甲酯	*N*-苯基-2-萘胺
芥子气	环氧乙烷	苯妥英
2-萘胺	右旋糖酐铁	利舍平
镍的精炼过程*	羟甲烯龙	苯乙烯
烟炱、焦油和矿物油类*	非那西汀	三苯乙烯
氯乙烯	多氯联苯类	三乙氯亚胺-对, 苯醌(三胺醌)

*表示尚不能明确。

8.3.3　药物与化学

据世界卫生组织(WHO)统计，世界人口的平均寿命在20世纪初约为45岁，而到20世纪末已增长到65岁。促进人类平均寿命延长的原因很多，其中各类化学药物的出现对人类健康起重要作用。从19世纪发现的解热镇痛药物阿司匹林到现在的各类抗生素、抗肿瘤和抗艾滋病药物，使过去长期危害人类生命和健康的疾病得到了有效的控制和治疗，大大降低了许多重大疑难疾病的死亡率。以下仅以几种药物的发明为例，简要说明药物对人类健康的贡献。

1. 从植物到药物(Ⅰ)——青蒿素

我国很早以前就开始利用天然的一些中草药来医治疾病，并积累了丰富的经验，我国还有着丰富的药用植物资源，这都为我们从植物中开发出新药奠定了良好的基础。我国科学家屠呦呦所在团队在研究了超过2000种的中药后，发现了其中的640种可能有抗疟效果。小鼠模型评估了从大约200种中药中获得的380种提取物。其中，一份青蒿提取物给研究工作带来了转机。但传统的“水煎”提取法中的加热步骤破坏了青蒿的活性成分。屠呦呦团队另辟蹊径，改用低沸点溶剂提取分离纯化后，提取物的活性得到了大幅提升。1971年，屠呦呦团队在第191次低沸点实验中发现了抗疟效果为100%的青蒿提取物。1972年，屠呦呦团队终于从这一提取物中提炼出抗疟组分——青蒿素。屠呦呦也因此获得2015年的诺贝尔生理学或医学奖，成为第一个获得诺贝尔自然科学奖的中国人。1992年，针对青蒿素成本高、对疟疾难以根治等缺点，她又发明出双氢青蒿素这一抗疟疗效为前者10倍的“升级版”药物。但近年来，存活下来的疟原虫逐渐产生了青蒿素抗药性。屠呦呦团队经过多年的技术攻关，在“青蒿素抗药性”等研究上获得新突破，并提出合理应对方案。并且，他们发现双氢青蒿素对治疗具有高变异性的红斑狼疮效果独特。但世界上大多数地方的蒿属植物中青蒿素的含量较少，无利用价值。我国也仅有四川产的黄花蒿中青蒿素含量丰富，符合制药要求。因此，开发人工合成青蒿素成为新的研究方向。我国从20世纪80年代开始关注化学合成方法制造青蒿素。1984年年初，中国科学院院士周维善带领科研人员实现青蒿素的人工全合成。后来又经过化学修饰改造，得到了疗效更好的衍生物蒿甲醚，其结构式见图8-26。蒿甲醚于1994年正式上市，1995年被世界卫生组织列入国际药典，成为我国第一个被国际公认的创新药物。

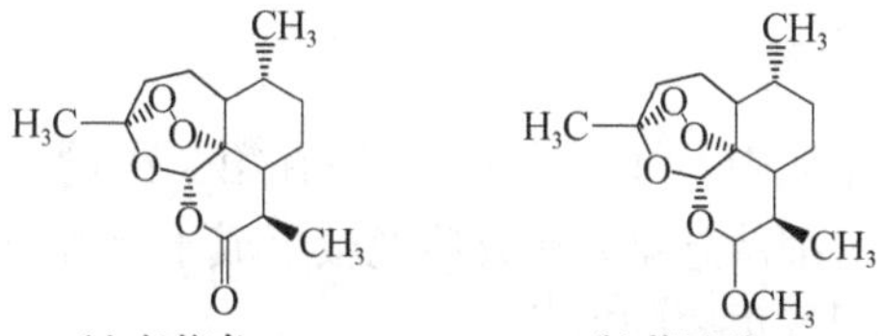

(a) 青蒿素　(b) 蒿甲醚

图 8-26 青蒿素和蒿甲醚的结构式

2. 从植物到药物(Ⅱ)——阿司匹林

早在公元前1500年，古埃及人已经知道利用白柳的叶子熬成的汤可以治疗发热和抑制伤痛。1829年，法国人首次从柳树皮中提取出了其中的有效物质——水杨酸。它在治疗发热、风湿及镇痛方面十分有效。但是由于酸性较强，对肠胃的刺激很大，服用后使胃部产生很强的灼热感。1859年，德国人把水杨酸与乙酸酐一起反应，合成出酸性较弱的乙酰水杨酸，后经临床试验证明同样具有解热镇痛的疗效。1899年，德国拜尔公司正式冠以商品名阿司匹林推出该药。近年来，药物化学家还发现它还具有预防和治疗心脑血管疾病的功效。2019年，这款百年老药活力不减，又开新花。中国人民解放军军事科学院军事医学研究院在 *Cell* 杂志上发表了一项研究成果，该研究表明阿司匹林可以强制环鸟腺苷酸合成酶(cGAS)发生乙酰化，从而抑制 cGAS 的活性，揭示了阿司匹林作用于人体的全新靶点和分子机制，有望为一类目前无药可治的自身免疫疾病提供潜在治疗方法。

3. 从染料到药物——磺胺药

在20世纪30年代以前，细菌是人类健康的最大杀手，一些严重危害人类健康的细菌性传染病长期得不到有效的控制，常常造成大量的死亡。1904年，德国化学家在发现某些染料能够杀死细菌。1932年，德国病理学家杜马克经过无数次的筛选试验终于找到了有杀菌作用的红色染料——百浪多息，他发现百浪多息对链球菌感染具有很好的疗效。能治疗细菌感染的百浪多息迅速引起医学界的关注。进一步研究发现，百浪多息在体外没有抗菌作用，但在体内有效。这是因为百浪多息在体内偶氮键会断裂，分解为有活性的磺胺。1935年，法国巴斯特研究所科研人员在研究百浪多息的化学结构基础上，合成了更为有效的对氨基苯磺酰胺，并用此药治愈了当时美国总统罗斯福的小儿子和英国首相丘吉尔的细菌感染，成为第二次世界大战前唯一有效的抗菌药物。此后，磺胺噻唑、磺胺嘧啶、磺胺甲嘧啶等数千种磺胺类的药物被合成。目前常用的磺胺甲噁唑，即SMZ，是1962年首次合成的，其抑菌作用较强。图8-27是百浪多息及几种磺胺类药物的结构式。

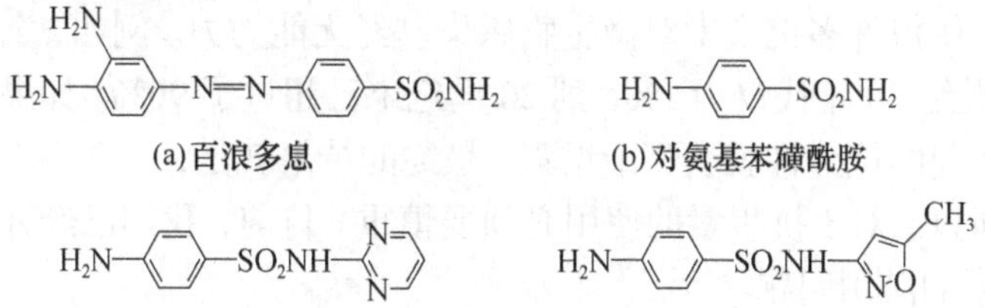

(a) 百浪多息　(b) 对氨基苯磺酰胺

(c) 磺胺嘧啶　(d) 磺胺甲噁唑

图 8-27 百浪多息及几种磺胺类药物的结构式

4. 从霉菌到药物——抗生素

青霉素在人类与细菌的作战中发挥了重要作用。在第二次世界大战后期，青霉素开始广泛应用于治疗战场上受伤士兵的细菌感染，并成功挽救了成千上万条生命。因此，美国把青霉素的研制放在与原子弹的研制同等重要的地位。

青霉素的发现有一段非常有趣的过程，1928 年，英国细菌学家弗莱明在实验室做细菌培养实验，不料培养细菌的器皿上发生青霉菌的污染，这时，一种怪现象出现了——在真菌的周围没有细菌生长。通过进一步研究，他发现原来在青霉菌生长过程中产生了一种物质(抗生素)，这种物质可抑制细菌的生长，于是就有了广为人知的青霉素。从此，人类开始了利用抗生素治疗疾病的历史。

抗生素是生物体产生的对其他微生物有伤害作用的化学物质或代谢产物。除青霉素外，从红霉菌、链霉菌和头孢霉菌等菌类中提取的红霉素、链霉素和头孢菌素等抗生素也广泛用于治疗各种细菌感染。而且，化学家通过分析天然抗生素的结构并对其进行“加工”（专业术语称为“结构改造”或“化学修饰”），合成了更多更加有效的合成抗生素。目前，人们发现的天然抗生素和合成抗生素总数已达数万种。抗生素的发现与应用，彻底扭转了人类在霍乱、伤寒、结核病、细菌性脑膜炎等细菌性疾病及疟疾、梅毒等病毒性疾病面前垂死无助的局面，在人类健康史上书写了一曲胜利的赞歌。图 8-28 是几种常见的抗生素结构式。

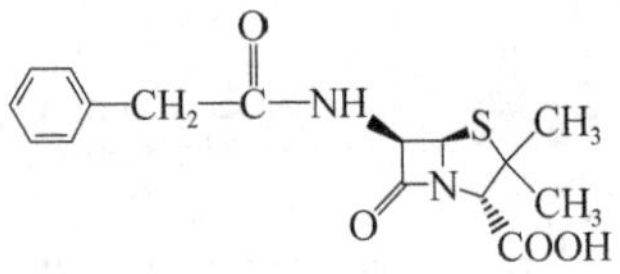

(a)天然青霉素G(盘尼西林) 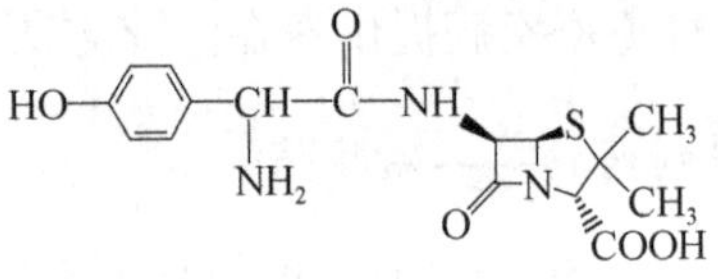　　(b) 羟氨苄青霉素(阿莫西林)

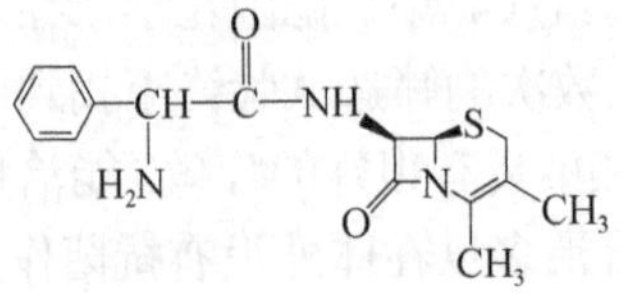

(c) 头孢氨苄(先锋Ⅳ) 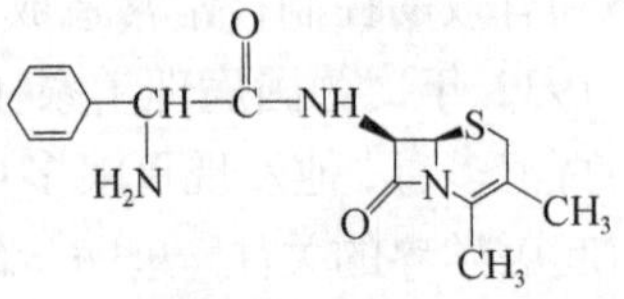　　(d) 头孢拉定(先锋Ⅵ)

图 8-28　几种抗生素的结构式

需要指出的是，近半个多世纪，抗生素的确挽救了无数患者的生命。但是，因为抗生素的广泛使用，也带来了一些严重问题。例如，有的患者因为长期使用链霉素而丧失了听力；还有的患者因为长期使用抗生素，抗生素在杀死有害细菌的同时，把人体中有益的细菌也消灭了，于是患者对疾病的抵抗力越来越弱。更为严重的是，微生物对抗生素的抵抗力也随着抗生素的频繁使用越来越强，使得许多抗生素对微生物感染已经无能为力。例如，金黄色葡萄球菌对青霉素的耐药率，20 世纪 40 年代仅为 1%，到 20 世纪末已超过了 90%。如果不加以限制地长期继续滥用抗生素，病菌的抗药性就会逐渐增强，最终的结果就是，一个小小的创伤或是发炎都将可能是致命的。所以，对于抗生素的使用必须要慎重。目前，我国已经开始利用行政和法律的手段来控制抗生素的滥用问题。

5. 从炸药到药物——硝酸甘油

19 世纪 50 年代初，意大利一位年轻的科学家阿萨尼奥 · 索伯罗开发出了一种称为硝酸甘油的炸药油，如图 8-29 所示，后经诺贝尔经过多次危险的实验之后，开发出了相对安全的黄色固体硝酸甘油炸药，又称黄色炸药。硝酸甘油具有药用价值的发现来自于人们注意到在炸药厂工作的一些老工人常常奇怪地在周末休息时出现猝死事件，法医鉴定他们死于冠心病和心肌梗死。但是为什么工作现场没有死亡现象发生呢？1857 年，德国医生布鲁东通过进一步研究，发现原来这些工人在工作过程中吸入了少量的硝酸甘油，可以扩张心肌的冠状血管，因此工作时不会出现猝死现象。这一惊人的发现立即引起了医药专家的重视，硝酸甘油也很快从兵工厂走进了制药厂。直到今天，硝酸甘油仍是治疗冠心病急性发作的主要药物。

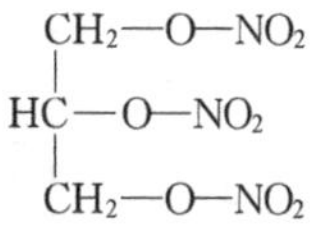

$$\begin{array}{l} CH_2-O-NO_2 \\ | \\ HC-O-NO_2 \\ | \\ CH_2-O-NO_2 \end{array}$$

图 8-29　硝酸甘油的结构式

具有讽刺意味的是，在诺贝尔生前的最后三年内，不断发作的心脏病日趋严重，经常出现心绞痛。医生建议他使用硝酸甘油，以扩张冠状动脉来缓解病痛。但是，诺贝尔无法理解要用他自己发明的炸药成分来治疗他的病。他断然拒绝医生给他使用这种药物。最后，他在 1896 年死于心肌梗死。

从硝酸甘油作为治疗冠心病的特效药开始后的一百多年间，人们都在不停地寻找其作用机理。一直到 20 世纪 80 年代，美国的药理学家弗里德 · 默拉德、罗伯特 · 弗奇戈特和路易斯 · 伊格纳罗三人发现其实是硝酸甘油在人体内分解生成的一氧化氮在起作用(一氧化氮是心血管系统最关键的信号分子。除此之外，它还在神经系统、免疫系统、分泌系统和呼吸系统方面起着重要的作用。因此，一氧化氮曾在 1991 年被 *Science* 杂志评为明星分子)，他们三人因此获得了 1998 年的诺贝尔生理学或医学奖。

习　　题

1. 组成蛋白质的基本单元是什么？蛋白质的结构层次如何划分？
2. 什么是酶？酶有哪些特点？
3. 简述核酸的构成情况，以及碱基互补配对原则。
4. 简述核酸指导蛋白质合成的过程。
5. 什么是人类基因组计划？它有什么意义？
6. 举例说明微量元素对人体的作用。
7. 简要说明糖类、蛋白质、脂类和维生素对人体的营养作用。
8. 为什么膳食纤维素又称为“第七营养素”？
9. 为什么要树立平衡营养的观念？如何做到平衡营养？
10. 什么是化学物质的联合作用？
11. 简述药物对人类健康产生的贡献。如何做到合理用药？

参 考 文 献

北京大学《大学基础化学》编写组. 2003. 大学基础化学. 北京: 高等教育出版社
陈杰瑢. 2001. 低温等离子体化学及其应用. 北京: 科学出版社
陈军, 陶占良. 2004. 能源化学. 北京: 化学工业出版社
陈林根. 1999. 工程化学基础. 北京: 高等教育出版社
戴树桂. 2006. 环境化学. 2 版. 北京: 高等教育出版社
傅献彩, 沈文霞, 姚天扬. 1990. 物理化学. 4 版. 北京: 高等教育出版社
高荫榆, 雷占兰, 郭磊, 等. 2006. 生物质能转化利用技术及其研究进展. 江西科学, 24(6): 529-533
古国榜. 2004. 大学化学教程. 2 版. 北京: 化学工业出版社
何天白, 胡汉杰. 1997. 海外高分子科学的新进展. 北京: 化学工业出版社
黄春辉, 李富友, 黄岩谊. 2001. 光电功能超薄膜. 北京: 北京大学出版社
黄素逸, 高伟. 2004. 能源概论. 北京: 高等教育出版社
江棂. 2006. 工科化学. 2 版. 北京: 化学工业出版社
李雪华, 陈朝军. 2018. 基础化学. 9 版. 北京: 人民卫生出版社
刘旦初. 2000. 化学与人类. 上海: 复旦大学出版社
刘绮. 2004. 环境化学. 北京: 化学工业出版社
孟庆珍, 胡鼎文, 程泉寿, 等. 1988. 无机化学. 北京: 北京师范大学出版社
倪星元, 姚兰芳, 沈军, 等. 2007. 纳米材料制备技术. 北京: 化学工业出版社
欧阳自远. 2005. 月球科学概论. 北京: 中国宇航出版社
钱易, 唐孝炎. 2000. 环境保护与可持续发展. 北京: 高等教育出版社
四川大学. 2006. 近代化学基础(上、下册). 2 版. 北京: 高等教育出版社
唐小真. 1997. 材料化学导论. 北京: 高等教育出版社
唐有祺, 王夔. 1997. 化学与社会. 北京: 高等教育出版社
天津大学无机化学教研室. 2018. 无机化学. 5 版. 北京: 高等教育出版社
天津大学物理化学教研室. 2017. 物理化学. 6 版. 北京: 高等教育出版社
王佛松, 王夔, 陈新滋, 等. 2000. 展望 21 世纪的化学. 北京: 化学工业出版社
王明华, 周永秋, 王彦广, 等. 1998. 化学与现代文明. 杭州: 浙江大学出版社
王彦广, 林峰. 2001. 化学与人类文明. 杭州: 浙江大学出版社
徐瑛，周宇帆，刘鹏. 2007. 工科化学概论. 北京: 化学工业出版社
杨玉良, 胡汉杰. 2001. 高分子物理. 北京: 化学工业出版社
游效曾, 孟庆金, 韩万书. 2000. 配位化学进展. 北京: 高等教育出版社
约翰 · 麦克默里. 2003. 有机化学基础. 北京: 机械工业出版社
浙江大学普通化学教研组. 2020. 普通化学. 7 版. 北京: 高等教育出版社
周其凤, 胡汉杰. 2001. 高分子化学. 北京: 化学工业出版社
周伟红, 曲保中. 2018. 新大学化学. 4 版. 北京: 科学出版社

附　　录

附录 1　我国的法定计量单位

1. SI 基本单位

物理量	单位名称	单位符号	定义	最近修订时间
时间	秒	s	铯-133 原子基态的两个超精细能级之间跃迁时对应辐射的 9192631770 个辐射周期的持续时间	第 13 届国际计量大会(1967 年)
长度	米	m	光在真空中于 1/299792458 秒时间内所经过的路线的长度	第 17 届国际计量大会(1983 年)
质量	千克	kg	对应普朗克常量为 6.62607015×10^{-34}J · s 时的质量	第 26 届国际计量大会(2018 年)
温度	开[尔文]	K	对应玻尔兹曼常量为 1.380649×10^{-23}J · K^{-1} 的热力学温度	
电流	安[培]	A	1 秒内 $(1/1.602176634)\times10^{19}$ 个电子移动所产生的电流	
物质的量	摩[尔]	mol	精确包含 6.02214076×10^{23} 个原子或分子等基本单元的系统的物质的量	
发光强度	坎[德拉]	cd	频率为 540×10^{12}s^{-1} 的单色辐射光源在给定方向上的辐射强度为 1/683kg · m^2 · s^{-3} 时的发光强度	第 16 届国际计量大会(1979 年)

注：去掉[ ]为全称。在不致引起混淆、误解的情况下，[ ]及其里面的字可以省略，为简称。下同。

2. SI 辅助单位

名称	单位名称	单位符号	定义
[平面]角	弧度	rad	一个圆内两条半径之间的平面角，这两条半径截取的弧的长度等于半径
立体角	球面度	sr	一个立体角，其顶点位于球心，它在球面上截取的面积等于以球半径为边长的正方形面积

3. 常用的 SI 导出单位

物理量	单位名称	单位符号	定义式	主要的关联
频率	赫[兹]	Hz	s^{-1}	
力	牛[顿]	N	kg · m · s^{-2}	
压强、应力	帕[斯卡]	Pa	kg · m^{-1} · s^{-2}	Pa = N · m^{-2}
能[量]、热、功	焦[耳]	J	kg · m^2 · s^{-2}	J = N · m
功率	瓦[特]	W	kg · m^2 · s^{-3}	W = J · s^{-1}
电量	库[仑]	C	A · s	

续表

物理量	单位名称	单位符号	定义式	主要的关联
电压、电动势、电势	伏[特]	V	$kg \cdot m^2 \cdot s^{-3} \cdot A^{-1}$	$V = J \cdot C^{-1}$
电阻	欧[姆]	Ω	$kg \cdot m^2 \cdot s^{-3} \cdot A^{-2}$	$\Omega = V \cdot A^{-1}$
电导	西[门子]	S	$kg^{-1} \cdot m^{-2} \cdot s^3 \cdot A^2$	$S = \Omega^{-1}$
电容	法[拉第]	F	$kg^{-1} \cdot m^{-2} \cdot s^4 \cdot A^2$	$F = C \cdot V^{-1}$
电感	亨[利]	H	$kg \cdot m^2 \cdot s^{-2} \cdot A^{-2}$	$H = V \cdot A^{-1} \cdot s$
磁感应强度	特[斯拉]	T	$kg \cdot s^{-2} \cdot A^{-1}$	$T = V \cdot s \cdot m^{-2}$
磁通量	韦[伯]	Wb	$kg \cdot m^2 \cdot s^{-2} \cdot A^{-1}$	$Wb = V \cdot s = T \cdot m^2$

4. SI 单位制词头

因数	词头名称	符号	因数	词头名称	符号
10^{24}	尧[它]（yotta）	Y	10^{-1}	分（deci）	d
10^{21}	泽[它]（zetta）	Z	10^{-2}	厘（centi）	c
10^{18}	艾[可萨]（exa）	E	10^{-3}	毫（milli）	m
10^{15}	拍[它]（peta）	P	10^{-6}	微（micro）	μ
10^{12}	太[拉]（tera）	T	10^{-9}	纳[诺]（nano）	n
10^{9}	吉[咖]（giga）	G	10^{-12}	皮[可]（pico）	p
10^{6}	兆（mega）	M	10^{-15}	飞[母托]（femto）	f
10^{3}	千（kilo）	k	10^{-18}	阿[托]（atto）	a
10^{2}	百（hecto）	h	10^{-21}	仄[普托]（zepto）	z
10^{1}	十（deca）	da	10^{-24}	幺[科托]（yocto）	y

附录 2 常用的物理化学常数

物理量	符号	值
阿伏伽德罗常量	N_A	$6.02214076 \times 10^{23} mol^{-1}$
摩尔气体常量	R	$8.314510(70) J \cdot mol^{-1} \cdot K^{-1}$
玻尔兹曼常量	k	$1.380649 \times 10^{-23} J \cdot K^{-1}$
普朗克常量	h	$6.62607015 \times 10^{-34} J \cdot s$
法拉第常量	F	$9.6485309(29) \times 10^4 C \cdot mol^{-1}$
质子静止质量	m_p	$1.6726231(10) \times 10^{-27} kg$
中子静止质量	m_n	$1.6749286(10) \times 10^{-27} kg$
电子静止质量	m_e	$9.1093897(54) \times 10^{-31} kg$

续表

物理量	符号	值
电子半径	r_e	$2.817938(7)\times10^{-15}$m
基本电荷	e	$1.602176634\times10^{-19}$C
玻尔半径	a_0	$5.29177249(24)\times10^{-11}$m
万有引力常数	G	$6.67259(85)\times10^{-11}m^3\cdot kg^{-1}\cdot s^{-2}$
标准重力加速度	g_n	$9.80665m\cdot s^{-2}$
真空光速	c_0	$299792458m\cdot s^{-1}$
标准大气压	atm	101325Pa

附录 3　标准热力学函数($p^{\ominus}=100\text{kPa}, T=298.15\text{K}$)

物质(状态)	$\frac{\Delta_f H_m^{\ominus}}{kJ\cdot mol^{-1}}$	$\frac{\Delta_f G_m^{\ominus}}{kJ\cdot mol^{-1}}$	$\frac{S_m^{\ominus}}{J\cdot mol^{-1}\cdot K^{-1}}$
Ag(s)	0	0	42.55
Ag^+(aq)	105.579	77.107	72.68
AgBr(s)	−100.37	−96.90	170.1
AgCl(s)	−127.068	−109.789	96.2
AgI(s)	−61.68	−66.19	115.5
Ag_2O(s)	−30.05	−11.20	121.3
Ag_2CO_3(s)	−505.8	−436.8	167.4
Al^{3+}(aq)	−531	−485	−321.7
$AlCl_3$(s)	−704.2	−628.8	110.67
Al_2O_3(s,α,刚玉)	−1675.7	−1582.3	50.92
AlO_2^-(aq)	−918.8	−823.0	−21.0
Ba^{2+}(aq)	−537.64	−560.77	9.6
$BaCO_3$(s)	−1216.3	−1137.6	112.1
BaO(s)	−553.5	−525.1	70.42
BaTiO(s)	−1659.8	−1572.3	107.9
Br_2(l)	0	0	152.231
Br_2(g)	30.907	3.110	245.463
Br^-(aq)	−121.55	−103.96	82.4
C(s,石墨)	0	0	5.740
C(s,金刚石)	1.8966	2.8995	2.377
CCl_4(l)	−135.44	−65.21	216.40
CO(g)	−110.525	−137.168	197.674

续表

物质(状态)	$\frac{\Delta_f H_m^\ominus}{kJ \cdot mol^{-1}}$	$\frac{\Delta_f G_m^\ominus}{kJ \cdot mol^{-1}}$	$\frac{S_m^\ominus}{J \cdot mol^{-1} \cdot K^{-1}}$
CO_2(g)	−393.509	−394.359	213.74
CO_3^{2-} (aq)	−677.14	−527.81	−56.9
HCO_3^- (aq)	−691.99	−586.77	91.2
Ca(s)	0	0	41.42
Ca^{2+}(aq)	−542.83	−553.58	−53.1
$CaCO_3$(s,方解石)	−1206.92	−1128.79	92.9
CaO(s)	−635.09	−604.03	39.75
$Ca(OH)_2$(s)	−986.09	−898.49	83.39
$CaSO_4$(s,不溶解的)	−1434.11	−1321.79	106.7
$CaSO_4 \cdot 2H_2O$ (s,石膏)	−2022.63	−1797.28	194.1
Cl_2(g)	0	0	223.006
Cl^-(aq)	−167.16	−131.26	56.5
Co(s,α)	0	0	30.04
$CoCl_2$(s)	−312.5	−269.8	109.16
Cr(s)	0	0	23.77
Cr^{3+}(aq)	−1999.1	—	—
Cr_2O_3(s)	−1139.7	−1058.1	81.2
$Cr_2O_7^{2-}$ (aq)	−1490.3	−1301.1	261.9
Cu(s)	0	0	33.150
Cu^{2+}(aq)	64.77	65.249	−99.6
$CuCl_2$(s)	−220.1	−175.7	108.07
CuO(s)	−157.3	−129.7	42.63
Cu_2O(s)	−168.6	−146.0	93.14
CuS(s)	−53.1	−53.6	66.5
F_2(g)	0	0	202.78
Fe(s,α)	0	0	27.28
Fe^{2+}(aq)	−89.1	−78.90	−137.7
Fe^{3+}(aq)	−48.5	−4.7	−315.9
$Fe_{0.947}O$(s,方铁矿)	−266.27	−245.12	57.49
FeO(s)	−272.0	—	—
Fe_2O_3(s,赤铁矿)	−824.2	−742.2	87.40
Fe_3O_4(s,磁铁矿)	−1118.4	−1015.4	146.4
$Fe(OH)_2$(s)	−569.0	−486.5	88

续表

物质(状态)	$\frac{\Delta_f H_m^\ominus}{kJ\cdot mol^{-1}}$	$\frac{\Delta_f G_m^\ominus}{kJ\cdot mol^{-1}}$	$\frac{S_m^\ominus}{J\cdot mol^{-1}\cdot K^{-1}}$
$Fe(OH)_3$(s)	−823.0	−696.5	106.7
H_2(g)	0	0	130.684
H^+(aq)	0	0	0
H_2CO_3(aq)	−699.65	−623.16	187.4
HCl(g)	−92.307	−95.299	186.80
HF(g)	−271.1	−273.2	173.79
HNO_3(l)	−174.10	−80.79	155.60
H_2O(g)	−241.818	−228.572	188.825
H_2O(l)	−285.83	−237.19	69.91
H_2O_2(l)	−187.78	−120.35	109.6
H_2O_2(aq)	−191.17	−134.03	143.9
H_2S(g)	−20.63	−33.56	205.79
HS^-(aq)	−17.6	12.08	62.8
Hg(g)	61.317	31.820	174.96
Hg(l)	0	0	76.02
HgO(s,红)	−90.83	−58.539	70.29
I_2(g)	62.438	19.327	260.65
I_2(s)	0	0	116.135
I^-(aq)	−55.19	−51.59	111.3
K(s)	0	0	64.18
K^+(aq)	−252.38	−283.27	102.5
KCl(s)	−436.747	−409.14	82.59
Mg(s)	0	0	32.68
Mg^{2+}(aq)	−466.85	−454.8	−138.1
$MgCl_2$(s)	−641.32	−591.79	89.62
MgO(s,粗粒)	−601.70	−569.44	26.94
$Mg(OH)_2$(s)	−924.54	−833.51	63.18
Mn(s,α)	0	0	32.01
Mn^{2+}(aq)	−220.75	−228.1	−73.6
MnO(s)	−385.22	−362.90	59.71
N_2(g)	0	0	191.50
NH_3(g)	−46.11	−16.45	192.45
NH_3(aq)	−80.29	−26.50	111.3
NH_4^+(aq)	−132.43	−79.31	113.4

续表

物质(状态)	$\frac{\Delta_f H_m^\ominus}{kJ \cdot mol^{-1}}$	$\frac{\Delta_f G_m^\ominus}{kJ \cdot mol^{-1}}$	$\frac{S_m^\ominus}{J \cdot mol^{-1} \cdot K^{-1}}$
N_2H_4(l)	50.63	149.34	121.21
NH_4Cl(s)	−314.43	−202.87	94.6
NO(g)	90.25	86.55	210.761
NO_2(g)	33.18	51.31	240.06
N_2O_4(g)	9.16	304.29	97.89
NO_3^- (aq)	−205.0	−108.74	146.4
Na(s)	0	0	51.21
Na^+(aq)	−240.12	−261.95	59.0
NaCl(s)	−411.15	−384.15	72.13
Na_2O(s)	−414.22	−375.47	75.06
NaOH(s)	−425.609	−379.526	64.45
Ni(s)	0	0	29.87
NiO(s)	−239.7	−211.7	37.99
O_2(g)	0	0	205.138
O_3(g)	142.7	163.2	238.93
OH^-(aq)	−229.994	−157.244	−14.75
P(s,白)	0	0	41.09
Pb(s)	0	0	64.81
Pb^{2+}(aq)	−1.7	−24.43	10.5
$PbCl_2$(s)	−359.41	−314.1	136.0
PbO(s,黄)	−217.32	−187.89	68.70
S(s,正交)	0	0	31.80
S^{2-}(aq)	33.1	85.8	−14.6
SO_2(g)	−296.83	−300.19	248.22
SO_3(aq)	−395.72	−371.06	256.76
SO_4^{2-} (aq)	−909.27	−744.53	20.1
Si(s)	0	0	18.83
SiO_2(s,α,石英)	−910.94	−856.64	41.84
Sn(s,白)	0	0	51.55
SnO_2(s)	−580.7	−519.7	52.3
Ti(s)	0	0	30.63
$TiCl_4$(l)	−804.2	−737.2	252.34
$TiCl_4$(g)	−763.2	−726.7	354.34
TiN(s)	−722.2	—	—

续表

物质(状态)	$\frac{\Delta_f H_m^\ominus}{kJ \cdot mol^{-1}}$	$\frac{\Delta_f G_m^\ominus}{kJ \cdot mol^{-1}}$	$\frac{S_m^\ominus}{J \cdot mol^{-1} \cdot K^{-1}}$
TiO_2(s,金红石)	−944.7	−889.5	50.33
Zn(s)	0	0	41.63
Zn^{2+}(aq)	−153.89	−147.06	−112.1
CH_4(g)	−74.81	−50.72	186.264
C_2H_2(g)	226.73	209.20	200.94
C_2H_4(g)	52.26	68.15	219.56
C_2H_6(g)	−84.68	−32.82	229.20
C_6H_6(g)	82.93	129.66	269.20
C_6H_6(l)	48.99	124.35	173.26
CH_3OH(l)	−238.66	−166.27	126.8
C_2H_5OH(l)	−277.69	−174.78	160.07
CH_3COOH(l)	−484.5	−389.9	159.8
C_6H_5COOH(s)	−385.05	−245.27	167.57
$C_{12}H_{22}O_{11}$(s)	−2225.5	−1544.6	360.2

附录 4　弱酸、弱碱的解离平衡常数(298.15K)

弱电解质	t/℃	解离平衡常数	弱电解质	t/℃	解离平衡常数
H_3AsO_4	18	$K_1^\ominus=5.62\times10^{-3}$	HNO_3	12.5	4.6×10^{-4}
	18	$K_2^\ominus=1.70\times10^{-7}$	NH_4^+	25	5.64×10^{-10}
	18	$K_3^\ominus=3.95\times10^{-12}$	H_2O_2	25	2.4×10^{-12}
H_3BO_3	20	7.3×10^{-10}	H_3PO_4	25	$K_1^\ominus=7.52\times10^{-3}$
HBrO	25	2.06×10^{-9}		25	$K_2^\ominus=6.23\times10^{-8}$
H_2CO_3	25	$K_1^\ominus=4.30\times10^{-7}$		25	$K_3^\ominus=2.2\times10^{-13}$
	25	$K_2^\ominus=5.61\times10^{-11}$	H_2S	18	$K_1^\ominus=9.1\times10^{-8}$
$H_2C_2O_4$	25	$K_1^\ominus=5.90\times10^{-2}$		18	$K_2^\ominus=1.1\times10^{-12}$
	25	$K_2^\ominus=6.40\times10^{-3}$	HSO_4^-	25	1.2×10^{-2}
HCN	25	4.93×10^{-10}	H_2SO_3	18	$K_1^\ominus=1.54\times10^{-2}$
HClO	18	2.95×10^{-5}		18	$K_2^\ominus=1.02\times10^{-7}$
H_2CrO_4	25	$K_1^\ominus=1.8\times10^{-1}$	H_2SiO_3	25	$K_1^\ominus=2.2\times10^{-10}$
	25	$K_2^\ominus=3.20\times10^{-7}$		30	$K_2^\ominus=2.0\times10^{-12}$
HF	25	3.53×10^{-4}	HCOOH	25	1.77×10^{-4}
HIO_3	25	1.69×10^{-1}	CH_3COOH	25	1.76×10^{-5}
HIO	25	2.3×10^{-11}	$CH_2ClCOOH$	25	1.4×10^{-3}

续表

弱电解质	t/℃	解离平衡常数	弱电解质	t/℃	解离平衡常数
$CHCl_2COOH$	25	3.32×10^{-2}	$Al(OH)_3$	25	$K_1^\ominus=5\times10^{-9}$
$H_3C_6H_5O_7$(柠檬酸)	20	$K_1^\ominus=7.1\times10^{-4}$		25	$K_2^\ominus=2\times10^{-10}$
	20	$K_2^\ominus=1.68\times10^{-5}$	$Be(OH)_2$	25	$K_1^\ominus=1.78\times10^{-6}$
	20	$K_3^\ominus=4.1\times10^{-7}$		25	$K_2^\ominus=2.5\times10^{-9}$
$NH_3\cdot H_2O$	25	1.77×10^{-5}	$Ca(OH)_2$	25	6×10^{-2}
AgOH	25	1×10^{-2}	$Zn(OH)_2$	25	8×10^{-7}

附录 5　难溶电解质的溶度积常数(298.15K)

难溶电解质	$K_{sp}^\ominus$	难溶电解质	$K_{sp}^\ominus$
AgCl	1.77×10^{-10}	$Fe(OH)_2$	4.87×10^{-17}
AgBr	5.35×10^{-13}	$Fe(OH)_3$	2.64×10^{-39}
AgI	8.51×10^{-17}	FeS	1.59×10^{-19}
Ag_2CO_3	8.45×10^{-12}	Hg_2Cl_2	1.45×10^{-18}
Ag_2CrO_4	1.12×10^{-12}	HgS(黑)	6.44×10^{-53}
Ag_2SO_4	1.20×10^{-5}	$MgCO_3$	6.82×10^{-6}
$Ag_2S(\alpha)$	6.69×10^{-50}	$Mg(OH)_2$	5.61×10^{-12}
$Ag_2S(\beta)$	1.09×10^{-49}	$Mn(OH)_2$	2.06×10^{-13}
$Al(OH)_3$	2.00×10^{-33}	MnS	4.65×10^{-14}
$BaCO_3$	2.58×10^{-9}	$Ni(OH)_2$	5.47×10^{-16}
$BaSO_4$	1.07×10^{-10}	NiS	1.07×10^{-21}
$BaCrO_4$	1.17×10^{-10}	$PbCl_2$	1.17×10^{-5}
$CaCO_3$	4.96×10^{-9}	$PbCO_3$	1.46×10^{-13}
$CaC_2O_4\cdot H_2O$	2.34×10^{-9}	$PbCrO_4$	1.77×10^{-14}
CaF_2	1.46×10^{-10}	PbF_2	7.12×10^{-7}
$Ca_3(PO_4)_2$	2.07×10^{-33}	$PbSO_4$	1.82×10^{-8}
$CaSO_4$	7.10×10^{-5}	PbS	9.04×10^{-29}
$Cd(OH)_2$	5.27×10^{-15}	PbI_2	8.49×10^{-9}
CdS	1.40×10^{-29}	$Pb(OH)_2$	1.42×10^{-20}
$Co(OH)_2$(桃红)	1.09×10^{-15}	$SrCO_3$	5.60×10^{-10}
$Co(OH)_2$(蓝)	5.92×10^{-15}	$SrSO_4$	3.44×10^{-7}
$CoS(\alpha)$	4.00×10^{-21}	$ZnCO_3$	1.19×10^{-10}
$CoS(\beta)$	2.00×10^{-25}	$Zn(OH)_2(\gamma)$	6.68×10^{-17}
$Cr(OH)_3$	7.00×10^{-31}	$Zn(OH)_2(\beta)$	7.71×10^{-17}
CuI	1.27×10^{-12}	$ZnS(\alpha)$	1.60×10^{-24}
CuS	6.3×10^{-36}	$ZnS(\beta)$	2.50×10^{-22}

附录 6　配离子的稳定常数(298.15K)

配离子	$K^{\ominus}_{稳}$	配离子	$K^{\ominus}_{稳}$
$[Ag(CN)_2]^-$	1.3×10^{21}	$[FeCl_3]$	98
$[Ag(NH_3)_2]^+$	1.1×10^{7}	$[Fe(CN)_6]^{4-}$	1.0×10^{45}
$[Ag(SCN)_2]^-$	3.7×10^{7}	$[Fe(CN)_6]^{3-}$	1.0×10^{52}
$[Ag(S_2O_3)_2]^{3-}$	2.9×10^{13}	$[Fe(C_2O_4)_3]^{3-}$	2.0×10^{20}
$[Al(C_2O_4)_3]^{3-}$	2.0×10^{16}	$[Fe(NCS)]^{2+}$	2.2×10^{3}
$[AlF_6]^{3-}$	6.9×10^{19}	$[FeF_3]$	1.13×10^{12}
$[Cd(CN)_4]^{2-}$	6.0×10^{18}	$[HgCl_4]^{2-}$	1.2×10^{15}
$[CdCl_4]^{2-}$	6.3×10^{2}	$[Hg(CN)_4]^{2-}$	2.5×10^{41}
$[Cd(NH_3)_4]^{2+}$	1.3×10^{7}	$[HgI_4]^{2-}$	6.8×10^{29}
$[Cd(SCN)_4]^{2-}$	4.0×10^{3}	$[Hg(NH_3)_4]^{2+}$	1.9×10^{19}
$[Co(NH_3)_6]^{2+}$	1.3×10^{5}	$[Ni(CN)_4]^{2-}$	2.0×10^{31}
$[Co(NH_3)_6]^{3+}$	1.4×10^{35}	$[Ni(NH_3)_4]^{2+}$	9.1×10^{7}
$[Cu(CN)_2]^-$	9.98×10^{23}	$[Pb(CH_3COO)_4]^{2-}$	3.0×10^{8}
$[Cu(CN)_4]^{3-}$	2.0×10^{30}	$[Zn(CN)_4]^{2-}$	5.0×10^{16}
$[Cu(NH_3)_2]^+$	7.2×10^{10}	$[Zn(C_2O_4)_2]^{2-}$	4.0×10^{7}
$[Cu(NH_3)_4]^{2+}$	2.1×10^{13}	$[Zn(OH)_4]^{2-}$	4.6×10^{17}
$[Cu(en)_2]^{2+}$	1.0×10^{20}	$[Zn(NH_3)_4]^{2+}$	2.9×10^{9}

附录 7　标准电极电势(298.15K)

电对(氧化态/还原态)	电极反应(氧化态 $+ne^- \rightleftharpoons$ 还原态)	标准电极电势/V
Li^+/Li	$Li^+ + e^- \rightleftharpoons Li$	−3.0401
K^+/K	$K^+ + e^- \rightleftharpoons K$	−2.931
Na^+/Na	$Na^+ + e^- \rightleftharpoons Na$	−2.71
Mg^{2+}/Mg	$Mg^{2+} + 2e^- \rightleftharpoons Mg$	−2.372
Al^{3+}/Al	$Al^{3+} + 3e^- \rightleftharpoons Al$ $(0.1mol\cdot L^{-1}\ NaOH)$	−1.662
Mn^{2+}/Mn	$Mn^{2+} + 2e^- \rightleftharpoons Mn$	−1.185
H_2O/H_2	$2H_2O + 2e^- \rightleftharpoons H_2 + 2OH^-$	−0.8277
Zn^{2+}/Zn	$Zn^{2+} + 2e^- \rightleftharpoons Zn$	−0.7618

续表

电对(氧化态/还原态)	电极反应(氧化态 + ne^- $\rightleftharpoons$ 还原态)	标准电极电势/V
Fe^{2+}/Fe	$Fe^{2+} + 2e^- \rightleftharpoons Fe$	−0.447
Cd^{2+}/Cd	$Cd^{2+} + 2e^- \rightleftharpoons Cd$	−0.4030
Co^{2+}/Cd	$Co^{2+} + 2e^- \rightleftharpoons Co$	−0.28
Ni^{2+}/Ni	$Ni^{2+} + 2e^- \rightleftharpoons Ni$	−0.257
Sn^{2+}/Sn	$Sn^{2+} + 2e^- \rightleftharpoons Sn$	−0.1375
Pb^{2+}/Pb	$Pb^{2+} + 2e^- \rightleftharpoons Pb$	−0.1262
H^+/H_2	$H^+ + e^- \rightleftharpoons \frac{1}{2}H_2$	0.0000
$S_4O_6^{2-}/S_2O_3^{2-}$	$S_4O_6^{2-} + 2e^- \rightleftharpoons 2S_2O_3^{2-}$	+0.08
S/H_2S	$S + 2H^+ + 2e^- \rightleftharpoons H_2S$(水溶液)	+0.142
Sn^{4+}/Sn^{2+}	$Sn^{4+} + 2e^- \rightleftharpoons Sn^{2+}$	+0.151
SO_4^{2-}/H_2SO_3	$SO_4^{2-} + 4H^+ + 2e^- \rightleftharpoons H_2SO_3 + H_2O$	+0.172
Hg_2Cl_2/Hg	$Hg_2Cl_2 + 2e^- \rightleftharpoons 2Hg + 2Cl^-$	+0.26808
Cu^{2+}/Cu	$Cu^{2+} + 2e^- \rightleftharpoons Cu$	+0.3419
O_2/OH^-	$\frac{1}{2}O_2 + H_2O + 2e^- \rightleftharpoons 2OH^-$	+0.401
Cu^+/Cu	$Cu^+ + e^- \rightleftharpoons Cu$	+0.521
I_2/I^-	$I_2 + 2e^- \rightleftharpoons 2I^-$	+0.5355
O_2/H_2O_2	$O_2 + 2H^+ + 2e^- \rightleftharpoons H_2O_2$	+0.695
Fe^{3+}/Fe^{2+}	$Fe^{3+} + e^- \rightleftharpoons Fe^{2+}$	+0.771
Hg_2^{2+}/Hg	$\frac{1}{2}Hg_2^{2+} + e^- \rightleftharpoons Hg$	+0.7973
Ag^+/Ag	$Ag^+ + e^- \rightleftharpoons Ag$	+0.7996
Hg^{2+}/Hg	$Hg^{2+} + 2e^- \rightleftharpoons Hg$	+0.851
NO_3^-/NO	$NO_3^- + 4H^+ + 3e^- \rightleftharpoons NO + 2H_2O$	+0.957
HNO_2/NO	$HNO_2 + H^+ + e^- \rightleftharpoons NO + H_2O$	+0.983
Br_2/Br^-	$Br_2 + 2e^- \rightleftharpoons 2Br^-$	+1.066
MnO_2/Mn^{2+}	$MnO_2 + 4H^+ + 2e^- \rightleftharpoons Mn^{2+} + 2H_2O$	+1.224

续表

电对(氧化态/还原态)	电极反应(氧化态 $+ne^- \rightleftharpoons$ 还原态)	标准电极电势/V
O_2/H_2O	$O_2 + 4H^+ + 4e^- \rightleftharpoons 2H_2O$	+1.229
$Cr_2O_7^{2-}/Cr^{3+}$	$Cr_2O_7^{2-} + 14H^+ + 6e^- \rightleftharpoons 2Cr^{3+} + 7H_2O$	+1.332
Cl_2/Cl^-	$Cl_2 + 2e^- \rightleftharpoons 2Cl^-$	+1.35827
MnO_4^-/Mn^{2+}	$MnO_4^- + 8H^+ + 5e^- \rightleftharpoons Mn^{2+} + 4H_2O$	+1.507
H_2O_2/H_2O	$H_2O_2 + 2H^+ + 2e^- \rightleftharpoons 2H_2O$	+1.776
$S_2O_8^{2-}/SO_4^{2-}$	$S_2O_8^{2-} + 2e^- \rightleftharpoons 2SO_4^{2-}$	+2.010
F_2/F^-	$F_2 + 2e^- \rightleftharpoons 2F^-$	+2.866

附录 8 元素的电负性值

	ⅠA	ⅡA	ⅢB	ⅣB	ⅤB	ⅥB	ⅦB	Ⅷ			ⅠB	ⅡB	ⅢA	ⅣA	ⅤA	ⅥA	ⅦA	0
1	H 2.20																	He —
2	Li 0.98	Be 1.57											B 2.04	C 2.55	N 3.04	O 3.44	F 3.90	Ne —
3	Na 0.93	Mg 1.31											Al 1.61	Si 1.90	P 2.19	S 2.58	Cl 3.16	Ar —
4	K 0.82	Ca 1.00	Sc 1.36	Ti 1.54	V 1.63	Cr 1.66	Mn 1.55	Fe 1.83	Co 1.88	Ni 1.91	Cu 1.90	Zn 1.65	Ga 1.81	Ge 2.01	As 2.18	Se 2.55	Br 2.96	Kr —
5	Rb 0.82	Sr 0.95	Y 1.22	Zr 1.33	Nb 1.60	Mo 2.16	Tc 2.10	Ru 2.2	Rh 2.28	Pd 2.20	Ag 1.93	Cd 1.69	In 1.78	Sn 1.96	Sb 2.05	Te 2.1	I 2.66	Xe —
6	Cs 0.79	Ba 0.89	La 1.1	Hf 1.3	Ta 1.5	W 1.7	Re 1.9	Os 2.2	Ir 2.2	Pt 2.2	Au 2.4	Hg 1.9	Tl 1.8	Pb 1.8	Bi 1.9	Po 2.0	At 2.2	Rn —
7	Fr 0.7	Ra 0.9	Ac 1.1	Rf —	Db —	Sg —	Bh —	Hs —	Mt —	Ds —	Rg —	Cn —	Nh —	Fl —	Mc —	Lv —	Ts —	Og —

镧系	Ce 1.12	Pr 1.13	Nd 1.14	Pm —	Sm 1.17	Eu —	Gd 1.20	Tb —	Dy 1.22	Ho 1.23	Er 1.24	Tm 1.25	Yb —	Lu 1.0
锕系	Th 1.3	Pa 1.5	U 1.7	Np 1.3	Pu 1.3	Am 1.3	Cm 1.3	Bk 1.3	Cf 1.3	Es 1.3	Fm 1.3	Md 1.3	No 1.3	Lr —

注：吸电子能力最强的氟，其电负性最初被随意地定为 4.0，后来鲍林基于较新的数据将氟的电负性修正为 3.90。数据摘自《兰氏化学手册》(第 16 版)。